"十三五"国家重点出版物出版规划项目
现代机械工程系列精品教材
教育部普通高等教育精品教材
普通高等教育"十一五"国家级规划教材

数控技术

第4版

主　编　朱晓春
副主编　吴　祥　任　皓
参　编　丁文政　倪厚强
主　审　易　红

机 械 工 业 出 版 社

本书着重叙述了数控编程的基础及方法、计算机数控装置、数控装置的轨迹控制原理、数控机床的伺服系统等方面的内容，同时还叙述了数控技术的基本概念、数控机床的机械结构、数控机床的故障诊断以及数控技术的发展等。本书重点突出，内容全面，注重理论联系实际，各章既有联系，又有一定的独立性。每章末均附有思考题与习题。

本书可作为高等院校机电类专业本科生的教材，也可供研究设计单位和企业从事数控技术开发与应用的工程技术人员参考。

图书在版编目（CIP）数据

数控技术/朱晓春主编. —4版. —北京：机械工业出版社，2023.12
“十三五”国家重点出版物出版规划项目　现代机械工程系列精品教材　教育部普通高等教育精品教材　普通高等教育“十一五”国家级规划教材
ISBN 978-7-111-75105-2

Ⅰ.①数…　Ⅱ.①朱…　Ⅲ.①数控技术-高等学校-教材　Ⅳ.①TP273

中国国家版本馆CIP数据核字（2024）第040945号

机械工业出版社（北京市百万庄大街22号　邮政编码100037）
策划编辑：赵亚敏　　　　责任编辑：赵亚敏
责任校对：杜丹丹　牟丽英　　封面设计：张　静
责任印制：李　昂
河北京平诚乾印刷有限公司印刷
2024年4月第4版第1次印刷
184mm×260mm · 16.75印张 · 409千字
标准书号：ISBN 978-7-111-75105-2
定价：53.00元

电话服务	网络服务
客服电话：010-88361066	机　工　官　网：www.cmpbook.com
010-88379833	机　工　官　博：weibo.com/cmp1952
010-68326294	金　　书　　网：www.golden-book.com
封底无防伪标均为盗版	机工教育服务网：www.cmpedu.com

第4版前言

党的二十大报告指出："实施产业基础再造工程和重大技术装备攻关工程，支持专精特新企业发展，推动制造业高端化、智能化、绿色化发展"。数控技术是"中国制造2025"十大领域中"高档数控机床和机器人"的核心技术之一，是智能制造的重要基础。数控技术的应用不仅给传统制造业带来了革命性的变化，而且随着数控技术的不断发展和应用领域的扩大，对影响国计民生的一些重要行业（如汽车、集成电路、轻工、医疗等）的发展起着越来越重要的作用，推动了这些行业的装备向数字化控制方向发展。

本书自2001年出版以来，深受兄弟院校广大师生的好评和欢迎，市场反映良好。2006年4月出版的第2版到2018年已印刷了25次，2019年5月出版的第3版至今已印刷了10次。这期间本书先后被列入教育部普通高等教育精品教材、普通高等教育"十一五"国家级规划教材、"十三五"国家重点出版物出版规划项目。

本次修订通过对内容的增、删、改，充分体现了数控技术的发展。例如，在第三章增加了"第三节　五轴数控机床的程序编制"，着重介绍了五轴加工技术的程序编制方法。本书仍然保持了原有的编写架构和风格，在内容体系上仍以数控加工信息流为主线，详细介绍了数控编程的基础和数控车床、数控铣床及五轴数控加工的编程方法，着重论述了计算机数控装置的硬件和软件、数控装置的轨迹控制原理和数控机床的伺服系统工作原理，同时介绍了数控技术的基本概念，数控机床的检测装置、机械结构、故障诊断及数控技术的发展等。

本书以二维码形式引入了"'两弹一星'精神""大国工匠：大技贵精""大国工匠：大巧破难""中国自主研制的'争气机'""第一台国产电动轮自卸车"等视频，并对视频内容进行了简介和评述，有助于树立学生的历史自信、文化自信，培养学生的科技自立自强意识，助力培养德才兼备的高素质人才。

本书由朱晓春任主编，吴祥、任皓任副主编，丁文政和倪厚强也参与了部分章节的修订工作。其中，第一、四、五、六章由朱晓春和倪厚强修订，第二、三、九章由吴祥和丁文政修订，第七、八章由任皓修订。全书由朱晓春统稿和定稿，由中南大学易红教授主审。

由于编者水平有限，书中难免存在不妥之处，恳请各位读者批评指正。

编　者

第3版前言

数控技术是“中国制造2025”十大领域中“高档数控机床和机器人”的核心技术之一，是智能制造的重要基础。数控技术的应用不仅给传统制造业带来了革命性的变化，而且随着数控技术的不断发展和应用领域的扩大，对影响国计民生的一些重要行业（如汽车、轻工、医疗等）的发展起着越来越重要的作用，推动了这些行业的装备向数字化控制方向发展。

本书自2001年出版以来，深受兄弟院校广大师生的好评和欢迎，市场反应良好。2006年4月出版的本书第2版到2018年已印刷了25次。这期间本书先后被列入教育部普通高等教育精品教材、普通高等教育“十一五”国家级规划教材、“十三五”国家重点出版物出版规划项目。

本次修订通过对内容的增、删、改，充分体现了数控技术的最新发展。例如，删除了穿孔纸带和磁带等，增加了M、S、T的PLC实现等，修改了交流伺服电动机等内容。本书仍然保持了原有的编写风格，在内容体系上仍以数控加工信息流为主线，着重论述了数控编程的基础、计算机数控装置的硬件和软件、数控装置的轨迹控制原理和数控机床的伺服系统工作原理，同时介绍了数控技术的基本概念，数控机床的检测装置、机械结构、故障诊断以及数控技术的发展等。

本书由朱晓春任主编，吴祥、任皓任副主编。其中第一、四、五、六章由朱晓春和倪厚强修订，第二、三、九章由吴祥修订，第七、八章由任皓修订。全书由朱晓春统稿和定稿，由中南大学易红教授主审。

由于编者水平有限，书中难免存在不妥之处，恳请各位读者批评指正。

编　者

第2版前言

数控技术涉及的知识面宽，内容更新快。本书自2001年出版后，已经历了4年的教学实践，得到了很多兄弟院校师生的大力支持，提出了很多有益的意见和建议。编者在使用过程中也充实了一些新内容。

本次修订着重内容的更新。例如，增加了开放式数控系统的内容等，一些术语采用了新标准，删除了一些过时的知识，对一些复杂计算进行了简化，增加了工程案例等。本书在体系上仍以数控加工信息流为主线，以便读者使用。

本书修订重点为第三章数控加工程序的编制、第四章计算机数控装置、第五章数控装置的轨迹控制原理、第六章数控机床的伺服系统、第八章数控机床的故障诊断。

本次修订由朱晓春任主编，吴祥、任皓任副主编。其中第一、四、五章由朱晓春修订，第二、三、九章由吴祥修订，第六、七、八章由任皓修订。全书由朱晓春统稿和定稿，并由东南大学易红教授主审。

由于编者水平有限，经验不足，本书难免仍有不妥和错误之处，敬请读者批评指正。

编　者

第1版前言

数控技术是机械加工自动化的基础，是数控机床的核心技术，其发展水平关系到国家的战略地位，体现国家的综合国力，并随着信息技术、微电子技术、自动化技术和检测技术的发展而发展。数控技术包括的内容很多，作为一门教材如何取舍内容，使学生能掌握关键技术和内容，这是本书的重要突破点。根据普通高等教育机电类规划教材编审委员会的统一要求，在多次教材编写协调会的协调下，确定了编写内容，并经东南大学易红教授审阅后，又做了认真修改。本书的编写既注重应用性，又兼顾理论基础和最新技术的发展，理论叙述力求通俗易懂。

本书以数控加工信息流为主线进行内容编写，着重叙述了数控编程的基础及方法、计算机数控装置的硬软件、数控装置的轨迹控制原理、数控机床的伺服系统工作原理，同时还叙述了数控技术的基本概念、数控机床的检测装置、数控机床的机械结构、数控机床的故障诊断以及数控技术的发展等。本书对数控机床技术的内容介绍力求重点突出且系统。全书注重理论联系实际，各章既有联系，又有一定的独立性。每章均附有思考题与习题。

本书为高等学校机电类专业本科生的教材，也可供设计研究单位、企业从事数控技术开发与应用的工程技术人员参考。

本书由朱晓春任主编，吴祥、任皓任副主编。其中第一、四、五章由朱晓春编写，第二、三、九章由吴祥编写，第六、七、八章由任皓编写，倪厚强参与编写了第六章、第八章的部分内容。全书由朱晓春统稿和定稿，并由东南大学易红教授主审。

由于编者的水平有限，经验不足，本书难免有不妥和错误之处，恳请读者批评指正。

编　者

目　录

第一章　绪　论

第一节　机床数控技术的基本概念

一、概述

数字控制，简称数控（Numerical Control），它是利用数字化的信息对机床的运动及加工过程进行控制的一种方法。用数控技术实施加工控制的机床，或者说装备了数控系统的机床称为数控（NC）机床。

数控系统包括数控装置、可编程序控制器、主轴驱动及进给装置等部分。

数控机床是机、电、液、气、光高度一体化的产品。要实现对机床的控制，需要用几何信息描述刀具和工件间的相对运动以及用工艺信息来描述机床加工必须具备的一些工艺参数。如进给速度、主轴转速、主轴正反转、换刀和切削液的开/关等。这些信息按一定的格式形成加工文件（即通常说的数控加工程序）存放在信息载体上（如磁盘、U 盘等），然后由机床上的数控系统读入（直接通过数控系统的键盘输入，或通过通信方式输入），通过对其译码，从而使机床动作并加工零件。

二、数控机床的工作流程

数控机床在工作时根据所输入的数控加工程序（NC 程序），由数控装置控制机床部件的运动，形成零件加工轮廓，从而满足零件形状的加工要求。机床运动部件的运动轨迹取决于所输入的数控加工程序。数控加工程序是根据零件图样及加工工艺要求编制的，下面简述数控机床的工作流程。

1. 数控加工程序的编制

在零件加工前，首先根据被加工零件图样所规定的零件形状、尺寸、材料及技术要求等，确定零件的工艺过程、工艺参数、几何参数以及切削用量等，然后根据数控机床编程手册规定的代码和程序格式编写零件加工程序单。早期的数控机床还需将零件加工程序单由穿孔机制成穿孔带以备加工零件用。

对于较简单的零件，通常采用手工编程；对于形状复杂的零件，则在编程机上进行自动编程，或者在计算机上用 CAD/CAM 软件自动生成零件加工程序。

2. 输入

输入的任务是把零件程序、控制参数和补偿数据输入到数控装置中去。输入的方法因输入设备而异，有纸带阅读机输入、键盘输入、U盘和磁盘输入以及通信方式输入。输入的工作方式通常有两种，一种是边输入边加工，即在前一个程序段加工时，输入后一个程序段的内容；另一种是一次性地将整个零件加工程序输入到数控装置的内部存储器中，加工时再把一个个程序段从存储器中调用进行处理。

3. 译码

数控装置接受的程序是由程序段组成的，程序段中包含零件的轮廓信息（如是直线还是圆弧、线段的起点和终点等）、加工进给速度（F代码）等加工工艺信息和其他辅助信息（M、S、T代码等）。计算机不能直接识别程序段，译码程序就像一个翻译，按照一定的语法规则程序段信息解释成计算机能够识别的数据形式，并按一定的数据格式存放在指定的内存专用区域。在译码过程中对程序段还要进行语法检查，有错则立即报警。

4. 刀具补偿

零件加工程序通常是按零件轮廓轨迹编制的。刀具补偿的作用是把零件轮廓轨迹转换成刀具中心轨迹运动，加工出所要求的零件轮廓。刀具补偿包括刀具半径补偿和刀具长度补偿。

5. 插补

插补的目的是控制加工运动，使刀具相对于工件做出符合零件轮廓轨迹的相对运动。具体地说，插补就是数控装置根据输入的零件轮廓数据，通过计算，把零件轮廓描述出来，边计算边根据计算结果向各坐标轴发出运动指令，使机床在响应的坐标方向上移动一个单位位移量，将工件加工成所需的轮廓形状。所以说，插补就是在已知曲线的种类、起点、终点和进给速度的条件下，在曲线的起、终点之间进行“数据点的密化”。在每个插补周期内运行一次插补程序，形成一个个微小的直线数据段。插补完一个程序段（即加工一条曲线）通常需要经过若干次插补周期。需要说明的是，只有辅助功能（换刀、换档、切削液等）完成之后才能允许插补。

6. 位置控制和机床加工

插补的结果是产生一个周期内的位置增量。位置控制的任务是在每个采样周期内，将插补计算出的指令位置与实际反馈位置相比较，用其差值去控制伺服电动机，电动机使机床的运动部件带动刀具相对于工件按规定的轨迹和速度进行加工。

在位置控制中通常还应完成位置回路的增量调整、各坐标方向的螺距误差补偿和方向间隙补偿，以提高机床的定位精度。

第二节　数控机床的组成和分类

一、数控机床的组成

数控机床是数值控制的工作母机的总称，一般由输入输出设备、数控装置、伺服系统、测量反馈装置和机床本体组成，如图1-1所示。

1. 输入输出设备

输入输出设备主要实现程序编制、程序和数据的输入以及显示、存储和打印。这一部分的硬件配置视需要而定，功能简单的机床可能只配有键盘和发光二极管（LED）显示器；功能普通的机床则可能加上 U 盘和磁盘读取器、人机对话编程操作键盘和视频信号显示器（CRT）；功能较强的可能还包含有一套自动编程机或计算机辅助设计/计算机辅助制造（CAD/CAM）系统。

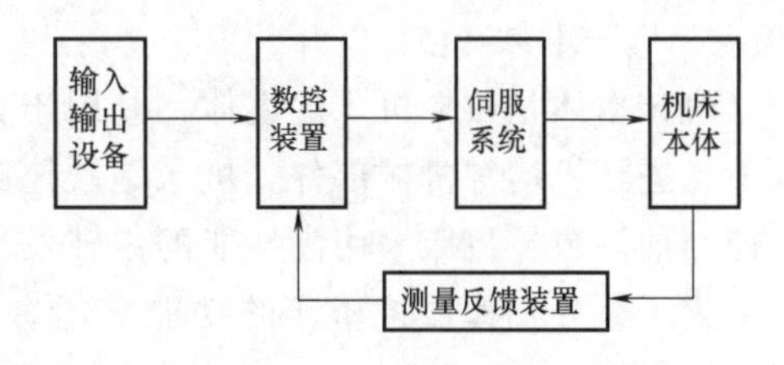

图 1-1 数控机床的组成框图

2. 数控装置

数控装置是数控机床的核心，它接受来自输入设备的程序和数据，并按输入信息的要求完成数值计算、逻辑判断和输入输出控制等功能。数控装置通常是指由一台专用计算机或通用计算机与输入输出接口板以及机床控制器（可编程序控制器）等所组成的控制装置。机床控制器的主要作用是实现对机床辅助功能 M、主轴转速功能 S 和刀具功能 T 的控制。

数控装置的主要功能如下：

（1）多坐标控制　多轴联动。

（2）插补功能　如直线、圆弧和其他曲线插补。

（3）程序输入、编辑和修改功能　人机对话、手动数据输入、上位机通信输入。

（4）故障自诊断功能　由于数控系统是一个十分复杂的系统，为使系统故障停机时间减至最少，数控装置中设有各种诊断软件，对系统运动情况进行监视，及时发现故障，并在故障出现后迅速查明故障类型和部位，发出报警，把故障源隔离到最小范围。

（5）补偿功能　补偿主要包括刀具半径补偿、刀具长度补偿、传动间隙补偿和螺距误差补偿等。

（6）信息转换功能　此功能主要包括 EIA/ISO 代码转换、英制/米制转换、坐标转换和绝对值/增量值转换等。

（7）多种加工方式选择　可以实现多种加工方式循环、重复加工、凸凹模加工和镜像加工等。

（8）辅助功能　辅助功能也称 M 功能，用来规定主轴的起停和转向、切削液的接通和断开及刀具的更换等。

（9）显示功能　用液晶屏显示程序、参数、各种补偿量、坐标位置、故障源以及图形等。

（10）通信和联网功能。

3. 伺服系统

伺服系统是通过接受数控装置的指令驱动机床执行机构运动的驱动部件（如主轴驱动、进给驱动），它包括伺服控制电路、功率放大线路和伺服电动机等。常用的伺服电动机有步进电动机、电液马达、直流伺服电动机和交流伺服电动机。一般来说，数控机床的伺服驱动要求有好的快速响应性能，能灵敏而准确地跟踪由数控装置发出的指令信号。

4. 测量反馈装置

测量反馈装置由测量部件和响应的测量电路组成，其作用是检测速度和位移，并将信息反馈给数控装置，构成闭环控制系统。没有测量反馈装置的系统称为开环控制系统。

常用的测量部件有脉冲编码器、旋转变压器、感应同步器、光栅和磁尺等。

5. 机床本体

机床本体是数控机床的主体，是用于完成各种切削加工的机械部分，包括床身、立柱、主轴、进给机构等机械部件。机床是被控制的对象，其运动的位移和速度以及各种开关量是被控制的。数控机床采用高性能的主轴及进给伺服驱动装置，其机械传动结构得到了简化。

为了充分发挥数控机床的功能，还有一些配套部件（如冷却、排屑、防护、润滑、照明、储运等一系列装置）和辅助装置（程编机和对刀仪等）。

二、数控机床的分类

数控机床品种繁多、功能各异，可以从不同的角度对其进行分类。

1. 按机械加工的运动轨迹分类

（1）点位控制数控机床　点位控制是指刀具从某一位置移到下一个位置的过程中，不考虑其运动轨迹，只要求刀具能最终准确到达目标位置。刀具在移动过程中不切削，一般采用快速运动，其移动过程可以是先沿一个坐标方向移动，再沿另一个坐标方向移动到目标位置，也可沿两个坐标同时移动。为保证定位精度和减少移动时间，一般采用先高速运行，当接近目标位置时，再分级降速，慢速趋近目标位置。

这类数控机床主要有数控钻床、数控镗床和数控冲床等。

（2）直线控制数控机床　这类数控机床不仅要保证点与点之间的准确定位，还要控制两相关点之间的位移速度和路线。其路线一般由与各坐标轴平行的直线段或与坐标轴成45°角的斜线组成。由于刀具在移动过程中要切削，所以对于不同的刀具和工件，需要选用不同的切削用量。这类数控机床通常具备刀具半径和长度补偿功能，以及主轴转速控制功能，以便在刀具磨损或更换刀具后能得到合格的零件。

这类机床中典型的有简易数控车床和简易数控铣床等。这些数控机床在一般情况下有2~3个可控轴，但同时可控制的只有一个轴。

（3）轮廓控制数控机床　这类机床的数控装置能够同时控制两个轴或两个以上的轴，对位置和速度进行严格的不间断控制。它具有直线和圆弧插补功能、刀具补偿功能、机床轴向运动误差补偿、丝杠的螺距误差和齿轮的反向间隙误差补偿等功能。该类机床可加工曲面、叶轮等复杂形状的零件。

这类机床中典型的有数控车床、数控铣床、加工中心等。

2. 按伺服系统的控制原理分类

（1）开环控制的数控机床　这类数控机床不带有位置检测装置，数控装置将零件程序处理后，输出数字指令信号给伺服系统，驱动机床运动。指令信号的流程是单向的，如图1-2所示。

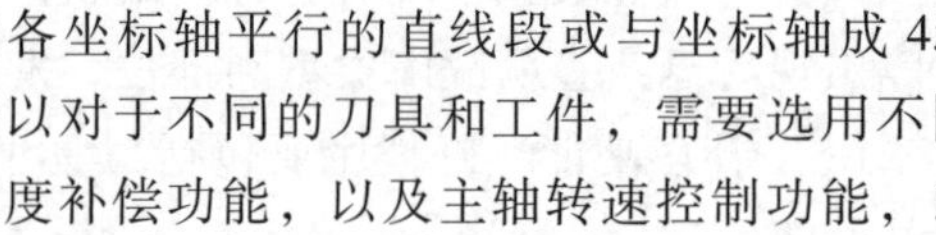

图 1-2　开环控制的数控机床

这类数控机床的伺服驱动部件通常选用步进电动机。受步进电动机的步距精度和工作频率以及传动机构的传动精度的影响，开环控制的数控机床的速度和精度都较低。但由于其结构简单、成本较低、调试维修方便等优点，所以仍被广泛应用于经济型、中小型数控机床。

（2）闭环控制的数控机床　这类机床带有检测装置。它随时接受在工作台端测得的实际位置反馈信号，将其与数控装置发来的指令位置信号相比较，由其差值控制进给轴运动，直到差值为零时，进给轴停止运动。

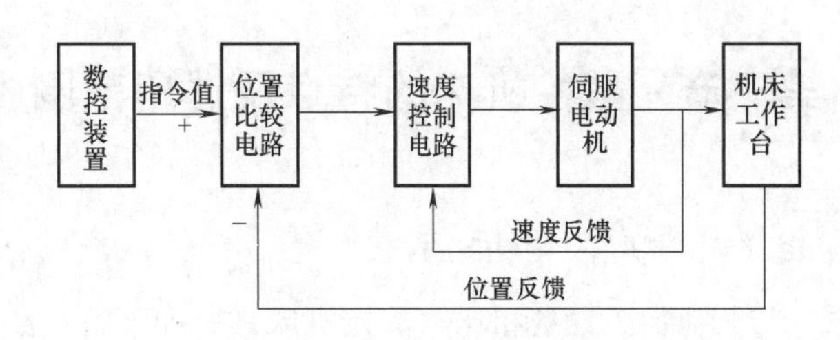

图 1-3　闭环控制的数控机床

图 1-3 所示为闭环控制的数控机床的原理框图。安装在工作台的位置传感器（比如光栅）把机械位移转变为电量，反馈到位置比较电路与指令位置值相比较，得到的差值经过放大和变换，驱动工作台向减小误差的方向移动。如果不断有指令信号输入，那么工作台就不断地跟随信号移动，只有在指令信号与反馈信号的差值为零时，工作台才静止，即工作台的实际位移量与指令位移量相等时，工作台才停止运动。在闭环系统中还装有增加系统阻尼的速度测量元件，将实际速度与进给速度相比较，并通过速度控制电路对电动机的运动状态随时进行校正，从而减小因负载等因素变动而引起的进给速度波动，提高位置控制的质量。因为机床工作台也被纳入了控制环，所以这类数控机床称为闭环控制的数控机床。

闭环控制可以消除包括工作台传动链在内的误差，从而定位精度高、速度调节快，但由于工作台惯量大，给系统的设计和调整带来很大的困难，主要是系统的稳定性受到不利影响。

闭环控制系统主要用于一些精度要求很高的数控铣床、超精车床和超精铣床等。

（3）半闭环控制的数控机床　半闭环控制的数控机床与闭环控制的数控机床的区别在于检测反馈信号不是来自工作台，而是来自电动机端或丝杠端连接的测量元件，如图 1-4 所示。实际位置的反馈值是通过间接测得的伺服电动机的角位移算出来的，因而控制精度没有闭环高，但机床工作的稳定性却由于大惯量工作台被排除在控制环外而提高，调试方便，因而广泛用于数控机床中。

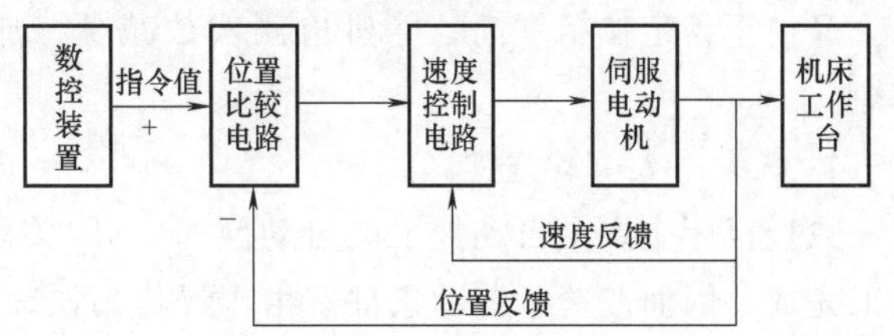

图 1-4　半闭环控制的数控机床

3. 按功能水平分类

数控机床按所使用的数控系统的配置及功能的不同，可分为高级型、普通型和经济型数控机床。对每一种数控机床的分类主要看其主要技术参数、功能指标和关键部件的功能水平。分类见表 1-1。

表 1-1　数控机床的分类

类　型	主控机	进　给	联动轴数	进给分辨率	进给速度/(m/min)	自动化程度
高级型	32 位以上微处理器	交流伺服驱动	5 轴以上联动	0.1μm	≥24	具有通信、联网、监控管理功能
普通型	16 位或 32 位微处理器	交流或直流伺服驱动	4 轴及以下	1μm	≤24	具有人机对话接口
经济型	单板机单片机	步进电动机	3 轴及以下	10μm	6~8	功能较简单

第三节　数控机床的特点及适用范围

一、数控机床的特点

与其他加工设备相比，数控机床具有如下特点：

1. 加工零件的适应性强且灵活性好

数控机床能完成很多普通机床难以胜任的或者根本不可能加工出来的复杂形面的零件。这是由于数控机床具有多坐标轴联动功能，并可按零件加工的要求变换加工程序。因此，数控机床首先在航空航天等领域获得应用，在复杂曲面的模具加工、螺旋桨及涡轮叶片的加工中，也得到了广泛的应用。

2. 加工精度高且产品质量稳定

由于数控机床按照预定的程序自动加工，不受人为因素的影响，其加工精度由机床来保证，还可利用软件来校正和补偿误差。因此，能获得比机床本身精度还要高的加工精度及重复精度。

3. 生产率高

数控机床的生产率较普通机床的生产率高2~3倍。尤其是对某些复杂零件的加工，生产率可提高十几倍甚至几十倍。这是因为用数控机床加工能合理选用切削用量，机加工时间短。又由于其定位精度高，停机检测次数减少，加工准备时间也因采用通用工夹具而大大缩短。

4. 减少工人劳动强度

数控机床主要是自动加工能自动换刀、开/关切削液、自动变速等，其大部分操作不需人工完成，因而改善了劳动条件。由于操作失误减少，因此也降低了废品率和次品率。

5. 生产管理水平提高

在数控机床上加工能准确地计算零件加工时间，加强了零件的计时性，便于实现生产计划调度，简化和减少了检验、工具夹准备、半成品调度等管理工作。数控机床具有的通信接口，可实现计算机之间的联接，组成工业局部网络（LAN），采用制造自动化协议（MAP）规范，实现生产过程的计算机管理与控制。

二、数控机床的适用范围

在机械加工业中，大批量零件的生产宜采用专用机床或自动线。对于小批量产品的生产由于生产过程中产品品种的变换频繁、批量小、加工方法的区别大，宜采用数控机床。数控机床的适用范围如图1-5所示。

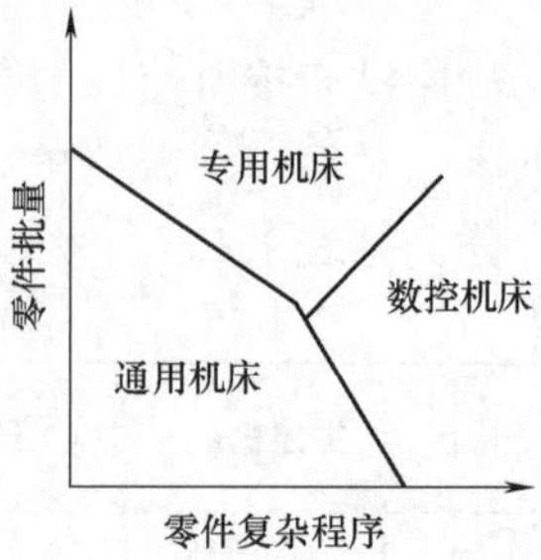

图1-5　数控机床的适用范围

图1-5所示为随零件复杂程序和零件批量的变化，通用机床、专用机床和数控机床的应用情况。当零件不太复杂，生产批量较小时，宜采用通用机床；当生产批量较大时，宜采用专用机床；而当零件复杂程度较高时，宜采用数控机床。

思考题与习题

1-1　数控机床的工作流程是什么？

1-2　数控机床由哪几部分组成？各部分的基本功能是什么？

1-3　什么是点位控制、直线控制、轮廓控制数控机床？三者如何区别？

1-4　数控机床有哪些特点？

1-5　按伺服系统的控制原理分类，分为哪几类数控机床？各有何特点？

拓展内容

1964年10月16日，大漠深处一声巨响，我国第一颗原子弹爆炸成功；1966年10月27日，我国第一颗装有核弹头的地地导弹飞行爆炸成功；1967年6月17日，我国第一颗氢弹空爆试验成功；1970年4月24日，我国第一颗人造卫星发射成功。在那火热的建设年代，钱学森、钱三强、邓稼先等一大批科研工作者把汗水和热血洒在茫茫戈壁，创造了“两弹一星”的奇迹，孕育形成了“热爱祖国、无私奉献，自力更生、艰苦奋斗，大力协同、勇于登攀”的“两弹一星”精神（扫描下方二维码，可观看相关视频）。“两弹一星”精神的底色是爱国奉献，其亮色是勇攀高峰无止境。我们“数控人”要以老一代航天人为榜样，大力弘扬“两弹一星”精神，敢于战胜一切艰难险阻，勇于攀登高端数控装备科技高峰，只争朝夕，不负韶华，用学到的数控技术知识报效祖国，回报社会。

“两弹一星”精神

第二章 数控加工编程基础

第一节 概述

一、数控编程的基本概念

数控加工是指在数控机床上进行零件加工的一种工艺方法。在数控机床上加工零件时，首先要根据零件图样，按规定的代码及程序格式将零件加工的全部工艺过程、工艺参数、位移数据和方向以及操作步骤等以数字信息的形式记录在控制介质上（如U盘、磁盘等），然后输入给数控装置，从而指挥数控机床加工。

我们将从零件图样到制成控制介质的全部过程称为数控加工的程序编制，简称数控编程。使用数控机床加工零件时，程序编制是一项重要的工作。迅速、正确而经济地完成程序编制工作，对于有效地利用数控机床是具有决定意义的一个环节。

二、数控编程的内容和步骤

数控编程的内容主要包括分析零件图样、确定加工工艺过程、数值计算、编写零件加工程序、制备控制介质、程序校验和试切削等。

数控编程的步骤一般如图2-1所示。具体过程如下：

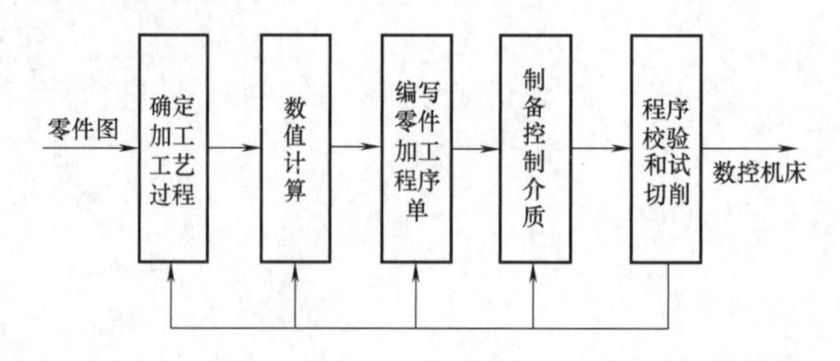

图2-1 数控编程的步骤

1. 确定加工工艺过程

在确定加工工艺过程时，编程人员要根据零件图样进行工艺分析，然后选择加工方案，确定加工顺序、加工路线、装夹方式、刀具、工装以及切削用量等工艺参数。这些工作与普通机床加工零件时工艺规程的编制相似，但也有自身的一些特点。要考虑所用数控机床的指令功能，充分发挥数控机床的效能。

2. 数值计算

按已确定的加工路线和允许的零件加工误差，计算出所需的输入数控装置的数据，称为数值计算。数值计算的主要内容是在规定的坐标系内计算零件轮廓和刀具运动的轨迹的坐标值。数值计算的复杂程度取决于零件形状的复杂程度和数控装置功能的强弱，差别很大。对于点位控制的数控机床（如数控冲床等）加工的零件，一般不需要计算，只是当零件图样坐标系与编程坐标系不一致时，才需要对坐标进行换算。对于形状比较简单的零件（如直线和圆弧组成的零件）的轮廓加工，需要计算出几何元素的起点、终点、圆弧的圆心、两几何元素的交点或切点的坐标值，有的还要计算刀具中心的运动轨迹坐标值。对于形状比较复杂的零件（如非圆曲线、曲面组成的零件）的轮廓加工，需要用直线段或圆弧段逼近，根据要求的精度计算出其节点坐标值，这种情况一般要用计算机来完成数值计算的工作。

3. 编写零件加工程序单

加工路线、工艺参数及刀具运动轨迹的坐标值确定以后，编程人员可以根据数控系统规定的功能指令代码及程序段格式，逐段编写零件加工程序单。此外，还应填写有关的工艺文件，如数控加工工序卡片、数控刀具卡片、数控刀具明细表等。

4. 制备控制介质

制备控制介质就是把编制好的程序单上的内容记录到控制介质上作为数控装置的输入信息。控制介质的类型因数控装置而异，常用的有 U 盘、磁盘等，也可直接通过数控装置上的键盘将程序输入存储器。

5. 程序校验和试切削

零件加工程序单和制备好的控制介质必须经过校验和试切削才能用于正式加工，一般采用空进给校验、空运转画图校验以检查机床运动轨迹与动作的正确性。在具有图形显示功能和动态模拟功能的数控机床上，用图形模拟刀具与工件切削的方法进行检验更为方便。但这些方法只能检验出运动是否正确，不能检查被加工零件的加工精度。因此，还要进行零件的试切削。当发现有加工误差时，应分析误差产生的原因，采取措施加以纠正。

从以上内容来看，作为一名编程人员，不仅要熟悉数控机床的结构、数控系统的功能及有关标准，还必须是一名好的工艺人员，要熟悉零件的加工工艺、装夹方法、刀具、切削用量的选择等方面的知识。

三、数控编程的方法

数控编程的方法有两种：手工编程和自动编程。

1. 手工编程

用人工完成程序编制的全部工作（包括用通用计算机辅助进行数值计算）称为手工编程。

对于几何形状较为简单的零件，数值计算较简单，程序段不多，采用手工编程较容易完成，而且经济、及时。因此，在点位加工及由直线与圆弧组成的轮廓加工中，手工编程仍广泛使用。但对于形状复杂的零件，特别是具有非圆曲线、列表曲线或曲面的零件，用手工编程就有一定的困难，出错的可能性增大，效率低，有时甚至无法编出程序。因此必须采用自动编程的方法编制程序。

2. 自动编程

自动编程也称计算机辅助编程，即程序编制工作的大部分或全部由计算机来完成。如完成坐标值计算、编写零件加工程序单、自动地输出打印加工程序单和制备控制介质等。自动编程方法减轻了编程人员的劳动强度，缩短了编程时间，提高了编程质量，同时解决了手工编程无法解决的许多复杂零件的编程难题。工件表面形状越复杂，工艺过程越烦琐，自动编程的优势就越明显。

自动编程的方法种类很多，发展也很迅速。根据编程信息的输入和计算机对信息的处理方式的不同，可以分为以自动编程语言为基础的自动编程方法（简称语言式自动编程）和以计算机绘图为基础的自动编程方法（简称图形交互式自动编程）。

第二节 编程的基础知识

一、零件加工程序的结构

1. 程序的构成

一个完整的零件加工程序由程序号（名）和若干个程序段组成，每个程序段由若干个指令字组成，每个指令字又由字母、数字、符号组成。例如：

```
O0600
N0010  G92  X0  Y0;
N0020  G90  G00  X50  Y60;
N0030  G01  X10  Y50  F150  S300  T12  M03;
⋮
N0100  G00  X-50  Y-60  M02;
```

上面是一个完整的零件加工程序，它由一个程序号和10个程序段组成。最前面的“O0600”是整个程序的程序号，也叫程序名。每一个独立的程序都应有程序号，它可作为识别、调用该程序的标志。程序号的格式为

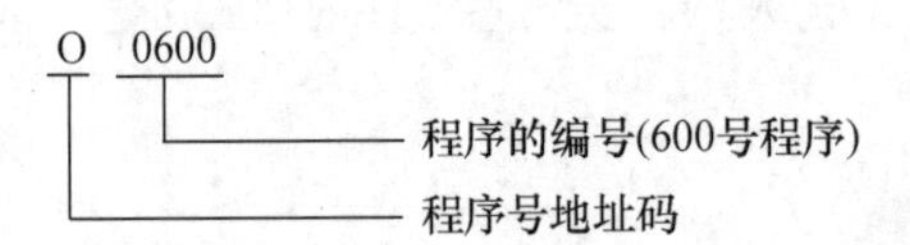

不同的数控系统，程序号地址码所用的字符可不相同。如FANUC系统用O，AB8400系统用P，而Sinumerik系统则用%作为程序号的地址码。编程时一定要根据说明书的规定使用，否则系统是不会接受的。

每个程序段以程序段序号“N××××”开头，用“;”表示结束（还有的系统用“LF”“CR”“EOB”等符号），每个程序段中有若干个指令字，每个指令字表示一种功能。一个程序段表示一个完整的加工工步或动作。

一个程序的最大长度取决于数控系统中零件程序存储区的容量。现代数控系统的存储区容量已足够大，一般情况下已足够使用。一个程序段的字符数也有一定的限制，如某些数控

系统规定一个程序段的字符数≤90个，一旦大于限定的字符数时，应把它分成两个或多个程序段。

2. 程序段格式

程序段格式是指一个程序段中字的排列顺序和表达方式。不同的数控系统往往有不同的程序段格式。程序段格式不符合要求，数控系统就不能接受。

数控系统曾用过的程序段格式有三种：固定顺序程序段格式、带分隔符的固定顺序（也称表格顺序）程序段格式和字地址程序段格式。前两种在数控系统发展的早期阶段曾经使用过，但由于程序不直观，容易出错，故现在已几乎不用。目前数控系统广泛采用的是字地址程序段格式，下面仅介绍这种格式。

字地址程序段格式也叫地址符可变程序段格式，前面的例子采用的就是这种格式。这种格式的程序段的长短、字数和字长（位数）都是可变的，字的排列顺序没有严格要求。不需要的字以及与上一程序段相同的续效字可以不写。这种格式的优点是程序简短、直观、可读性强、易于检验和修改。因此，现代数控机床广泛采用这种格式。

国际标准 ISO 6983—1：2009 和我国的 GB/T 8870.1—2012 标准都推荐使用这种字地址程序段格式，并做了具体规定。

字地址程序段的一般格式为

N—	G—	X— Y— Z—…	F—	S—	T—	M—	；
程序段序号字	准备功能字	尺寸字	进给功能字	主轴转速功能字	刀具功能字	辅助功能字	程序段结束符

例如：N20 G01 X25 Y-36 Z64 F100 S300 T02 M03；

程序段可以认为是由若干个程序字（指令字）组成的，而程序字又由地址码和数字及代数符号组成。程序字的组成如下

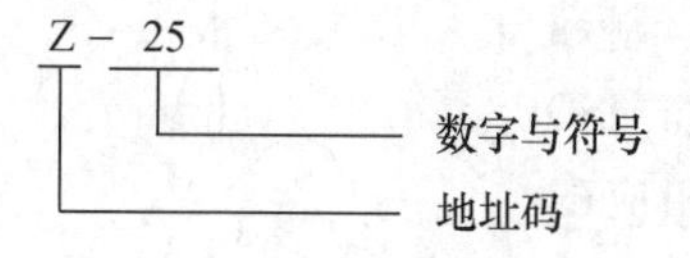

在程序段的一般格式中，各程序字可根据需要选用，不用的可省略，在程序段中表示地址码的英文字母可分为尺寸地址码和非尺寸地址码两类。

常用地址码及其含义见表 2-1。

表 2-1 常用地址码及其含义

机能	地址码	说明
程序段序号	N	程序段顺序编号地址
坐标字	X,Y,Z,U,V,W,P,Q,R; A,B,C,D,E; R; I,J,K;	直线坐标轴 旋转坐标轴 圆弧半径 圆弧中心坐标

（续）

机　能	地　址　码	说　明
准备功能	G	指令机床动作方式
辅助功能	M	机床辅助动作指令
补偿值	H或D	补偿值地址
切削用量	S F	主轴转速 进给量或进给速度
刀具号	T	刀库中的刀具编号

3. 主程序和子程序

数控加工程序可分为主程序和子程序。在一个加工程序中，如果有几个连续的程序段在多处重复出现（例如，在一块较大的工件上加工多个相同形状和尺寸的部位），就可将这些重复使用的程序段按规定的格式独立编写成子程序输入到数控装置的子程序存储区中，以备调用。程序中子程序以外的部分便称为主程序。在执行主程序的过程中，如果需要，可调用子程序。并可以多次重复调用。有些数控系统在子程序执行过程中还可以调用其他的子程序，即子程序嵌套，这样可以简化程序设计，缩短程序的长度。带子程序的程序执行过程如图2-2所示。

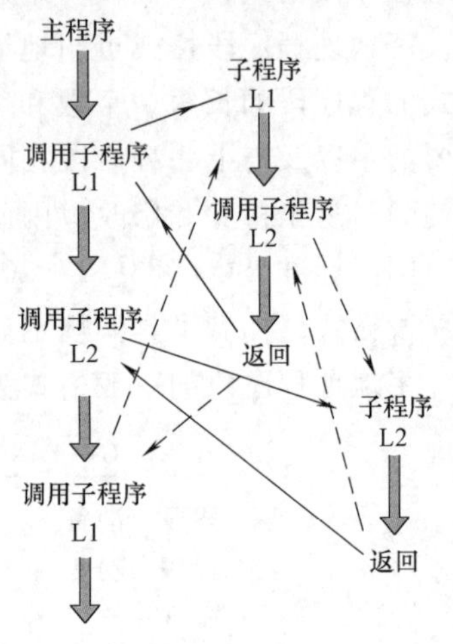

图2-2　带子程序的程序执行过程

二、数控机床的坐标系

1. 坐标轴及运动方向的规定

数控机床的坐标轴和运动方向应有统一的规定并共同遵守，这样将给数控系统和机床的设计、程序编制和使用维修带来极大的便利。因此，ISO组织和我国有关部门都制定了相应的标准，并且两者是等效的。

（1）直线进给和圆周进给运动坐标系　机床的一个直线进给运动或一个圆周进给运动定义一个坐标轴。标准规定采用右手直角笛卡儿坐标系，即直线进给运动用直角坐标系中的 X、Y、Z 坐标表示，常称为基本坐标系。X、Y、Z 坐标的相互关系用右手定则确定。围绕 X、Y、Z 轴旋转的圆周进给坐标轴分别用 A、B、C 坐标表示，其正向根据右手螺旋定则确定，如图2-3所示。

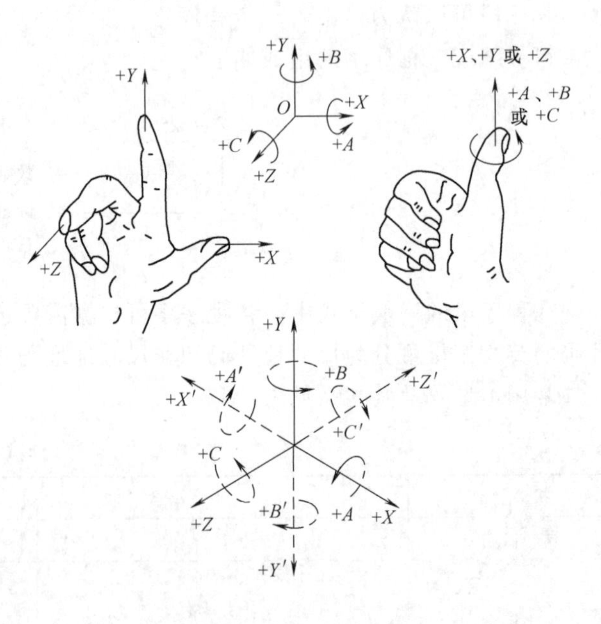

图2-3　右手直角笛卡儿坐标系

数控机床的进给运动是相对运动，有的是刀具相对于工件的运动（如车床），有的是工件相对于刀具的运动（如铣床）。所以标准统一规定上述坐标系是假定工件不动，刀具相对于工件做进给运动的坐标系。如果是刀具不动，工件运动的坐标则用加“′”的字母表示。显然，工件运动坐标的正方向与刀具运动坐标的正方向相反。

标准统一规定，以增大工件与刀具之间距离的方向（即增大工件尺寸的方向）为坐标轴的正方向。

（2）机床坐标轴的确定方法　图 2-4 至图 2-7 分别给出了几种典型机床的标准坐标系简图。图中字母表示运动的坐标，箭头表示正方向。这些坐标轴和运动方向是根据以下规则确定的。

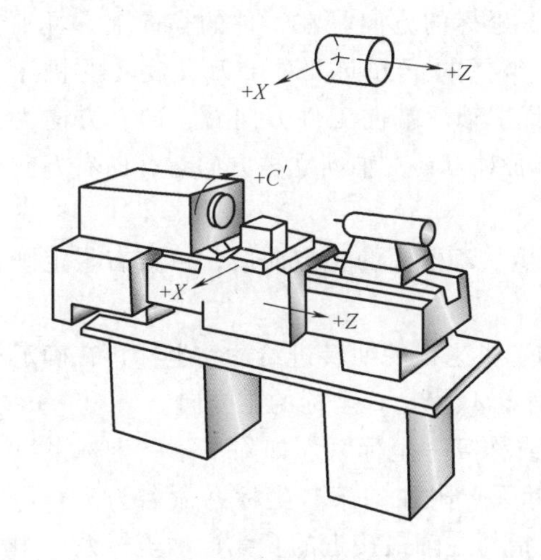

图 2-4　卧式车床坐标系

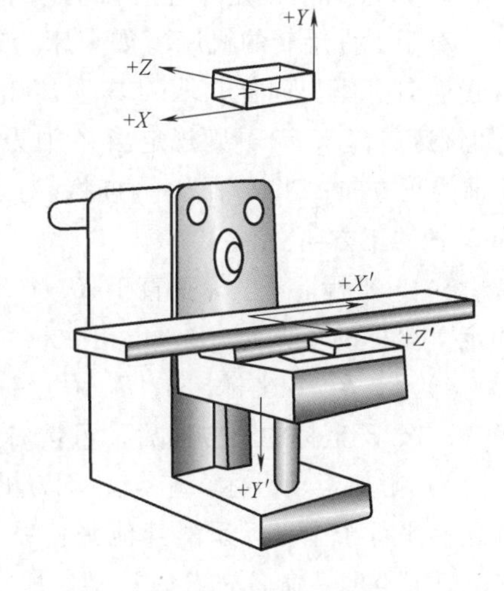

图 2-5　卧式升降台铣床坐标系

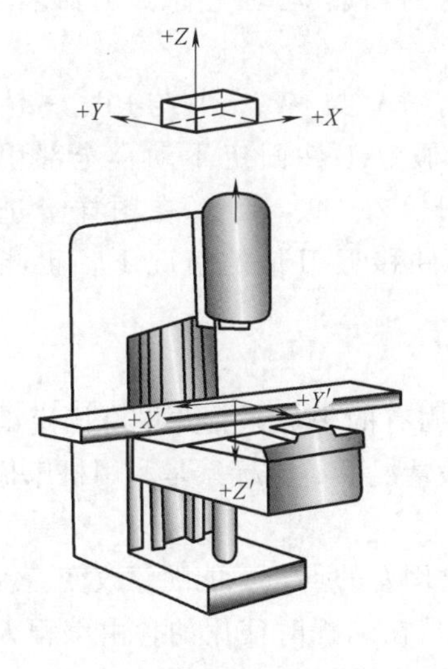

图 2-6　立式升降台铣床坐标系

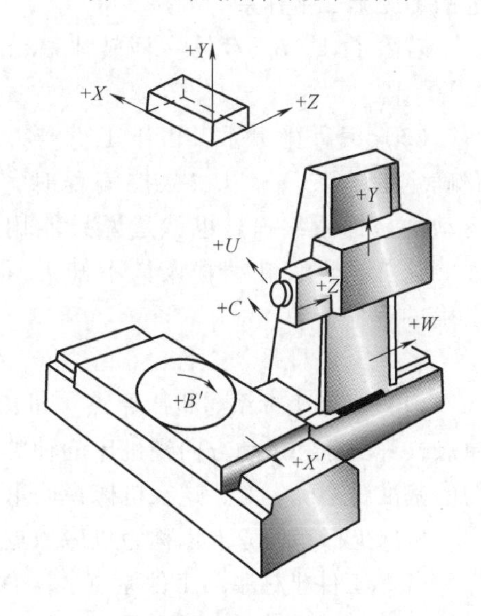

图 2-7　卧式镗铣床坐标系

1）Z 坐标。规定平行于机床主轴（传递切削动力）的刀具运动坐标为 Z 坐标，取刀具远离工件的方向为正方向（$+Z$）。

对于刀具旋转的机床，如铣床、钻床、镗床等，平行于旋转刀具轴线的坐标为 Z 坐标，而对于工件旋转的机床，如车床、外圆磨床等，则平行于工件轴线的坐标为 Z 坐标。

对于没有主轴的机床，则规定垂直于工件装夹表面的坐标为 Z 坐标（如刨床）。

如果机床上有几根主轴，则选垂直于工件装夹表面的一根主轴作为主要主轴。Z 坐标即为平行于主要主轴轴线的坐标。

如果主轴能摆动，在摆动范围内只与主坐标系中的一个坐标平行时，则这个坐标就是 Z 坐标。如摆动范围内能与主坐标系中的多个坐标相平行时，则取垂直于工件装夹面的坐标作为 Z 坐标。

2）X 坐标。规定 X 坐标轴为水平方向，且垂直于 Z 轴并平行于工件的装夹面。

对于工件旋转的机床（如车床、外圆磨床等），X 坐标的方向是在工件的径向上，且平行于横向滑座。同样，取刀具远离工件的方向为 X 坐标的正方向。对于刀具旋转的机床（如铣床、镗床等），则规定当 Z 轴为水平时，从刀具主轴后端向工件方向看，向右方向为 X 轴的正方向；当 Z 轴为垂直时，对于单立柱机床，面对刀具主轴向立柱方向看，向右方向为 X 轴的正方向。

3）Y 坐标。Y 坐标垂直于 X、Z 坐标。在确定了 X、Z 坐标的正方向后，可按右手定则确定 Y 坐标的正方向。

4）A、B、C 坐标。A、B、C 坐标分别为绕 X、Y、Z 坐标的回转进给运动坐标，在确定了 X、Y、Z 坐标的正方向后，可按右手螺旋定则来确定 A、B、C 坐标的正方向。

5）附加运动坐标。X、Y、Z 为机床的主坐标系或称第一坐标系。如除了第一坐标系以外还有平行于主坐标系的其他坐标系则称为附加坐标系。附加的第二坐标系命名为 U、V、W，第三坐标系命名为 P、Q、R。所谓第一坐标系是指与主轴最接近的直线运动坐标系，稍远的即为第二坐标系。

若除了 A、B、C 第一回转坐标系以外，还有其他的回转运动坐标，则命名为 D、E 等。

（3）编程坐标系　由于工件与刀具是相对运动的，$+X'$ 与 $+X$、$+Y'$ 与 $+Y$、$+Z'$ 与 $+Z$ 有确定的关系，所以在数控编程时，为了方便，一律假定工件固定不动，全部用刀具运动的坐标系编程。也就是说只能用标准坐标系 X、Y、Z、A、B、C 在图样上进行编程。这样，即使在编程人员不知刀具移近工件还是工件移近刀具的情况下，也能编制正确的程序。

2. 机床坐标系与工件坐标系

（1）机床坐标系与机床原点　机床坐标系是机床上固有的坐标系，并设有固定的坐标原点，其坐标和运动方向视机床的种类和结构而定。一般情况下，坐标系是利用机床机械结构的基准线来确定的，这在机床说明书中均有规定。

机床坐标系的原点也称为机床原点、机械原点，它是固有的点，不能随意改变。

（2）工件坐标系与工件原点　工件坐标系是编程人员在编程时使用的，由编程人员以工件图样上的某一点为原点所建立的坐标系。编程尺寸都按工件坐标系中的尺寸确定，故工件坐标系也称编程坐标系。工件坐标系的原点也称工件原点、编程原点，它是可以用程序指令设置和改变的。在一个零件的全部加工程序中，根据需要，可以一次或多次设定或改变工件原点。

(3) 机床坐标系与工件坐标系的关系　机床坐标系与工件坐标系的关系如图2-8所示。一般说来，工件坐标系的坐标轴与机床坐标系相应的坐标轴相平行，方向也相同，但原点不同。在加工中，工件随夹具在机床上安装后，要测量工件原点与机床原点之间的坐标距离，这个距离称为工件原点偏置。这个偏置值需预存到数控系统中。在加工时，工件原点偏置值便能自动加到工件坐标系上，使数控系统可按机床坐标系确定加工时的坐标值。

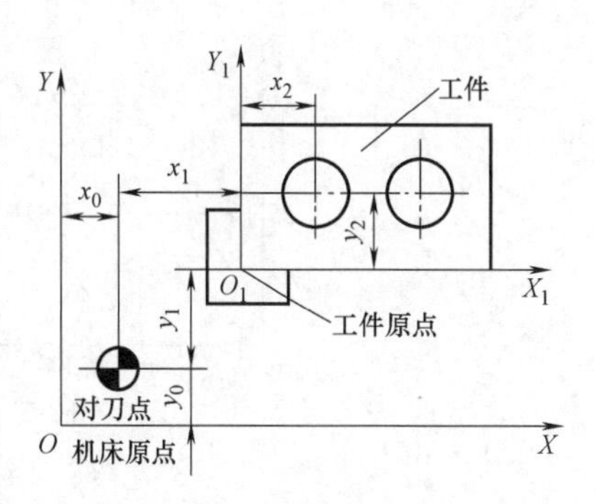

图2-8　机床坐标系与工件坐标系的关系

3. 绝对坐标系和增量（相对）坐标系

(1) 绝对坐标系　在坐标系中，所有的坐标点均以固定的坐标原点为起点确定坐标值的，这种坐标系称为绝对坐标系。如图2-9a所示，A、B两点的坐标值均以固定的坐标原点计算，其坐标值为$X_A=10$，$Y_A=20$；$X_B=30$，$Y_B=50$。

(2) 增量（相对）坐标系　在坐标系中，运动轨迹（直线或圆弧）的终点坐标值是以起点开始计算的，这种坐标系称为增量（相对）坐标系。增量坐标系的坐标原点是移动的，坐标值与运动方向有关。增量坐标常用U、V、W代码表示，U、V、W轴分别与X、Y、Z轴平行且同向，如图2-9b所示。假定运动轨迹是由A到B，则A、B点的相对坐标值分别为$U_A=0$、$V_A=0$；$U_B=20$、$V_B=30$。U-V坐标系即为增量坐标系。

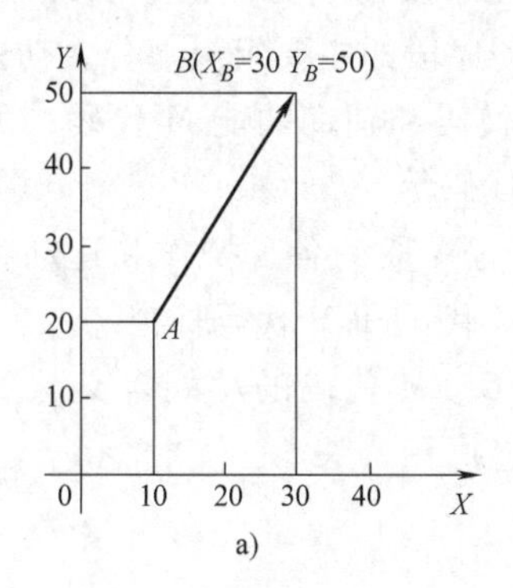

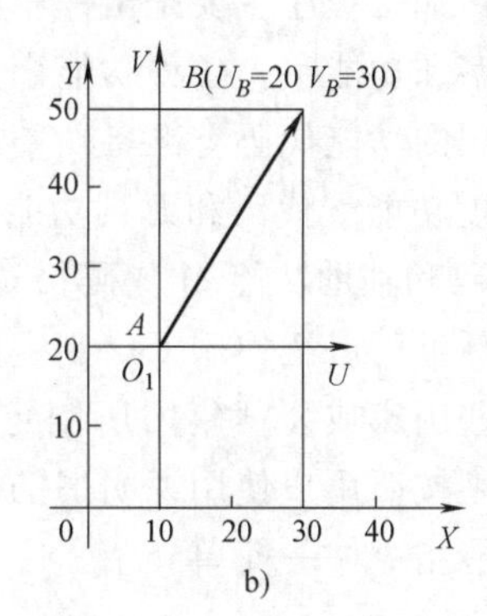

图2-9　绝对坐标系和增量坐标系
a）绝对坐标　b）增量坐标

在编程中，绝对坐标系和增量坐标系均可采用，可从加工精度要求和编程方便程度等角度来考虑合理选用坐标系的类型。如图2-10a所示，由一个固定基准给定零件的加工尺寸时，显然采用绝对坐标是方便的。而当加工尺寸是以图2-10b的形式给出各孔之间的间距时，采用增量坐标则是方便的。

4. 最小设定单位与编程尺寸的表示法

机床的最小设定单位，即数控系统能实现的最小位移量，是机床的一个重要技术指标，又称最小指令增量或脉冲当量，一般为0.0001~0.01mm，视具体数控机床而定。

在编程时，所有的编程尺寸都应转换成与最小设定单位相对应的数量。编程尺寸有两种

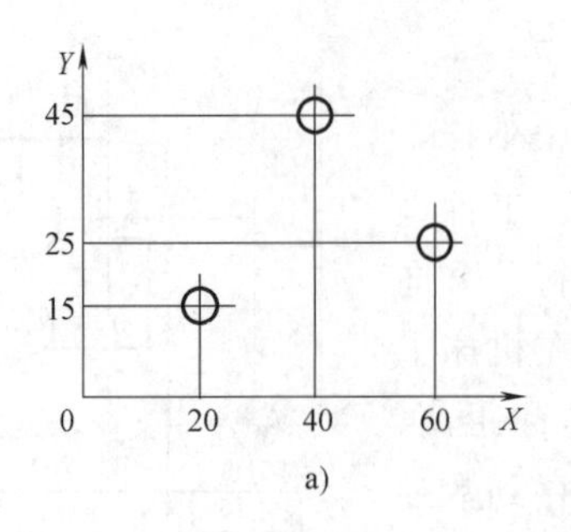

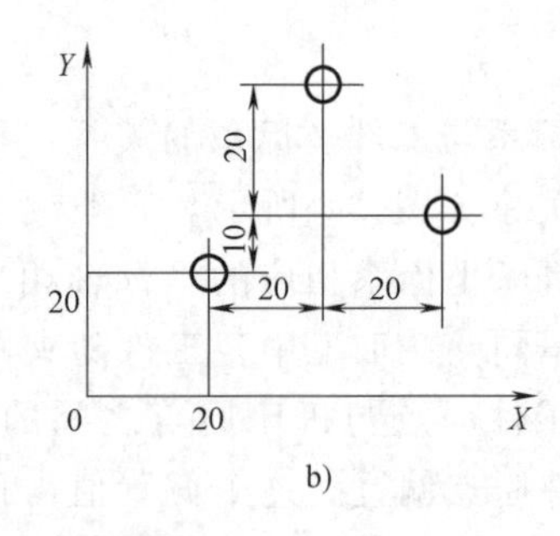

图 2-10 坐标方式的选择

a）绝对坐标 b）增量坐标

表示法，不同的数控机床可有不同规定。一种是以最小设定单位（脉冲当量）为最小单位来表示。另一种是以 mm 为单位，以有效位小数来表示。例如某坐标点的尺寸为 X=125.30mm，Z=405.247mm，最小设定单位为 0.01mm，则

第一种方法表示为　　X12530　Z40525

第二种方法表示为　　X125.30　Z405.25

目前这两种表示方法都有应用，不同的数控机床有不同的规定。编程时，尺寸用哪种方法表示，一定要遵守具体机床的规定。

三、功能代码简介

如前所述，零件加工程序主要是由一个个程序段构成的，程序段又是由程序字构成的。程序字可分为尺寸字和功能字，各种功能字是程序段的主要组成部分，功能字又称为功能指令或功能代码。常用的功能代码有准备功能 G 代码和辅助功能 M 代码，另外，还有进给功能 F 代码、主轴速度功能 S 代码和刀具功能 T 代码等。

准备功能 G 代码和辅助功能 M 代码描述了程序段的各种操作和运动特征，是程序段的主要组成部分。国际上已广泛使用 ISO 制定的 G 代码和 M 代码标准。

应当指出，有些国家或公司集团所制定的 G、M 代码的功能含义与 ISO 标准不完全相同，实际编程时，须按照用户使用说明书的规定执行。

下面对有关功能指令做一简单介绍。

1. 准备功能 G 代码

准备功能 G 代码，简称 G 功能、G 指令或 G 代码，它是使机床或数控系统建立起某种加工方式的指令。

G 代码由地址码 G 后跟两位数字组成，从 G00~G99 共有 100 种。表 2-2 为准备功能 G 代码。

G 代码分为模态代码（又称续效代码）和非模态代码（又称非续效代码）两类。表中序号（2）栏中标有字母的行所对应的 G 代码为模态代码，标有相同字母的 G 代码为一组。模态代码表示该代码在一个程序段中被使用（如 a 组中的 G01）后就一直有效，直到出现同组（a 组）中的其他任一 G 代码（如 G02）时才失效。同一组的模态代码在同一个程序段中不能同时出现，否则只有最后的代码有效，而非同一组的 G 代码可以在同一程序段中出现。表中（2）栏中没有字母的行所对应的 G 代码为非模态代码，它只在有该代码的程序段中有效。G 代码通常位于程序段中尺寸字之前。

表 2-2　准备功能 G 代码

代码 (1)	功能保持到被取消或被同样字母表示的程序指令所代替 (2)	功能仅在所出现的程序段内有作用 (3)	功　能 (4)	代码 (1)	功能保持到被取消或被同样字母表示的程序指令所代替 (2)	功能仅在所出现的程序段内有作用 (3)	功　能 (4)
G00	a		点定位	G50	#(d)	#	刀具偏置 0/-
G01	a		直线插补	G51	#(d)	#	刀具偏置+/0
G02	a		顺时针方向圆弧插补	G52	#(d)	#	刀具偏置-/0
G03	a		逆时针方向圆弧插补	G53	F		直线偏移,注销
G04		*	暂停	G54	f		直线偏移 *X*
G05	#	#	不指定	G55	f		直线偏移 *Y*
G06	a		抛物线插补	G56	f		直线偏移 *Z*
G07	#	#	不指定	G57	f		直线偏移 *XY*
G08		*	加速	G58	f		直线偏移 *XZ*
G09		*	减速	G59	f		直线偏移 *YZ*
G10~G16	#	#	不指定	G60	h		准确定位 1(精)
G17	c		*XY* 平面选择	G61	h		准确定位 2(中)
G18	c		*ZX* 平面选择	G62	h		快速定位(粗)
G19	c		*YZ* 平面选择	G63		*	攻螺纹
G20~G32	#	#	不指定	G64~G67	#	#	不指定
G33	a		螺纹切削、等螺距	G68	#(d)	#	刀具偏置,内角
G34	a		螺纹切削、增螺距	G69	#(d)	#	刀具偏置,外角
G35	a		螺纹切削、减螺距	G70~G79	#	#	不指定
G36~G39	#	#	永不指定	G80	e		固定循环注销
G40	d		刀具补偿/ 刀具偏置注销	G81~G89	e		固定循环
G41	d		刀具补偿—左	G90	j		绝对尺寸
G42	d		刀具补偿—右	G91	j		增量尺寸
G43	#(d)	#	刀具偏置—正	G92		*	预置寄存
G44	#(d)	#	刀具偏置—负	G93	k		时间倒数,进给率
G45	#(d)	#	刀具偏置+/+	G94	k		每分钟进给
G46	#(d)	#	刀具偏置+/-	G95	k		主轴每转进给
G47	#(d)	#	刀具偏置-/-	G96	I		恒线速度
G48	#(d)	#	刀具偏置-/+	G97	I		每分钟转数(主轴)
G49	#(d)	#	刀具偏置 0/+	G98~G99	#	#	不指定

注：1. #号：如选为特殊用途，必须在程序格式说明中说明。
2. 如在直线切削控制中没有刀具补偿，则 G43 到 G52 可指定为其他用途。
3. 在表中第（2）栏括号中的字母（d）表示：可以被同栏中没有括号的字母 d 所注销或代替，也可被有括号的字母（d）所注销或代替。
4. G45 到 G52 的功能可用于机床上任意两个预定的坐标。
5. 控制机上没有 G53 到 G59、G63 功能时，可以指定为其他用途。

表中序号（4）栏中的“不指定”代码，用于将来修改标准，指定新的功能。“永不指定”代码，指的是即使修改标准，也不指定新的功能。然而这两类 G 代码可以由机床的设计者根据需要定义新的功能，但必须在机床说明书中予以说明。

下面举一例说明模态代码的用法。

```
N001  G00  G17  X—  Y—  M03  M08;
N002  G01  G42  X—  Y—  F—;
N003            X—  Y—;
N004  G02       X—  Y—  I—  J—;
N005            X—  Y—  I—  J—;
N006  G01       X—  Y—;
N007  G00  G40  X—  Y—  M05  M09;
```

上例中的 N001 程序段中，有两种 G 代码，都是续效代码，因为它们不属于同一组，故可编在同一程序段中。N002 程序段中出现 G01，同组中的 G00 失效。G17 是不同组的，所以继续有效。N003 程序段的功能和 N002 程序段相同。因 G01 和 G42 是续效代码，故继续有效。不须重写代码，其余可类推。

常用 G 代码的编程方法与应用将在下一节中详细讨论。

2. 辅助功能 M 代码

辅助功能 M 代码，也称为 M 功能、M 指令或 M 代码，它由地址码 M 和其他两位数字组成，共有 100 种（M00~M99）。它是控制机床辅助动作的指令，主要用作机床加工时的工艺性指令，如主轴的开、停、正反转，切削液的开、关，运动部件的夹紧与松开等。

表 2-3 为辅助功能 M 代码，该表第（4）栏中“＊”号对应的 M 代码是续效代码，按其逻辑功能也应分成组，例如 M03、M04、M05 为同一组。不同组的 M 代码，在同一程序段中可以同时出现。表内第（5）栏中“＊”对应的 M 代码是非续效代码，仅在它出现的程序段有效。表内第（2）、（3）栏中的“＊”号是指明 M 功能代码开始执行的时间。由于 M 代码控制机床的辅助动作，通常与程序段中的运动指令一起配合使用，所以 M 代码在程序段中是与指令运动同时执行还是在指令运动结束后执行需要指定。

前面列举的程序段中，N001 程序段有两种 M 代码，M03 是主轴正转，M08 是切削液打开。从逻辑上看不是同一组的，但可以编在同一程序段中。该程序段的主要功能是快速进给。而主轴正转和切削液打开两个辅助功能，应在快速进给时执行。因 M03 和 M08 是续效代码，在以下的程序段中又无同组的 M 代码出现，故它们继续有效，不需重写。N007 程序段中也有两种 M 代码，M05 主轴停止和 M09 切削液关闭，也是续效代码，但该两条辅助指令应在快速返回后开始执行。

以下对常用的 M 代码做简要说明。

1）M00——程序停止。在完成该程序段其他指令后，用以停止主轴转动、进给和切削液，以便执行某一固定的手动操作。如手动变速，换刀，工件调头等。当程序运行停止时，全部现存的模态信息保持不变。固定操作完成后，重按“启动键”，便可继续执行下一程序段。

2）M01——计划（任选）停止。该指令与 M00 相似，所不同的是，只有在操作面板上的“任意停止”按键被按下时，M01 才有效，否则这个指令不起作用。该指令常用于工件关键尺寸的停机抽样检查或其他需要临时停车的场合。当检查完成后，按“启动”键继续执行以后的程序。

表 2-3 辅助功能 M 代码

代码	功能开始时间		功能保持到被注销或被适当程序指令代替	功能仅在所出现的程序段内有作用	功 能	代码	功能开始时间		功能保持到被注销或被适当程序指令代替	功能仅在所出现的程序段内有作用	功 能
	与程序段指令运动同时开始	在程序段指令运动完成后开始					与程序段指令运动同时开始	在程序段指令运动完成后开始			
(1)	(2)	(3)	(4)	(5)	(6)	(1)	(2)	(3)	(4)	(5)	(6)
M00		*		*	程序停止	M36	*		*		进给范围 1
M01		*		*	计划停止	M37	*		*		进给范围 2
M02		*		*	程序结束	M38	*		*		主轴速度范围 1
M03	*		*		主轴顺时针方向	M39	*		*		主轴速度范围 2
M04	*		*		主轴逆时针方向	M40～M45	#	#	#	#	如有需要作为齿轮换档，此外不指定
M05		*	*		主轴停止	M46～M47	#	#	#	#	不指定
M06	#	#		*	换刀	M48		*	*		注销 M49
M07	*		*		2 号切削液开	M49	*		*		进给率修正旁路
M08	*		*		1 号切削液开	M50	*		*		3 号切削液开
M09		*	*		切削液关	M51	*		*		4 号切削液开
M10	#	#	*		夹紧	M52～M54	#	#	#	#	不指定
M11	#	#	*		松开	M55	*		*		刀具直线位移，位置 1
M12	#	#	#	#	不指定	M56	*		*		刀具直线位移，位置 2
M13	*		*		主轴顺时针方向，切削液开	M57～M59	#	#	#	#	不指定
M14	*		*		主轴逆时针方向，切削液开	M60		*		*	更换工件
M15	*			*	正运动	M61	*		*		工件直线位移，位置 1
M16	*			*	负运动	M62	*		*		工件直线位移，位置 2
M17～M18	#	#	#	#	不指定	M63～M70	#	#	#	#	不指定
M19		*	*		主轴定向停止	M71	*		*		工件角度位移，位置 1
M20～M29	#	#	#	#	永不指定	M72	*		*		工件角度位移，位置 2
M30		*		*	纸带结束	M73～M89	#	#	#	#	不指定
M31	#	#		*	互锁旁路	M90～M99	#	#	#	#	永不指定
M32～M35	#	#	#	#	不指定						

注：1. #号表示，如选为特殊用途，必须在程序说明中说明。

2. M90～M99 可指定为特殊用途。

3）M02——程序结束。当全部程序结束后，用此指令使主轴、进给、切削液全部停止，并使数控系统处于复位状态。该指令必须出现在程序的最后一个程序段中。

4）M03、M04、M05——分别命令主轴正转、反转和停转。所谓主轴正转是指从主轴往正Z方向看去，主轴顺时针方向旋转，逆时针方向则为反转，主轴停止旋转是在该程序段其他指令执行完成后才能执行。一般在主轴停转的同时进行制动和关闭切削液。

5）M06——换刀指令。该指令常用于加工中心机床刀库换刀前的准备动作。

6）M07、M08——切削液开。分别命令2号切削液（雾状）及1号切削液（液状）开（切削液泵起动）。

7）M09——切削液停。

8）M10、M11——运动部件的夹紧及松开。

9）M30——程序结束。该指令和M02相似，但M30可使程序返回到开始状态（换工件时用）。

3. F、S、T代码

（1）F代码　F代码为进给速度功能代码，它是续效代码，用来指定进给速度，单位一般为mm/min，当进给速度与主轴转速有关时（如车螺纹、攻螺纹等），单位为mm/r。F代码常有两种表示方法：

1）编码法。即在地址符F后跟一串数字代码，这些数字不直接表示进给速度的大小，而是机床进给速度数列的序号（编码号），具体的进给速度需查表确定。

2）直接指定法。即F后面跟的数字就是进给速度的大小。如F100表示进给速度是100mm/min，这种方法较为直观，因此现代数控机床大多采用这一方法。

（2）S代码　S代码为主轴转速功能代码，该代码为续效代码，用来指定主轴的转速，单位为r/min。它以地址符S为首，后跟一串数字，这串数字的表示方法与F代码完全相同，也有编码法和直接指定法两种。

主轴的实际转速常用数控机床操作面板上的主轴速度倍率开关来调整。倍率开关通常在50%~200%之间设有许多档位。编程时总是假定倍率开关指在100%的位置上。

（3）T代码　T代码为刀具功能代码。在有自动换刀功能的数控机床上，该指令用以选择所需的刀具号和刀补号。它以地址符T为首，其后跟一串数字，数字的位数和定义由不同的机床设计者自行确定，一般用两位或四位数字来表示，例如：

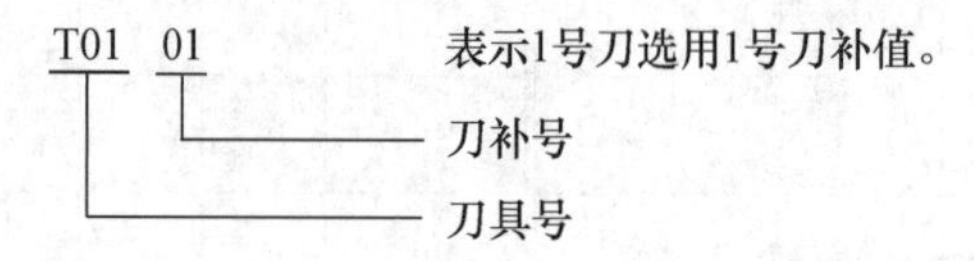

T01 02　　表示1号刀选用2号刀补值。

第三节　常用准备功能指令的编程方法

功能指令是组成程序段的基本单位，是编制加工程序的基础。本节主要讨论常用的准备功能指令的编程方法与应用，下面所涉及的指令代码均以ISO标准为准。

一、与坐标系相关的指令

1. 绝对坐标与增量坐标指令——G90、G91

在一般的机床数控系统中，为方便计算和编程，都允许绝对坐标方式和增量坐标方式及其混合方式编程，这就必须用 G90、G91 指令指定坐标方式。G90 表示程序段中的坐标尺寸为绝对坐标值，G91 则表示为增量坐标值。

图 2-11 所示为 *AB* 和 *BC* 两个直线插补程序段的运动方向及坐标值。现假定 *AB* 段已加工完毕，要加工 *BC* 段，刀具在 *B* 点，则该加工程序段为

绝对坐标方式：G90　G01　X30　Y40；

增量坐标方式：G91　G01　X-50　Y-30；

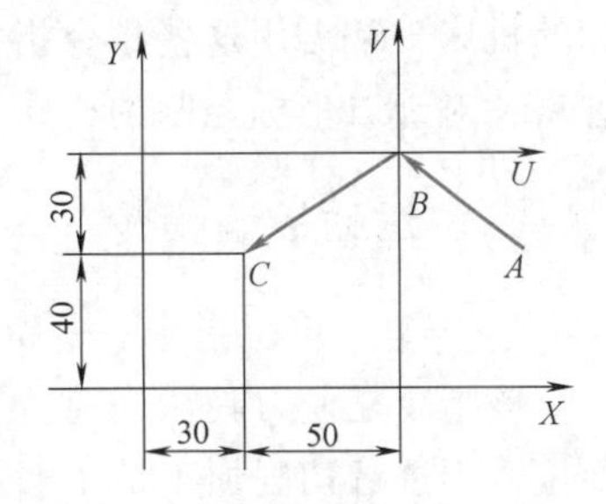

图 2-11　绝对坐标与增量坐标

注意：

1）绝对坐标方式编程时终点的坐标值在绝对坐标系中确定，增量坐标方式编程时终点的坐标值在增量坐标系中确定。

2）某些机床的增量坐标尺寸不用 G91 指定，而是在运动轨迹的起点建立平行于 *X*、*Y*、*Z* 的增量坐标系 *U*、*V*、*W*。如图 2-11 在 *B* 点建立 *U*、*V* 坐标系，其程序段为

G01　U-50　V-30（增量尺寸）

它与程序段 G91　G01　X-50　Y-30 等效。

上述两种方法根据具体机床的规定而选用。

2. 坐标系设定指令——G92

编制程序时，首先要设定一个坐标系，程序中的坐标值均以此坐标系为根据，此坐标系称为工件坐标系。G92 指令就是用来建立工件坐标系的，它规定了工件坐标系的原点的位置。就是说它确定了工件坐标系的原点（工件原点）在距刀具刀位点起始位置（起刀点）多远的地方。或者说，以工件原点为准，确定起刀点的坐标值。编程时通过 G92 指令将工件坐标系的原点传达给数控装置，并把这个设定值记忆在数控装置的存储器内。执行该指令后就确定了起刀点与工件原点的相对位置。

工件坐标系原点可以设定在工件基准或工艺基准上，也可以设定在卡盘端面中心（如数控车床）或工件的任意一点上。而刀具刀位点的起始位置（起刀点）可以放置在机床原点或换刀点上，也可以是任意一点。应该注意的是 G92 指令只是设定坐标系的原点位置，执行该指令后，刀具（或机床）并不产生运动，仍在原来位置。所以在执行 G92 指令前，刀具必须放在程序所要求的位置上，如果刀位点与设定值有误差，可用刀具补偿指令补偿其差值。

图 2-12 所示为数控车床的工件坐标系设定举例。为方便编程，通常将工件坐标系原点设定在主轴轴线与工件右端面的交点处。图中设 $\alpha=320$，$\beta=200$，坐标系设定程序为

G92　X320　Z200；

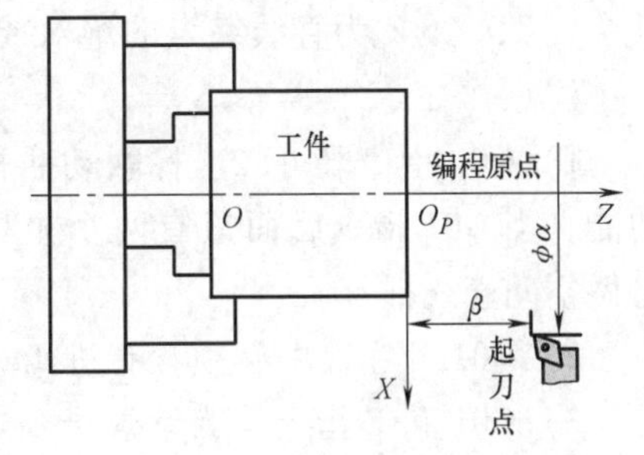

图 2-12　数控车床的工件坐标系设定

注意：

1）车削编程中，*X* 尺寸字中的数值一般用坐标值的 2 倍，即用刀尖相对于回转中心的直径值编程。

2）该指令程序段要求坐标值 *X*、*Z* 必须齐全，不可缺少，并且只能使用绝对坐标值，不能使用增量坐标值。

3）在一个零件的全部加工程序中，根据需要，可重复设定或改变编程原点。

3. 坐标平面选择指令——G17、G18、G19

G17、G18、G19 指令分别表示设定选择 XY、ZX、YZ 平面为当前工作平面。对于三坐标运动的铣床和加工中心，特别是可以三坐标控制、任意二坐标联动的机床，即所谓 $2\frac{1}{2}$坐标的机床，常需用这些指令指定机床在哪一平面进行运动。由于 XY 平面最常用，故 G17 可省略，对于二坐标控制的机床，如车床总是在 XZ 平面内运动，故无需使用平面指令。

二、运动控制指令

1. 快速点定位指令——G00

该指令是使刀具从当前位置以系统设定的速度快速移动到坐标系的另一点。它只是快速到位，不进行切削加工，一般用于空行程运动。其运动轨迹视具体系统的设计而定。编程格式为

G00　X—　Y—　Z—;

其中，X、Y、Z 为目标点的绝对或增量坐标。

注意：

1）G00 指令中不需要指定速度，即 F 指令无效，系统快进的速度事先已确定。不同系统确定的方式和数值范围各不相同，需查阅有关资料。

2）在 G00 状态下，不同数控机床坐标轴的运动情况可能不同。如有的系统是按机床设定速度先令某轴移动到位后再令另一轴移动到位；有的系统则是令各轴一起运动，此时若 X、Y、Z 坐标不相等，则各轴到达目标点的时间就不同，刀具运动轨迹为一空间折线；有的系统则是令各轴以不同的速度（各轴移动速度比等于各轴移动距离比）移动，同时到达目标点，刀具运动轨迹为一直线。因此，编程前应了解机床数控系统的 G00 指令各坐标轴运动的规律和刀具运动轨迹，以免刀具与工件或夹具碰撞。

2. 直接插补指令——G01

该指令是直线运动控制指令，它命令刀具从当前位置以二坐标或三坐标联动方式按指定的 F 进给速度做任意斜率的直线运动到达指定的位置。该指令一般用于轮廓切削。编程格式为

G01　X—　Y—　Z—　F—;

其中，X、Y、Z 为直线终点的绝对或增量坐标，F 为沿插补方向的进给速度。

注意：

1）G01 指令既可二坐标联动插补运动，又可三坐标联动插补运动，取决于数控系统的功能，当 G01 指令后面只有两个坐标值时，刀具将做平面直线插补，若有三个坐标值时，将做空间直线插补。

2）G01 程序段中必须含有进给速度 F 指令，否则机床不动作。

3）G01 和 F 指令均为续效指令。

例 2-1　车削加工如图 2-13 所示的零件轮廓（精加工，直径 ϕ40mm 的外圆不加工），设 A 点为起刀点，刀具由 A 点快进至 B 点，然后沿 B—C—D—E—F 方向切削，再快退至 A 点。程序段编制如下：

```
0020
N0010  G92  X50  Z10;                              (设定编程原点)
N0020  G90  G00  X20  Z2  S600  T11  M03;          (快进 A—B)
N0030  G01  X20  Z-14  F100;                       (车外圆 B—C)
N0040  G01  X28  Z-38;                             (车圆锥 C—D)
N0050  G01  X28  Z-48;                             (车外圆 D—E)
N0060  G01  X42  Z-48;                             (车平面 E—F)
N0070  G00  X50  Z10  M02;                         (快退至起刀点 F—A)
```

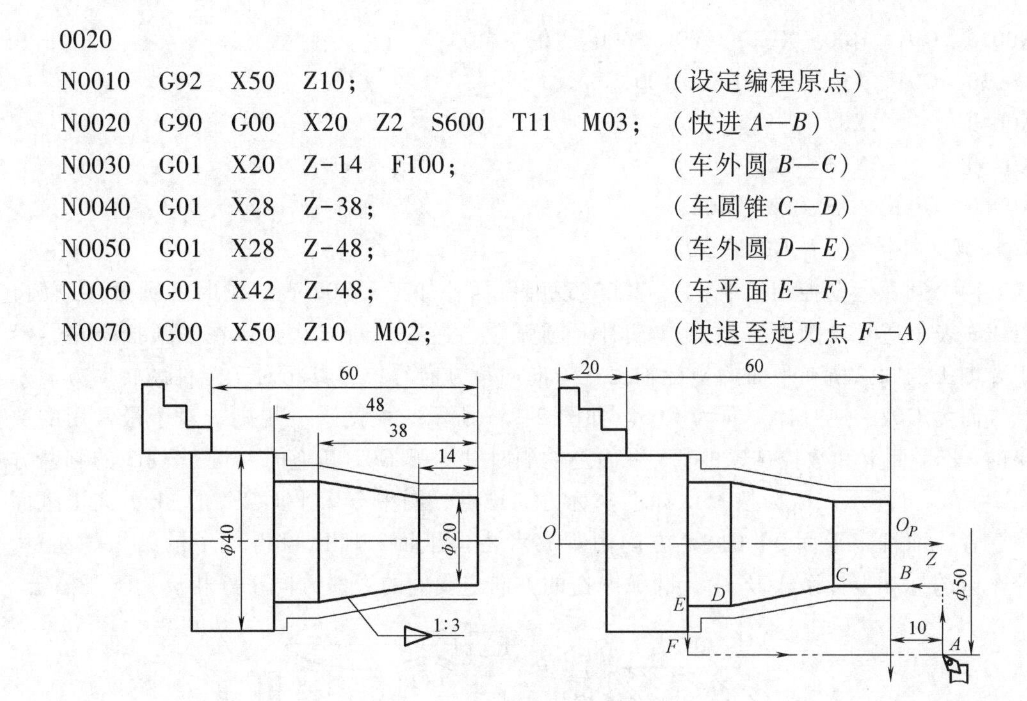

图 2-13 车削加工直线插补示例

例 2-2 铣削加工如图 2-14 所示的轮廓，*P* 点为起刀点，刀具由 *P* 点快速移至 *A* 点，然后沿 *A-B-O-A* 方向铣削，再快速返回 *P* 点。

程序段编制如下：

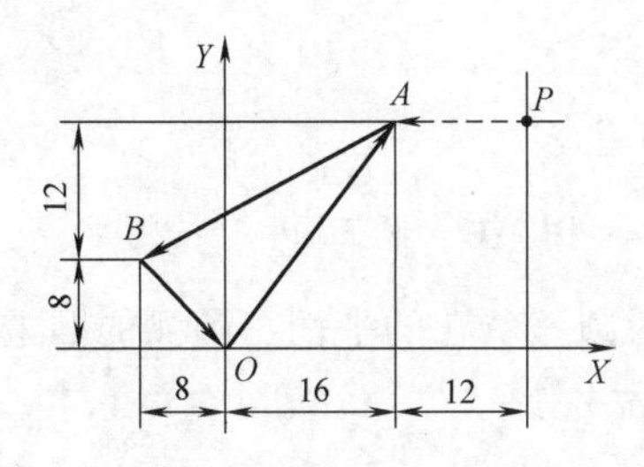

图 2-14 铣削加工直线插补示例

用绝对坐标方式编程：

```
O050
N0010  G92  X28  Y20;                              (设定编程原点)
N0020  G90  G00  X16  S600  T01  M03;              (快速定位 P—A)
N0030  G01  X-8  Y8  F100;                         (直线插补 A—B)
N0040            X0  Y0;                           (直线插补 B—O)
N0050            X16  Y20;                         (直线插补 O—A)
N0060  G00  X28  M02;                              (快速返回 A—P)
```

用增量坐标方式编程：

```
O050
N0010  G92  X28  Y20
```

```
N0020  G91  G00  X-12  Y0  S600  T01  M03;
N0030  G01  X-24  Y-12  F100;
N0040       X8  Y-8;
N0050       X16  Y20;
N0060  G00  X12  Y0  M02;
```

3. 圆弧插补指令——G02、G03

这是两个圆弧运动控制指令，它们能实现圆弧插补加工，G02 表示顺时针圆弧（顺圆）插补，G03 表示逆时针圆弧（逆圆）插补。圆弧顺、逆的判断方法为：在圆弧插补中，沿垂直于要加工的圆弧所在平面的坐标轴由正方向向负方向看，刀具相对于工件的转动方向是顺时针方向为 G02，逆时针方向为 G03。如图 2-15a 所示。根据这一规则，对于最常用的数控车床的 *XZ* 平面上和数控铣床的 *XY* 平面上的顺时针圆弧 G02 和逆时针圆弧 G03 的判断方法如图 2-15b、c 所示。因为按 ISO 标准坐标方向规定，图中车床平面 *XZ* 的 $-Y$ 方向由纸面指向观察者，而铣床平面 *XY* 的 $-Z$ 方向由观察者指向纸面，所以可得图示的结果。注意，在数控车床的标准坐标系 *XOZ* 中，圆弧顺逆的方向与我们的习惯方向正好相反，不要搞错。

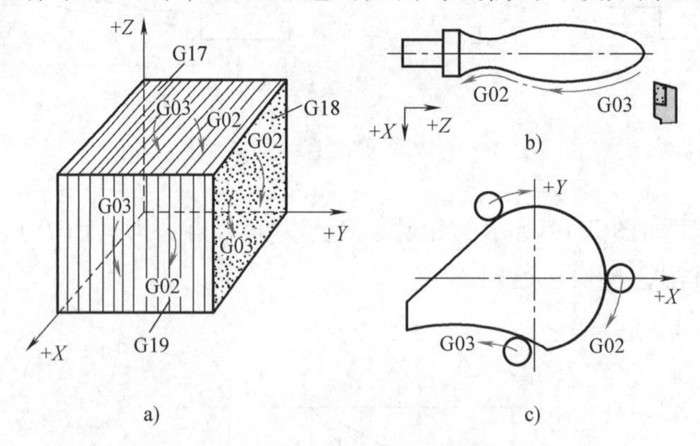

图 2-15　圆弧顺、逆的判断

圆弧加工程序段一般应包括圆弧所在的平面、圆弧的顺逆、圆弧的终点坐标以及圆心坐标（或半径 *R*）等信息。编程格式为

$$\begin{bmatrix}\text{G17}\\\text{G18}\\\text{G19}\end{bmatrix}\quad\begin{bmatrix}\text{G02}\\\text{G03}\end{bmatrix}\quad\begin{bmatrix}\text{X—Y—}\\\text{X—Z—}\\\text{Y—Z—}\end{bmatrix}\quad\begin{bmatrix}\text{I—J—}\\\text{J—K—}\\\text{J—K—}\\\text{或 R—}\end{bmatrix}\quad \text{F—;}$$

当机床只有一个坐标平面时（如车床），程序段中的平面设定指令可省略。当机床具有三个控制坐标时（如铣床），则 G17 指令可省略。

程序段中的终点坐标 *X*、*Y*、*Z* 可以用绝对尺寸，也可以用增量尺寸，取决于程序段中已指定的 G90 或 G91，还可以用增量坐标字 *U*、*V*、*W* 指定（如车床）。

程序段中的圆心坐标 *I*、*J*、*K* 一般用从圆弧起点指向圆心的矢量在坐标系中的分矢量（投影）来决定。且对大部分数控系统来说，总是为增量值，即不受 G90 控制。

有些数控系统允许用半径参数 *R* 来代替圆心坐标参数 *I*、*J*、*K* 编程，因为在同一半径的情况下，从圆弧的起点到终点可能有两个圆弧。因此在用半径值编程时，*R* 带有“±”号。

具体取法是：若圆弧对应的圆心角 $\theta \leqslant 180°$，则 R 取正值；若 $180° < \theta < 360°$，则 R 取负值。另外，用半径值编程时，不能描述整圆。

目前绝大多数数控机床在编程时均可将跨象限的圆弧编为一个程序段，即圆弧插补计算时能自动过象限。只有少量旧式的数控机床是要按象限划分程序段的。

例 2-3　铣削如图 2-16 所示的圆孔。编程坐标系如图 2-16 所示，设起刀点在坐标原点 O，加工时刀具快进至 A，沿箭头方向以 100mm/min 的速度切削整圆至 A，再快退返回原点，试编写加工程序。

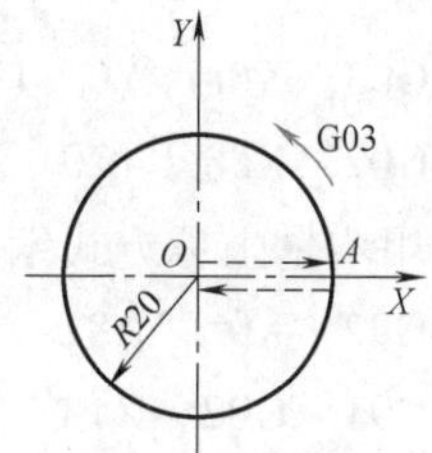

图 2-16　封闭圆铣削加工编程

解　因为是封闭圆加工，所以只能用圆心坐标 I、J 编程。

用绝对坐标方式编程

N050　G92　X0　Y0；

N060　G90　G00　X20　Y0　S300　T01　M03；

N070　G03　X20　Y0　I-20　J0　F100；

N080　G00　X0　Y0　M02；

用增量坐标方式编程

N050　G91　G00　X20　Y0　S300　T01　M03；

N060　G03　X0　Y0　I-20　J0　F100；

N070　G00　X-20　Y0　M02；

例 2-4　在车床上加工如图 2-17 所示的球头手柄，试写出刀尖从编程坐标原点出发，精车凸凹球面的程序段。

解　编程时，先要进行圆弧方向的判断。图 2-17 中，根据车床的判断方法可知 O_PA 圆弧为逆时针圆弧，AB 圆弧为顺时针圆弧。注意：与我们的习惯相反。

根据图中的几何关系，计算出各点的坐标值为

A（22，-45.32）、B（22，-75）、C（38.44，-60.16）、F（0，-28）

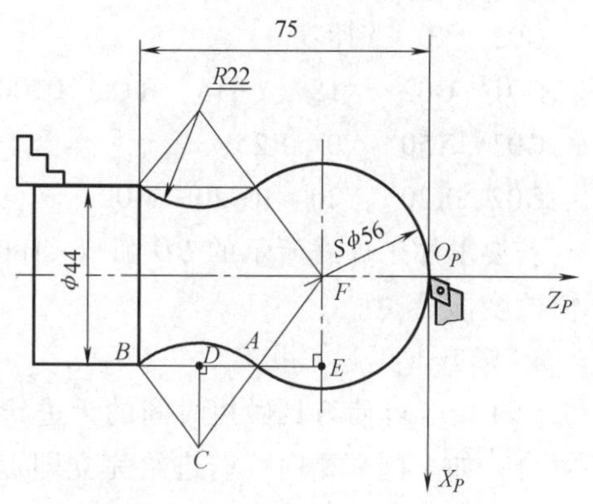

图 2-17　圆弧车削加工编程

程序段编制为：

用绝对坐标方式编程

N0060　G03　X44　Z-45.32　I0　K-28　F50；

N0070　G02　X44　Z-75　I16.44　K-14.84　F50；

用增量坐标方式编程

N0060　G03　U44　W-45.32　I0　K-28　F50；

N0070　G02　U0　W-29.86　I16.44　K-14.84　F50；

例 2-5　铣削加工如图 2-18 所示的圆弧曲线轮廓，设 A 点为起刀点，从点 A 沿圆 $C1$、$C2$、$C3$ 到 D 点停止，方向如图 2-18 所示，进给速度为 100mm/min。

解　根据铣削加工圆弧方向的判断方法，图中 $C1$ 为顺时针圆弧，$C2$ 为逆时针圆弧，$C3$ 为大于180度的顺时针圆弧。各种方法的程序编制如下：

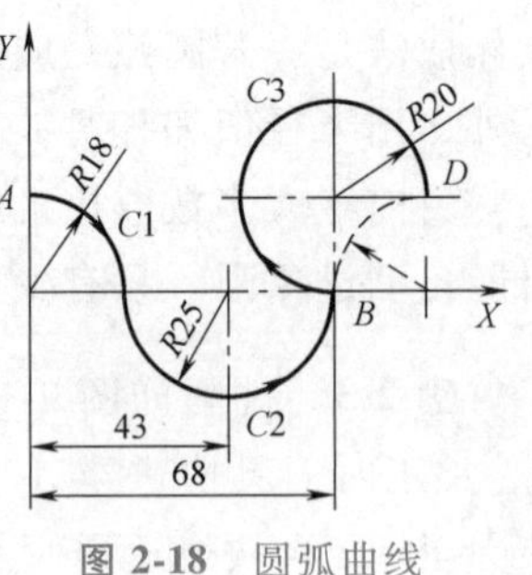

图 2-18　圆弧曲线铣削加工编程

用绝对坐标方式编程（圆心坐标参数法）

```
G92 X0 Y18;
G90 G02 X18 Y0 I0 J-18 F100 S300 T01 M03;
G03 X68 Y0 I25 J0;
G02 X88 Y20 I0 J20 M02;
```

用增量坐标方式编程（圆心坐标参数法）

```
G92 X0 Y18;
G91 G02 X18 Y-18 I0 J-18 F100 S300 T01 M03;
G03 X50 Y0 I25 J0;
G02 X20 Y20 I0 J20 M02;
```

用绝对坐标方式编程（半径 R 法）

```
G92 X0 Y18;
G90 G02 X18 Y0 R18 F100 S300 T01 M03;
G03 X68 Y0 R25;
G02 X88 Y20 R-20 M02;
```

用增量坐标方式编程（半径 R 法）

```
G92 X0 Y18;
G91 G02 X18 Y-18 R18 F100 S300 T01 M03;
G03 X50 Y0 R25;
G02 X20 Y20 R-20 M02;
```

若要求加工虚线所示的 BD 弧（$<180°$），则将上述 $C3$ 圆程序的 $-R$ 换成 R，或将圆心坐标值改变即可。

4. 暂停（延迟）指令——G04

G04 指令可使刀具做短时间的无进给运动，进行光整加工，可用于车槽、镗平面、锪孔等场合。如车削环槽时，若进给完立即退刀，则其环槽外形为螺旋面，用暂停指令使工件空转几秒钟，即能光整成圆。

暂停指令的编程格式为

G04　$\beta\Delta\Delta$;

其中，符号 β 表示地址符，常用的地址符有 X、U、P 等，不同系统有不同的规定，$\Delta\Delta$ 为数字，表示暂停时间（以 s 或 ms 为单位），或表示工件转数，视具体机床而定。

G04 为非续效指令，只在本程序段有效。

G04 指令主要用于以下几种情况：

1）不通孔做深度控制时，在刀具进给到规定深度后，用暂停指令使刀具做非进给光整切削，然后退刀，保证孔底平整。

2）镗孔完毕后要退刀时，为避免留下螺旋划痕而影响表面粗糙度，应使主轴停止转动，并暂停几秒钟，待主轴完全停止后再退刀。

3）横向车槽时，应在主轴转过几转后再退刀，可用暂停指令。

4）在车床上倒角或车顶尖孔时，为使表面平整，使用暂停指令使工件转过一转后再退刀。

例 2-6 图 2-19 为锪孔加工，孔底有表面粗糙度要求，根据图示条件编制加工程序为

```
N0010  G91  G01  Z-7  F60;
N0020  G04  X5;（刀具停留 5s）
N0030  G00  Z7  M02;
```

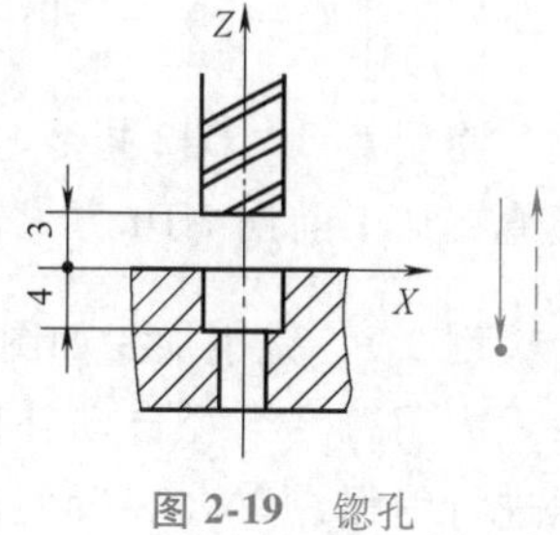

图 2-19　锪孔加工编程

三、刀具补偿指令

1. 刀具半径自动补偿指令——G41、G42、G40

现代数控机床一般都具备刀具半径自动补偿功能，以适应圆头刀具（如铣刀、圆头车刀等）加工时的需要，简化程序的编制。

（1）刀具半径自动补偿的概念　在用圆头刀具进行轮廓加工时，必须考虑刀具半径的影响。现以铣床为例，如图 2-20 所示，若要用半径为 R 的刀具加工外形轮廓为 AB 的工件，则刀具中心必须沿着与轮廓 AB 偏离 R 距离的轨迹 $A'B'$ 移动，即铣削时，刀具中心运动轨迹和工件的轮廓形状是不一致的。如果不考虑刀具半径，直接按照工件的廓形编程，加工时刀具中心是按廓形运动的，加工出来的零件比图样要求缩小了，不符合要求。因此编程时只有根据轮廓 AB 的坐标参数和刀具半径 R 的值人工计算出刀具轨迹的坐标参数 $A'B'$，再编制成程序进行加工。但这样做很不方便，因为这种计算是很烦琐的，有时是相当复杂的。特别是当刀具磨损、重磨以及换新刀导致刀具半径变化时，又需要重新计算。这就更加烦琐，也不容易保证加工精度。为了既能使编程方便，又能使刀具中心沿 $A'B'$ 轮廓运动加工出合格的零件，就需要有刀具半径自动补偿功能。

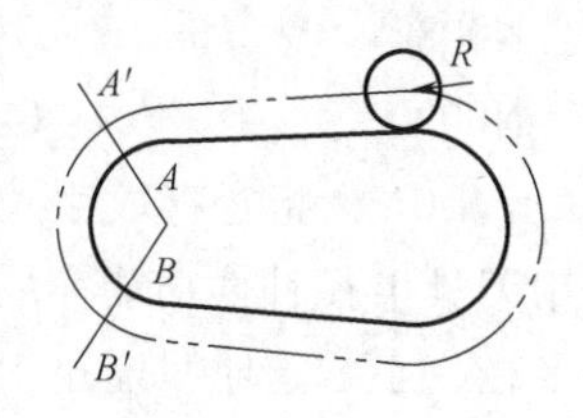

图 2-20　刀具半径补偿原理

刀具半径自动补偿功能的作用是要求数控系统能根据工件轮廓 AB 和刀具半径 R 自动计算出刀具中心轨迹 $A'B'$。这样，在编程时就可以直接按零件轮廓的坐标数据编制加工程序，而在加工时，数控系统就自动地控制刀具沿轮廓 $A'B'$ 移动，加工出合格的零件。

（2）刀具半径自动补偿指令　刀具半径自动补偿功能是通过刀具半径自动补偿指令来实现的。刀具半径自动补偿指令又称刀具偏置指令，分为左偏和右偏两种，以适应不同的加工需要。G41 表示刀具左偏，指顺着刀具前进的方向观察，刀具偏在工件轮廓的左边；G42 表示刀具右偏，指顺着刀具前进的方向观察，刀具偏在工件轮廓的右边；G40 表示注销左右偏置指令，即取消刀补，使刀具中心与编程轨迹重合。G40 指令总是和 G41 或 G42 指令配合使用的，G41、G42 指令均为续效指令。

G41 和 G42 指令的编程格式可分为两种情况，与 G00，G01 指令配合使用时的编程格式为

$\begin{bmatrix} G00 \\ G01 \end{bmatrix} \begin{bmatrix} G41 \\ G42 \end{bmatrix}$ X—　Y—　D—；

与 G02、G03 指令配合使用时的编程格式为

$\begin{bmatrix} G41 \\ G42 \end{bmatrix}$ D—；

$\begin{bmatrix} G02 \\ G03 \end{bmatrix}$ X—　Y—　R—；

使用 G41、G42 指令时，用 D 功能字指定刀具半径补偿值寄存器的地址号。刀具半径补偿值在加工前用 MDI 方式输入相应的寄存器，加工时由 D 指令调用。

例 2-7　铣削加工如图 2-21 所示的轮廓，设刀具起点为 P，刀心轨迹如图 2-21 中虚线所示。应用刀具半径自动补偿功能，可直接按图中轮廓尺寸数据进行编程，CNC 装置便能自动计算刀心轨迹并按刀心轨迹运动，使编程十分方便。程序片段为（按绝对值方式编程）

```
N0040  G90  G01  G41  XA  YA  D01  F400;
N0050                 XB  YB;
N0060                 XC  YC;
N0070            G42  XD  YD;
N0080            G41  XA  YA;
N0090            G40  XP  YP  M02;
```

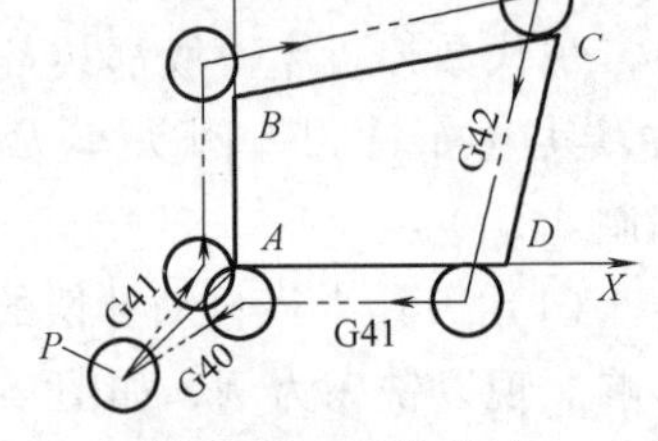

图 2-21　刀具半径补偿示例

其中，D01 为指定存放输入刀具半径 R 值的存储器的指令字，可以灵活运用刀具半径补偿功能完成加工过程中的其他工作。若刀具磨损或重磨后半径变小，这时只需手工输入新的刀具半径值到程序的 D 功能字指定的存储器即可，而不必修改程序。再如可利用刀具半径自动补偿功能做粗、精加工余量补偿，如图 2-22 所示，欲留出精加工余量 Δ，可在粗加工前输入数值为 $r+\Delta$ 的偏置量，即可进行最终轮廓的加工。同理，利用改变输入 R 值的大小，可控制轮廓尺寸的精度，对加工的误差进行补偿，还可以利用刀补功能进行凸凹模的加工。用 G41 指令可得到凸模轨迹，用 G42 指令可得到凹模轨迹，这样，使用同一种加工程序可以加工公称尺寸相同的内外两种轮廓的模具。

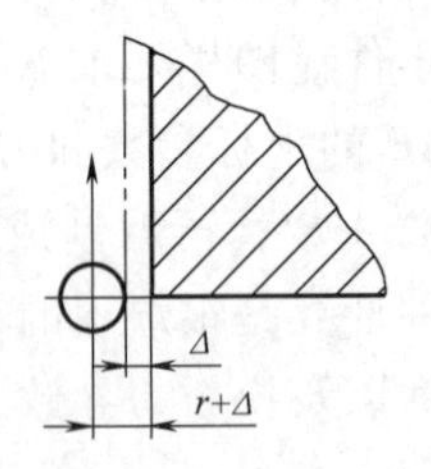

图 2-22　粗、精加工余量补偿

2. 刀具长度补偿指令——G43、G44

刀具长度补偿指令一般用于刀具轴向（Z 方向）的补偿，它可使刀具在 Z 方向上的实际位移大于或小于程序给定值，即

$$\text{实际位移量} = \text{程序给定值} \pm \text{补偿值}$$

式中，二值相加称为正偏置，用 G43 指令来表示；二值相减称为负偏置，用 G44 指令来表示。给定的程序坐标值和输入的补偿值本身都可正可负，由需要而定。

刀具长度补偿指令的编程格式为

$\begin{bmatrix} G43 \\ G44 \end{bmatrix}$ Z—　H—；

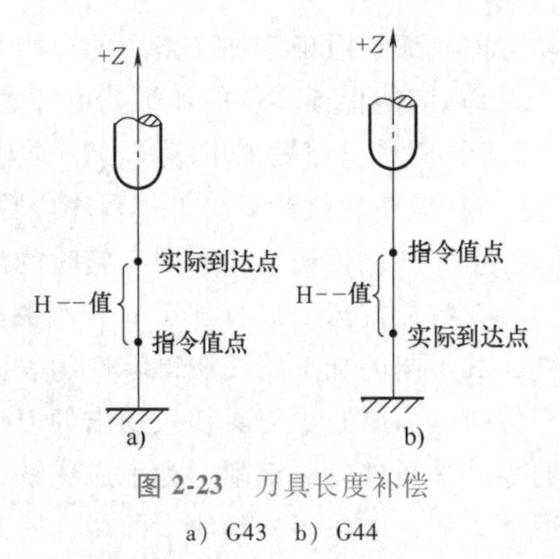

图 2-23　刀具长度补偿
a) G43　b) G44

其中，Z 值是程序中给定的坐标值，H 值是刀具长度补偿值寄存器的地址号，该寄存器中存放着补偿值。

G43，G44 指令执行的结果如图 2-23 所示。

执行 G43 时，Z 实际值 = Z 指令值 + (H--)

执行 G44 时，Z 实际值 = Z 指令值 - (H--)

其中，(H--) 表示补偿值寄存器中的补偿值。

刀具长度补偿指令 G43、G44 的注销也用取消刀补指令 G40。

四、固定循环指令

数控加工中，一般一个动作就要编制一条加工程序，但在许多情况下常需重复一组固定的动作。如钻孔时，往往需要快速接近工件、慢速钻孔、钻完快速退回三个固定的动作。又如车螺纹时，需要切入、车螺纹、刀具径向（或斜向）退出、快速返回四个动作。对这些典型的、固定的几个动作，如能用一条固定循环指令去执行，则程序段数就会大为减少，而对于多次重复的固定循环指令（如车螺纹），在程序段中加入“循环次数”指令和每次循环时刀具的推进量，则程序段数更为减少。这种固定循环程序既能使程序编制简短、方便，又能提高编程质量。

在 G 指令中，常用 G80~G89 作为固定循环指令，而在有些车床中，常用 G33~G35 与 G76~G79 作为固定循环指令。固定循环指令一般随机床的种类、型号、生产厂家等而变，是不通用的。

本节介绍了一些常用的 G 指令的应用及编程方法，在具体使用时，还要特别注意各机床说明书（编程手册）中的具体规定，严格按其规定使用。

第四节　数控编程的工艺处理

数控编程工作中的工艺处理是一个十分重要的环节，它关系到所编零件加工程序的正确性和合理性。由于数控加工过程是在加工程序的控制下自动进行的，所以对加工程序的正确性与合理性要求极高，不能有丝毫差错，否则加工不出合格的零件。正因为如此，在编写程序前，编程人员必须对加工工艺过程、工艺路线、刀具切削用量等进行正确、合理地确定和选择。

数控加工与普通加工的工艺处理虽然基本相同，但又有其特点。一般说来，数控加工的工序内容要比普通加工的工序内容复杂。从编程来看，加工程序的编制要比普通机床编制工艺规程复杂，因为有许多在普通机床加工中可由操作者灵活掌握随时调整的事情，在数控加工中都变成了必须事先选定和安排好的事情，这样才能保证加工的正确性。数控编程中工艺处理的内容一般包括数控加工的合理性分析、零件的工艺性分析、工艺过程和工艺路线的确定、零件安装方法的确定、选择刀具和确定切削用量等。

下面根据数控加工的特点，讨论一些在数控编程的工艺处理中要注意的问题。

一、合理确定零件的加工路线

零件的加工路线是指数控机床加工过程中刀具刀位点相对于被加工零件的运动轨迹和运

动方向。编程时确定加工路线的原则主要有：

1）应能保证零件的加工精度和表面粗糙度的要求。

2）应尽量缩短加工路线，减少刀具的空程移动时间。

3）应使数值计算简单，程序段数量少，以减少编程工作量。

下面举例说明上述原则实施时的注意要点。

在数控铣床上进行加工时，因刀具的运动轨迹和方向不同，可能是顺铣，也可能是逆铣，其不同的加工路线所得零件的表面粗糙度不同，应根据需要合理选择。在铣削平面轮廓零件时，为了减少刀具切入切出的刀痕，对刀具切入切出路线要仔细考虑。如图 2-24a 所示的零件平面外轮廓铣削，为了避免铣刀沿法向直接切入切出零件时在零件轮廓处直接抬刀而留下刀痕，应采用外延法，即切入时刀具应沿外轮廓曲线延长线的切向切入；切出时刀具应沿零件轮廓延长线的切线方向逐渐切离工件。

铣削封闭的内轮廓表面时，刀具也应遵循切线方向切入和切出的原则。如图 2-24b 所示，切出时可多走一段圆弧，再退到起始点，这样可以减轻接刀痕迹，提高孔内精度。

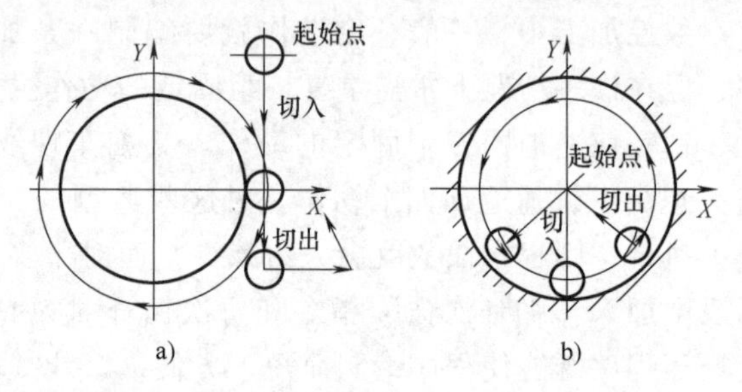

图 2-24　刀具切入切出路线

在轮廓铣削过程中要避免停顿，因为加工过程中工艺系统处于弹形变形状态下的平衡，停顿会引起切削力的突然变化，会在停顿处的轮廓表面留下刀痕。当零件的加工余量较大时，可采用多次进给逐渐切削的方法，最后留少量的精加工余量，一般为 0. 2~0. 5mm。

对点位加工的数控机床，如钻、镗床等的加工路线安排，要特别注意缩短进给路线。如图 2-25a 所示的零件，在进行孔加工时，按习惯一般是先加工均布于同圆周上的一圈孔后再加工另一圈孔如图 2-25b 所示，但这不是最好的进给路线，若进行必要的尺寸换算，改用图 2-25c 所示的方案，使其各孔间距的总和最小，这样可大大减少空程移动距离，节省一半左右的加工时间。

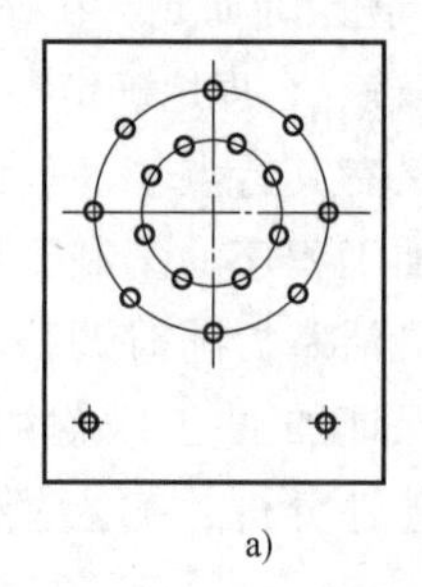
a)

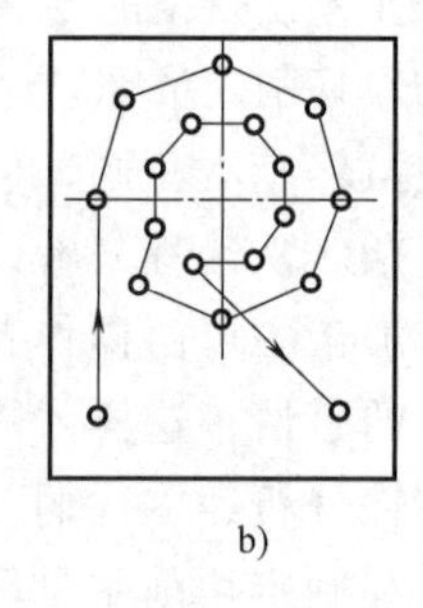
b)

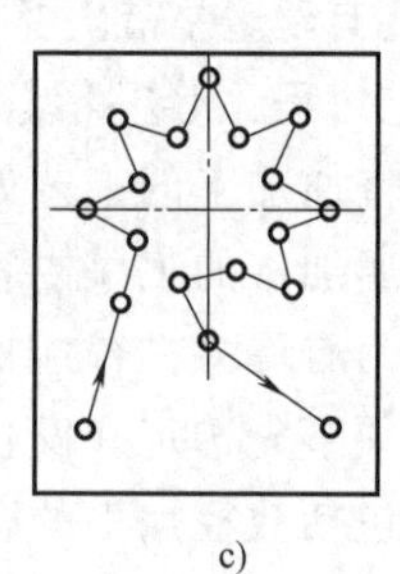
c)

图 2-25　钻孔的加工路线

二、合理选择对刀点、换刀点

在数控编程时，要正确、合理地选择“对刀点”和“换刀点”的位置。“对刀点”就是在数控机床上加工零件时刀具相对于工件运动的起点，由于程序也是从这一点开始执行的，所以“对刀点”也叫作“程序起点”或“起刀点”。选择对刀点的原则是：

1）要便于数学处理并简化程序编制。

2）在机床上找正容易，加工中检查方便。

3）引起的加工误差小。

“对刀点”可选在零件上，也可选在零件外（如夹具上或机床上），但必须与零件的定位基准有一定的尺寸关系。为了提高加工精度，对刀点应尽量选在零件的设计基准或工艺基准上，如以孔定位的零件选用孔的中心作为对刀点较合适。

刀具在机床上的位置是由“刀位点”的位置来表示的，各种刀具的刀位点位置是不同的，对立铣刀、面铣刀是指它们刀头底面的中心；对钻头是指它的钻尖；对球头铣刀是指它的球心；对车刀和镗刀是指它们的刀尖，如图 2-26 所示。

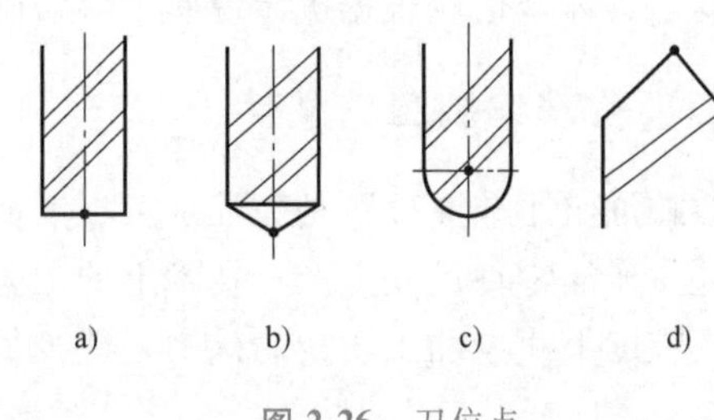

图 2-26　刀位点

a）平头立铣刀　b）钻头

c）球头铣刀　d）车刀、镗刀

多刀加工机床在加工过程中需要换刀时，应设定“换刀点”。所谓“换刀点”是指刀架转位换刀时的位置，该点可以是某一固定点（如加工中心机床，其换刀机械手的位置是固定的），也可以是任意设定的一点（如车床）。“换刀点”应设在零件或夹具的外部，以刀架转位时不碰零件及其他部件为准。

三、合理选择零件的装夹方法、刀具和切削用量

数控机床上零件的装夹方法与普通机床的一样，要合理地选择定位基准和夹紧方案。应尽量选用已有的通用夹具装夹，减少装夹次数，做到在一次装夹中能把零件上所有要加工的表面都加工出来。零件定位基准与设计基准要尽量重合，以减小定位误差对尺寸精度的影响。在选用或设计夹具时应当遵循以下原则：

1）尽量选用组合夹具、可调整夹具等标准化、通用化夹具，避免采用专用夹具。

2）零件的装卸要快速、方便、可靠，常采用气动、液压夹具，以减少机床的停机时间。

3）零件上的加工部位要外露敞开，不要因装夹而影响刀具进给和切削加工。

数控加工时，合理选用刀具是数控加工工艺的重要内容，它不仅影响机床的加工效率，还直接影响加工质量。选择刀具通常要考虑零件材料、加工形面类型、机床的加工能力、工序内容等因素。选择刀具原则与传统加工相似，与传统的加工方法相比，数控加工对刀具的要求更高，不仅要求精度高、刚性好、寿命长，还要求尺寸稳定、安装调整方便，这就要求采用优质材料制造数控加工刀具，并优选刀具参数。

编制程序时，常需要预先规定好刀具的结构尺寸和调整尺寸。特别是带有自动换刀功能的数控机床（如加工中心），在刀具安装到机床上之前，应根据编程时确定的参数，在机床外的预调整装置中调整到所需要的尺寸。

在加工中心上，各种刀具分别装在刀库中，按程序规定随时进行选刀和换刀工作。因此必须有一套连接普通刀具的接杆，以便使钻、镗、扩、铰、铣削等工序用的标准刀具迅速、

准确地装到机床主轴或刀库中去。作为编程人员应了解机床上所用的刀杆的结构尺寸、调整方法和调整范围，以便在编程时确定刀具的径向和轴向尺寸。目前加工中心使用的刀具接杆、刀柄部分的形式和尺寸都已有标准，如“TSG—JT 工具系统”等，可参照执行。

切削用量包括主轴转速（切削速度）、背吃刀量、进给速度（进给量）和切削宽度等。对于不同的加工方法，需要选择不同的切削用量，并应编入程序中。

合理选择切削用量的原则是：粗加工时，一般以提高生产率为主，但也应考虑经济性和加工成本；半精加工和精加工时，应在保证加工质量的前提下，兼顾切削效率、经济性和加工成本。具体数值应根据机床说明书、切削用量手册，并给合经验而定。

四、合理编制工艺文件

数控加工工艺文件既是数控加工、产品验收的依据，也是操作者要遵守、执行的规范，同时还是产品零件重复生产在技术上的工艺资料积累和储备。加工工艺是否先进、合理，将在很大程度上决定加工质量的优劣。数控加工工艺文件主要有工序卡、刀具调整单、机床调整单等。

1. 工序卡

工序卡主要用于自动换刀数控机床，它是操作人员进行数控加工的主要指导性工艺资料。工序卡应按已确定的工步顺序填写，不同的数控机床其工序卡的格式不同。表 2-4 为自动换刀数控镗铣床工序卡。

2. 刀具调整单

数控机床上所用的刀具一般要在对刀仪上预先调整好直径和长度，将调整好的刀具及其编号、型号、参数等填入刀具调整单中，作为调整刀具的依据。刀具调整单见表 2-5。

表 2-4　自动换刀数控镗铣床工序卡

<table>
<tr><td colspan="2">零件号</td><td colspan="3"></td><td colspan="2">零件日期</td><td colspan="4"></td><td>材料</td><td colspan="2"></td></tr>
<tr><td colspan="2">程序编号</td><td colspan="3"></td><td colspan="2">日　期</td><td colspan="4">年　　月　　日</td><td>制表</td><td>审核</td><td></td></tr>
<tr><td rowspan="2">工步号</td><td rowspan="2">加工面</td><td colspan="3">刀　　具</td><td colspan="2">主轴转速</td><td colspan="2">进给量</td><td rowspan="2">刀具补偿</td><td rowspan="2">回转工作台中心到加工面距离</td><td rowspan="2">加工深度</td><td rowspan="2" colspan="2">备　　注</td></tr>
<tr><td>号</td><td>种类规格</td><td>长度</td><td>指令</td><td>转速</td><td>指令</td><td>$mm \cdot min^{-1}$</td></tr>
<tr><td></td><td></td><td></td><td></td><td></td><td></td><td></td><td></td><td></td><td></td><td></td><td></td><td colspan="2"></td></tr>
</table>

表 2-5　刀具调整单

<table>
<tr><td colspan="2">零　件　号</td><td colspan="2"></td><td colspan="2">零件名称</td><td colspan="2"></td><td>工序号</td><td></td></tr>
<tr><td rowspan="2">工步号</td><td rowspan="2">刀具码</td><td rowspan="2">刀具号</td><td rowspan="2">刀具种类</td><td colspan="2">直　　径</td><td colspan="2">长　　度</td><td rowspan="2" colspan="2">备　　注</td></tr>
<tr><td>设定值</td><td>实测值</td><td>设定值</td><td>实测值</td></tr>
<tr><td></td><td></td><td></td><td></td><td></td><td></td><td></td><td></td><td colspan="2"></td></tr>
<tr><td></td><td></td><td></td><td></td><td></td><td></td><td></td><td></td><td colspan="2"></td></tr>
<tr><td colspan="10">制表　　　　日期　　　　测量员　　　　日期</td></tr>
</table>

3. 机床调整单

机床调整单是操作人员在加工零件之前调整机床的依据，机床调整单应记录机床控制面板上“开关”的位置，零件安装、定位、夹紧的方法及键盘应键入的数据等。表 2-6 为自动换刀数控镗铣床机床调整单。

表 2-6 自动换刀数控镗铣床机床调整单

<table>
<tr><td>零件号</td><td></td><td>零件名称</td><td></td><td>工序号</td><td></td><td>制表</td><td></td></tr>
<tr><td colspan="12">位码调整旋钮</td></tr>
<tr><td>F1</td><td></td><td>F2</td><td></td><td>F3</td><td></td><td>F4</td><td></td><td>F5</td><td></td></tr>
<tr><td>F6</td><td></td><td>F7</td><td></td><td>F8</td><td></td><td>F9</td><td></td><td>F10</td><td></td></tr>
<tr><td colspan="12">刀具补偿拨盘</td></tr>
<tr><td>1</td><td></td><td></td><td></td><td></td><td>6</td><td></td><td></td><td></td><td></td></tr>
<tr><td>2</td><td></td><td></td><td></td><td></td><td>7</td><td></td><td></td><td></td><td></td></tr>
<tr><td>3</td><td></td><td></td><td></td><td></td><td>8</td><td></td><td></td><td></td><td></td></tr>
<tr><td>4</td><td></td><td></td><td></td><td></td><td>9</td><td></td><td></td><td></td><td></td></tr>
<tr><td>5</td><td></td><td></td><td></td><td></td><td>10</td><td></td><td></td><td></td><td></td></tr>
<tr><td colspan="12">对称切削开关位置</td></tr>
<tr><td rowspan="3">X</td><td>N001～N080</td><td>0</td><td rowspan="3">Y</td><td></td><td>0</td><td rowspan="3">Z</td><td></td><td>0</td><td rowspan="3">B</td><td>N001～N080</td><td>0</td></tr>
<tr><td>N081～N110</td><td>1</td><td></td><td>0</td><td></td><td>0</td><td>N081～N110</td><td>1</td></tr>
<tr><td></td><td></td><td></td><td></td><td></td><td></td><td></td><td></td></tr>
<tr><td colspan="6">垂直校验开关位置</td><td colspan="6">0</td></tr>
<tr><td colspan="6">零件冷却</td><td colspan="6">1</td></tr>
</table>

第五节 程序编制中的数值计算

一、概述

数控编程中的数值计算是指根据工件的图样要求，按照已确定的加工路线和允许的编程误差，计算出数控系统所需输入的数据。对于带有自动刀补功能的数控装置来说，通常要计算出零件轮廓上一些点的坐标数值。数值计算的内容主要有以下三个方面。

1. 基点和节点的计算

一个零件的轮廓曲线一般是由许多不同的几何元素组成的，如直线、圆弧、二次曲线等。把各几何元素间的连接点称为基点，如两直线的交点、直线与圆弧的交点或切点、圆弧与圆弧的切点或交点、圆弧或直线与二次曲线的切点或交点等。当利用具有直线插补功能的数控机床加工零件的曲线轮廓时，任一几何元素均用直线逼近，即任一轮廓的曲线均用连续的折线来逼近。这时应根据编程所允许的误差将曲线分割成若干个直线段，其相邻两直线的交点称为节点。对于立体形面零件，应根据铣削面的几何精度要求分割成不同的铣道，各铣道上的轮廓曲线也要计算基点和节点。

2. 刀位点轨迹的计算

因为对刀时是使刀位点与对刀点重合，数控系统是从对刀点开始控制刀位点运动的，并由刀具的切削刃部分加工出要求的零件轮廓，因此在许多情况下，刀位点轨迹并不与零件轮廓完全重合。对于具有刀具半径补偿功能的数控机床，这个问题比较容易处理，但是对于一些没有刀具半径补偿功能的经济型数控机床，编程时就需要根据零件轮廓和刀具类型计算出刀位点的运动轨迹。

3. 辅助计算

辅助计算包括增量计算、脉冲数计算和辅助程序段的数值计算等。

辅助程序段是指开始加工时，刀具从对刀点到切入点，或加工结束时，刀具从切出点返回到对刀点而特意安排的程序段。这些程序段的安排在绘制进给路线时即应明确地表达出来，数值计算时，要按照进给路线的安排，计算出各相关点的坐标。

数值计算的复杂程度取决于零件形状的复杂程度和数控装置功能的强弱，差别很大。对于用点位控制的数控机床（如数控冲床等）加工的零件，一般不需要计算，只是当零件图样坐标系与编程坐标系不一致时，才需要对坐标进行换算。对于形状比较简单的零件（如直线和圆弧组成的零件）的轮廓加工，其数值计算一般用手工即可完成。对于形状比较复杂的零件（如非圆曲线、曲面组成的零件）的轮廓加工，需要用直线段或圆弧段逼近，根据要求的精度计算出其节点坐标值，这种情况一般要用计算机来完成数值计算的工作。

二、直线和圆弧组成的零件轮廓的基点计算

平面零件轮廓的曲线多数是由直线和圆弧组成的，而大多数数控机床都具有直线和圆弧插补功能及刀具半径补偿功能，所以只需计算出零件轮廓的基点坐标即可。

由直线和圆弧组成的零件轮廓的数值计算比较简单。基点计算时，首先选定零件坐标系的原点，然后列出各直线和圆弧的数学方程，利用初等数学的方法求出相邻几何元素的交点和切点即可。

对于所有直线，均可转化为一次方程的一般形式

$$Ax + By + C = 0$$

对于所有圆弧，均可转化为圆的标准方程的形式

$$(x - \zeta)^2 + (y - \eta)^2 = R^2$$

式中 ζ、η——圆弧的圆心坐标；

R——圆弧半径。

解上述相关的联立方程，就可求出有关交点或切点的坐标值。

当数控装置没有刀补功能时，需要计算出刀位点轨迹上的基点坐标，这时可根据零件的轮廓和刀具半径 $r_{刀}$，先求出刀位点的轨迹，即零件轮廓的等距线。

对于所有直线，等距线方程可转化为

$$Ax + By + C = \pm r_{刀}\sqrt{A^2 + B^2}$$

对于所有圆弧，等距线方程可转化为

$$(x - \zeta)^2 + (y - \eta)^2 = (R \pm r_{刀})^2$$

解上述相关的等距线联立方程，就可求出刀位点轨迹的基点坐标值。

三、非圆曲线的节点计算

数控加工中把除直线与圆弧之外可以用数学方程式表达的平面轮廓曲线，称为非圆曲线，这类曲线无法直接用直线和圆弧的插补加工出来，而常用直线或圆弧逼近的数学方法来处理。这时需要计算出相邻两逼近直线或圆弧的节点坐标。

1. 用直线逼近非圆曲线时节点的计算

用直线逼近非圆曲线，目前常用的节点计算方法有等间距法、等程序段法和等误差法等。

（1）等间距法直线逼近的节点计算

1）基本原理。等间距法就是将某一坐标轴划分成相等的间距。如图 2-27 所示，沿 X 轴方向取 Δx 为等间距长，根据已知曲线的方程 $y=f(x)$，可由 x_i 求得 y_i。

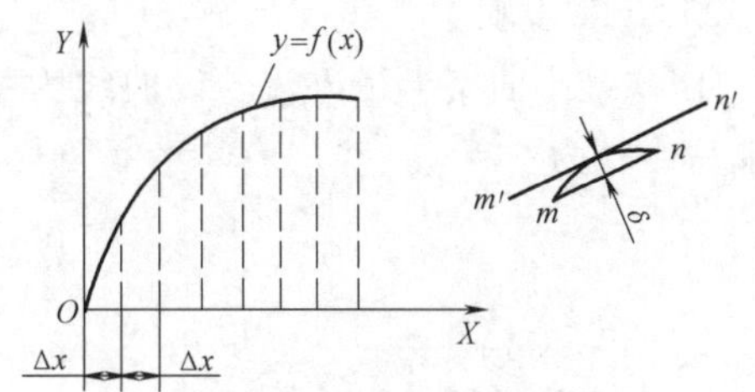

图 2-27 等间距法直线逼近求节点

$$x_{i+1}=x_i+\Delta x \quad y_{i+1}=f(x_i+\Delta x)$$

如此求得的一系列点就是节点。

由于要求曲线 $y=f(x)$ 与相邻两节点连线间的法向距离小于允许的程序编制误差 $\delta_{允}$，Δx 值不能任意设定，一般先取 $\Delta x=0.1$mm 进行试算。实际处理时，并非任意相邻两点间的误差都要进行验算，对于曲线曲率半径变化较小处，只需验算两节点间距离最长处的误差，而对于曲率半径变化较大处，应验算曲率半径较小处的误差，通常由轮廓图形直接观察确定验算的位置。

2）误差校验方法。设需校验 mn 曲线段

m 点：(x_m, y_m)

n 点：(x_n, y_n) 已求出，则 m、n 两点的直线方程为

$$\frac{x-x_n}{y-y_n}=\frac{x_m-x_n}{y_m-y_n}$$

令
$$A=y_m-y_n \quad B=x_n-x_m \quad C=y_m x_n-x_m y_n$$

则 $Ax+By=C$ 即为过 m、n 两点的直线方程，距 mn 直线为 δ 的等距线 $m'n'$的直线方程可表示为

$$Ax+By=C\ \pm\delta\sqrt{A^2+B^2}$$

式中，当所求直线 $m'n'$在 mn 上边时，取“+”号，在 mn 下方时取“-”号。δ 为 $m'n'$与 mn 两直线间的距离。联立方程求解

$$\begin{cases} Ax+By=C\ \pm\delta\sqrt{A^2+B^2} \\ y=f(x) \end{cases}$$

求解时，δ 的选择有两种办法，其一为取 δ 为未知，利用联立方程组求解只有唯一解的条件，可求出实际误差 $\delta_{实}$，然后用 $\delta_{实}$ 与 $\delta_{允}$ 进行比较，以便修改间距值；其二为取 $\delta=\delta_{允}$，若方程无解，则 $m'n'$与 $y=f(x)$ 无交点，表明 $\delta_{实}<\delta_{允}$。

（2）等程序段法直线逼近的节点计算

1）基本原理。等程序段法就是使每个程序段的线段长度相等，如图 2-28 所示，由于零

件轮廓曲线 $y=f(x)$ 的曲率各处不等，因此首先应求出该曲线的最小曲率半径 $R_{\min}$，由 $R_{\min}$ 及 $\delta_{允}$ 确定允许的步长 l，然后从曲线起点 a 开始，按等步长 l 依次截取曲线，得 b、c、d、…点，则 $ab=bc=\cdots=l$ 即为所求各直线段。

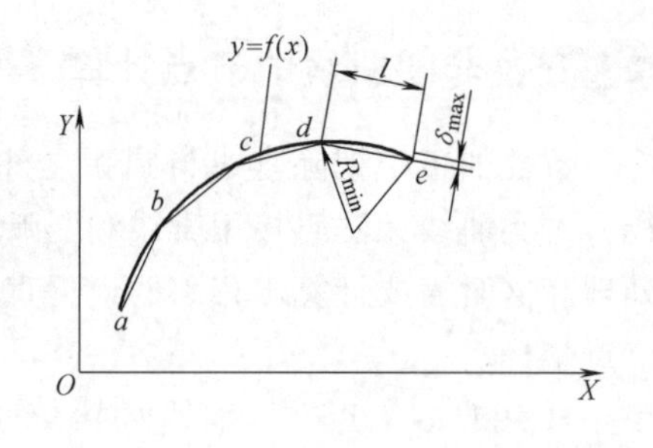

图 2-28　等程序段法直线逼近求节点

2）计算步骤。

① 求最小曲率半径 $R_{\min}$。设曲线为 $y=f(x)$，则其曲率半径为

$$R=\frac{(1+y'^2)^{3/2}}{y''} \tag{2-1}$$

取

$$\frac{\mathrm{d}R}{\mathrm{d}x}=0$$

即

$$3y'y''^2-(1+y'^2)y'''=0 \tag{2-2}$$

根据 $y=f(x)$ 依次求出 y'、y''、y'''，代入式（2-2）中求出 x，再将 x 代入式（2-1）中即得 $R_{\min}$。

② 确定允许步长 l。以 $R_{\min}$ 为半径所作的圆弧如图 2-28 中 de 段所示，由几何关系可知

$$l=2\sqrt{R_{\min}^2-(R_{\min}-\delta_{允})^2}\approx 2\sqrt{2R_{\min}\delta_{允}}$$

③ 求出曲线起点 a 的坐标 $(x_a,\ y_a)$，并以该点为圆心、以步长 l 为半径，所得圆方程与曲线方程 $y=f(x)$ 联立求解，可求得下一个点 b 的坐标 $(x_b,\ y_b)$，再以 b 点为圆心进一步求出 c 点，直到求出所有的节点。

$$\begin{cases}(x-x_a)^2+(y-y_a)^2=l^2\\ y=f(x)\end{cases}\quad 可求出(x_b,\ y_b)$$

$$\begin{cases}(x-x_b)^2+(y-y_b)^2=l^2\\ y=f(x)\end{cases}\quad 可求出(x_c,\ y_c)$$

（3）等误差法直线逼近的节点计算

1）基本原理。设所求零件的轮廓方程为 $y=f(x)$，如图 2-29 所示，首先求出曲线起点 a 的坐标 $(x_a,\ y_a)$，以点 a 为圆心，以 $\delta_{允}$ 为半径作圆，与该圆和已知曲线公切的直线，切点分别为 $P(x_P,\ y_P)$，$T(x_t,\ y_t)$，求出此切线的斜率；过点 a 作 PT 的平行线交曲线于 b 点，再以 b 点为起点用上法求出 c 点，依次进行，这样即可求出曲线上的所有节点。由于两平行线间距离恒为 $\delta_{允}$，因此，任意两相邻节点间的逼近误差为等误差。

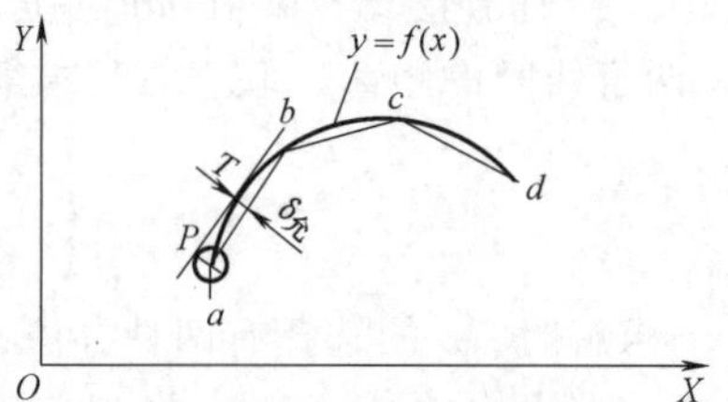

图 2-29　等误差法直线逼近求节点

2）计算步骤。

① 以起点 $a(x_a,\ y_a)$ 为圆心、$\delta_{允}$ 为半径作圆

$$(x-x_a)^2+(y-y_a)^2=\delta_{允}^2$$

② 求圆与曲线公切线 PT 的斜率，用以下方程联立求 x_t、y_t、x_P、y_P

$$\begin{cases}\dfrac{y_t - y_P}{x_t - x_P} = -\dfrac{x_P - x_a}{y_P - y_a} & \text{（圆切线方程）}\\ y_P = \sqrt{\delta^2 - (x_P - x_a)^2} + y_a & \text{（圆方程）}\\ \dfrac{y_t - y_P}{x_t - x_P} = f'(x_t) & \text{（曲线切线方程）}\\ y_t = f(x_t) & \text{（曲线方程）}\end{cases}$$

则

$$k = \frac{y_t - y_P}{x_t - x_P}$$

③ 过 a 点与直线 PT 平行的直线的方程为

$$y - y_a = k(x - x_a)$$

④ 与曲线联立求解 b 点（x_b，y_b）

$$y - y_a = k(x - x_a)$$
$$y = f(x)$$

⑤ 按以上步骤依次求得 c、d、…各节点坐标。

3）特点。各程序段误差 δ 均相等，程序段数目最少，但计算过程比较复杂，必须由计算机辅助才能完成计算。等误差法在采用直线逼近非圆曲线的拟合方法中，是一种较好的拟合方法。

2. 用圆弧逼近非圆曲线时节点的计算

零件轮廓曲线除用直线逼近外，还可用一段段的圆弧逼近。当轮廓曲线可用数学方程表示时，可以用彼此相交的圆弧逼近轮廓曲线，并使逼近误差小于或等于 $\delta_{允}$。下面主要介绍圆弧分割法及三点作圆法。

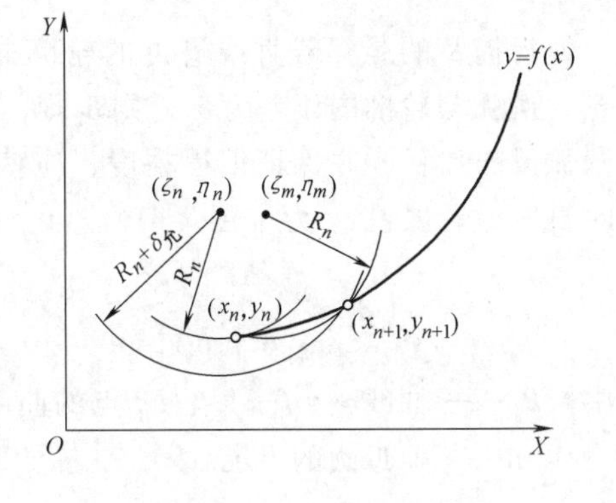

图 2-30　圆弧分割法求节点

（1）圆弧分割法　圆弧分割法应用在曲线 $y=f(x)$ 为单调的情形，若不是单调曲线，可以在拐点处将曲线分段，使每段曲线为单调曲线。其节点的计算方法如下（图 2-30）：

1）求轮廓曲线 $y=f(x)$ 起点（x_n，y_n）的曲率圆，其参数为

半径

$$R_n = \frac{(1+y_n'^2)^{3/2}}{y_n''}$$

圆心坐标

$$\begin{cases}\zeta_n = x_n - y_n' \dfrac{1+(y_n')^2}{y_n''}\\ \eta_n = y_n + \dfrac{1+(y_n')^2}{y_n''}\end{cases}$$

2）求以（ζ_n，η_n）为圆心、以（$R_n \pm \delta_{允}$）为半径的圆与 $y=f(x)$ 的交点，解联立方程

$$\begin{cases}(x-\zeta_n)^2+(y-\eta_n)^2=(R_n\ \pm\delta_{允})^2\\ y=f(x)\end{cases}$$

式中，当轮廓曲线曲率递减时，取（$R_n+\delta_{允}$）为半径，当轮廓曲线曲率递增时，取（$R_n-\delta_{允}$）为半径。

由联立方程解得的（x，y）值，即为圆弧与 $y=f(x)$ 的交点（x_{n+1}，y_{n+1}），重复上述步骤可以依次算得分割轮廓曲线的各节点坐标。

3）求 $y=f(x)$ 上两相邻节点之间逼近圆弧的圆心。所求两节点之间的逼近圆弧是以（x_n，y_n）为始点、（x_{n+1}，y_{n+1}）为终点、R_n 为半径的圆弧。为求此圆弧的圆心坐标，可分别以（x_n，y_n）和（x_{n+1}，y_{n+1}）为圆心、以 R_n 为半径作两圆，两圆弧的交点即为所求圆心的坐标。即解联立方程

$$\begin{cases}(x-x_n)^2+(y-y_n)^2=R_n\\ (x-x_{n+1})^2+(y-y_{n+1})^2=R_n\end{cases}$$

解得的（x，y）值即为所求逼近圆弧的圆心坐标（ζ_m，η_m），然后以上述这些参数编制圆弧程序段。

（2）三点作圆法　先用直线逼近方法计算轮廓曲线的节点坐标，然后通过连续的三个节点作圆的方法称为三点作圆法。其过连续三点的逼近圆弧的圆心坐标及半径可用解析法求得，具体方法从略。

值得提及的是，若直线逼近的轮廓曲线误差为δ_1，圆弧与轮廓的误差为δ_2，则$\delta_2<\delta_1$。为了减少圆弧段的数目，并保证编程精度，应使$\delta=\delta_{允}$。此时直线逼近误差 δ_1 为（图 2-31）

$$\delta_1=\frac{R\delta_{允}}{|R-R_P|}$$

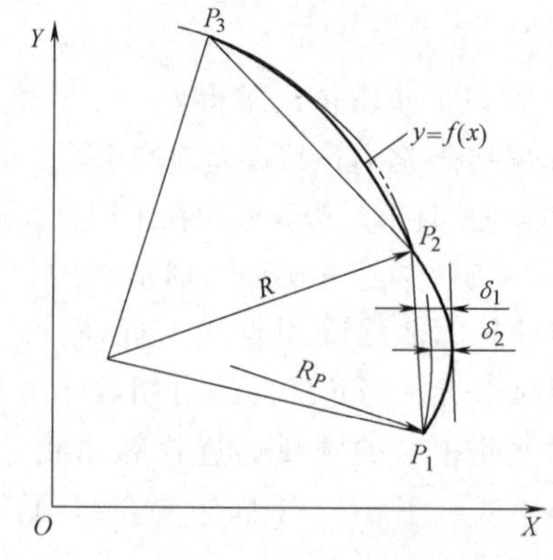

图 2-31　三点作圆法求节点

式中　R_P——曲线 $y=f(x)$ 在 P_1 点的曲率半径；

R——逼近圆的半径。

思考题与习题

2-1　什么是数控编程？手工编程的内容有哪些？

2-2　数控编程有哪几种方法？各有何特点？

2-3　什么是“字地址程序段格式”？为什么现代数控系统常用这种格式？

2-4　数控机床的 X、Y、Z 坐标轴及其方向是如何确定的？

2-5　数控机床的机床坐标系和工件坐标系之间有什么关系？

2-6　准备功能 G 代码和辅助功能 M 代码在数控编程中的作用是什么？

2-7　M00、M01、M02、M30 指令各有何特点？如何应用？

2-8　F、S、T 功能指令各自的作用是什么？

2-9　G90、X20、Y15 与 G91、X20、Y15 有什么区别？

2-10　G00 与 G01、G02 与 G03 的不同点在哪里？

2-11　G41、G42、G43、G44 的含义如何？试用图说明。

2-12　固定循环指令有何作用？

2-13　什么是零件的加工路线？确定加工路线时应遵循哪些原则？

2-14　加工路线与零件轮廓曲线有何区别？编程时若按零件轮廓编程，数控装置应具备哪些功能？

2-15　什么是对刀点、刀位点、换刀点？

2-16　什么是数控编程中的数值计算？它包含哪些内容？

2-17　什么是基点？什么是节点？

2-18　试编制精车如图 2-32 所示零件的加工程序。

2-19　铣削如图 2-33 所示的轨迹，起刀点为 A，沿 A—B—C 切削，试用绝对坐标方式和增量坐标方式编程。

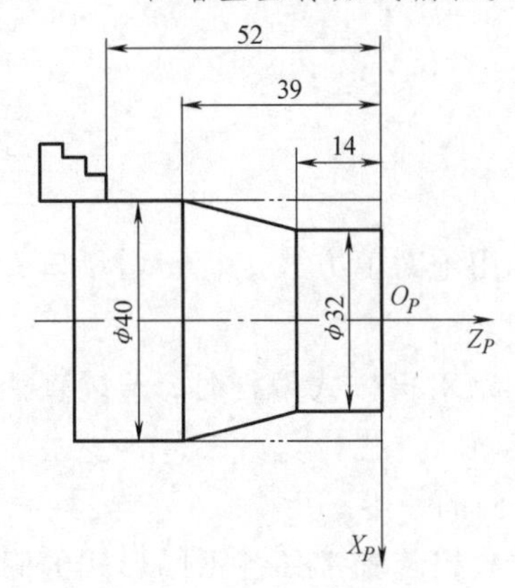

图 2-32　题 2-18 图

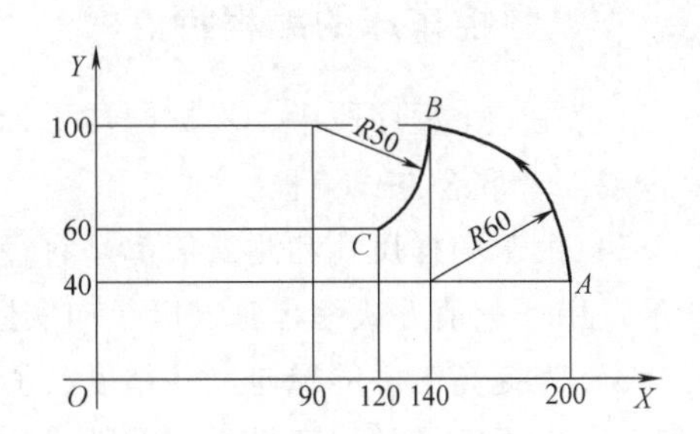

图 2-33　题 2-19 图

拓展内容

数控机床是制造机器的机器，是工业基础的基础，是制造业的“血液”，又俗称工业母机。工业母机的水平是国家现代化的重要标志，承载着我国制造业的星辰大海。学习数控技术贵在精学，要像大国工匠们一样使精益求精成为一种追求。航天科技集团九院李峰借助 200 倍的放大镜手工磨刀，用他那一双看似慢条斯理却又精巧灵动的手，一面拨轮，一面按刀，以无穷的耐心磨下去，与金刚石同等硬度的刀具便呈现出所需要的锐度和角度，这样的刀具在数控加工中发挥着重要作用，使李峰成为航天工业不可或缺的人才。中国船舶重工的钳工顾秋亮安装蛟龙号观察窗玻璃的时候，把玻璃与金属窗座之间的缝隙控制在 0.2 丝（1 丝为 10μm）以下，顾秋亮和工友们把安装的精度标准视为生命线。这些大国工匠不仅要具有高超的技艺和精湛的技能，还要有严谨、细致、专注、负责的工作态度和精雕细琢、精益求精的工作理念，以及对职业的认同感、责任感、荣誉感和使命感。读者可扫描下方二维码观看相关视频。

大国工匠：大技贵精

第三章　数控加工程序的编制

第一节　数控车床的程序编制

一、数控车床的编程特点

1）在一个程序段中，根据图样上标注的尺寸，可以采用绝对值方式编程、增量值方式编程或二者混合方式编程。

2）由于图样尺寸和测量值都是直径值，故直径方向用绝对值方式编程时，X 以直径值表示；用增量值方式编程时，以径向实际位移量的二倍值表示。

3）为提高工件的径向尺寸精度，X 向的脉冲当量取 Z 向的一半。

4）由于毛坯常用棒料或铸锻件，加工余量较大，所以数控装置常具备不同形式的固定循环功能，可进行多次重复循环切削。

5）编程时，常认为车刀刀尖是一个点，而实际上为了提高刀具寿命和工件表面质量，车刀刀尖常磨成一个半径不大的圆弧，因此为提高工件的加工精度，当编制圆头刀程序时，需要对刀具半径进行补偿。大多数数控车床都具有刀具补偿功能（G41、G42），这类数控车床可直接按工件轮廓尺寸编程。对不具备刀具自动补偿功能的数控车床，编程时需先计算补偿量。

6）许多数控车床用 X、Z 表示绝对坐标指令；用 U、W 表示增量坐标指令。而不用 G90、G91 指令。

7）第三坐标指令 I、K 在不同的程序段中作用也不相同。I、K 在圆弧切削时表示圆心相对圆弧的起点的坐标位置，而在有自动循环指令的程序中，I、K 坐标则用来表示每次循环的进给量。

二、车削固定循环功能

由于车削的毛坯多为棒料和铸锻件，因此车削加工多为大余量多次进给切除，所以在车床的数控装置中总是设置各种不同形式的固定循环功能，如内外圆柱面循环、内外锥面循环、切槽循环和端面循环、内外螺纹循环以及各种复合面的粗车切削循环等。应注意的是，各种数控车床的控制系统不同，所以这些循环的指令代码及其程序格式也不尽相同，必须根据使用说明书的具体规定进行编程。下面对常用的循环指令作一些介绍。

1. 柱面循环指令

该指令用于内外圆柱面切削的自动循环。如图 3-1 所示，*ABCD* 为一次自动循环，可用一个循环指令并用一个程序段表示

N— GΔΔ X(U)— Z(W)— F— ;

其中，GΔΔ 中的符号 ΔΔ 表示两位阿拉伯数字，由各数控系统自行定义，以下的指令均相同。

坐标值可用增量值 *U*、*W*，也可用 *C* 点的绝对值 *X*、*Z*。图 3-1 中的 *U*、*W* 为负方向，虚线为 G00 快进，实线为以程序中给定的 *F* 速度进给切削，程序中只需编入 F 即可。

当进行重复循环时，为进一步减少程序，有些数控车床采用重复循环次数代码。设每次循环完成后的推进量为 *I*、*K*，则多次循环的动作可用一个程序段完成，即

N— GΔΔ X(U)— Z(W)— I— K— H— F—;

H 代码后的数字表示重复循环次数（包括第一次循环），*X*(*U*)和 *Z*(*W*)为第一次循环的坐标值。*I* 用 2 倍值。

根据 *U*、*W*、*I*、*K* 的不同方向（正或负）可以组合成不同切削方向的自动循环（如各种纵向切削循环和各种横向切削循环）。如图 3-2a 所示的，*U*、*W*、*I* 均为负值，*K* 为零；图 3-2b 所示的 *U*、*I* 为负值，*W* 为正值，*K* 为零。

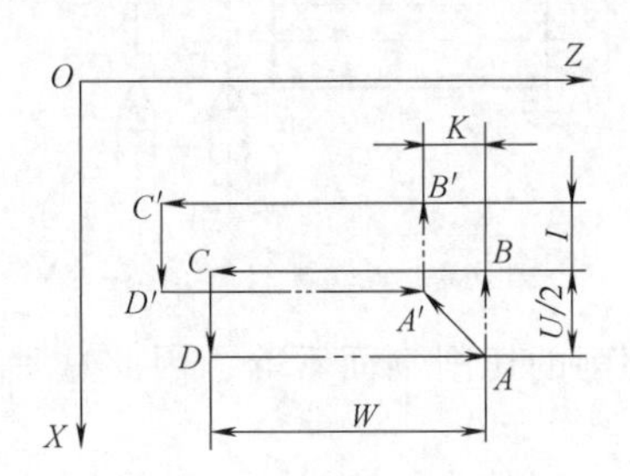

图 3-1 柱面循环

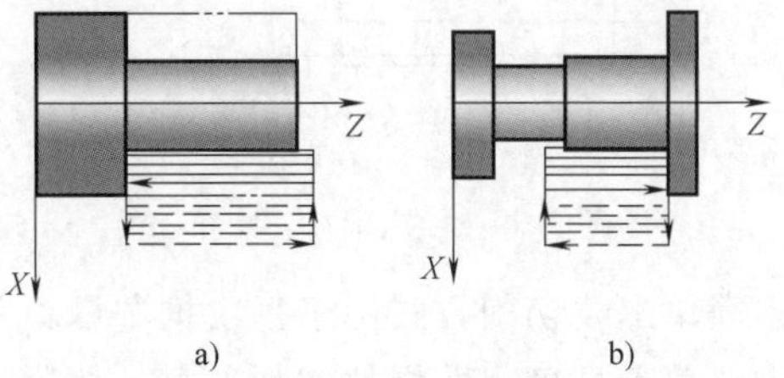

图 3-2 柱面循环应用示例

2. 锥面循环指令

该指令用于切削内、外圆锥面的自动循环，如图 3-3 所示。锥度的斜率取决于 *U*、*W* 值。*U* 值为圆锥大、小头直径差（即图 3-3 中所示 *U* 值的 2 倍），当用绝对值方式编程时，则取 *B* 点的 *X* 值与 *C* 点的 *Z* 值。其程序段格式与柱面循环的相同。

3. 简单螺纹循环指令

简单螺纹循环指令与前述的柱面循环指令相似，只要将 *F* 由进给速度改为螺距值即可。程序中的径向进给量取略大于螺纹深度的 2 倍值编程。有些机床在螺纹的终点处增加斜向退刀，如图 3-4 中的 *CD* 动作，*CD* 在 *Z* 向的距离约为一个螺距。注意，切削螺纹的行程 *W* 应

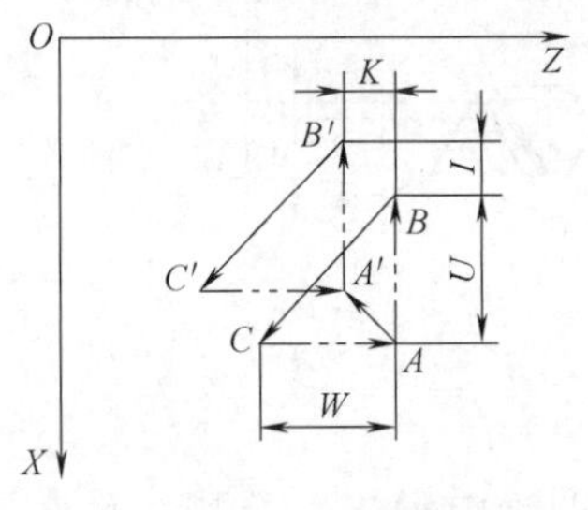

图 3-3 锥面循环

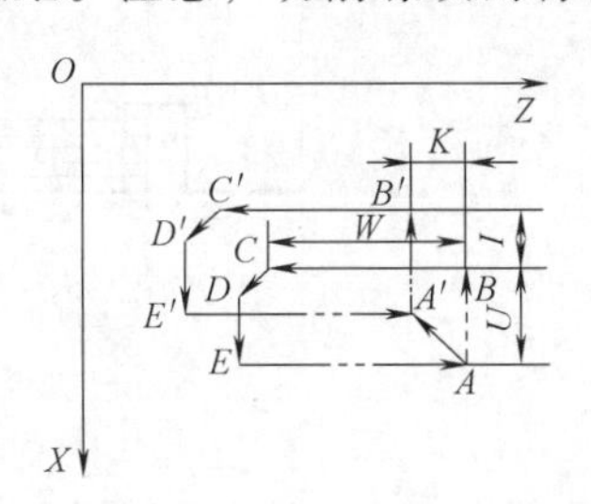

图 3-4 简单螺纹循环

包括切入与切出的空刀行程（图3-5），即

$$W = L + L_1 + L_2$$

L_1 和 L_2 为切入和切出的空刀行程，主要用于避免步进电动机或伺服电动机的升降速过程影响螺纹的加工质量。一般取

$$L_1 = (3 \sim 5)F \qquad L_2 = (1 \sim 2)F \tag{3-1}$$

式中 F——螺纹螺距。

但在具体的零件加工中要视具体情况而定，不可硬搬式（3-1）。

加工圆锥螺纹循环与锥面循环相似，同样要将锥面循环指令中的 F 后的数字改为螺距值。

车削多线螺纹时可用退刀程序解决。如图3-6所示，以 A 点作为第一线螺纹的起点，利用螺纹程序反复车好第一线螺纹后，再由 A 点退刀至 G 点作为第二线螺纹的起点车削第二线螺纹，以此类推，即可车削多线螺纹。设导程为 F，线数为 M，则每线的退刀距离为 $H=F/M$，并以 H 值编制退刀程序。同时，将其后螺纹程序中的 W 值每线相应增加 H 值。以保证各线螺纹终点的一致。

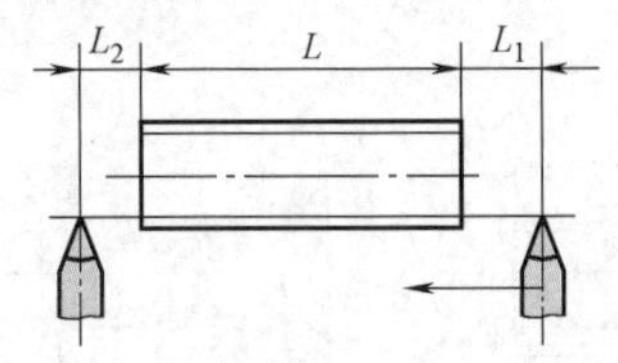

图3-5 螺纹行程

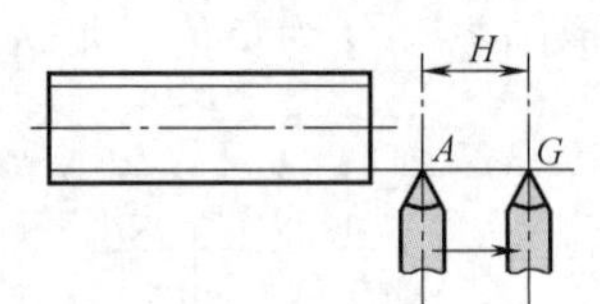

图3-6 多线螺纹的转换

简单螺纹切削方式由于每次推进量 I 为定值，即每次切削的切削剖面不等，因此这种循环方式并不是理想的螺纹切削方式，故称为简单螺纹循环。

4. 复杂螺纹循环指令

复杂螺纹循环指令与简单螺纹循环指令相比，其主要特点是每次背吃刀量递减，且按一定规律自动分配；其次是用60°切削刃切入时，基本上为单侧切削。这些特点对大螺距加工是十分有利的。

复杂螺纹循环动作和程序段格式多样。图3-7所示为其中一种循环方式的示意图，其程序段格式为

N — GΔΔ X—Z—I—D—F—A—;

其中，X、Z 为 C 点（螺纹终点）的绝对坐标值；I 为螺纹深度；D 为第一次循环的背吃刀量；F 为螺距；A 为螺纹牙型角。

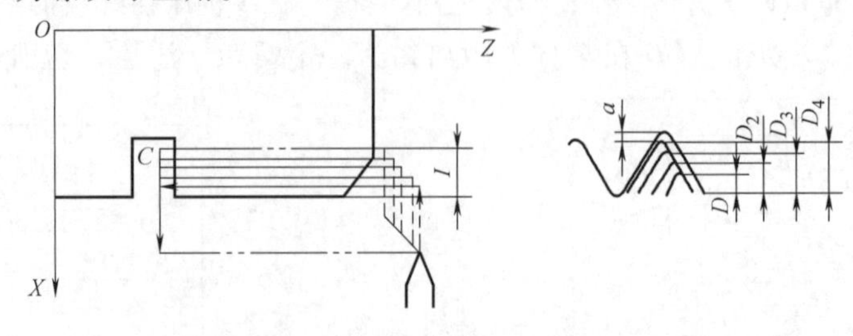

图3-7 复杂螺纹循环示意图

螺纹深度 I 减去精加工背吃刀量 Q_P（0.1~0.6mm）即为粗加工总余量。每次粗切余量

是递减的，递减规律取决于数控装置的内部逻辑。现列举两种递减算法。

1）如图 3-6 所示，当程序中给定第一次循环的粗背吃刀量 D 后，第二次以后的每次总背吃刀量顺次为 $D_2=\sqrt{2}D$、$D_3=\sqrt{3}D$、$D_4=\sqrt{4}D\cdots$，即第二次以后每次的粗背吃刀量顺次为 $(\sqrt{2}-1)D$、$(\sqrt{3}-\sqrt{2})D$、$(\sqrt{4}-\sqrt{3})D\cdots$。

2）程序中给定粗切次数 n，则第一次粗背吃刀量为 D（图 3-6），$D=2(I-a)/(n+1)$，第二次以后每次的粗背吃刀量顺次为 $D-d$、$D-2d$、$D-3d\cdots$，其中 $d=D/n$。

5. 复合式粗车循环指令

这类粗车循环指令主要用于零件需多次进给才能加工到规定尺寸的场合。如用棒料毛坯车削直径相差较大的阶梯轴，或切削铸、锻件的毛坯余量时，都有一些多次重复进给的动作，每次进给的轨迹相差不大。利用复合式粗车循环指令，只要给出精加工路线和粗加工每次的背吃刀量、循环次数等参数，数控系统会自动地确定粗加工路线，控制机床自动地重复切削直到零件加工完为止。

根据加工对象和进给路线的不同，这类指令通常有三种，第一种是外圆（纵向）粗车循环，它适用于圆柱类毛坯粗车外径和圆筒类毛坯粗车内径；第二种是端面（横向）粗车循环，它适用于圆柱棒料毛坯端面的粗车；第三种是组合面（仿形）粗车循环，它适用于毛坯轮廓形状与零件轮廓形状基本接近时的粗车，如一些铸件、锻件毛坯的粗车。这些指令的编程格式和特点基本相似。下面以外圆（纵向）粗车循环指令为例，简要介绍这些指令的编程格式和加工过程。

外圆（纵向）粗车循环的编程格式为

N—GΔΔ　P(ns)　Q(nf)　U(Δu)　W(Δw)　D(Δd)　F—　S—　T—；

其中，ns 为精加工程序中第一个程序段的序号；nf 为精加工程序中最后一个程序段的序号；Δu 为 X 轴方向上留的精加工余量（直径值）；Δw 为 Z 轴方向上留的精加工余量；Δd 为每次背吃刀量（直径值）。

图 3-8 所示为用外圆（纵向）粗车循环粗车外径的进给路线。图中 A 点是起刀点，$A\to A'\to B$ 是精加工路线，e 为每次切削循环中的径向退刀量。

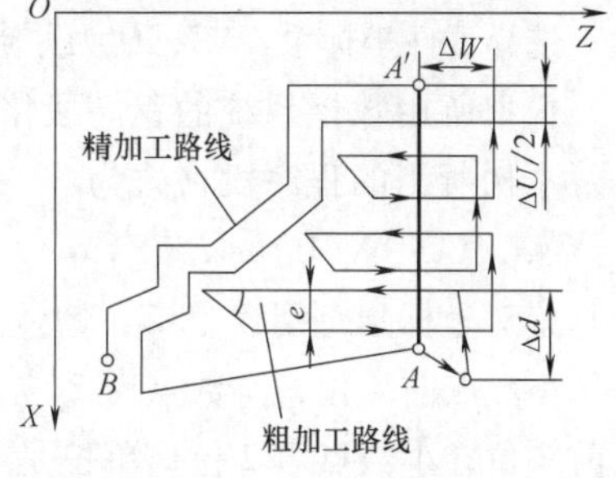

图 3-8　外圆（纵向）粗车循环

三、车削加工编程实例

图 3-9 所示为一车削加工的零件图，图中 $\phi85$ 外圆不加工，要求编制其精加工程序。

程序编制的步骤如下。

1. 依据图样要求，确定工艺方案（即加工路线）

根据先主后次的原则，确定其精加工方案为

1）从右到左切削零件的外轮廓面。其路线为倒角——车削螺纹的实际外圆——车削锥度部分——车削 $\phi62$ 的外圆——倒角——车削 $\phi80$ 的外圆——车削圆弧部分——车削 $\phi80$ 外圆。

2）车削 $3\times\phi45$ 的槽。

3）车削 M48×1.5 的螺纹。

2. 选择刀具并绘制刀具布置图

根据加工要求，选用三把刀具。Ⅰ号刀车削外圆，Ⅱ号刀切槽，Ⅲ号刀车削螺纹。刀具布置图如图 3-10 所示。

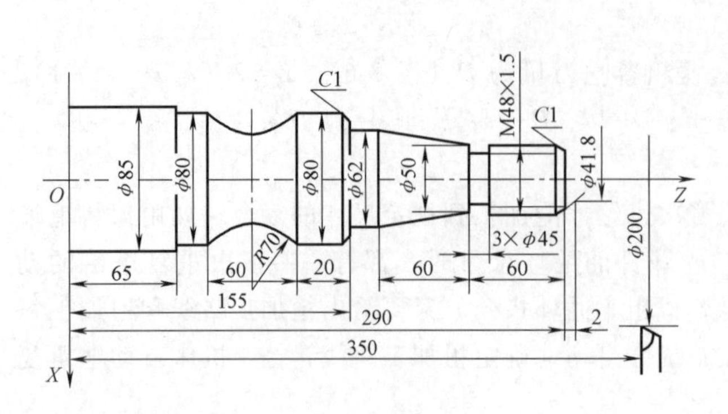

图 3-9 车削零件示例

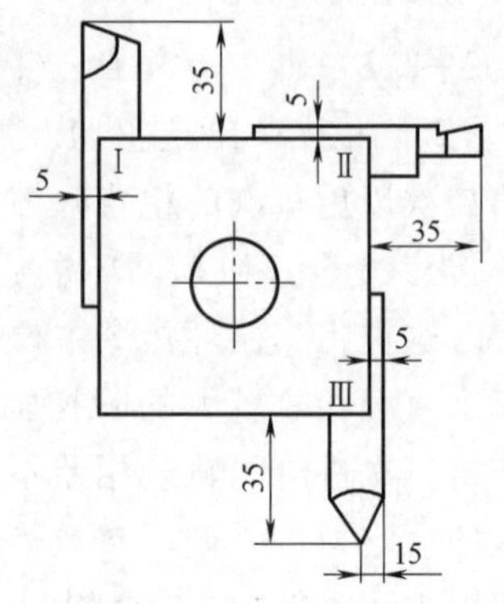

图 3-10 刀具布置图

在绘制刀具布置图时，要正确选择换刀点，以避免换刀时刀具与机床、工件及夹具发生碰撞现象。本例换刀点选为 A（200，350）点。

对刀时以Ⅰ号刀为基准进行对刀，螺纹刀尖相对于Ⅰ号刀尖在 Z 向偏置 10mm，由Ⅲ号刀的刀补指令进行补偿，其补偿值通过控制面板手工键入，以保持刀尖位置的一致。

3. 选择切削用量

切削用量应根据工件材料、硬度、刀具材料及机床等因素来考虑，一般由经验确定。本例中，精车外轮廓时主轴转速选为 S 31 = 630r/min，进给速度选为 f = 150mm/min；切槽时，S 32 = 315r/min，f = 100mm/min；车螺纹时，S 22 = 200r/mm，f = 1. 50mm/r。

4. 编写加工程序。

选择工件坐标系 OXZ，O 为原点（图 3-9），将 A 点（换刀点）作为对刀点，即编程起点。

根据所用数控系统的程序段格式规定，编出所需的零件加工程序。

本例所用的程序段格式为

N3 G2 X(U)±42 Z(W)±42 I±42 K±42 F32 S4 T2 M2;

绝对坐标指令用 X 和 Z，增量坐标指令用 U 和 W，可以混合编程。坐标值可用小数点表示，小数点前 4 位，小数点后 2 位。X、U、I 按直径值编程。进给速度 F 用直接指定法，小数点前 3 位，小数点后 2 位，单位是 mm/min。主轴转速 S 也用直接指定法。刀具功能 T 后跟两位数字，第一位数字表示刀具编号，第二位数字表示刀具补偿号。简单螺纹循环指令用 G33。

编制程序为

```
N001  G92  X200.0  Z350.0;                              (坐标系设定)
N002  G00  X41.8   Z292.0  S 630  M03  T11  M08;
N003  G01  X47.8   Z289.0  F150;                        (倒角)
N004       U0      W-59.0;                              (φ47.8)
N005       X50.0   W0;                                  (退刀)
N006       X62.0   W-60.0;                              (锥度)
N007       U0      Z155.0;                              (φ62)
```

```
N008         X78.0  W0;                                    (退刀)
N009         X80.0  W-1.0;                                 (倒角)
N010         U0     W-19.0;                                (ϕ80)
N011   G02   U0     W-60.0   I63.25   K-30.0;              (圆弧)
N012   G01   U0     Z65.0;                                 (ϕ80)
N013         X90.0  W0;                                    (退刀)
N014   G00   Z200.0 Z350.0   M05   T10   M09;              (退刀)
N015         X51.0  Z230.0   S315   M03   T22   M08;
N016   G01   X45.0  W0   F100;                             (切槽)
N017   G04   U5.0;                                         (延迟)
N018   G00   X51.0  W0;                                    (退刀)
N019         X200.0 Z350.0   M05   T20   M09;              (退刀)
N020         X52.0  Z296.0   S200   M03   T33   M08;       (车螺纹起始位置)
N021   G33   X47.2  Z231.5   F1.5;                         (车螺纹)
N022         X46.6;
N023         X46.1;
N024         X45.8;
N025   G00   X200.0 Z350.0   T30   M02;                    (退至起点)
```

第二节　数控铣床与加工中心的程序编制

一、数控铣床的编程特点

1）铣削是机械加工中最常用的方法之一，它包括平面铣削和轮廓铣削。使用数控铣床的目的是解决复杂的和难加工的工件的加工问题，把一些用普通机床可以加工（但效率不高）的工件改用数控铣床加工可以提高加工效率。数控铣床功能各异，规格繁多。编程时要考虑如何最大限度地发挥数控铣床的特点，二坐标联动数控铣床用于加工平面零件轮廓；三坐标以上的数控铣床用于加工难度较大的复杂工件的立体轮廓；铣镗加工中心具有多种功能，可以进行多工位、多工件和多种工艺方法加工。

2）数控铣床的数控装置具有多种插补方式，一般都具有直线插补和圆弧插补，有的还具有极坐标插补，抛物线插补，螺旋线插补等多种插补功能。编程时要合理充分地选择这些功能，以提高加工精度和效率。

3）编制程序时要充分利用数控铣床齐全的功能，如刀具位置补偿、刀具长度补偿、刀具半径补偿和固定循环、对称加工等功能。

4）由直线、圆弧组成的平面轮廓铣削的数学处理比较简单。非圆曲线、空间曲线和曲面的轮廓铣削加工，数学处理比较复杂，一般要采用计算机辅助计算和自动编程。

二、数控铣床编程中的特殊功能指令

数控铣床编程中除了要用到第二章介绍的常用的功能指令外，还要用到一些比较特殊的

功能指令，下面选择部分指令作一简单介绍。

1. 工件坐标系设定指令

数控铣床除了可用 G92 指令建立工件坐标系以外，还可以用 G54～G59 指令设置工件坐标系，这样设置的每一个工件坐标系自成体系。采用 G54～G59 指令建立的坐标系不像用 G92 指令那样需要在程序段中给出工件坐标系与机床坐标系的偏置值，而是在安装工件后测量工件坐标系原点相对于机床坐标系原点在 *X*、*Y*、*Z* 各轴方向的偏置量，然后用 MDI 方式将其输入到数控系统的工件坐标系偏置值存储器中。系统在执行程序时，从存储器中读取数值，并按照工件坐标系中的坐标值运动。图 3-11 所示为工件坐标系与机床坐标系之间的关系。使用 G54 设定工件坐标系的程序段为

N1　G90　G54　G00　X100. 0　Y50. 0　Z200. 0；

其中，G54 为设定工件坐标系，其原点与机床坐标系原点的偏置值已输入数控系统的存储器中，其后在执行 G00　X100. 0　Y50. 0　Z200. 0 时，刀具就移到 G54 所设的工件坐标系中 X100　Y50　Z200 的位置上。

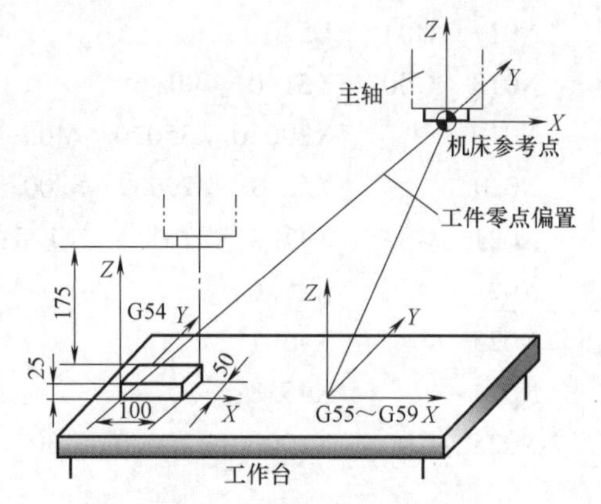

图 3-11　工件坐标系与机床坐标系之间的关系

2. 镜像加工指令

在加工某些对称图形时，为避免反复编制相类似的程序，缩短加工程序，可采用镜像加工功能。图 3-12a、b、c 所示分别是关于 *Y* 轴、*X* 轴、原点对称的图形，编程轨迹为其中一半的图形，另一半可通过镜像加工指令完成。

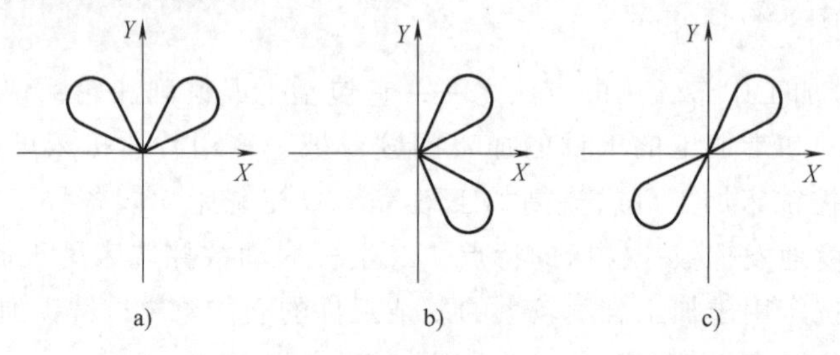

图 3-12　对称的图形

a）关于 *Y* 轴对称　b）关于 *X* 轴对称　c）关于原点对称

镜像加工指令的格式在各数控系统中并不一致，常见的一种指令格式为

G11　N　* * * *. * * * *. * * *

G12　N　* * * *. * * * *. * * *

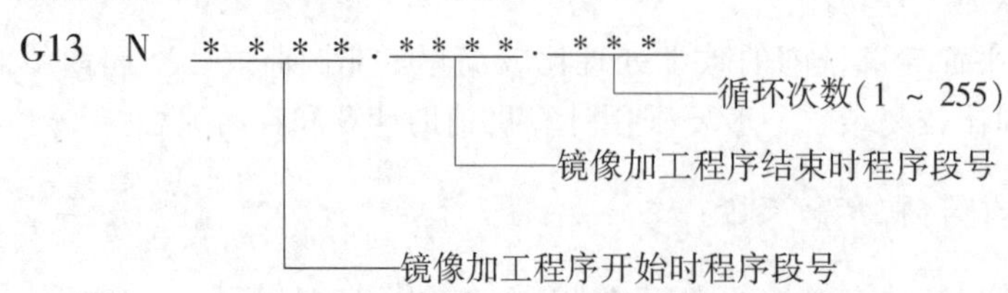

说明：

1）这组指令的作用是将本程序段所定义的两个程序段号之间的程序，分别按 Y 轴、X 轴、原点对称加工，并按循环次数循环若干次。

2）镜像加工完成后，下一加工程序段是镜像加工定义段的下一程序段。如某程序为

N0010 …

N0020 …

⋮

N0100 G11 N0030. 0060. 0 2；

N0110 M02；

该程序的实际加工顺序为 N0010→N0020→…→N0100（将 N0030～N0060 之间程序按 Y 轴对称加工，循环两次）→N0110。

3）镜像加工指令不可作为整个加工程序的最后一段，若位于最后时，则再写一句 M02 程序段。

4）循环次数若为 1 次可省略不写。

5）G11、G12、G13 所定义的镜像加工程序段号内，不得发生其他转移加工指令，如子程序、跳转移加工等。

例 3-1 如图 3-13 所示，刀心轨迹是 Y 轴、X 轴、原点对称的图形，Z 向深度分别为 2mm，试用镜像加工指令编程。

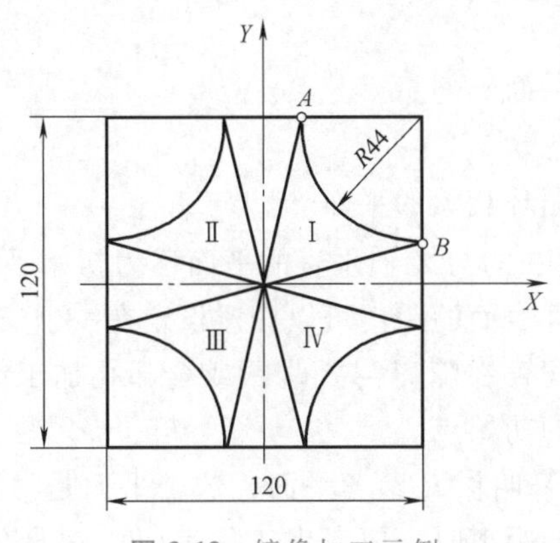

图 3-13 镜像加工示例

解 1）计算 A、B 两点坐标值。

A 点：X=16mm Y=60mm

B 点：X=60mm Y=16mm

2）编程。

O35	（程序名）
N0010 G92 X0 Y0 Z100 S1000 M03；	（设编程坐标原点 O，主轴正转，1000r/min）
N0020 G00 Z2；	（刀具快进）
N0030 G01 Z-2 F100；	（刀具 Z 向加工至 2mm）
N0040 X16 Y60；	（直线插补 O→A）

```
N0050  G03  X60  Y16  I44  J0;        （逆圆插补 A→B）
N0060  G01  X0  Y0;                   （直线插补 B→O）
N0070  G11  N0040.0060;               （Y轴镜像加工Ⅱ，循环一次）
N0080  G12  N0040.0060;               （X轴镜像加工Ⅳ，循环一次）
N0090  G13  N0040.0060;               （原点对称加工Ⅲ，循环一次）
N0100  G00  Z100;                     （抬刀）
N0110  M02;                           （程序结束）
```

3. 固定循环指令

数控铣床上有许多固定循环指令，只用一个指令、一个程序段即可完成某特定表面的加工。孔加工（包括钻孔、镗孔、攻螺纹或螺旋槽等）是铣床上常见的加工任务，下面介绍FANUC系统中孔加工的固定循环功能指令。

（1）孔加工循环的组成动作　如图3-14所示，孔加工循环一般由以下6个动作组成。

1）$A \to B$。刀具快进至孔位坐标（X、Y），即循环初始点B。

2）$B \to R$。刀具Z向快进至加工表面附近的R点平面。

3）$R \to E$。加工动作（如钻、攻螺纹、镗等）。

4）E点。孔底动作（如进给暂停、刀具偏移、主轴准停、主轴反转等）。

5）$E \to R$。返回到R点平面。

6）$R \to B$。返回到初始点B。

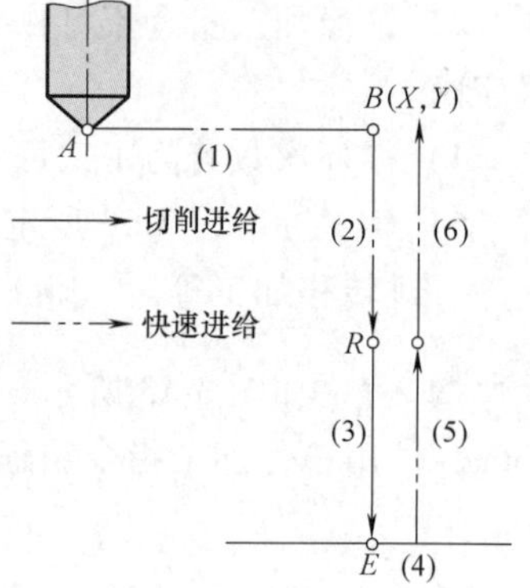

图3-14　孔加工循环的组成动作

以下介绍几个与孔加工循环相关的平面。

1）初始平面。初始点所在的与Z轴垂直的平面称为初始平面，它是为安全下刀而规定的一个平面。初始平面到零件表面的距离可以任意设定在一个安全的高度上，当使用同一把刀具加工若干孔时，只有孔间存在障碍需要跳跃或全部孔加工结束时，才使用G98功能指令使刀具返回到初始平面上的初始点。

2）R点平面。R点平面又叫作R参考平面，这个平面是刀具下刀时自快进转为工进的高度平面，设定距工件表面的距离时主要考虑工件表面尺寸的变化，一般可取2~5mm。使用G99功能指令时，刀具将返回到该平面上的R点。

3）孔底平面。加工不通孔时孔底平面就是孔底的Z轴高度，加工通孔时一般刀具还要伸出工件底平面一段距离，主要是保证全部孔深都加工到尺寸，钻削加工时还应考虑钻头钻尖对孔深的影响。

孔加工循环与平面选择指令（G17、G18或G19）无关，即不管选择了哪个平面，孔加工都是在XY平面上定位并在Z轴方向上钻孔。

（2）孔加工循环指令格式　孔加工循环指令的一般格式为

```
G90    G98
GΔΔ  X—Y—Z—R—Q—P—F—L—;
G91    G99
```

说明：

1）G98 指令使刀具返回初始点 B 点，G99 指令使刀具返回 R 点平面，如图 3-15 所示。

2）GΔΔ 为孔加工循环方式指令，见表 3-1。

3）X、Y 为孔位坐标，可为绝对、增量坐标方式。

4）Z 为孔底坐标，增量坐标方式时为孔底相对 R 点平面的增量值。

5）R 为 R 点平面的 Z 坐标，增量坐标方式时为 R 点平面相对 B 点的增量值。

6）Q 在 G73 或 G83 方式中用来指定每次的背吃刀量，在 G76 或 G87 方式中规定孔底刀具偏移量（增量值）。

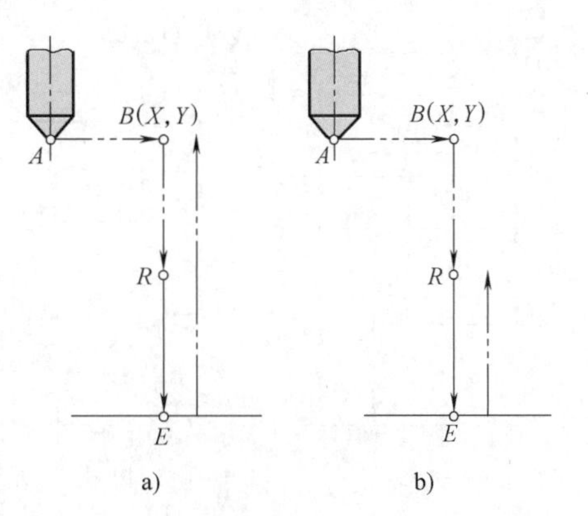

图 3-15　G98 和 G99 指令

a）G98 指令　b）G99 指令

表 3-1　孔加工循环方式指令

G 代码	孔加工动作（-Z 方向）	在孔底的动作	刀具返回方式（+Z 方向）	用　途
G73	间歇进给	—	快速	高速深孔往复排屑钻
G74	切削进给	暂停，主轴正转	切削进给	攻左旋螺纹
G76	切削进给	主轴定向停止—刀具位移	快速	精镗孔
G80	—	—	—	取消固定循环
G81	切削进给	—	快速	钻孔
G82	切削进给	暂停	快速	锪孔、镗阶梯孔
G83	间歇进给	—	快速	深孔往复排屑钻
G84	切削进给	暂停，主轴反转	切削进给	攻右旋螺纹
G85	切削进给	—	切削进给	精镗孔
G86	切削进给	主轴停止	快速	镗孔
G87	切削进给	主轴停止	快速返回	反镗孔
G88	切削进给	暂停，主轴停止	手动操作	镗孔
G89	切削进给	暂停	切削进给	精镗阶梯孔

7）P 用来指定刀具在孔底的暂停时间，以 ms 为单位，不使用小数点。

8）F 指定孔加工切削进给时的进给速度，单位为 mm/min，这个指令是模态的，即使取消了固定循环，在其后的加工中仍然有效。

9）L 是孔加工重复的次数，L 指定的参数仅在被指令的程序段中才有效，忽略这个参数时就认为是 L1。

（3）几种加工方式的图示说明

1）高速深孔往复排屑钻循环（G73）。图 3-16 所示为深孔钻削，采用间歇进给有利于排屑。每次背吃刀量为 Q，退刀量为 d（系统内部设定），末次背吃刀量 $\leqslant Q$，为剩余量。

2）左旋攻螺纹循环（G74）。如图 3-17 所示，主轴下移至 R 点起动，反转切入，至孔底 E 点后正转退出。

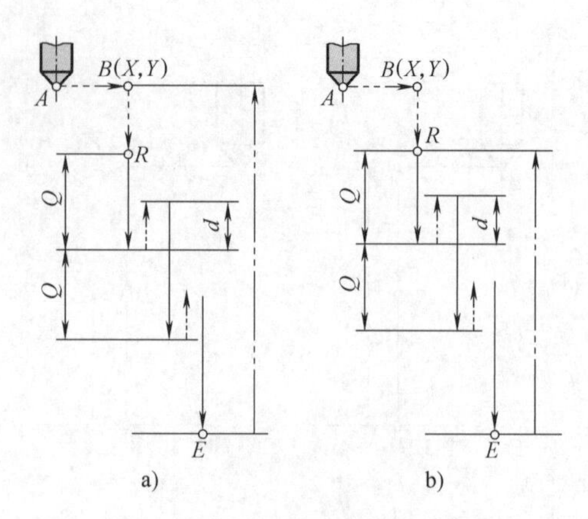

图 3-16 高速深孔往复排屑钻循环

a）用 G98 指令 b）用 G99 指令

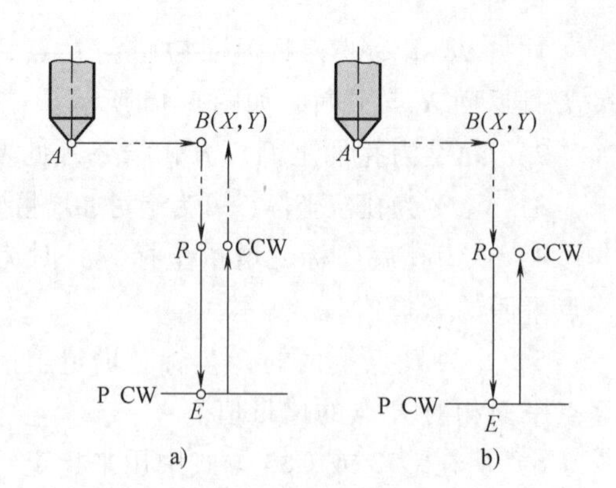

图 3-17 左旋攻螺纹循环

a）用 G98 指令 b）用 G99 指令

CW—主轴正转 CCW—主轴反转 P—进给暂停

3）精镗循环(G76)。如图 3-18 所示，精镗孔底后，有 3 个孔底动作：进给暂停（P）、主轴准停即定向停止（OSS）、刀具偏移 Q 距离（→），然后退刀，这样可使刀头不划伤精镗表面。

4）背镗循环(G87)。如图 3-19 所示，刀具至 B（X、Y）后，主轴准停，主轴沿刀尖的反方向偏移 Q，然后快速定位至孔底（Z 点），再沿刀尖正向偏移至 E 点，主轴正转，刀具向上工进至 R 点，在 R 点再主轴准停，刀具偏移 Q，快退并偏移 Q 至 B 点，主轴正转，继续执行下面的程序。

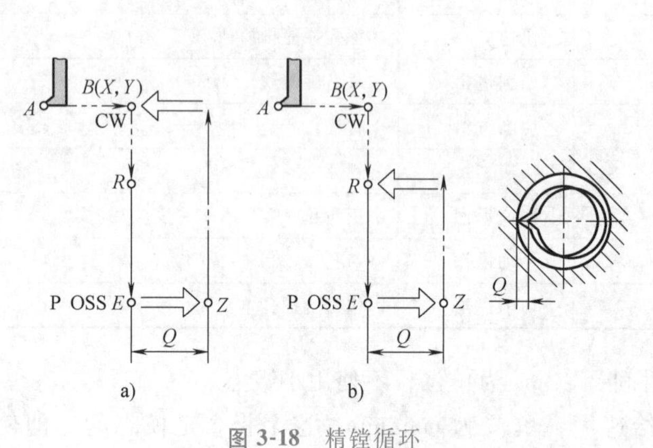

图 3-18 精镗循环

a）用 G98 指令 b）用 G99 指令

P—进给暂停 OSS—主轴准停

→—刀具偏移 CW—主轴正转

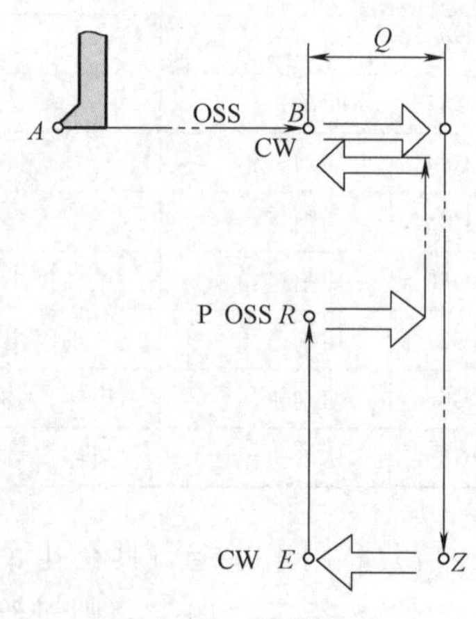

图 3-19 背镗循环

（4）孔加工循环的注意事项

1）孔加工循环指令是模态指令，一旦建立则一直有效，直到被新的加工方式代替或被撤销；孔加工数据也是模态值。

2）撤销孔加工固定循环指令为 G80，此外，G00、G01、G02、G03 也起撤销作用。

3）孔加工固定循环指令执行前，必须先用 M 指令使主轴转动。

4）孔加工固定循环中，刀具长度补偿指令在刀具至 R 点时生效。

对孔加工数据保持和取消举例如下：

N1　G91　G00X—M03；	（先主轴正转，再按增量值方式沿 X 轴快速定位）
N2　G81　X—　Y—　Z—　R—　F—；	（规定固定循环原始数据，按 G81 执行钻孔动作）
N3　Y—；	（钻削方式和钻削数据与 N2 相同，按 Y 移动后执行 N2 的钻孔动作）
N4　G82　X—　P—　L—；	（先移动 X，再按 G82 执行钻孔动作，并重复执行 L 次）
N5　G80X—　Y—M05；	（这时不执行钻孔动作，除 F 代码之外，全部钻削数据被清除）
N6　G85　X—　Z—　R—　P—；	（必须再一次指定 Z 和 R，本段不需要的 P 也被存储）
N7　X—　Z—；	（移动 X 后按本段的 Z 值执行 G85 的钻孔动作，前段 R 仍有效）
N8　G89　X—　Y—；	（执行 X、Y 移动后按 G89 方式钻孔，前段的 Z 与 N6 段中的 R、P 仍有效）
N9　G01　X—　Y—；	（这时孔加工方式及孔加工数据（F 除外）全部被清除）

例 3-2　采用固定循环方式加工如图 3-20 所示各孔，试编写加工程序。

解　加工程序如下：

```
N01  G90  G80  G92  X0.  Y0.  Z100.;
N02  G00  X-50.  Y51.963  M03  S800;
N03  Z20.  M08  F40;
N04  G91  G81  G99  X20.  Z-18.  R-17.  L4;
N05  X10.  Y-17.321;
N06  X-20.  L4;
N07  X-10.  Y-17.321;
N08  X20.  L5;
N09  X10.  Y-17.321;
N10  X-20.  L6;
N11  X10.  Y-17.321;
N12  X20.  L5;
N13  X-10.  Y-17.321;
N14  X-20.  L4;
N15  X10.  Y-17.321;
N16  X20.  L3;
N17  G80  M09;
N18  G90  G00  Z100.;
```

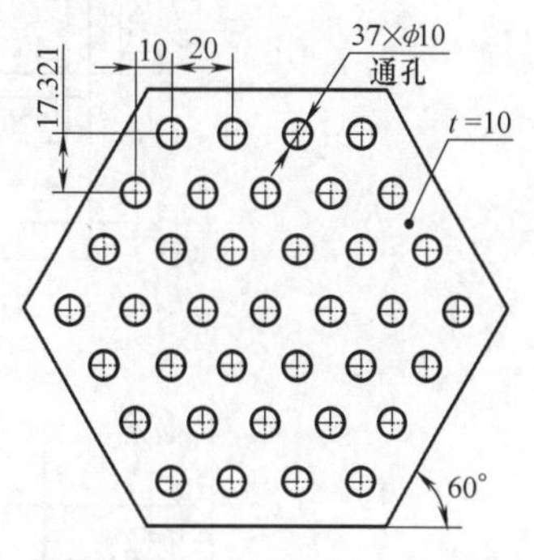

图 3-20　固定循环加工示例

N19　X0.　Y0.　M05；

N20　M30；

当要加工很多相同的孔时，应认真研究孔的分布规律，尽量简化程序。例 3-2 中各孔按等间距线形分布，可以使用重复固定循环加工指令，即用地址 L 规定重复次数。采用这种方式编程在进入固定循环之前，刀具不能定位在第一个孔的位置，而要向前移动一个孔的位置。因为在执行固定循环时，刀具要先定位然后才执行钻孔的动作。

三、数控铣床编程实例

例 3-3　图 3-21 所示是一盖板零件，该零件的毛坯是一块 180mm×90mm×12mm 的板料，要求铣削成图中粗实线所示的外形。由图可知，各孔已加工完，各边都留有 5mm 的铣削余量。铣削时以其底面和 2×ϕ10H8 的孔定位，从 ϕ60mm 孔对工件进行夹紧。在编程时，工件坐标系的原点定在工件左下角 *A* 点（图 3-22），现以 ϕ10mm 立铣刀进行轮廓加工，对刀点在工件坐标系中的位置为（−25，10，40），刀具的切入点为 *B* 点，刀具中心的进给路线为对刀点 1→下刀点 2→*b*→*c*→*c*′→下刀点 2→对刀点 1。

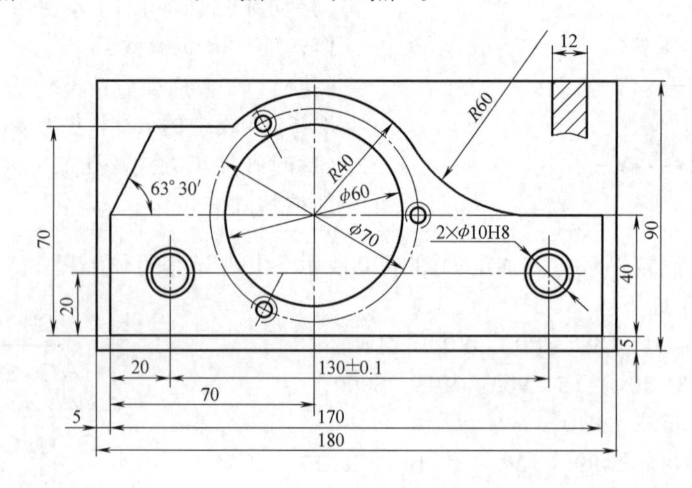

图 3-21　盖板零件图

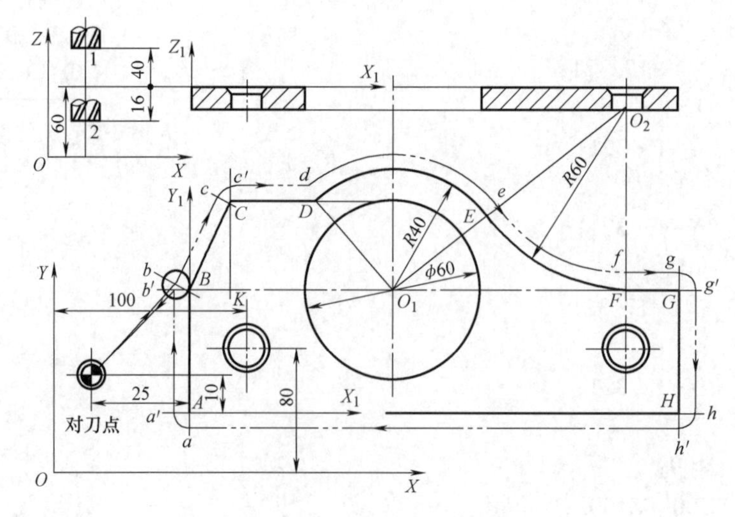

图 3-22　坐标计算简图

该零件的特点是形状比较简单，数值计算比较方便。现按轮廓编程，根据图 3-21 和图 3-22 计算各基点及圆心点坐标如下：

A(0，0) B(0，40) C(14.96，70) D(43.54，70) E(102，64) F(150，40) G(170，40) H(170，0) O_1(70，40) O_2(150，100)

依据以上数据进行编程，加工程序如下：

用绝对坐标方式编程

```
O0001
N01 G92 X-25.0 Y10.0 Z40.0;
N02 G90 G00 Z-16.0 S300 M03;
N03 G41 G01 X0 Y40.0 F100 D01 M08;
N04 X14.96 Y70.0;
N05 X43.54;
N06 G02 X102.0 Y64.0 I26.46 J-30.0;
N07 G03 X150.0 Y40.0 I48.0 J36.0;
N08 G01 X170.0;
N09 Y0;
N10 X0;
N11 Y40.0;
N12 G00 G40 X-25.0 Y10.0 Z40.0 M09;
N13 M02;
```

用增量坐标方式编程

```
O0002
N01 G92 X-25.0 Y10.0 Z40.0;
N02 G00 Z-16.0 S300 M03;
N03 G91 G01 G41 D01 X25.0 Y30.0 F100 M08;
N04 X14.96 Y30.0;
N05 X28.58 Y0;
N06 G02 X58.46 Y-6.0 I26.46 J-30.0;
N07 G03 X48.0 Y-24.0 I48.0 J36.0;
N08 G01 X20.0;
N09 Y-40.0;
N10 X-170.0;
N11 Y40.0;
N12 G40 G00 X-25.0 Y-30.0 Z56.0 M09;
N13 M02;
```

四、加工中心的编程特点

加工中心是一种带有刀库并能自动更换刀具、对工件能够在一定的范围内进行多种加工操作的数控机床。在加工中心上加工零件的特点是被加工零件经过一次装夹后，数控系统能控制机床按不同的工序自动选择和更换刀具；自动改变机床主轴转速、进给量和刀具相对工件的运动轨迹及其他辅助功能，连续地对工件各加工面自动进行钻孔、锪孔、铰孔、镗孔、攻螺纹、铣削等多工序加工。由于加工中心能集中地、自动地完成多种工序，避免了人为的操作误差，减少了工件装夹、测量和机床的调整时间及工件周转、搬运和存放时间，大大提高了加工效率和加工精度，所以具有良好的经济效益。

加工中心按主轴在空间位置的不同可分为立式加工中心与卧式加工中心。立式加工中心主轴轴线（Z 轴）是竖直的，适用于加工盖板类零件及各种模具；卧式加工中心主轴轴线（Z 轴）是水平的，一般配备容量较大的链式刀库，机床带有一个自动分度工作台或配有双工作台以便于工件的装卸，适用于工件在一次装夹后自动完成多面多工序的加工，主要用于箱体类零件的加工。

由于加工中心具有上述功能，故在数控加工程序编制中，从加工工序的确定、刀具的选择、加工路线的安排，到加工程序的编制，都比其他数控机床要复杂一些。

加工中心编程具有以下特点：

1）首先应进行合理的工艺分析。由于零件加工的工序多，使用的刀具种类多，甚至在一次装夹下，要完成粗加工、半精加工与精加工。周密合理地安排各工序加工的顺序，有利于提高加工精度和生产效率。

2）根据加工批量等情况，决定采用自动换刀还是手工换刀。一般对于加工批量在10件以上，而刀具更换又比较频繁时，以采用自动换刀为宜。但当加工批量很小而使用的刀具种类又不多时，把自动换刀安排到程序中，反而会增加机床调整时间。

3）自动换刀要留出足够的换刀空间。有些刀具直径较大或尺寸较长，自动换刀时要注意避免发生撞刀事故。

4）为提高机床利用率，尽量采用刀具机外预调，并将测量尺寸填写到刀具卡片中，以便操作者在运行程序前及时修改刀具补偿参数。

5）对于编好的程序，必须进行认真检查，并于加工前安排好试运行。从编程的出错率来看，采用手工编程比自动编程出错率要高，特别是在生产现场为临时加工而编程时出错率更高，认真检查程序并安排好试运行就更为必要。

6）尽量把不同工序内容的程序分别安排到不同的子程序中。当零件加工工序较多时，为了便于程序的调试，一般将各工序内容分别安排到不同的子程序中，主程序主要完成换刀及子程序的调用。这种安排便于按每一工序独立地调试程序，也便于因加工顺序不合理而做出重新调整。

7）一般应使一把刀具尽可能进行较多的表面加工，且进给路线设计得应合理。此外还应在编程中充分利用固定循环等指令，以大大简化程序。

五、加工中心换刀程序的编制

无论是卧式加工中心还是立式加工中心，为了实现多工序加工，都具有一套自动换刀装置。大多数加工中心带有“机械手-刀库”的自动换刀装置。这样在加工中心的加工程序编制中都带有换刀程序，不同的加工中心其换刀程序的编制方法不同，下面就一般情况作一简要介绍，具体可参看各加工中心说明书。

带有“机械手-刀库”的加工中心，其换刀动作包括“换刀”和“选刀”两项内容。

“换刀”即把主轴上的刀具取下，换上选用的刀具；“选刀”是将从主轴上取下的刀具送回刀库，同时在刀库中选取下次要更换的刀具以备使用。因此换刀程序中应包括上述两部分的内容。

多数加工中心换刀时都规定“换刀点”的位置，即“定距换刀”，主轴只有运动到规定位置时，机械手才可以执行换刀动作。还有的加工中心采用“跟踪换刀”，即主轴运动到任意位置时，机械手都可以执行换刀动作。对于“定距换刀”，在增量坐标系中，应在换刀程序中书写主轴到换刀点的坐标值；在绝对坐标系中可以不写。

实际换刀程序的编制一般包括两部分内容：在程序中首先安排一段“换刀准备程序”，作用是将第一把刀装到主轴上，并同时检查一下机床的换刀运动；然后编写加工过程中的“选刀”和“换刀”指令。下面是某台卧式数控加工中心加工程序中的“刀具准备程序”和“第一次换刀程序”。

刀具准备程序

```
%;                          (程序开始)
N1            M19;          (主轴定向停止在换刀位置)
N2            T01;          (选取第一把刀)
N3            M06;          (换刀，将 T01 刀具装到主轴上)
N4            T02;          (选取 T02 刀)
N5  G04  F600 M00;          (暂停 60s 后机床停止，换刀程序结束)
```

第一次换刀程序

```
⋮                           (加工程序)
N10      Z500   F99;        (沿 Z 向退回原点，准备换刀)
N11      Y500   M06;        (沿 Y 向退回原点并换刀，即从轴上取下
                             T01 送回，并换上 T02 刀)
N12             T03;        (选取 T03 刀具)
N13      G01   X-79;        (用 T02 刀具开始加工)
⋮                           (加工程序)
```

程序中 M06 是换刀辅助功能指令。这台加工中心的每次换刀位置都在原点，所以为“定距换刀”。应当指出在加工过程中，每次换刀时，都有一段上述的换刀程序。

早期的加工中心“定距换刀”的换刀程序中，都是将换刀位置的坐标指令与换刀辅助功能指令分编为不同的程序段。目前，多数加工中心在换刀过程中都把 T 指令与 M06 指令编写成一个程序段，以节省换刀时间。

六、加工中心的编程实例

例 3-4 用卧式加工中心加工如图 3-23 所示的端盖。

解 （1）工艺方案及工艺路线的确定

1）图样分析和决定定位安装基准。零件加工尺寸如图 3-23 所示，假定在卧式加工中心上只加工 *B* 面及各孔，根据图样要求，选择 *A* 面为定位安装基准，用弯板装夹。

2）加工方法和加工路线的确定。加工时按先面后孔，先粗后精的原则。*B* 面用铣削加

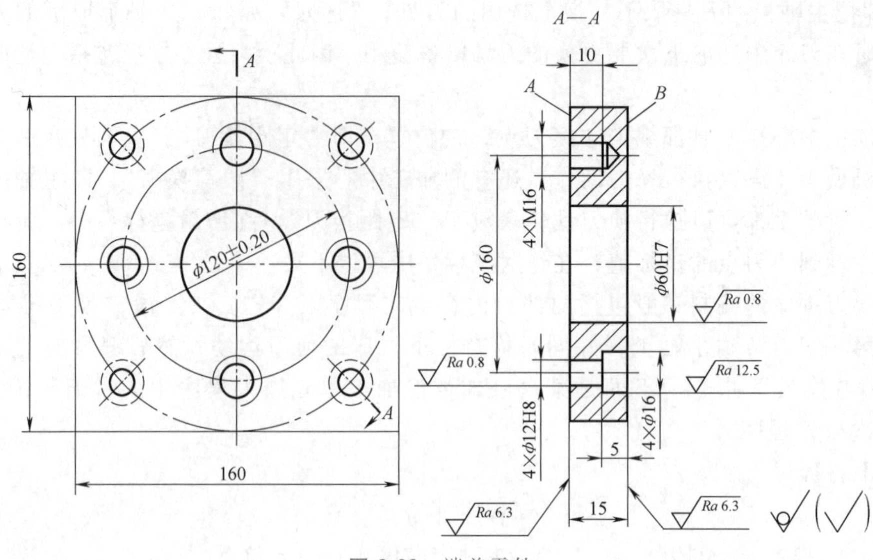

图 3-23　端盖零件

工，分粗铣和精铣；ϕ60H7 孔采用三次镗孔加工，即粗镗、半精镗和精镗；ϕ12H8 孔按钻、扩、铰方式进行；ϕ16 孔在 ϕ12 孔基础上再增加锪孔工序；螺纹孔采用钻孔后攻螺纹的方法加工；螺纹孔和阶梯孔在钻孔前都安排钻中心孔工序；螺纹孔用钻头倒角。端盖工艺卡见表 3-2。

表 3-2　端盖工艺卡

工序	工　序　内　容	刀具号	刀具规格	F/mm · min^{-1}	a_p/mm
1	粗铣 15 平面留加工余量 0. 5	T01	ϕ100 面铣刀	70	3. 5
2	精铣 15 平面至尺寸	T13	ϕ100 面铣刀	50	0. 5
3	粗镗 ϕ60H7 孔至 ϕ58	T02	镗刀	60	0. 2
4	半精镗 ϕ60H7 孔至 ϕ59. 95	T03	镗刀	50	0. 5
5	精镗 ϕ60H7 孔至尺寸	T04	精镗刀	40	0. 2
6	钻 2×ϕ12H8 及 2×M16 的中心孔	T05	ϕ3 中心钻	50	—
7	钻 2×ϕ12H8 至 ϕ10	T06	ϕ10 钻头	60	—
8	扩 2×ϕ12H8 至 ϕ11. 85	T07	ϕ11. 8 扩孔钻	40	—
9	锪 2×ϕ16 至尺寸	T08	ϕ16 阶梯铣刀	30	—
10	铰 2×ϕ12H8 至尺寸	T09	ϕ12H8 铰刀	40	—
11	钻 2×M16 底孔至 ϕ14	T10	ϕ14 钻头	60	—
12	倒 2×M16 底孔端角	T11	ϕ18 钻头	40	—
13	攻 2×M16 螺纹	T12	M16 机用丝锥	200	—
将零件安装在弯板夹具上，使定位面至工作台回转中心距离为 185mm					

3）切削用量的选择。可根据有关手册查出所需的切削用量。

（2）确定工件坐标系

1）选 ϕ60H7 孔的中心为 X、Y 坐标系原点，选距离被加工表面 30mm 处为工件坐标系

Z0 点，选距离工件表面 5mm 处为 R 点平面；

2）计算刀具轨迹的坐标，本例铣削加工时要计算刀具轨迹坐标；

3）按工艺路线和坐标尺寸编制加工程序。

（3）加工程序

```
O0003                                               （端盖加工程序）
N1  G92  X0  Y0  Z0;                                 （建立工件坐标系）
N2  G30  Y0  M06  T01;                               （刀具交换，换成面铣刀）
N3  G90  G00  X0  Y0;                                （绝对坐标方式，快速定位 X、Y 的零点）
N4  X-135.0  Y45.0;                                  （将刀具从零点移出至进刀点）
N5  S300  M03;                                       （主轴起动、正转）
N6  G43  Z-33.5  H01;                                （刀具长度补偿，处于切深处）
N7  G01  X75.0  F70;                                 （直线插补铣削加工）
N8  Y-45.0;
N9  X-135.0;
N10  G00  G49  Z0  M05;                              （取消补偿，主轴停止）
N11  G30  Y0  M06  T13;                              （刀具交换，换成精铣刀）
N12  G00  X0  Y0;
N13  X-135.0  Y45.0;
N14  G43  Z-34.0  H13.535  M03;
N15  G01  X75.0  F50;
N16  Y-45.0;
N17  X-135.0;
N18  G00  G49  Z0  M05;
N19  G30  Y0  M06  T02;                              （刀具交换，换成粗镗刀）
N20  G00  X0  Y0;
N21  G43  Z0  H02  S400  M03;
N22  G98  G81  Z-50.0  R-25.0  Q0.2  P200  F40;      （固定循环，粗镗 φ60H7 孔）
N23  G00  G49  Z0  M05;
N24  G30  Y0  M06  T03;                              （刀具交换，换半精镗刀）
N25  Y0;
N26  G43  Z0  H03  S450  M03;
N27  G98  G81  Z-50.0  R-25.0  F50;                  （固定循环，半精镗 φ60H7 孔）
N28  G00  G49  Z0  M05;
N29  G30  Y0  M06  T04;                              （刀具交换，换精镗刀）
N30  Y0;
N31  G43  Z0  H04  S450  M03;
N32  G98  G76  Z-50.0  R-25.0  Q0.2  P200  F40;      （精镗 φ60H7 循环）
```

```
N33  G00  G49  Z0  M05;
N34  G30  Y0  M06  T05;                          (刀具交换，换中心钻)
N35  X0  Y60.0;
N36  G43  Z0  H05  S1000  M03;                   (固定循环，钻中心孔)
N37  G98  G81  Z-35.0  R-25.0  F50;
N38  X60.0  Y0;
N39  X0  Y-60.0;
N40  G00  G49  Z0  M05;
N41  G30  Y0  M06  T06;                          (刀具交换，换φ10钻头)
N42  X-60  Y0;
N43  G43  Z0  H06  S600  M03;
N44  G99  G81  Z-60.0  R-25.0  F60;              (钻孔固定循环，镗φ12H8为φ10)
N45  X60.0;
N46  G00  G49  Z0  M05;
N47  G30  Y0  M06  T07;                          (刀具交换，换φ11.85扩孔钻)
N48  X-60  Y0;
N49  G43  Z0  H07  S300  M03;
N50  G99  G81  Z-60.0  R-25.0  F40;              (扩孔固定循环)
N51  X60.0;
N52  G49  G00  Z0  M05;
N53  G30  Y0  M06  T08;                          (刀具交换，换成阶梯铣刀)
N54  X-60  Y0;
…
```

第三节　五轴数控机床的程序编制

五轴数控机床加工技术作为智能制造的高端技术，与航空航天、海洋工程装备及高技术船舶等“中国制造2025”重点领域密切相关，该技术的发展能够推动制造业的转型升级，提升产品的制造精度和效率。通常数控机床有 X、Y、Z 三个直线运动的基本控制轴，在面向复杂表面零件加工时，存在加工质量不高、加工效率低、多次装夹等问题。五轴数控机床将数控铣、数控镗、数控钻等功能组合，可以对加工面进行铣、镗、钻等多工序加工，有效地避免了由于多次安装造成的定位误差，从而缩短生产周期，提高加工精度。

一、五轴数控机床的结构类型

五轴数控机床是在常规数控机床三个直线运动坐标轴 X、Y、Z 的基础上增加了 A、B、C 三轴中的两个旋转运动坐标轴，其中两个旋转轴具有不同的运动方式。为满足不同产品的加工需求，从机械设计角度可将五轴加工中心分为多种运动模式，主要有工作台转动和主轴头摆动两种，可以通过组合归为三大基本结构类型：工作台双回转（双转台）、主轴头双摆动（双摆头）、主轴摆动与工作台回转（摆头+转台）。

1. 工作台双回转（双转台）

两个旋转轴都在工作台一侧的数控机床称为工作台倾斜式五轴数控机床（双转台五轴数控机床）。这种结构的五轴数控机床的特点在于主轴结构简单、刚性较好，制造成本较低。工作台倾斜式五轴数控机床的 C 轴回转台可以无限制 360°旋转，但工作台为回转部件，尺寸受限，且承载能力有限，因此，无法加工尺寸过大的零件。可以将工作台倾斜式五轴数控机床分为双工作台结构和 B 轴俯垂工作台结构两类。

（1）双工作台结构五轴数控机床　如图 3-24 所示，为双工作台结构，工作台绕 X 轴回转，定义为 A 轴，A 轴一般工作范围为-120°~+30°。工作台绕 Z 轴 360°回转，定义为 C 轴。这是目前最常见的五轴结构，摆动轴为单侧驱动和双侧驱动两种形式，通过 A 轴与 C 轴的组合，固定在工作台上的工件除底面外的五面都可以由立式主轴加工。A 轴和 C 轴最小分度值一般为 0.001°，这样可以把工件细分成任意角度，加工出倾斜面、倾斜孔等。A 轴和 C 轴与 X、Y、Z 三直线轴联动可加工出复杂的空间曲面。

（2）B 轴俯垂工作台结构数控机床　如图 3-25 所示，这种 B 轴为非正交 45°回转轴，C 轴为绕 Z 轴回转的工作台即为 B 轴俯垂工作台。这种结构形式可以有效地减小机床体积，使机床结构更加紧凑，但由于摆动轴为单侧支撑，转台的承载能力有限。

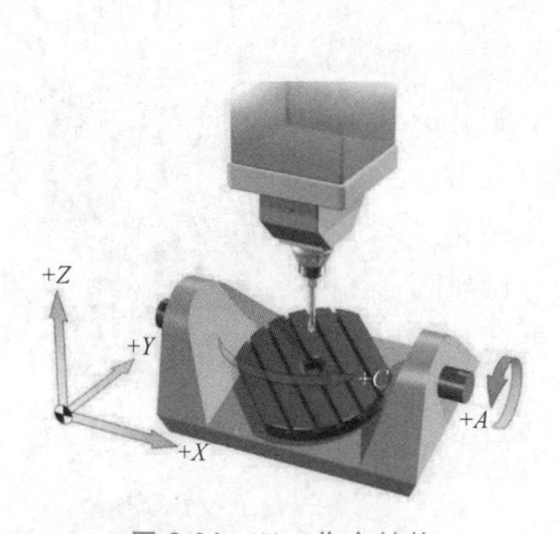

图 3-24　双工作台结构

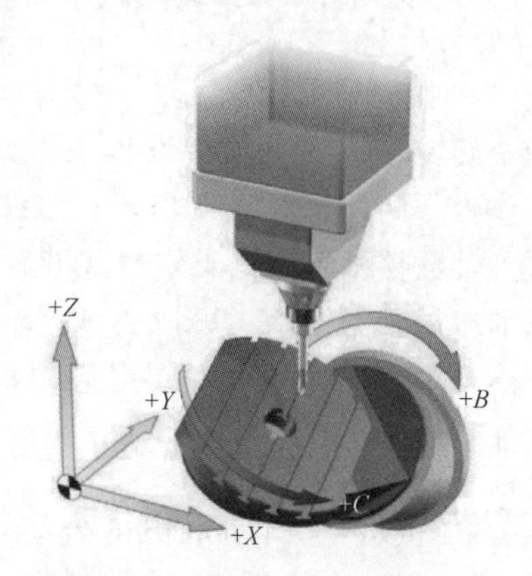

图 3-25　B 轴俯垂工作台结构

2. 主轴头双摆动（双摆头）

两个旋转轴都在主轴头一侧的数控机床称为主轴倾斜式五轴数控机床（双摆头结构五轴数控机床）。主轴倾斜式五轴数控机床是当前应用较广泛的形式，其主轴运动灵活，工作台固定，承载能力强，且尺寸不受限，可根据实际工件尺寸设计。需要特别说明的是当使用球面铣刀加工曲面时，如果刀具中心线垂直于加工面，球面铣刀的顶点线速度为零，顶点切出的工件表面质量较差。而采用主轴头摆动的设计，主轴相对工件转过一个角度，使球面铣刀避开顶点切削，保证了一定的线速度，可提高表面加工质量。这种结构形式的五轴数控机床适用于加工飞机机身模具、汽车覆盖件模具等大型零部件模具高精度曲面加工。高档的旋转轴配置圆光栅尺反馈，旋转精度较高，但此类主轴的旋转结构较复杂，制造成本高。旋转轴的行程受限于机床电路线缆，无法实现 360°旋转，且主轴的刚性和承载能力较低，不利于重载切削。该类机床也分为十字交叉型双摆头结构和刀轴俯垂型摆头结构。

（1）十字交叉型双摆头结构五轴数控机床　图 3-26 所示为十字交叉型双摆头结构，该

结构的旋转轴部件 A 轴（或 B 轴）与 C 轴在结构上十字交叉，且刀轴与机床 Z 轴共线。

（2）刀轴俯垂型摆头结构五轴数控机床　图 3-27 所示为刀轴俯垂型摆头结构，该结构又称为非正交摆头结构，即构成旋转轴的轴线（A 轴或 B 轴）与 Z 轴成 45°夹角。通过调整摆头的承载位置和承载形式，可以有效提高摆头强度和精度，但是这种非正交形式会增加旋转轴的操作难度。

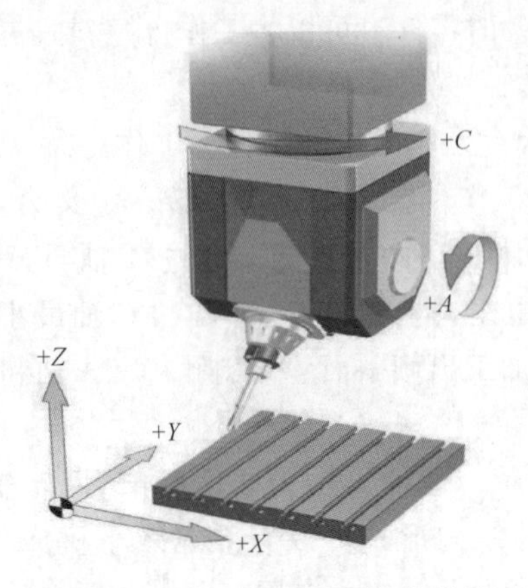

图 3-26　十字交叉型双摆头结构

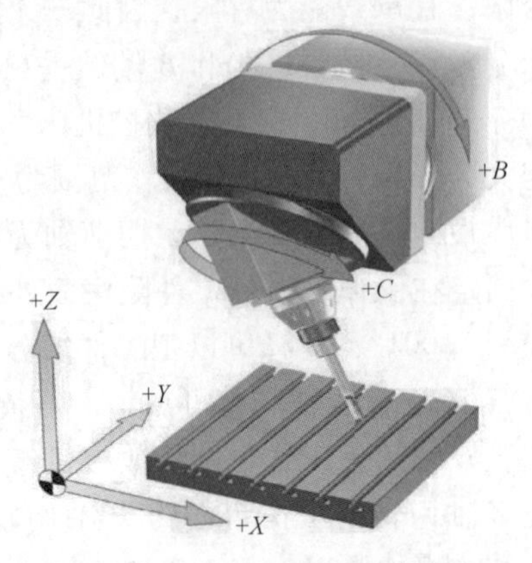

图 3-27　刀轴俯垂型摆头结构

3. 主轴摆动与工作台回转（摆头+转台）

两个旋转轴中的主轴头设置在刀轴一侧，另一个旋转轴在工作台一侧，如图 3-28 所示，该结构称为工作台/主轴倾斜式五轴数控机床（摆头转台式五轴数控机床）。该结构旋转轴的布局较为灵活，可以为 A、B、C 三轴中任意两轴组合，结合了主轴倾斜和工作台倾斜的优点，加工灵活性和承载能力均有提升。

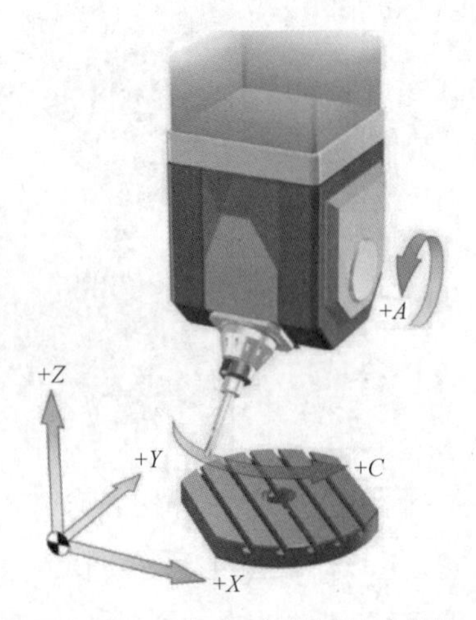

图 3-28　工作台/主轴倾斜式结构

二、五轴加工的特点和优势

与三轴数控机床加工相比，五轴数控机床加工具有以下特点和优势：

1. 改善切削状态和切削条件

如图 3-29 所示，图 3-29a 中为三轴切削方式，图 3-29b 中为五轴轴切削方式。可以看到，三轴切削方式，当切削刀具向顶端或工件边缘移动时，切削状态逐渐变差。为保证最佳切削状态，需要增加旋转台。如果要完整加工不规则平面，则需要工作台向不同方向多次旋转。五轴加工可以改善切削条件，避免球头切削；使用侧刃切削，可以获得较好表面，提高加工效率；也可用锥度铣刀代替圆柱铣刀，圆柱铣刀代替球头铣刀加工。

2. 效率提升与干涉消除

三轴数控机床无法针对叶轮、叶片和模具陡峭侧壁加工，五轴数控机床可以通过刀轴空间姿态角控制，实现斜角和倒勾等区域加工以及短刀具加工深型腔，提高系统刚性，减少刀具数量，降低成本。五轴数控机床可以使刀具在切削时与零件的法向产生一个角度，通过刀具侧刃以周铣方式完成零件侧壁切削，实现加工效率提升和表面质量提升。

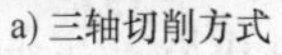
a) 三轴切削方式

b) 五轴切削方式

图 3-29　三轴切削与五轴切削

3. 生产制造链和生产周期缩短

五轴数控机床通过主轴头偏摆实现侧壁加工，不需要多次零件装夹，有效减少定位误差，提高加工精度。五轴数控机床制造链缩短，设备数量、工装夹具、车间占地面积和设备维护费用减少，更有效地提升加工质量。复杂零件的五轴加工相对于传统工序分散的加工方法更具优势。在航空航天、汽车等领域，具备高柔性、高精度、高集成性和完整加工能力的五轴数控机床，能够很好地解决新产品研发过程中复杂零件加工精度和周期问题，可以极大地缩短新产品研发周期和研发成功率。

三、五轴加工编程实例

1. 双摆台五轴加工模式的编程

图 3-30 所示为某箱体零件，其上几个斜面及孔需要通过五轴数控机床加工。该零件在五轴转台上的装夹如图 3-31 所示。装夹定位时使工件坐标系零点与工作台回转中心重合，

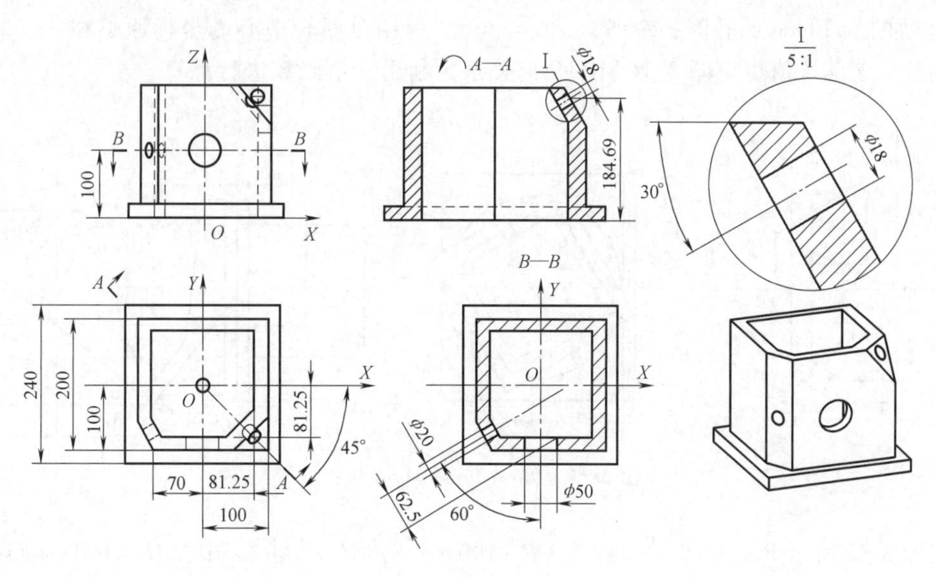

图 3-30　箱体零件

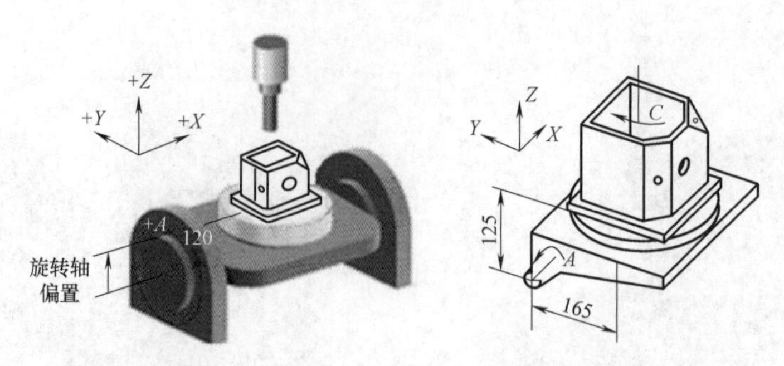

图 3-31　箱体零件在五轴转台的装夹

即工件底面中心在 C 轴回转轴线上。

五轴钻孔加工时，如果以 A 轴摆转 90°，先加工 ϕ50mm 的孔后，再使 C 转台逆时针转动 60°加工 ϕ20mm 的孔；提刀安全退出并使 A、C 返回零位后，再以 C 转台顺时针旋转 45°，A 轴向上摆转 60°后加工 ϕ18mm 的孔。各孔位坐标关系计算如下：

1）加工 ϕ50mm 的孔时，$A=90°$，$C=0°$，$X=0$mm；Y、Z 坐标可按图 3-32 所示几何关系计算得出，$Y=390$mm，$Z=140$mm。

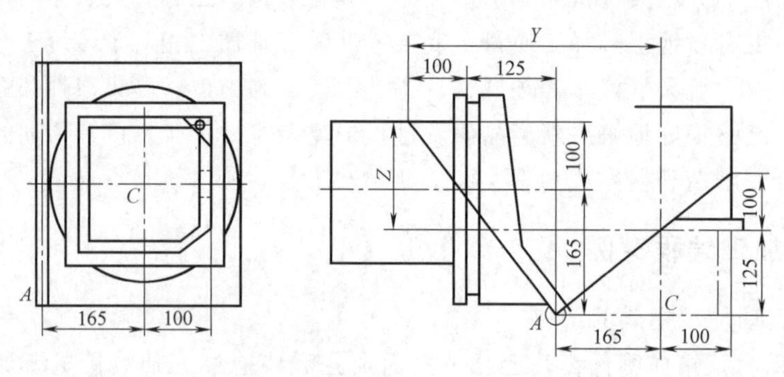

图 3-32　50mm 孔 Y、Z 坐标几何关系

2）加工 ϕ20mm 的孔时，$A=90°$，$C=-60°$，但相对回转中心的坐标原点在 X 方向有一定的偏置，该偏置值可由图 3-33 所示几何关系，利用三角函数进行计算。

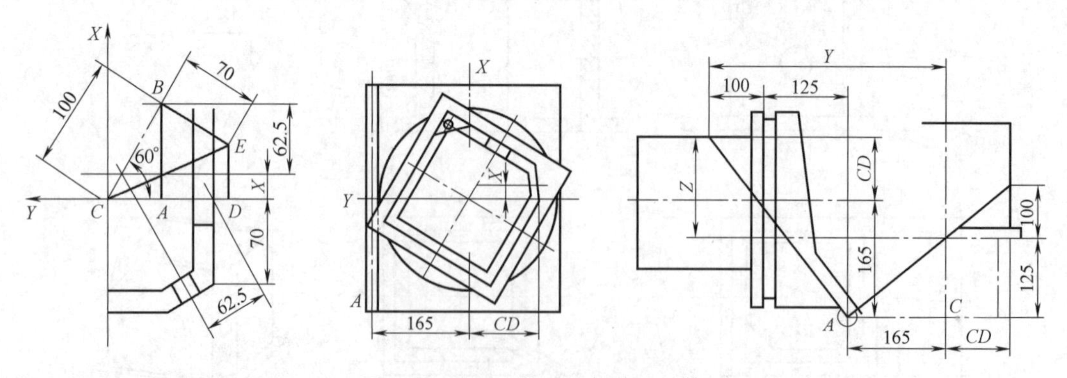

图 3-33　20mm 孔 X 坐标偏置计算

在图 3-33 所示 Rt△CAB 中，斜边 $\overline{CB}=100$mm，$\angle ACB=60°$，则：$\overline{AB}=100\times\sin60°$mm $=$ 86. 603mm。当转台逆时针转动 60°后 ϕ20mm 孔的 X 坐标值为 $X=24.103$mm，Y 坐标值为

$Y=390$mm，而 Z 坐标的计算必须先由图 3-33 计算出$\overline{CD}$长。

$\overline{CE}=\sqrt{100^2+70^2}$ mm = 122.066mm，

$\angle ECB=\arctan(70/100)=34.992°$

$\angle DCE=60°-34.992°=25.008°$

可得$\overline{CD}=\overline{CE}\cos25.008°$mm = 110.622mm

则加工 ϕ20mm 孔时，$Z=(165+\overline{CD}-125)$mm = 150.622mm

由图 3-30 知，当 A、C 轴为 0 时，ϕ18mm 孔的中心点坐标为（81.25，-81.25，184.69）。由图 3-31 知，工件坐标系的零点（工作台面中心）离 A 轴的距离 $Y=165$mm，$Z=125$mm。当按工作台 C 轴顺时针旋转 45°，A 轴向上旋转 60°后加工该孔时，其孔中心点的坐标可按图 3-34 的几何关系计算。

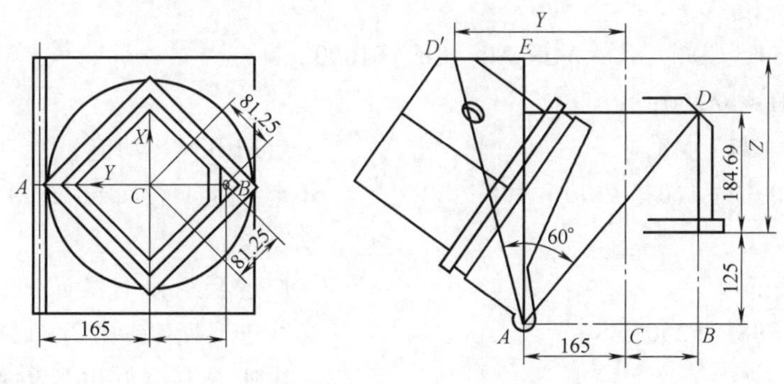

图 3-34　五轴加工关系图

$\overline{CB}=\sqrt{81.25^2+81.25^2}$ mm = 114.95mm

$\angle DAE=\arctan[(165+114.905)/(125+184.69)]=42.108°$

$\angle D'AE=60°-42.108°=17.892°$

$\overline{AD}=\sqrt{(165+114.905)^2+(125+184.69)^2}$ mm = 417.438mm

则回转后 ϕ18mm 孔中心 D' 的坐标为：

$X=0$mm，$Y=(165+\overline{AD}\times\sin17.892°)$mm = 293.247mm，$Z=(\overline{AD}\times\cos17.892°-125)$mm = 272.25mm

据此，以点钻孔深 2mm 控制，可编制对上述三孔点中心的非 RTCP 程序如下：

```
O0001
N1  G90  G54  G00  X0  Y390.0  A90.0  C0  S1000  M3  G54;
                                    （建立工件零点在工作台回转中心上）
N2  G43  Z180.0  H01  M8;
N3  G98  G81  Z138.0  R150.0  F150;       （点钻加工孔 1）
N4  G0  C-60.0;
N5  G81  X24.1  Z148.622  R160.622;       （点钻加工孔 2）
N6  G0  Z300.0;
N7  C45.0  A60;
```

```
N8  G98  G81  X0  Y293.247  Z270.25  R280.25  F150;
                                        (点钻加工孔3)
N9  G80;
N10  G28  Z0  M9;
…
```

上述编制的非RTCP五轴加工程序是人工进行RTCP预补偿计算所得到的程序，要求装夹后工件零点相对A、C轴确保其在Y向165mm、Z向125mm的轴间偏置关系，否则必须重新进行编程计算。若使用机床的RTCP功能，其程序编制可简化，且对工件在机床上的装夹位置无严格要求，此时，可对其X、Y、Z节点坐标直接按A、C零度方位（如传统三轴位置）时计算编程。若通过CAD测算出三轴下各节点位置数据如图3-35所示，则对上例所述三孔做2mm深点钻加工，可编制其RTCP程序如下：

```
O0001
N1  G0  G54  G90  X0  Y0  A0  C0  S1000  M3;
N2  G43  H1  Z350;
N3  G43.4  H1  M8;                       (启用RTCP功能)
N4  G0  X0  Y-160  Z100  A90  C0;        (走到孔1表面60处,A转至90°加工面
                                          水平)
N5  Y-110;                               (快进至距孔1表面10mm处)
N6  G1  Y-98  F250;                      (共进G1点钻孔2mm深)
N7  G0  Y-160;                           (快速退刀至距孔1表面60mm处)
N8  G0  X-135.712  Y-106.184  C-60;      (走到距孔2表面60mm处,C转至-60°)
N9  X-92.41  Y-81.184;                   (快进至距孔面10mm处)
N10  G1  X-82.018  Y-75.184;             (G1点钻孔2mm深)
N11  G0  X-135.712  Y-106.184;           (退刀至距孔2表面60mm处)
N12  X117.992  Y-117.992  Z214.69  A60  C45;
                                          (走到孔3表面60处,A转至60°,C转至45°)
N13  X87.374  Y-87.374  Z189.69;         (快进至距孔3表面10mm处)
N14  G1  X80.025  Y-80.025  Z183.69;     (G1点钻孔2mm深)
N15  G0  X117.992  Y-117.992  Z214.69;
                                          (退刀至距孔3表面60mm处)
N16  G49;                                (取消RTCP功能)
N17  G0  Z350;
N18  G91  G28  Z0;
N19  G28  A0  C0;
N20  M5;
N30  M30;
```

由此可知，PTCP编程用节点数据较直观，与偏置距离无关，相对来说容易解读。

2. 双摆头五轴加工模式的编程

如图3-36所示，若通过双摆头五轴数控机床加工上述箱体零件上的孔，由于工件不能

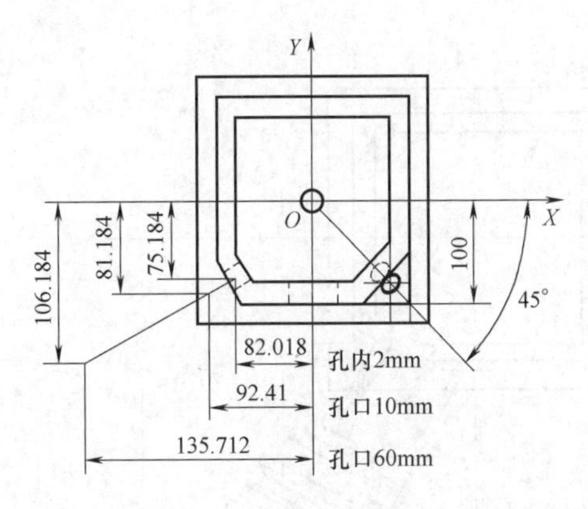

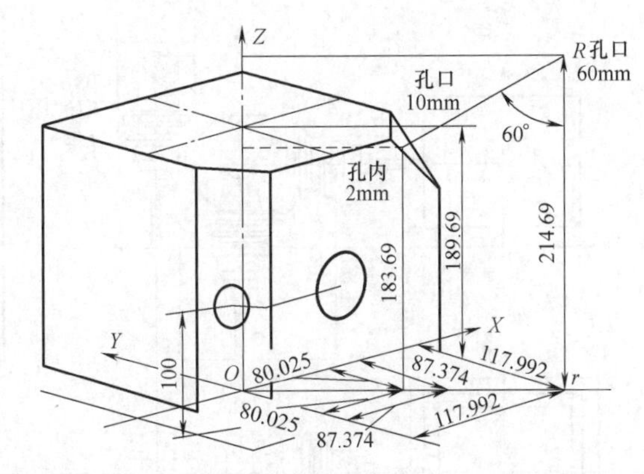

图 3-35　RTCP 编程时节点位置

做角度摆转，无法实现各孔轴线与 Z 轴平行的要求，因此较难使用钻镗循环的指令来加工孔。利用主轴摆头虽然可达到刀具轴线与各孔轴向平行的方位，若此时刀轴方向与 Z/Y/X 轴平行，尚可利用 G17、G18、G19 进行平面切换后使用钻镗循环指令，其余的只能使用 G00/G01 的基本指令控制 X、Y、Z 合成运动实现孔的加工。由于非正交五轴方式的运动计算较繁杂，在此仅以图 3-26 所示正交形式为例介绍双摆头五轴点位加工的孔位计算与编程。

双摆头方式加工箱体的孔 1、2 时，动轴 A 需摆转 90°，以使刀轴方向与孔轴线平行，此时工件在 X、Y 方向上与定轴轴线间就需要有足够的偏置距离，用于实施钻孔加工的动作。为此，装夹时宜将该箱体零件的孔 1 轴线与 X 轴平行放置，以充分利用床身工作台 X 轴行程范围较大的优势，避免 Y 向行程范围不足而可能引发的问题。

对于双摆头五轴数控机床，其摆长（枢轴中心距 L）由两旋转轴的交点（即枢轴点）到刀具刀位中心点的距离决定，如图 3-36 所示。L 由枢轴点到主轴鼻端的距离和刀具定长两部分组成。其主轴鼻端到枢轴点的距离平面由机床厂家给定，通常为定值，而刀具定长为刀柄安装基准平面（与主轴鼻端平齐）到刀具刀位点的距离随加工所用刀具不同而变化。

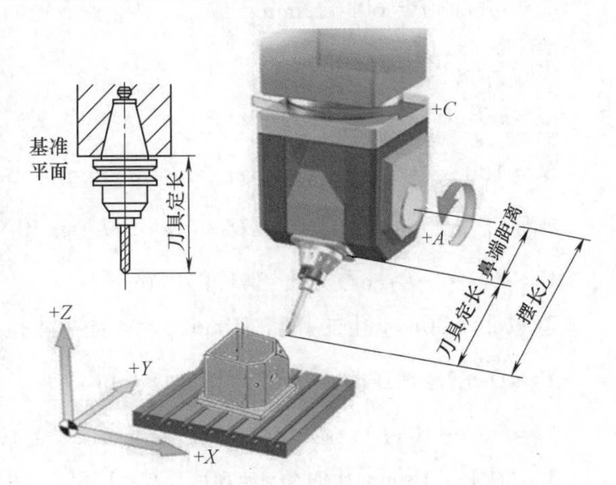

图 3-36　双摆头机床的摆长

若某机床鼻端距离为 120mm，所用中心钻刀具定长为 180mm，则其摆长 L 为 120mm+180mm = 300mm。以箱体零件底面中心为工件零点，用此刀具做各孔点钻 2mm 深度的点中心加工，其孔位坐标关系计算如下：

1）加工 ϕ50mm 孔时，$A=90°$，$C=90°$，$Y=0$mm；X、Z 坐标可按图 3-37a 所示几何关系计算得出。$X=398$mm，$Z=-200$mm。若以距 ϕ50mm 孔的孔口 10mm 处为工进钻孔前的初始位，则其 XO 坐标应为$\overline{XO}=410$mm。

2）加工 ϕ20mm 孔时，$A=90°$，$C=30°$，Z 坐标与加工 50mm 孔时相同，即 $Z=-200$mm，X、Y 坐标可按图 3-37b 所示几何关系计算得出。

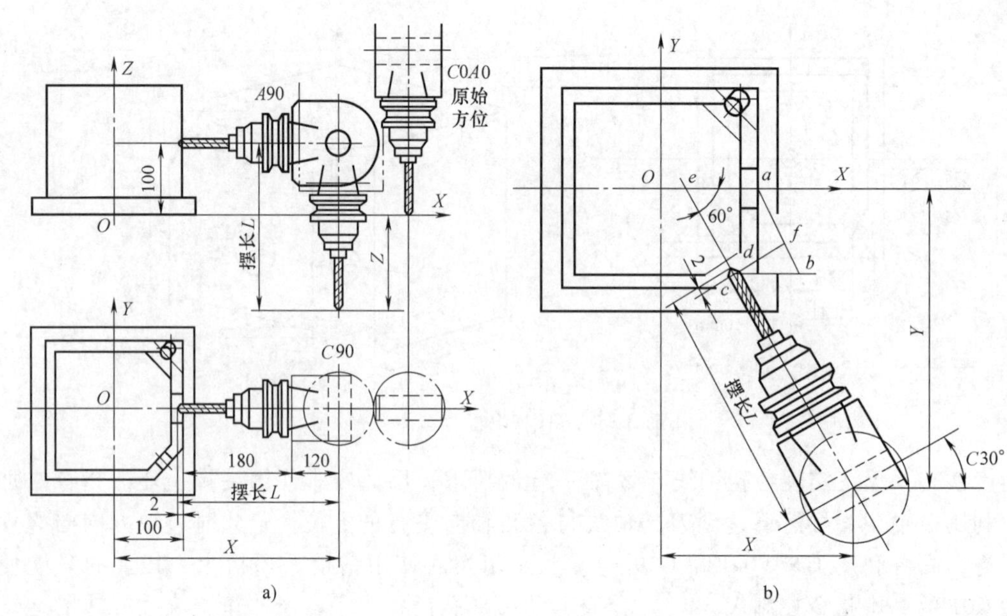

图 3-37 50mm、20mm 孔位计算几何关系图

a）加工 ϕ50mm 孔　b）加工 ϕ20mm 孔

由图 3-30 的尺寸关系可知，在图 3-37b 中，$\overline{Oa}=100\text{mm}$，$\overline{ad}=70\text{mm}$，$\overline{cf}=62.5\text{mm}$。计算得出：

$\overline{af}=\overline{ad}\cos30°=60.622\text{mm}$

$\overline{fb}=\overline{cf}\tan30°=36.084\text{mm}$

$\overline{ae}=\overline{bc}=\overline{cf}/\cos30°=72.169\text{mm}$

$\overline{Oe}=100-\overline{ae}=27.831\text{mm}$，$\overline{ce}=\overline{ab}=\overline{af}+\overline{fb}=60.622\text{mm}+36.084\text{mm}=96.706\text{mm}$

则加工 ϕ20mm 孔时，$X=\overline{Oe}+(\overline{ce}-2+L)\sin30°=225.184\text{mm}$

$Y=-(\overline{ce}-2+L)\cos30°=-341.826\text{mm}$

若以距 ϕ20mm 孔的孔口 10mm 处为工进钻孔前的初始位，则其 X_0、Y_0 坐标计算为

$X_0=\overline{Oe}+(\overline{ce}+10+L)\sin30°=231.184\text{mm}$

$Y_0=-(\overline{ce}+10+L)\cos30°=-352.218\text{mm}$

3）加工 ϕ18mm 孔时，$A=60°$，$C=135°$，钻孔加工需要 $X/Y/Z$ 联动进给实现，因此必须分别计算工进钻孔前后两点的 X、Y、Z 坐标，可按图 3-38 所示几何关系计算。

图 3-38 中，孔口中心 A 点坐标为（81.25，81.25，184.69），$\overline{AR}=L-2\text{mm}=298\text{mm}$ 可计算得出：

$$\overline{ar}=\overline{AR}\sin60°=258.0756\text{mm}$$

$$\overline{a'r'}=\overline{AR}\cos60°=149\text{mm}$$

即 R 点坐标为

$$\overline{Xr}=\overline{Yr}=81.25+\overline{ar}\sin45°=263.737\text{mm}$$

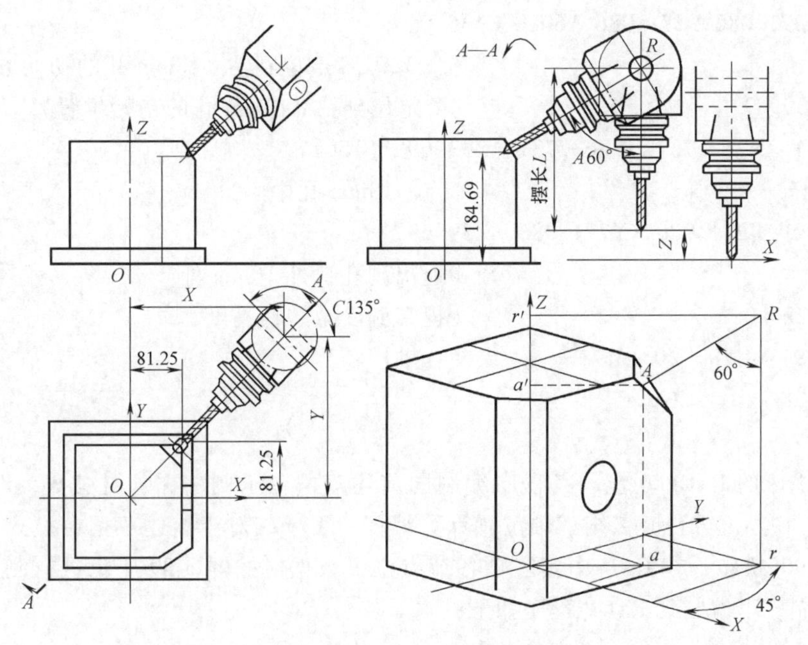

图 3-38　18mm 孔位计算几何关系图

$$\overline{Zr}=184.69\text{mm}+\overline{a'r'}=333.69\text{mm}$$

则加工 ϕ18mm 孔时，$X=\overline{Xr}=263.737\text{mm}$，$Y=\overline{Yr}=263.737\text{mm}$，$Z=\overline{Zr}-L=33.69\text{mm}$。

若以距 ϕ18mm 孔的孔口 10mm 处为工进钻孔前的初始位，则其 X_0、Y_0、Z_0 坐标的计算为

$X_0=Y_0=81.25+(\overline{AR}+12)\sin60°\sin45°=271.086\text{mm}$

$Z_0=184.69\text{mm}+(\overline{AR}+12\text{mm})\cos60°-L=39.69\text{mm}$

根据以上孔位数据的计算结果，可编制对上述三孔点中心的非 RTCP 程序如下：

```
O0002
N1  G90  G54  C00  X410.0  YO  A90.0  C90.0  S1000  M3;
                                (定位到钻 φ50mm 孔的初始位置)
N2  GO  Z-200.0  M8;            (下刀到刀轴平齐 φ50mm 孔中心的 Z 高度)
N3  G19  G81  X398.0  R410.0  F150;
                                (钻削循环点 φ50mm 孔中心)
N4  G80;                        (退出钻削循环模态)
N5  G17  G0  X450.0;            (远离孔位)
N6  C30.0;                      (刀轴摆转)
N7  X231.184  Y-352.218;        (定位到钻 φ20mm 孔的初始位置)
N8  G1  X225.184  Y-341.826  F150;
                                (点 φ20mm 孔中心)
N9  G0  X231.184  Y-352.218;    (退出到孔口外 10mm 处)
N10  Z220.0;                    (提刀到安全转换高度)
```

```
N11  X271.086 Y271.086 A60.0 C135.0;
                                     (X、Y、A、C 定位到钻 φ18mm 孔的初始方位)
N12  Z39.69;                         (Z 定位到钻 φ18mm 孔的初始位置)
N13  G1  X263.737  Y263.737  Z33.69  F150;
                                     (点 φ18mm 孔中心)
N14  G0  X271.086  Y271.086  Z39.69;
                                     (退出到孔口外 10mm 处)
N15  Z220.0;                         (提刀到安全转换高度)
N16  G91  G28  Z0  M9;               (各轴回零)
N17  G28  A0  C0;
…
```

若使用机床的RTCP功能，其程序编制同前述双摆台示例一样，对其 X、Y、Z 节点坐标直接按 A、C 零度方位时传统三轴位置计算编程。由于相对于前述双摆台模式工件在装夹方向上做了90°摆转，在CAD中其三轴各节点位置数据应按图3-39所示进行测算。同样的钻孔加工控制，可编制其RTCP程序如下：

```
O0001
N1  G0  G54  G90  X0  YO  A0  CO  S1000  M3;
N2  G43  H1  Z350;
N3  G43.4  H1  M8;                          (启用 RTCP 功能)
N4  G0  X160  Y0  Z100  A90  C90;           (走到距孔 1 表面 60mm 处,A、C 均
                                             转至 90°)
N5  X110;                                   (快进走到距孔 1 表面 10mm 处)
N6  G1  X98  F250;                          (工进 G1 点钻孔 2mm 深)
N7  G0  X160;                               (快速退刀到距孔 1 表面 60mm 处)
N8  GO  X106.184  Y-135.712  C30;           (走到距孔 2 表面 60mm 处,C 转至 30°)
N9  X81.184  Y-92.41;                       (快进至距孔 2 表面 10mm 处)
N10  G1  X75.184  Y-82.018;                 (G1 点钻孔 2mm 深)
N11  G0  X106.184  Y-135.712;               (退刀至距孔 2 表面 60mm 处)
N12  X117.992  Y117.992  Z214.69  A60  C135;(走到距孔 3 表面 60mm 处,A 转至
                                             60°,C 转至 135°)
N13  X87.374  Y87.374  Z189.69;             (快进至距孔 3 表面 10mm 处)
N14  G1  X80.025  Y80.025  Z183.69;         (G1 点钻孔 2mm 深)
N15  G0  X117.992  Y117.992  Z214.69;       (退刀至距孔 3 表面 60mm 处)
N16  G49;                                   (取消 RTCP 功能)
N17  GO  Z350;
N18  G91  G28  Z0;
N19  G28  A0  C0;
N20  M5;
N21  M30;
```

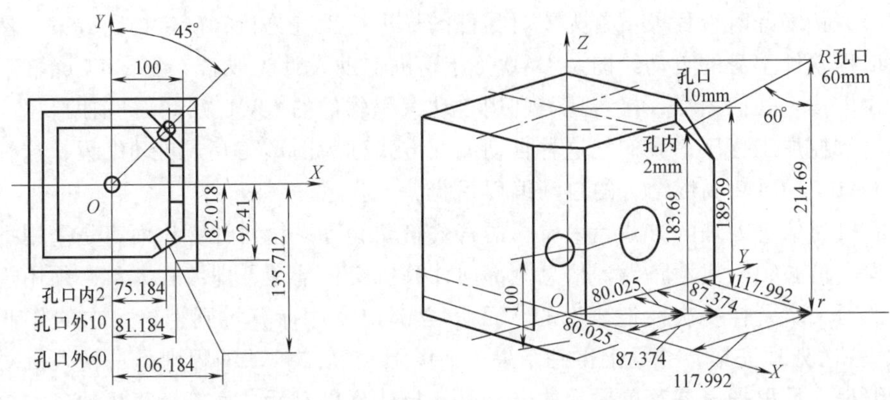

图 3-39　RTCP 编程时节点位置关系

根据以上两种不同五轴数控机床结构模式及相应 RTCP 和非 RTCP 的计算编程，不难看出，非 RTCP 编程模式需要进行比较复杂的几何计算，而且随机床结构模式及其结构特征参数的不同，其节点坐标数据将不同，要求编程者具有较为明晰的空间几何解析能力。另外，对于不具备 RTCP 功能的机床而言，五轴加工编程时必须并确保机床上实际工件零点与编程零点的位置关系不再变动。这种非 RTCP 的程序不具有通用性，由于程序数据与机床结构模式结构数据及装夹位置密切相关，因此若有变动必须再次计算后重新编程。

而 RTCP 模式的计算编程相对简单，编程者只需对其 X、Y、Z 节点坐标直接按 A、C 轴零度方位时像传统三轴位置那样计算编程即可，因旋转轴加入而引起的刀位点坐标数据的变化将由系统根据机床结构模式及特征参数自动进行补偿计算。RTCP 功能使得编程像三轴加工一样便利，不但不需要预先考虑机床的结构模式及结构特征参数，而且其工件在机床上的安装位置也可以更灵活，只要通过对刀设置好工件零点，其工件零点与旋转轴心间的偏置关系即可由系统自动实现计算处理。

第四节　自动编程简介

一、自动编程的概念及类型

手工编程对于编制形状不太复杂或计算量不大的零件的加工程序通常可以胜任，而且简便易行。但是对于一些形状复杂的零件（如冲模、凸轮、非圆齿轮等）或由空间曲面构成的零件，手工编程的周期长、精度差、易出错、计算烦琐、有时甚至无法编程。因此，快速、准确地编制各种零件的加工程序就成为数控技术发展和应用中的一个重要环节。自动编程就是针对这个问题而产生和发展起来的。

自动编程是指用计算机来代替手工编程，也就是说，程序编制的大部分或全部工作是由计算机来完成的。自动编程根据编程信息的输入与计算机对信息的处理方式的不同，可分为以自动编程语言为基础的自动编程方法和以计算机绘图为基础的自动编程方法。

以自动编程语言为基础的自动编程方法，在编程时编程人员是依据所用数控语言的编程手册以及零件图样，以语言的形式表达出加工的全部内容，然后再把这些内容全部输入到计算机中进行处理，制作出可以直接用于数控机床的数控加工程序。以计算机绘图为基础的自动编程方法，在编程时编程人员首先要对零件图样进行工艺分析，确定构图方案，然后即可利用自动编程软件本身的自动绘图及CAD（计算机辅助设计）功能，在CRT屏幕上以人机对话的方式构建出几何图形，接着还需利用自动编程软件的CAM（计算机辅助制造）功能，才能制作出数控加工程序，我们把这种自动编程方式称为图形交互式自动编程，这种编程系统是一种CAD与CAM高度结合的自动编程系统。

从计算机对信息处理的方式上来看，语言式自动编程系统对计算机而言是采用批处理的方式，编程人员必须一次性将编程信息全部向计算机交代清楚，即编程人员必须用规定的编程语言，像写文章一样一次性把该说的“话”全部说完。计算机则把这一次的作业当做一个“批”，一次处理完毕，并马上得到结果。而图形交互式自动编程则是一种人机对话的编程方法，编程人员根据屏幕菜单提示的内容反复与计算机对话，回答计算机的各种提问，直到把该答的问题全部答完，计算机就能自动生成所需的零件加工程序。这种编程方式从零件图形的定义、进给路线的确定以及加工参数的选择，整个过程都是在对话方式下完成的，不存在什么编程语言的问题。

二、自动编程的发展历史及现状

从自动编程的发展历史进程来看，很早就发展了以自动编程语言为基础的自动编程方法，以计算机绘图为基础的自动编程方法则发展相对较晚，这主要是由于计算机图形技术发展相对落后。

最早研究数控自动编程技术的是美国。1953年，美国麻省理工学院伺服机构研究室在美国空军的资助下着手研究数控自动编程问题，1955年研究成果予以公布，发表了APT（Automatically Programmed Tools）自动编程语言，奠定了语言式自动编程的基础。1958年，美国航空航天协会组织了10多家航空工厂，在麻省理工学院协助下进一步发展了APT系统，产生了APT Ⅱ，可用于平面曲线的自动编程问题。1962年，又发展了APT Ⅲ，可用于3~5坐标立体曲面的自动编程。其后，美国航空航天协会继续对APT进行改进，并成立了APT长远规划组织。1970年发表了APT Ⅳ，可处理自由曲面自动编程，该自动编程系统配有多种后置处理程序，是一种应用广泛的数控编程系统，能够适应多坐标数控机床加工曲线曲面的需要。

与此同时，世界上许多先进工业国家也都开展了自动编程技术的研究工作，各主要工业国家都开发有自己的数控编程语言。这些数控语言多借助于APT的思想体系，与APT语言在语法格式上类似而又各具特点。其中，美国除开发了这种大而全的APT系统之外，还开发了ADAPT、AUTOSTOP等小型系统。另外，英国开发的2C、2CL、2PC，德国的EXAPT，法国的IFAPT，日本的FAPT、HAPT，我国在20世纪70年代开发的SKC、ZCX等都在一定范围内在生产中得到了应用。

下面从几个方面对这种语言式自动编程系统的特点作一简要说明。

就适用范围而言，一类是大而全的系统，如APT系统，其功能齐全，对点位、连续以及2~5坐标联动都可适用，其主信息处理（翻译阶段和计算阶段）已通用化，后置处理相当庞大和完善，以适应各种不同类型数控机床的要求，因此需要配备中、大型计算机；另一类是向小而专的方向发展，如ADAPT、FAPT等，其针对性比较强，使用成本低，可在小型计算机或微型计算机上实现，便于在广大中小型企业推广使用。

就系统功能而言，这些系统一类是只处理几何图形，目前大多数编程系统属于此类

(包括 ATP 系统)；另一类是以德国 EXAPT 为代表的系统，它不仅可以进行图形处理，还可以进行工艺处理，即具有“车间工艺”的功能，在该系统中存有机床、刀具、材料、表面粗糙度、切削用量等工艺文件，可自动选择加工顺序以及工艺参数。

就数控语言的结构和语义而言，可分为词汇式语言（如 APT）和符号式语言（如 FAPT)。前者用“词汇”描述零件图形和加工过程，所编出的零件源程序直观易懂，但源程序较长，计算机处理复杂。后者与前者相反，用一些特定的符号描述图形和加工过程，源程序较短，系统较简单，针对性较强。

以上我们对 APT 语言的概况做了简要说明。在自动编程技术发展的早期阶段之所以必须用语言的形式来描述几何图形信息及加工过程，然后再由计算机处理成加工程序，主要是因为当时的计算机图形处理能力不强。但是这种自动编程方法直观性差，编程过程比较复杂，使用不够方便。后来由于计算机技术发展十分迅速、计算机的图形处理功能有了很大的提高，因此一种可以直接将零件的几何图形信息自动转化为数控加工程序的全新的计算机自动编程技术即图形交互式自动编程方式便应运而生，目前这种自动编程软件已经可以十分方便地实现三维（3D）曲面的几何造型，有用于大、中型计算机和工作站的，也有用于微型计算机的软件产品，如 Creo、UGⅡ、Cimatron、MasterCAM 等，限于篇幅不能在这里一一介绍，具体可参考有关文献。

三、自动编程系统的信息处理过程

1. 语言式自动编程系统

语言式自动编程系统主要由数控语言、系统软件（编译程序）和通用计算机等部分组成，如图 3-40 所示，其工作原理及信息处理过程如图 3-41 所示。首先由编程人员根据零件图和工艺要求，用数控语言编写出零件加工源程序，再将该程序输入计算机。计算机经过翻译处理和数值计算（主要是刀具运动轨迹计算）后生成刀具位置数据文件（CLDATA)，然后再进行后置处理即可生成符合具体数控机床要求的零件加工程序。计算机可通过各种外设打印出加工程序单，通过通信接口将加工程序代码直接送入数控装置。

数控语言是一种类似车间用语的工艺语言，它是由一些基本符号、字母以及数字组成的并有一定语法的语句，用它来描述零件图的几何形状、尺寸、几何元素间的相互关系（相交、相切，平行等）以及加工时的运动顺序、工艺参数等。按照零件图样用数控语言编写的计算机输入程序称为零件源程序。应当注意的是，零件源程序不同于我们在手工编程时用数控指令代码写出的程序（这种用数控指令代码写出的程序习惯上称为数控加工程序)，它

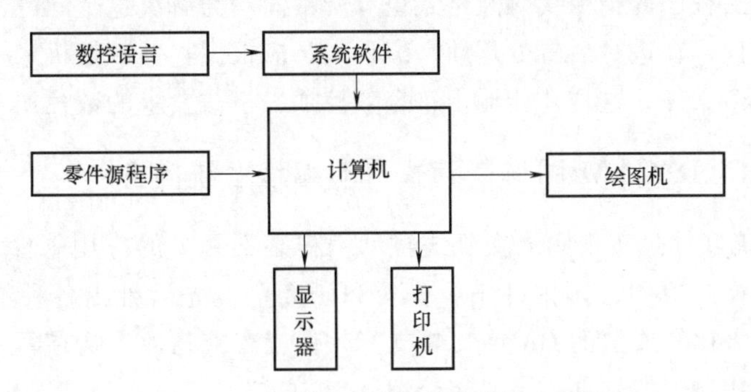

图 3-40　语言式自动编程系统组成框图

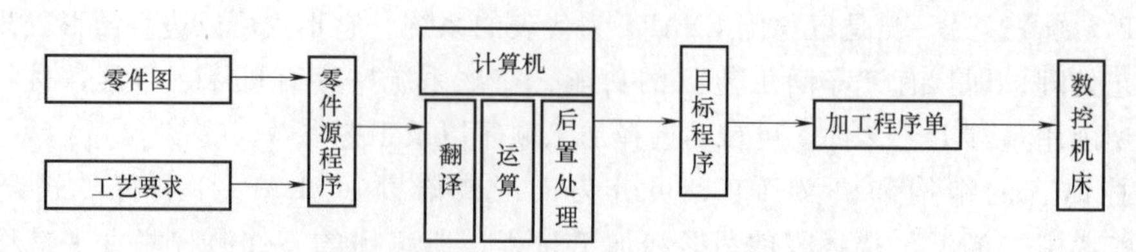

图 3-41　语言式自动编程系统的工作原理及信息处理过程

不能直接控制数控机床，只是加工程序预处理的计算机输入程序。

编译程序又称系统处理程序，其作用是使计算机具有处理零件源程序和自动输出具体机床数控加工程序的能力。因为用数控语言编写的零件源程序，计算机是不能直接识别和处理的，必须根据具体的数控语言和具体机床的指令，用高级语言或汇编语言编写一套能识别和处理零件源程序的编译程序，并存入计算机中，计算机才能对输入的零件源程序进行处理，生成数控加工程序。

对于大多数语言编程系统，其生成的刀位数据文件（CLDATA）是通用的，而后置处理程序是专用的。不同类型的数控机床需要不同的后置处理程序生成不同的数控加工程序。

2. 图形交互式自动编程系统

图形交互式自动编程是建立在 CAD 和 CAM 的基础上的，其处理过程与语言式自动编程有所不同。以下对其处理过程做一简要介绍。

（1）几何造型　几何造型就是利用图形交互自动编程软件的图形构建、编辑修改、曲线曲面造型等有关功能将零件被加工部位的几何图形准确地绘制出来，与此同时，在计算机内自动形成零件图形的数据文件。这就相当于在语言编程中用几何定义语句定义零件几何图形的过程，其不同点就在于它不是用语言而是用计算机绘图的方法将零件的图形数据输入到计算机中的，这些图形数据是下一步刀具轨迹计算的依据。自动编程过程中，软件将根据加工要求提取这些数据，并进行分析判断和必要的数学处理，以形成加工的刀具位置数据。

（2）刀具路径的产生　图形交互式自动编程的刀具轨迹的生成是面向屏幕上的图形而交互进行的。首先在刀具路径生成的菜单中选择所需的子菜单，然后根据屏幕提示，用光标选择相应的图形目标，点取相应的坐标点，输入所需的各种参数。软件将自动从图形文件中提取编程所需的信息进行分析判断、计算节点数据，并将其转换为刀具位置数据，存入指定的刀位文件中或直接进行后置处理，生成数控加工程序，同时在屏幕上显示出刀具轨迹图形。

（3）后置处理　后置处理的目的是形成数控加工程序。由于各种机床使用的控制系统不同，所用数控加工程序的指令代码及格式也有所不同。为解决这个问题，软件通常设置一个后置处理惯用文件，在进行后置处理前，编程人员应根据具体数控机床指令代码及程序的格式事先编辑好这个文件，这样才能输出符合数控加工格式要求的数控加工程序。

四、常用的 CAD/CAM 图形交互式自动编程系统简介

CAD/CAM 系统软件是实现图形交互式自动编程必不可少的应用软件。随着 CAD/CAM 技术的飞速发展和推广应用，国内外不少公司和研究单位先后推出各种 CAD/CAM 支撑软件。国内市场上销售比较成熟的 CAD/CAM 支撑软件就有十几种，既有国外的也有国内自主开发的。下面对一些典型的软件做一简单介绍。

1. CAXA—ME

CAXA—ME 制造工程师是由我国北京北航海尔软件有限公司研制开发的全中文、面向数控铣床和加工中心的三维 CAD/CAM 软件。它基于微机平台，采用原创 Windows 菜单和交互方式，全中文界面，便于轻松地学习和操作。它全面支持图标菜单、工具条、快捷键。用户还可以自由创建符合自己习惯的操作环境。它既具有线框造型、曲面造型和实体造型的设计功能，又具有生成二~五轴加工代码的数控加工功能，还可用于加工具有复杂三维曲面的零件。其特点是易学易用、价格较低，已在国内众多企业和研究院所得到应用。

2. UG NX

UG NX 系统由美国 UGS（Unigrafics Solutions）公司开发经销，不仅具有复杂造型和数控加工的功能，还具有管理复杂产品装配，进行多种设计方案的对比分析和优化等功能。该软件具有较好的二次开发环境和数据交换能力，其庞大的模块群为企业提供了从产品设计、产品分析、加工装配、检验，到过程管理、虚拟运作等全系列的技术支持。由于软件运行对计算机的硬件配置有很高要求，其早期版本只能在小型机和工作站上使用。随着微机配置的不断升级，现已在微机上广泛使用，目前该软件在国际 CAD/CAM/CAE 市场上占有较大的分额。UG NX CAD/CAM 系统具有丰富的数控加工编程能力，是目前市场上数控加工编程能力最强的 CAD/CAM 集成系统之一，其主要功能包括车削加工编程、型芯和型腔铣削加工编程、固定轴铣削加工编程、清根切削加工编程、可变轴铣削加工编程、顺序铣削加工编程、线切割加工编程、刀具路径编辑、刀具路径干涉处理、刀具路径验证、切削加工过程仿真与机床仿真和通用后置处理。

3. Creo

Creo 是美国 PTC 公司研制和开发的软件，它开创了三维 CAD/CAM 参数化的先河。该软件具有基于特征、全参数、全相关和单一数据库的特点，可用于设计和加工复杂的零件。另外，它还具有零件装配、机构仿真、有限元分析、逆向工程、同步工程等功能。该软件也具有较好的二次开发环境和数据交换能力。

Creo 系统的核心技术具有以下特点：

1）基于特征。将某些具有代表性的平面几何形状定义为特征，并将其所有尺寸存为可变参数，进而形成实体，以此为基础进行更为复杂的几何形体的构建。

2）全尺寸约束。将形状和尺寸结合起来考虑，通过尺寸约束来实现对几何形状的控制。

3）尺寸驱动设计修改。通过编辑尺寸数值可以改变几何形状。

4）全数据相关。尺寸参数的修改导致其他模块中的相关尺寸得以更新。如果要修改零件的形状，只需修改一下零件上的相关尺寸。

Creo 已广泛应用于模具、工业设计、汽车、航天、玩具等行业，并在国际 CAD/CAM/CAE 市场上占有较大的分额。

4. CATIA

CATIA 是最早实现曲面造型的软件，它开创了三维设计的新时代，它的出现，首次实现了计算机完整描述产品零件的主要信息，使 CAM 技术的开发有了现实的基础。目前 CATIA 软件已发展成从产品设计、产品分析、加工、装配和检验，到过程管理、虚拟运作等众多功能的大型 CAD/CAM/CAE 软件。

CATIA（NC MILL）系统具有菜单接口和刀具路径验证能力，其主要编程功能除了常用的多坐标点位加工编程、表面区域加工编程、轮廓加工编程、型腔加工编程外，还有以下特点：

1）在型腔加工编程功能上，采用扫描原理对带岛屿的型腔进行行切法编程；对不带岛屿的任意边界型腔进行环切法编程。

2）在雕塑曲面区域加工编程功能上，可以连续对多个零件表面编程，并增加了截平面法生成刀具路径的功能。

5. Master CAM

Master CAM 是由美国 CNC Software 公司推出的基于 PC 平台上的 CAD/CAM 软件，它具有很强的加工功能，尤其在对复杂曲面自动生成加工代码方面具有独到的优势。由于 Master CAM 主要针对数控加工，所以零件的设计造型功能不强，但对硬件的要求不高，且操作灵活、易学易用、价格较低，受到中小企业的欢迎。因此该软件被认为是一个图形交互式 CAM 数控编程软件。

Master CAM 的数控加工编程能力较强，其功能有点位加工编程、二维轮廓加工编程、三维曲线加工编程、三维曲面加工编程（可按线框和曲面两种方法进行编程）、参数线法加工编程、截平面法加工编程、投影法加工编程、刀具路径编辑、刀具路径干涉处理功能、多曲面组合编程（包括曲面交线及曲面间过渡区域编程）、刀具路径验证与切削加工过程仿真。整个系统的不同模块之间采用文件传输数据，具有 IGES 标准接口，并具有通用后置处理功能。

6. CIMATRON

CIMATRON 是以色列 Cimatron 公司提供的 CAD/CAM/CAE 软件，较早在微机平台上实现三维造型、生成工程图、数控加工等功能，具有各种通用和专用的数据接口及产品数据管理（PDM）等功能。该软件较早在我国得到全面汉化，已积累了一定的应用经验。

五、自动编程技术的新进展

数控技术发展很快，数控机床的使用日益广泛，要求有功能更完备、使用更方便的自动编程系统以满足生产需要。因此，数控自动编程系统的发展也是很迅速的，各种新型的自动编程技术和编程系统不断涌现，以下介绍几种较新的自动编程系统。

1. 在线编程

这种编程方法是在生产现场和数控装置上利用数控装置的控制计算机、显示屏幕和图形对话功能直接进行编程，有人称它为图形人机对话编程系统。这种系统在数控车床、数控铣床上已有应用，现以数控车床上的编程为例来说明这一方法和系统的概念。在数控装置上先用图形人机对话的方式输入被加工工件的毛坯图形和尺寸，在毛坯图形上给出零件的图形和尺寸，选定机床坐标系、机床原点、工件坐标系、换刀位置并确定所用的刀具，然后在零件图上表示出加工的部位，确定加工工序，并给定所用切削工艺参数，最后在零件与毛坯图上选定进给路线、进给次数，系统根据这些输入数据进行必要的计算，根据给定的工序和进给路线，可以对工序进行增删和编辑。这样，无需生成控制介质，机床便能按上面所确定的加工工序、加工路线和工艺参数自动生成加工程序，并加工出所要求的零件。根据需要也可以将上述加工程序存储在磁盘上，以便保存，或在再次加工时输入。

这种自动编程方法，无需专用的编程计算机系统，在机床加工一个零件的同时，可以编制下一个加工零件的程序，使用方便、直观、迅速省时，是一种有发展前景的编程方法，但是目前还只能编制一些较简单的加工程序。

2. 实物编程

由零件或实物模型通过测量直接得出数控加工所需的数据及程序单，这种方法称为实物编程，也称为无尺寸图形的数字化处理。

这种编程方法可以编制二维和三维零件的加工程序。当有模型或实物而无尺寸的零件要进行数控加工时，可配备一台三坐标测量机或激光扫描仪，测头沿着零件轮廓移动，测出实物或模型的尺寸，测得的原始数据输入计算机后进行测头补偿、坐标转换及数据处理，从而得到零件轮廓点、刀位点的坐标值，再通过后置处理即可得到数控加工程序。

用实物编程方法加工出来的零件的精度主要取决于实物轮廓的精度和测量的精度。它一般适用于轮廓形面光滑过渡、精度要求不高的无尺寸轮廓零件或尺寸繁多的点位系统零件。

3. 语音编程

语音编程系统是利用人的自然声音作为输入介质，用头戴送话器或小型话筒直接与计算机用语音交互的方式命令计算机自动编制出零件的加工程序。这种系统无疑会大大提高编程的效率，若与数控机床相连接，能用语音实时控制加工，该系统在国内已进入试验阶段。

4. 视觉编程

一般的自动编程系统都必须由人阅读、理解零件图样，然后将图样上的信息通过人机对话方式输入计算机来实现自动编程。视觉自动编程系统是采用计算机视觉系统自动阅读、理解图样，记录图样上点、线、圆等图形的各种信息，由编程人员在编程过程中实现给定起刀点、下刀点和退刀点后，计算机自动计算出刀位点的有关坐标值，经处理就可得到数控加工程序。一般可编制二维零件的加工程序。视觉自动编程系统的特点是不需书写任何源程序，编程人员只要事先输入有关工艺参数就能得到数控加工程序，具备高度的自动化。

思考题与习题

3-1 数控车削编程的特点是什么？

3-2 车削固定循环功能的作用是什么？常用的有哪些？

3-3 数控铣削编程的特点是什么？

3-4 用 G54~G59 指令确定工件坐标系与用 G92 指令有何不同？

3-5 孔加工固定循环的基本组成动作有哪些？试用图示法说明。

3-6 加工中心编程的特点是什么？

3-7 何为定距换刀和跟踪换刀？

3-8 何为自动编程？常用的自动编程方法有哪两类？各有何特点？

3-9 语言式自动编程的基本工作原理是什么？

3-10 图形交互式自动编程的信息处理过程是怎样的？

3-11 后置处理程序的作用是什么？

3-12 试编制车削如图 3-42 所示的零件的精加工程序。

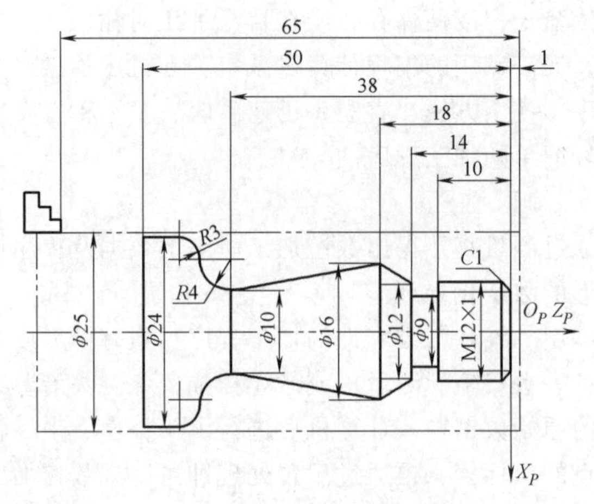

图 3-42 题 3-12 图

3-13 试编制铣削如图 3-43 所示零件外轮廓的精加工程序。

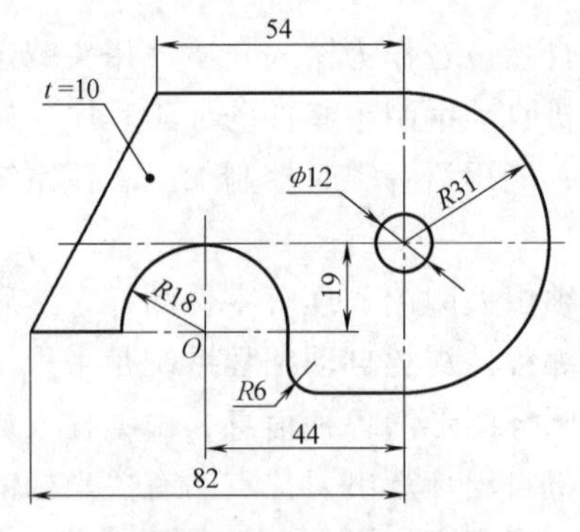

图 3-43 题 3-13 图

3-14 图 3-44 为五轴数控机床的四种结构，分别给出各自的结构名称，并列出各自的结构特点。

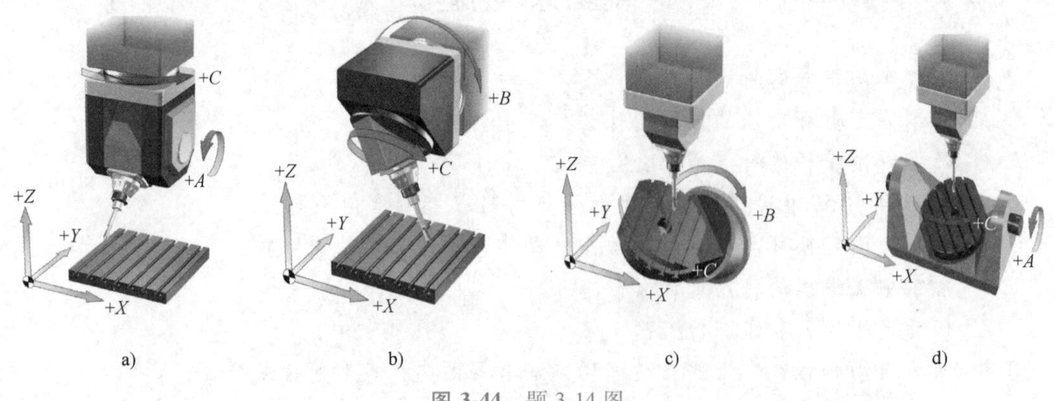

图 3-44 题 3-14 图

第四章 计算机数控装置

第一节 概述

一、CNC 系统的组成

数控系统是数控机床的重要部分，它随着计算机技术的发展而发展。现在的数控装置都是由计算机完成以前硬件数控所做的工作，为特别强调，有时也称作计算机数控装置（CNC 装置）。数控系统是由数控程序、输入输出设备、CNC 装置、可编程序控制器（PLC）、主轴驱动装置和进给驱动装置（包括检测装置）等组成的，有时也称为 CNC 系统。CNC 系统的组成框图如图 4-1 所示。

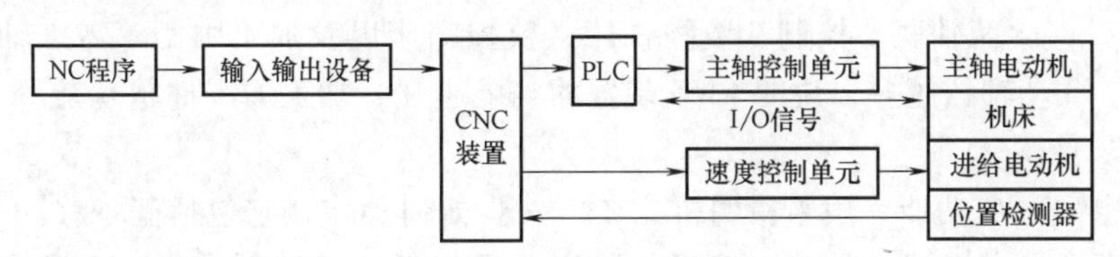

图 4-1 CNC 系统的组成框图

CNC 系统的核心是 CNC 装置，随着计算机技术的发展，CNC 装置的性能越来越高，价格越来越低。

二、CNC 装置的组成

CNC 装置由硬件和软件组成，软件在硬件的支持下运行，离开软件，硬件便无法工作，两者缺一不可。

CNC 装置的硬件具有一般计算机的基本结构，另外还有数控机床所特有功能的功能模块与接口单元，CNC 装置硬件的组成如图 4-2 所示。

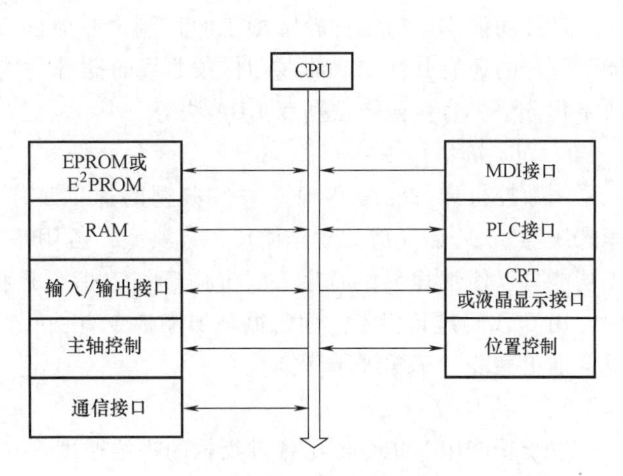

图 4-2 CNC 装置硬件的组成

CNC 装置的软件又称为系统软件，由管理软件和控制软件两部分组成。管理软件包括零件程序的输入输出程序、显示程序和CNC装置的故障诊断程序等；控制软件包括译码程序、刀具补偿计算程序、插补计算程序、速度控制程序和位置控制程序等。CNC装置的软件框图如图4-3所示。

为提高机床的进给速度，一些实时控制可由硬件完成，如硬件插补器。这样，CPU做些插补前的准备工作，而位置控制由硬件电路完成。所以软硬件承担任务的划分不是绝对不变的。

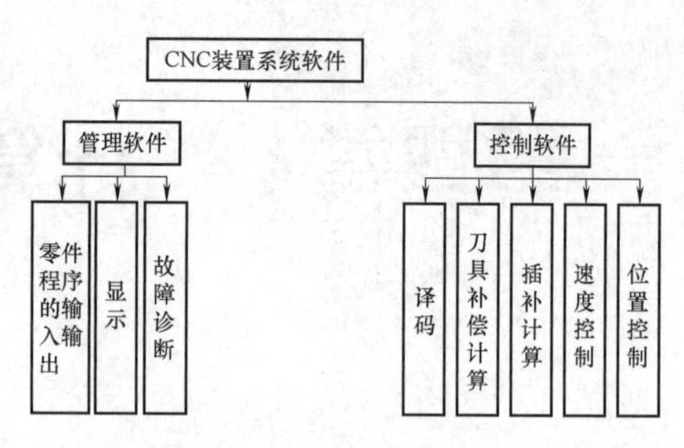

图4-3 CNC装置的软件框图

三、CNC装置的功能

CNC装置的硬件采用模块化结构，许多复杂的功能靠软件实现。CNC装置的功能通常包括基本功能和选择功能。不管用于什么场合的CNC装置，基本功能都是必备的数控功能；而选择功能是供用户根据机床特点和用途进行选择的功能。不同的CNC装置生产厂家生产的CNC装置的功能是有些差异的，但主要功能是相同的。CNC装置的主要功能如下。

1. 控制功能

控制功能是指CNC装置能够控制的并且能够同时控制联动的轴数，它是CNC装置的重要性能指标，也是档次之分的重要依据。控制轴有移动轴、回转轴、基本轴和附加轴。数控车床一般只需x、z两轴联动控制，数控铣床、数控钻床以及加工中心等需三轴控制以及三轴联动控制。联动轴数越多，说明CNC装置的功能越强，加工的零件越复杂。

2. 准备功能

准备功能又称G功能，用来指明机床在下一步如何动作。它包括基本移动、程序暂停、平面选择、坐标设定、刀具补偿、镜像、固定循环加工、公英制转换、子程序等指令。在ISO标准中规定，用指令G和后续的两位数字组成表示指令的功能。SIEMENS公司出品的CNC装置（如840D、802D）也用G带三位数字表示某一功能。

3. 插补功能

插补功能用于对零件轮廓加工的控制，一般的CNC装置有直线插补功能、圆弧插补功能，特殊的还有其他二次曲线和样条曲线的插补功能。实现插补运算的方法有逐点比较法、数字积分法、直接函数法和双DDA法等。

4. 固定循环加工功能

用数控机床加工零件时，一些典型的加工工序（如钻孔、铰孔、攻螺纹、深孔钻削、车螺纹等），所需完成的动作循环十分典型，若用基本指令编写则较麻烦，使用固定循环加工功能可以使编程工作简化。固定循环加工指令是将典型动作事先编好程序并储存在内存中，用G代码进行指定。固定循环加工指令有钻孔、铰孔、攻螺纹循环；车削、铣削循环；复合加工循环；车螺纹循环等。

5. 进给功能

进给功能用F指令给出各进给轴的进给速度。在数控加工中常用到以下几种与进给速度有关的术语。

(1) 切削进给速度（mm/min） 指定刀具切削时的移动速度，如 F100 表示切削速度为 100mm/min。

(2) 同步进给速度 即主轴每转一圈时进给轴的进给量，单位为 mm/r。只有主轴装有位置编码器的机床才能指令同步进给速度。

(3) 快速进给速度 机床的最高移动速度，用 G00 指令快速，通过参数设定。它可通过操作面板上的快速开关改变。

(4) 进给倍率 操作面板上设置了进给倍率开关，使用进给倍率开关不用修改零件加工程序就可改变进给速度。倍率可在 0~200%之间变化。

6. 主轴功能

主轴功能包括以下几方面：

(1) 指定主轴转速 用 S 后跟 4 位数字表示，单位为 r/min，例如 S1500 表示主轴转速指定为 1500r/min。

(2) 设置恒定线速度 该功能主要用于车削和磨削加工中，使工件端面质量提高。

(3) 主轴准停 该功能使主轴在径向的某一位置准确的停止。加工中心换刀必须有主轴准停功能，主轴准停后实施卸刀和装刀动作。

7. 辅助功能

辅助功能主要用于指定主轴的正转、反转、停止、切削液泵的打开和关闭、换刀等动作，用 M 字母后跟 2 位数字表示。对于没有特指的辅助功能可作为其他用途。

8. 刀具功能

刀具功能用来选择刀具并且指定有效刀具的几何参数的地址。

9. 补偿功能

补偿包括刀具补偿（刀具半径补偿、刀具长度补偿、刀具磨损补偿）、丝杠螺距误差补偿和反向间隙补偿。CNC 装置采用补偿功能可以把刀具长度或半径的相应补偿量、丝杠的螺距误差和反向间隙误差的补偿量输入到其内部储存器，在控制机床进给时按一定的计算方法将这些补偿量补上。

10. 显示功能

CNC 装置配置 CRT 显示器或液晶显示器，用于显示程序、零件图形、人机对话编程菜单和故障信息等。

11. 通信功能

通信功能主要完成上级计算机与 CNC 装置之间的数据和命令传送。一般的 CNC 装置带有 RS32C 串行接口，可实现 DNC 方式加工。高级一些的 CNC 装置带有 FMS 接口，按 MAP（制造自动化协议）通信，可实现车间和工厂自动化。

12. 自诊断功能

CNC 装置安装了各种诊断程序，这些程序可以嵌入其他功能程序中，在 CNC 装置运行过程中进行检查和诊断。诊断程序也可作为独立的服务性程序，在 CNC 装置运行前或故障停机后进行诊断，查找故障的部位。有些 CNC 装置可以进行远程诊断。

第二节 CNC 装置硬件结构

CNC 装置按体系结构的不同可分为专用体系结构和开放式体系结构两大类；按功能的

不同可分为经济型CNC装置和高级型CNC装置。专用体系结构的CNC装置又分为单微处理机和多微处理机结构。经济型数控装置一般采用单微处理机结构，高级型CNC装置常采用多微处理机结构和开放式体系结构。高级型CNC装置使数控机床向高速度、高精度和高智能化的方向发展。开放式体系结构CNC装置可扩充、可重构，能快速适应市场需求变化，具有敏捷性。

一、单微处理机结构的CNC装置

在单微处理机结构的CNC装置中，只有一个中央处理器（CPU），采用集中控制，分时处理数控的每一项任务。对于有些CNC装置虽然有两个以上的CPU，但只有一个CPU（主CPU）能控制总线并访问存储器，其他的CPU（从CPU）只是完成某一辅助功能，例如键盘管理、CRT显示等。这些从CPU也接受主CPU的指令，它们组成主从结构，所以也被归类为单微处理机结构中。单微处理机结构的CNC装置框图如图4-4所示（虚线左边部分）。

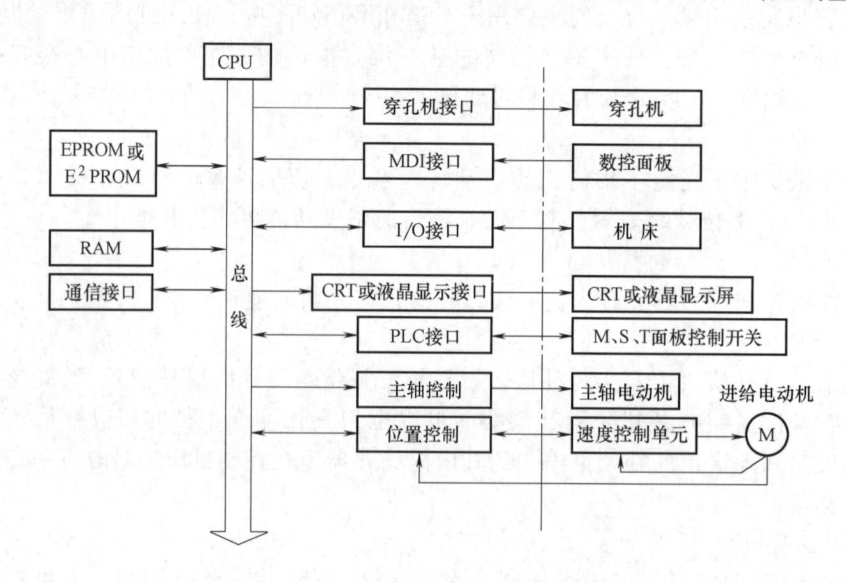

图4-4 单微处理机结构的CNC装置框图

单微处理机结构的CNC装置由微处理器、存储器、总线、I/O接口、MDI接口、CRT或液晶显示接口、PLC接口、主轴控制、通信接口等组成。

1. 微处理器及总线

微处理器由控制器和运算器组成，是微处理机的核心部分，它完成控制和运算两方面的任务。在CNC装置中，控制器的控制任务为：从程序存储器中依次取出的指令，经过解释，向CNC装置各部分按顺序发出执行操作的控制信号，使指令得以执行，而且又接收执行部件发回来的反馈信号，控制器根据程序中的指令信息及这些反馈信息，决定下一步命令操作。运算器的计算任务主要是：零件加工程序的译码、刀补计算、插补计算、位置控制计算及其他数据的计算和逻辑运算。

CNC装置中常用的微处理器有8位、16位和32位等。在实际选用时主要根据实时控制和处理速度考虑字长、寻址能力和运算速度。

总线是将微处理器、存储器和输入/输出接口等相对独立的装置或功能部件连接起来，并传送信息的公共通道。它包括数据总线、地址总线和控制总线。

2. 存储器

存储器分为只读存储器（ROM）和随机存储器（RAM），常用的只读存储器有紫外线擦除可编程 ROM（EPROM）和电擦除可编程 ROM（E^2PROM）。只读存储器存放系统程序，由 CNC 装置生产厂家写入或者由厂家提供系统程序软件和操作工具，由使用者通过上位计算机下装到 CNC 装置中，也将用户的参数存放在 E^2PROM 中，以保持不丢失。随机存储器 RAM 用于存放中间运行结果，显示数据以及运算中的状态、标志信息等。

随机存储器 RAM 分为静态 RAM（SRAM）和动态 RAM（DRAM）。静态 RAM 在加电使用期间，除非进行改写，否则其存储信息不会改变。动态 RAM 在加电使用期间，当超过一定时间（一般为 2ms），其存储的信息会自动丢失。因此，为了保持存储信息不丢失，必须另外设置一刷新电路，每隔一定时间按原存储内容重新刷新（写）一遍。

3. I/O（输入/输出）接口

（1）I/O 接口的标准化　同其他工业上的输入输出接口标准一样，CNC 装置与机床间的接口也有国际标准，它是 1975 年由国际电工委员会（IEC）第 44 技术委员会制定并批准的，称为“机床/数控接口”标准。图 4-5 所示为 CNC 装置、控制设备和机床之间的连接。

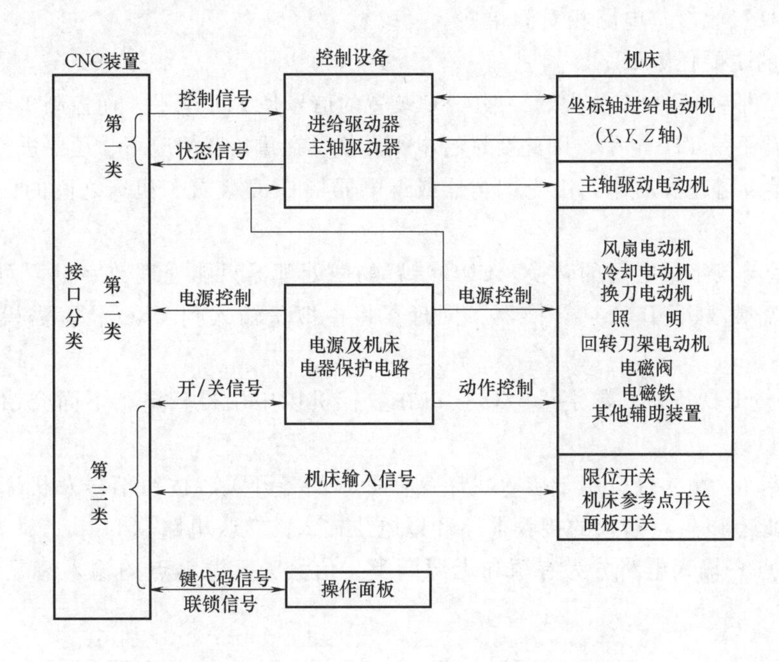

图 4-5　CNC 装置、控制设备和机床之间的连接

数控装置与机床及机床电器设备之间的接口分为三种类型。

第一类：与驱动控制器和测量装置之间的连接电路。

第二类：电源及保护电路。

第三类：开/关信号和代码连接电路。

第一类接口传送的信息是 CNC 装置与伺服单元、伺服电动机、位置检测和速度检测之间的控制信息，它们属于数字控制、伺服控制和检测控制。

第二类电源及保护电路由数控机床强电线路中的电源控制电路构成。强电线路由电源变压器、继电器、接触器、保护开关和熔断器等连接而成，以便为驱动单元、主轴电动机、辅助电动机（如风扇电动机、切削液泵电动机、换刀电动机等）、电磁铁、电磁阀和离合器等功率执行元件供电。强电线路不能与低压下工作的控制电路或弱电路直接连接，只能通过中间继电器、热保护器、控制开关等转换。用继电器控制回路或 PLC 控制中间继电器，用中间继电器的触点给接触器通电，接通主回路（强电线路）。

第三类开/关信号和代码信号连接电路是 CNC 装置与机床参考点、限位、面板开关等以及一些辅助功能输出控制连接的信号。当数控机床没有使用 PLC 时，这些信号在 CNC 装置与机床间直接传送。当数控机床带有 PLC 时，这些信号除一些高速信号外，均通过 PLC 输入/输出。

（2）I/O 信号的分类及接口电路的任务　从机床向 CNC 装置传送的信号称为输入信号，从 CNC 装置向机床传送的信号称为输出信号。输入、输出信号的主要类型有数字量输入/输出信号、模拟量输入/输出信号、交流输入/输出信号。这些信号中，模拟量 I/O 信号主要用于进给坐标轴和主轴的伺服控制或其他接收，发送模拟量信号的设备。交流信号用于直接控制功率执行器件。接收或发送模拟量信号需要专门的电子线路，应用最多的是数字量 I/O 信号，数字量 I/O 接收接口电路相对简单些。

接口电路的主要任务如下。

1）进行电平转换和功率放大。一般 CNC 装置的信号是 TTL 电平，而控制机床和来自机床的信号电平通常不是 TTL 电平，因此要进行电平转换。在重负载情况下，还要进行功率放大。

2）防止噪声引起误动作。用光耦合器或继电器将 CNC 装置和机床之间的信号在电器上加以隔离。

3）模拟量与数字量之间的转换。CNC 装置的微处理器只能处理数字量，而对于模拟量控制的地方则需数/模（D/A）转换器，同理，将模拟量输入到 CNC 装置需模/数（A/D）转换器。

（3）数字量 I/O 接口　数字量 I/O 接口在数控机床中用得较多，下面介绍几种常用的数字量 I/O 接口。

1）输入接口。输入接口用于接收机床操作面板的各开关、按钮信号及机床的各种限位开关信号，因此有以触点输入的接收电路和以电压输入的接收电路。

触点（接点）输入电路分为有源和无源两类。信号为无源触点的输入情况如图 4-6a 所

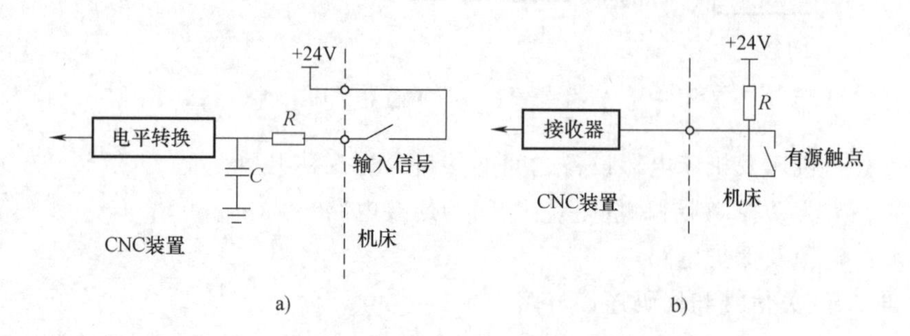

图 4-6　输入输出接口电路

示，如行程开关就是无源触点。对于无源触点的输入，依靠 CNC 接口的触点供电回路产生高、低电平信号。信号为有源的触点输入情况，如图 4-6b 所示。

信号滤波常采用阻容滤波器，电平转换采用晶体管或光耦合器。光耦合器既起隔离信号防干扰的作用，又起到了电平转化的作用，在 CNC 装置接口电路中被大量使用。在触点输入电路中不光要防滤波还要防触点抖动，常用的防抖动的方法是采用斯密特触发器（图 4-7a）或 R-S 触发器（图 4-7b）来整形。

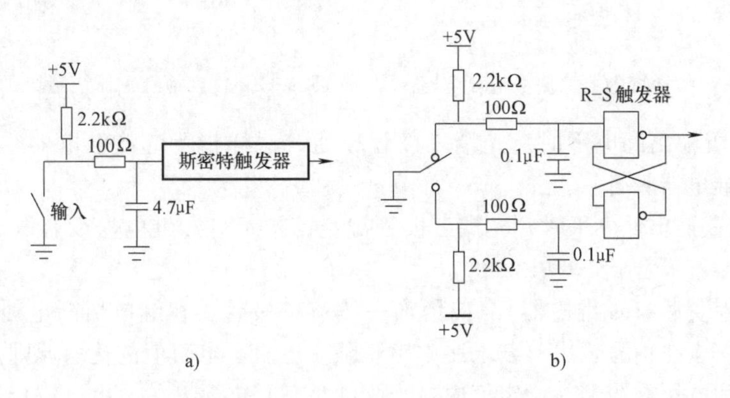

图 4-7 触点去抖动电路

在机床输入信号中有些是以电压作为输入信号的，比如接近开关，当遇到铁块时输出低电平信号，无铁块时输出高电平信号。以电压输入的接口电路如图 4-8 所示。

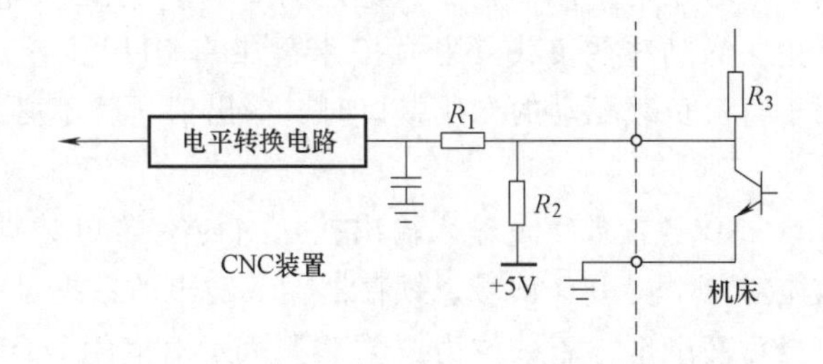

图 4-8 以电压输入的接口电路

2）输出接口。输出接口是将各种机床工作状态的信息送到机床操作面板上用指示灯显示，把控制机床动作的信号送到强电箱中。在实际使用中，有继电器输出电路和无触点输出电路两种，如图 4-9 所示。

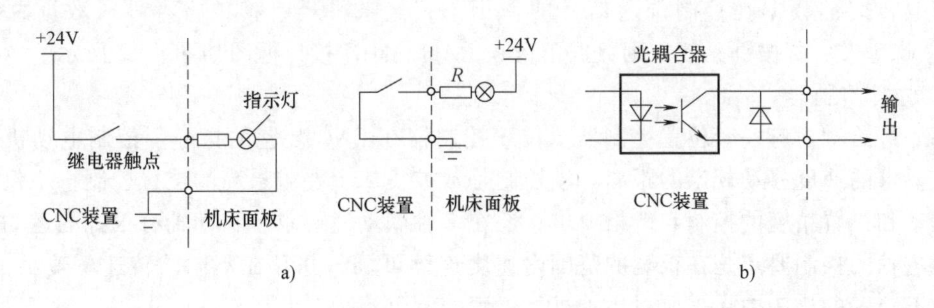

图 4-9 输出接口电路

a）继电器输出电路 b）无触点输出电路

图 4-10 所示是负载为指示灯的典型信号输出电路。

图 4-11 所示是负载为继电器线圈的典型信号输出电路。

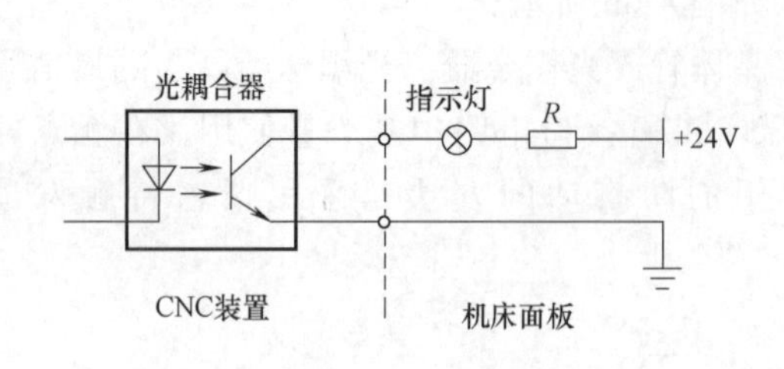

图 4-10 负载为指示灯的典型信号输出电路

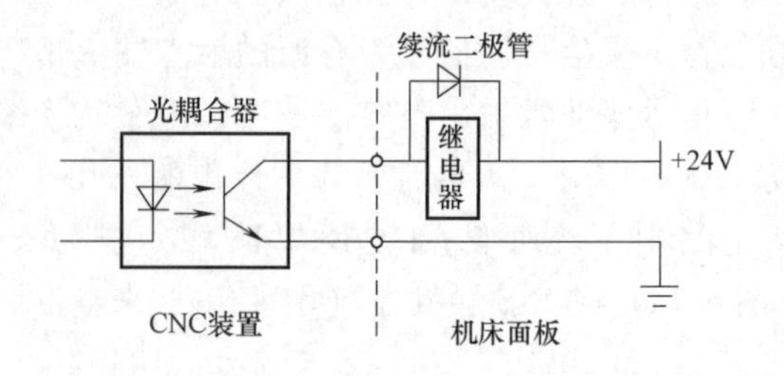

图 4-11 负载为继电器线圈的典型信号输出电路

当 CNC 装置输出高电平时，光耦三极管导通，这样指示灯或继电器线圈有电流通过，使指示灯亮或继电器吸合。

当 CNC 装置输出低电平时，光耦三极管截止，指示灯和继电器没有电流回路，故指示灯不亮，继电器不吸合。

对于电感性负载（如继电器），应增加一续流二极管，在继电器断电时将电能释放掉。对于容性负载，应在信号输出负载电路中串联限流电阻，电阻值的选取原则是应确保负载承受的瞬间电流和电压被限制在额定值内。当驱动负载是电磁开关、电磁耦合器、电磁阀线圈等交流负载，或虽是直流负载，但工作电压或工作电流超过输出信号的工作范围时，应选用输出信号驱动中间继电器（电压为 24V），然后用它们的触点接通强电线路的功率继电器或直接去激励这些负载。当 CNC 装置带有 PLC 装置，且具有交流输入、输出信号接口，或有用于直流负载驱动的专用接口时，输出信号就不必经中间继电器过渡，即可以直接驱动负载器件。

CNC 装置数字量输入输出接口对应有接口数据锁存器，锁存器对应一地址，其二进制数位对应一位 I/O 信号。锁存器输入输出的数据某一二进制数位为“1”，则表示对应的 I/O 信号为高电平，若数位为“0”，则表示对应的 I/O 信号为低电平。

4. MDI 接口

MDI（手动数据输入）是通过数控面板上的键盘来进行操作的。CNC 装置的微处理器扫描到按下键的信号时，就将数据送入移位寄存器，移位寄存器的输出经报警电路检查。若按键有效，按键数据在控制选通信号的作用下，经选择器、移位寄存器、数据总线送入 RAM 存储起来。若按键无效，则数据不送入 RAM。MDI 接口框图如图 4-12 所示。

5. 位置控制器

每一进给轴对应一套位置控制器。位置控制器在 CNC 装置的指令下控制电动机带动工作台按要求的速度移动规定的距离。轴控制是数控机床上要求最高的位置控制，不仅对单个轴的运动和位置精度的控制有严格要求，还在多轴联动时要求各移动轴有很好的运动配合。

对主轴的控制要求是在很宽的范围内速度连续可调，并且在不同的转速下输出恒转矩。在有换刀装置的机床中还需要对主轴进行位置控制（准停）。

加工中心要实现根据指令到刀库放刀、取刀、自动换刀，就必须控制刀库（或取放刀机构）的位置，使刀库（或取放刀机构）准确停在要选用的刀具位置。刀库（或取放刀机构）位置控制与轴控制相比没有复杂计算，比较简单，可以用 PLC 控制。

进给坐标轴位置控制的硬件一般采用大规模专用集成电路位置控制芯片（如 FANUC 公

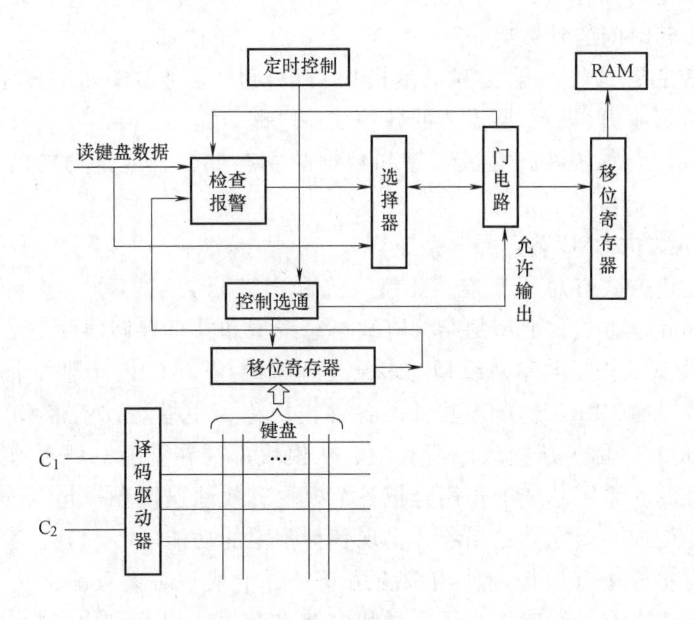

图 4-12　MDI 接口框图

司的 MB8720、MB8739、MB87103 等）和位置控制模板（如 SIEMENS 公司的 MS230、MS250、MS300 等）。

二、多微处理机结构的 CNC 装置

在单微处理机结构的 CNC 装置中，因为只有一个 CPU，只能采用集中控制，该 CPU 既要对键盘输入和 CRT 显示处理，又要进行译码、刀补计算以及插补等实时控制处理，这样进给速度显然受影响。而在多微处理机结构的 CNC 装置中，由于有两个或两个以上的微处理机构成的处理部件，处理部件之间采用紧耦合，有集中的操作系统，资源共享，或者有两个或者两个以上的微处理机结构的功能模块，功能模块之间采用松耦合，有多重操作系统有效地实现并行处理，所以能克服单微处理机结构的不足，使 CNC 装置的性能有较大提高。

1. 多微处理机 CNC 装置的基本功能模块

CNC 装置的结构设计采用模块化技术，模块的划分依具体情况而定，一般包括下面 6 种模块。

（1）CNC 管理模块　该模块实现管理和组织整个 CNC 系统工作过程所需的功能。如系统的初始化、中断管理、总线裁决、系统出错识别和处理及系统软件硬件诊断等。

（2）CNC 插补模块　该模块完成译码、刀具补偿计算、坐标位移量的计算和进给速度处理等插补前的预处理。然后进行插补计算，为各坐标轴提供位置给定量。

（3）位置控制模块　该模块实现插补后的坐标位置给定值与位置检测器测得的位置实际值进行比较，进行自动加减速，回基准点，伺服系统滞后量的监视和漂移补偿，最后得到速度控制的模拟电压，去驱动进给电动机。

（4）PLC 模块　该模块可对零件加工程序中的某些辅助功能和从机床来的信号进行逻

辑处理，实现各功能与操作方式之间的联锁，机床电气设备的启、停，刀具交换，转台分度，工件数量和运转时间的计数等。

（5）操作与控制数据输入输出和显示模块　该模块实现零件加工程序、参数和数据、各种操作命令的输入输出、显示所需要的各种接口电路。

（6）存储器模块　该模块指存放程序和数据的主存储器，或是功能模块间数据传送用的共享存储器。

2. 多微处理机结构CNC装置的典型结构

多微处理机互连方式有总线互连、环型互连和交叉开关互连等。多微处理机结构CNC装置一般采用总线互连方式，典型的结构有共享总线型和共享存储器两类结构。

（1）共享总线型结构　共享总线型的多微处理机结构CNC装置把各个功能模块划分为主模块与从模块，带有CPU或DMA器件的各种模块称为主模块，不带CPU、DMA器件的各种RAM/ROM或I/O称为从模块。所有主、从模块都插在配有总线插座的机柜中，系统总线是有严格标准的。系统总线的作用是把各个模块有效地连接在一起，按照要求交换各种数据和控制信息，构成一个完整的系统，实现各种预定的功能。

在系统中只有主模块有权控制使用系统总线。由于某一时刻只能由一个主模块占有总线，当有多个主模块占有总线时，必须由仲裁电路来裁决，以判别出各模块优先权的高低。每个主模块按其担负的任务的重要程度已预先安排好优先权的高低顺序。

多微处理机系统的总线裁决方式有两种：串行方式和并行方式。

串行总线裁决方式中，优先权的排列是按链位置决定的。某个主模块只有在前面优先权更高的主模块不占用总线时，才可使用总线，同时通知它后面优先权较低的主模块不得使用总线，如图4-13所示。

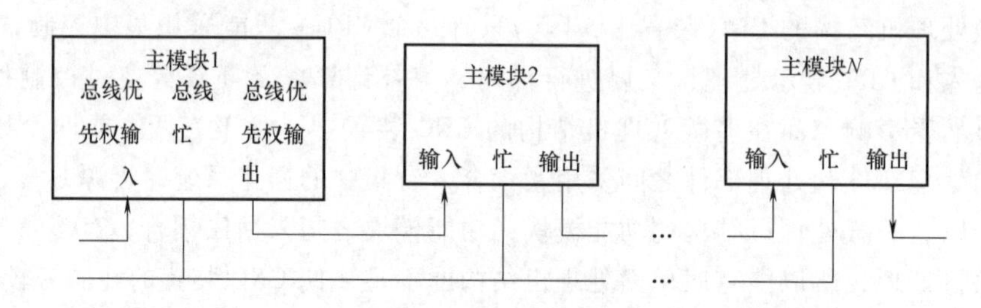

图4-13　串行总线裁决方式

并行总线裁决方式中，要配备专用逻辑电路来解决主模块的判优问题，通常采用优先权编码方式，如图4-14所示。

共享总线型结构CNC装置模块之间的通信主要依靠存储器来实现，大部分系统采用公共存储器。公共存储器直接插在系统总线上，有总线使用权的主模块都能访问。使用公共存储器的通信双方都占用系统总线，可供任意两个主模块交换信息。

这种系统结构的总线有STD bus（支持8位和6位字长）、Multi bus（Ⅰ型可支持16位字长，Ⅱ型可支持32位字长）、S-100bus（可支持16位字长）和VERSA bus（可支持32位字长）等。

多微处理机共享总线型结构如图4-15所示。这种结构的优点是结构简单、系统配置灵活、扩展模块容易，由于是无源总线，所以造价低。不足之处是会引起“竞争”，信息传输率较低，总线一旦出现故障，整个系统会受影响。

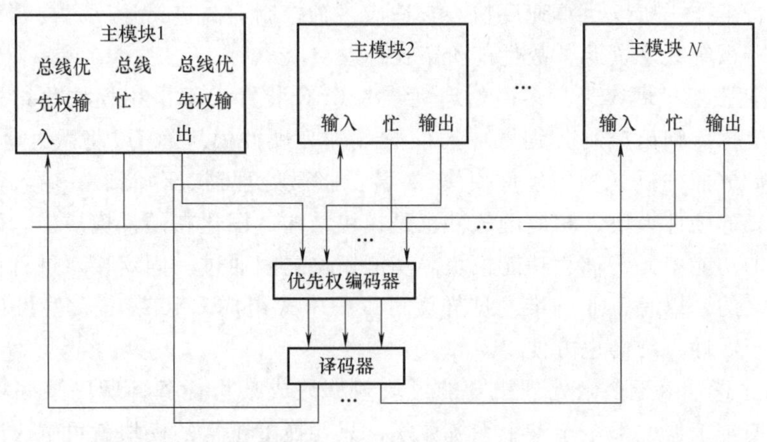

图 4-14　并行总线裁决方式

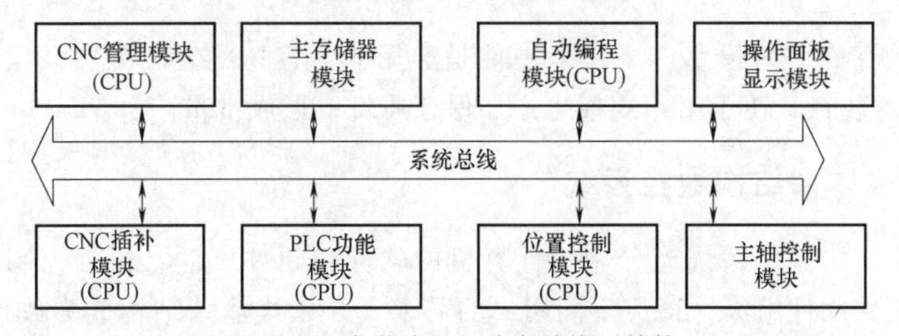

图 4-15　多微处理机共享总线型结构

（2）共享存储器结构　这种结构的多微处理机采用多端口存储器来实现各微处理机之间的互连和通信，由多端口控制逻辑电路解决访问冲突。由于同一时刻只能有一个微处理机对多端口存储器读或写，所以功能复杂，而要求增加微处理机数量时，会因争取共享而造成信息传送的阻塞，降低系统效率，这种结构扩展较困难。

图 4-16 所示是一个双端口存储器结构框图，它配有两套数据、地址和控制线，可供两个端口访问，访问优先权事先安排好。两个端口同时访问时，由内部硬件裁决其中一个端口优先访问。

图 4-17 所示是多微处理机共享存储器结构框图。

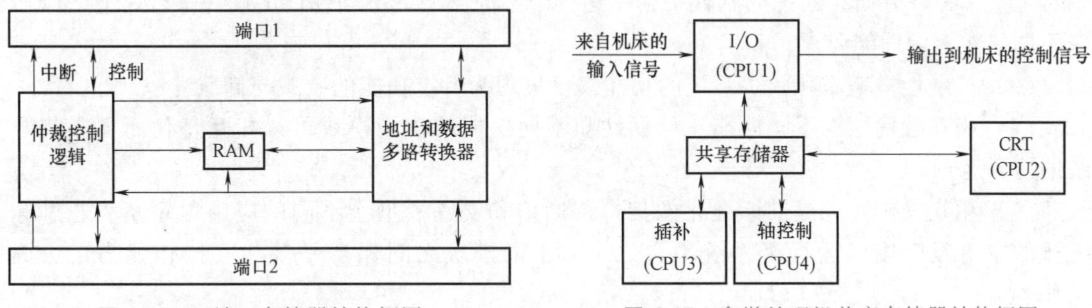

图 4-16　双端口存储器结构框图　　图 4-17　多微处理机共享存储器结构框图

3. 多微处理机结构 CNC 装置的优点

与单微处理机结构 CNC 装置相比，多微处理机结构 CNC 装置有以下优点：

（1）运算速度快、性能价格比高　多微处理机结构中每一微处理机完成某一特定功能，相互独立且并行工作，所以运算速度快。它适应多轴控制、高进给速度、高精度、高效率的数控要求。由于系统共享资源，故性能价格比高。

（2）适应性强、扩展容易　多微处理机结构 CNC 装置大都采用模块化结构。可将微处理器、存储器、输入输出控制分别做成插件板（称为硬件模块），或将微处理器、存储器、输入输出控制做成插件板（称为硬件模块），甚至将微处理器、存储器、输入输出控制组成独立微计算机级的硬件模块，相应的软件也是模块结构，固化在硬件模块中。硬、软件模块形成一个特定的功能单元，称为功能模块。功能模块之间通过一固定接口进行信息交换，该接口是严格定义的，以有工业标准。这样就可以积木式组成 CNC 装置，使设计简单且有良好的适应性和扩展性，维修也方便。

（3）可靠性高　由于多微处理机功能模块独立完成某一任务，所以某一功能模块出故障，其他模块照常工作，不至于整个系统瘫痪，只要换上正常的模块就可解决问题，提高了系统的可靠性。

（4）硬件易于组织规模生产　一般硬件是通用的，容易配置，只要开发新的软件就可构成不同的 CNC 装置，便于组织规模生产，保证质量，形成批量。

三、开放式体系结构数控系统

开放式体系结构数控系统充分利用计算机的软件和硬件资源，根据控制对象的不同要求，灵活地变更软硬件组成，适应不同用户的需求。开放式体系结构成为数控发展的趋势。开放式体系结构数控系统的主要目的是解决复杂变化的市场需求与控制系统专一的固定模式之间的矛盾，使数控系统易变、紧凑、廉价，并具有很强的适应性和二次开发性。

1. 开放式体系结构数控系统的定义

参照 IEEE 对开放式系统的规定，开放式体系结构数控系统必须提供不同应用程序协调地运行于系统平台之上的能力，提供面向功能的动态重构工具，同时提供统一标准化的应用程序界面，根据这样的定义，开放式体系结构数控系统应具有以下特点：

（1）开放性　提供标准化环境的基础平台，允许不同的功能、开发商的软硬件模块介入。

（2）可移植性　一方面，不同的应用程序模块可以运行于不同供应商提供的 CNC 系统平台之上；另一方面，系统的软件平台可运行于不同类型、不同性能的硬件平台之上，以适应不同层次上的性能要求。

（3）扩展性　增添和减少系统的功能仅仅表现为特定功能的装载与卸载。

（4）相互替代性　不同性能、可靠性和不同功能的功能模块可以相互替代而不影响系统的协调运行。

（5）相互操作性　提供标准化的接口、通信和交互模型。不同的应用程序模块通过标准化的应用程序接口运行于系统平台之上，不同模块之间保持平等相互操作能力，协调工作。

2. 开放式数控系统的体系结构

开放式数控系统基本上有三种结构形式：专用 CNC+PC 主板、通用 PC+开放式运动控制器和完全 PC 型的全软件形式的数控系统。

（1）专用CNC+PC主板 这种结构形式采用传统数控专用模板（包括内置式PLC单元、带有光电隔离的开关量I/O单元、多功能模块）嵌入通用的PC机构成数控系统。使得系统可以共享计算机的一部分软件、硬件资源，计算机用于完成辅助编程、监控、编排工艺等工作。与传统的CNC系统相比，具有硬件资源的通用性以及软件资源的再生性。如华中科技大学的华中Ⅰ型数控系统，采用通用PC作为硬件平台，DOS及其支持软件作为软件平台的开放式体系结构。尽管这类系统已经具备了开放式的某些特点，并可适应不同用户需求而灵活配置，但由于这种数控系统的开放性仅限于PC部分，而专业的数控部分仍属于封闭结构，且其运行在DOS操作系统下，使得PC的潜力未能充分发挥，系统的功能和柔性也受到了限制。

（2）通用PC+开放式运动控制器 通用PC+开放式运动控制器数控系统是一种完全采用以PC为硬件平台的数控系统。其主要部件是计算机和运动控制器，机床的运动控制和逻辑控制功能由独立的运动控制器完成。具有开放性的运动控制器是该系统的核心部分，它是以PC硬件插件而构成系统的。

运动控制器以美国Delta Tau公司的PMAC（Programmable Multiple-Axis Controller）多轴运动控制器最具代表性，控制器本身具有CPU，同时开放通信端口和结构的大部分地址空间，实现通用的DLL同PC相结合。它成功地将Motorola的DSP56001/56002数字信号处理芯片用于PMAC，加上专用的用户门阵列芯片与PC机的柔性相结合，使得PMAC-NC可同时控制4~8轴，其控制速度、分辨率等性能远远优于一般的控制器。目前他们开发的TURBO、PMAC、PMAC2、MACRO（光缆控制环路）、UMAC等采用最新技术的控制器，可以实现最多128轴的运动控制。

PMAC具有开放性的特点，给用户提供更大的柔性，其硬件结构的开放性表现在以下几方面：

1）PMAC适应多种硬件操作平台，可以在IBM及兼容机上运行，在Win95/98/2000/NT和Linux下运行及开发，允许同一控制软件在PC、STD、VME、PCI、104总线上运行，因此提供了多平台的支持特性。

2）可适用于各种电动机，包括普通的交流电动机，直流电动机，步进电动机及液压马达，交、直流伺服电动机，直线电动机等。能连接模拟和数字的伺服驱动器。

3）可以与不同的检测元件连接，包括测速发电机、光栅、旋转变压器、激光干涉仪和光电编码器等。

4）PMAC的大部分地址向用户开放，包括电动机的所有信息，坐标系的所有信息及各种保护信息等。

PMAC软件结构的开放性表现在以下几方面：

1）多平台功能。支持各种高级语言，PMAC提供16位、32位的DLL及ActiveX控件PTALK，用户可以采用C++、VB、VC、Delphi在Win95/98/2000/NT开发人机界面接口。

2）PLC功能的开放。内置式软件化PLC可将I/O扩展到1024/1024点，可编制64个异步PLC程序。

3）机床语言的开放。PMAC支持用户调用现成的直线、圆弧、样条、PVT三次曲线等插补模式，同时支持标准的RS274代码，用户还可以自定义G、M、T、D、S代码，实现特定功能。

这种开放式数控系统是目前较为先进的技术。但是该系统 CNC 核心部分的运动控制和伺服控制仍要依赖于专用运动控制卡，还未达到整个产品的硬件通用化。

（3）完全 PC 型的全软件形式的数控系统　完全 PC 型的全软件形式的数控系统目前正处于研究阶段，还未形成产品。这种全软件数控以应用软件的形式实现运动控制。

欧盟的 OSACA（Open System Architecture for Control within Automation System）计划在第二期工程提出的“分层的系统平台+结构化的功能单元 AO（Architecture Object）”的体系结构。系统平台包括系统软件和系统硬件（处理器、I/O 板等）。AO 之间的相互操作有赖于 OSACA 的通信系统，通过 API 接口运行于不同的系统平台上。该体系结构保证了各种应用系统与操作平台的无关性及相互操作性，明确规定不同的开放层次：应用层开放、核心层开放、全部开放。

OSACA 的软件结构中有三个主要的组成部分：通信系统、参考体系结构模型和配置系统。通信系统主要解决各 AO 单元独立于系统情况下的信息交换，制定独立于硬件及制造商的各 AO 单元之间信息交换的方法和原则标准，同时制定通用模块的协议标准；参考体系结构模型主要用于描述控制系统有哪些 AO 单元以及这些 AO 单元具有怎样的开放式接口；配置系统划分系统平台所需实例化的 AO 单元，并对它进行动态实时配置。

OSACA 基本符合 IEEE 的对开放式数控体系结构的规定，即开放式的控制系统采用分布式控制原则，各模块之间相互独立，用户可根据需要方便地实现重组，并具有一致的通信协议接口，允许不同的厂商提供不同的组件运行于不同的平台之上。

四、CNC 装置中 M、S、T 功能的 PLC 实现

M、S、T 功能可以由数控加工程序来指定，也可以在机床的操作面板上进行控制。PLC 处于 CNC 装置和机床之间，M、S、T 功能贯穿了 CNC 装置、PLC、伺服系统和机床等几个极其重要的组成环节，其功能的实现很重要。

1. M 功能的实现

PLC 根据不同的 M 功能，可控制主轴的正转、反转和停止，主轴准停，切削液的开、关，卡盘的夹紧、松开及换刀机械手的取刀、放刀等动作。某数控系统的常用 M 功能及动作类型见表 4-1。

表 4-1　某数控系统的常用 M 功能及动作类型

辅助功能代码	功　能	类型	辅助功能代码	功　能	类型
M00	程序停	A	M07	液状冷却	I
M01	选择停	A	M08	雾状冷却	I
M02	程序结束	A	M09	关冷却液	A
M03	主轴顺时针旋转	I	M10	夹紧	H
M04	主轴逆时针旋转	I	M11	松开	H
M05	主轴停	A	M30	程序结束并倒带	A
M06	换刀准备	C			

根据具体机床的功能要求，各辅助功能的执行条件是不完全相同的。有的辅助功能与同程序段运动指令同时起作用，故称为段前辅助功能，记为 I，如 M03、M04 等；有的辅助功

能在同程序段运动指令执行完成后才起作用，故称之为段后辅助功能，记为 A，如 M05、M09 等；有些辅助功能只在本程序段内起作用，当后续程序段到来时便失效，记为 C，如 M06；还有一些辅助功能一旦被编入执行后便一直有效，直至被注销或取代为止，记为 H，如 M10、M11。在数控加工程序被译码处理后，CNC 装置系统控制软件就将辅助功能的有关编码信息通过 PLC 的输入接口传到 PLC 中的相应寄存器中，然后供 PLC 的逻辑处理软件扫描采样，并输出处理结果用来控制有关的执行元件。

2. S 功能的实现

S 功能在 PLC 中可以容易地用四位代码直接指定转速。CNC 装置将 S 代码值送给 PLC，PLC 将十进制数转换为二进制数后送到 D/A 转换器，转换成相应的输出电压作为转速指令来控制主轴的转速。S 功能主要完成对主轴转速的控制，常用 S1 位代码形式、S2 位代码形式和 S4 位代码形式进行编程。三种形式的代码编程，指 S 代码后分别跟随 1 位、2 位和 4 位十进制数字来指定主轴转速，其中 S1 位代码编程属于有级变速，S2 位代码编程和 S4 位代码编程属于无级变速。

图 4-18 所示为 S2 位代码在 PLC 中的处理框图。图中处理 S 代码和数据转换，实际上就是针对 S2 位代码表查出主轴转速的大小，然后将其转换成二进制数，并经上、下限幅处理后，将得到的数字量进行 D/A 转换，输出 0~10V（或 0~5V、-10~10V）的直流控制电压给主轴伺服驱动或主轴变频器，从而保证主轴按要求的速度旋转。

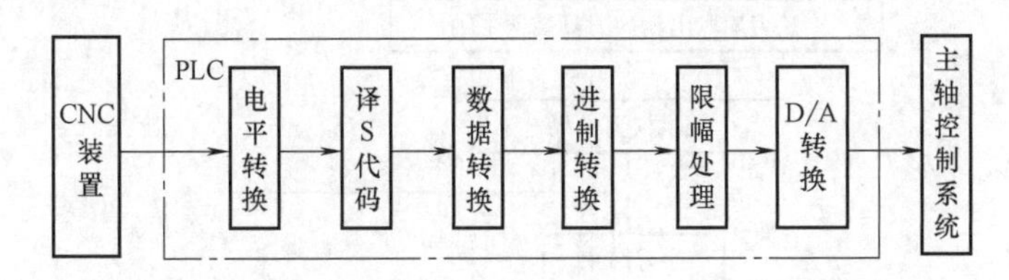

图 4-18　S2 位代码在 PLC 中的处理框图

目前，大多数主轴无级变速的数控系统采用 S4 位代码编程，如 S1500 表示主轴的转速为 1500r/min。可见 S4 位代码表示转速的范围为 0~9999r/min，显然它的处理过程相对于 S2 位代码形式要简单一些，不需要图 4-18 所示的“译 S 代码”和“数据转换”两个环节。S 代码直接由 CNC 装置处理，输出 0~10V（或 0~5V、-10~10V）的直流控制电压给主轴伺服驱动或主轴变频器，控制电动机的转速。

3. T 功能的实现

T 功能即为刀具功能，T 代码后跟随 2~4 位数字表示要求的刀具号和刀具补偿号。T 功能通过 PLC 可管理刀库，进行刀具的自动交换，处理的信息包括刀库选刀方式、刀具累计使用次数、刀具剩余寿命和刀具刃磨次数等。T 功能处理流程如图 4-19 所示。数控加工程序中有关 T 代码的指令经译码处理后，由 CNC 装置系统控制软件将有关信息传送给 PLC，在 PLC 中进一步经过译码，并在刀具数据表内检索，找到 T 代码指定刀号对应的刀具编码（地址）后，与当前使用的刀号相比较，如果二者相同说明 T 代码所指定的刀具就是当前正在使用的刀具，不必进行换刀操作，如果二者不相同，则要求进行更换刀具操作，即首先将主轴上的刀具归还到固定刀座号上，然后回转刀库，直至到达新的刀具位置为止，最后取出所需刀具装在刀架上。

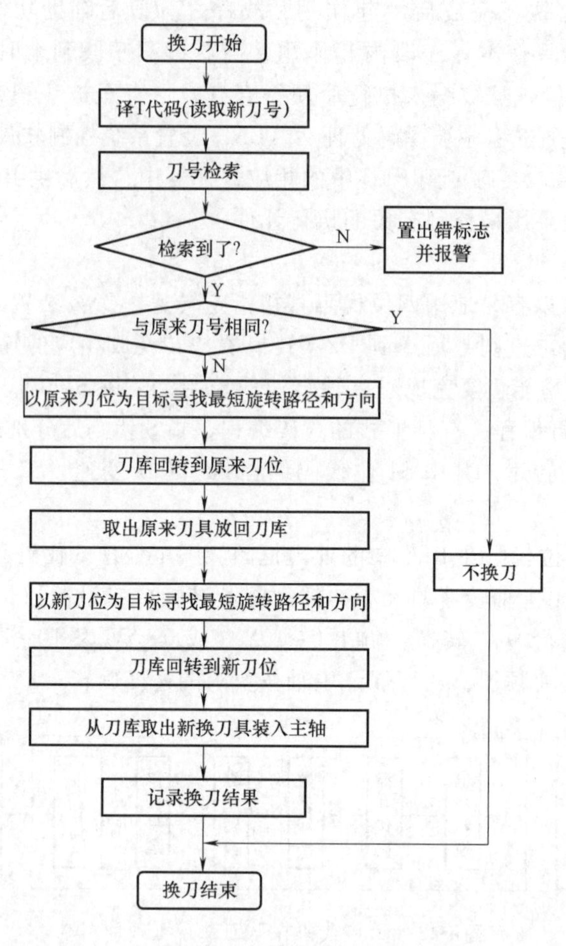

图 4-19　T 功能处理流程

第三节　CNC 装置软件结构

CNC 装置的软件是为完成 CNC 数控机床的各项功能而专门设计和编制的，是一种专用软件，其结构取决于软件的分工，也取决于软件本身的工作特点。软件功能是 CNC 装置的功能体现。一些厂商生产的 CNC 装置，硬件设计好后基本不变，而软件功能不断升级，以满足制造业的发展要求。

一、CNC 装置软硬件的分工

CNC 装置由软件和硬件组成，硬件是软件运行的基础。在 CNC 装置中，一些由硬件完成的工作可由软件完成，而一些由软件完成的工作也可由硬件完成。但是软件和硬件各有不同的特点，硬件处理速度快，但造价高，软件设计灵活，适应性强，但处理速度较慢。因此在 CNG 装置中，软件和硬件的分工由性能价格比决定。

现代 CNC 装置中，软件和硬件的分工是不固定的，图 4-20 所示为三种典型 CNC 装置的软硬件分工。

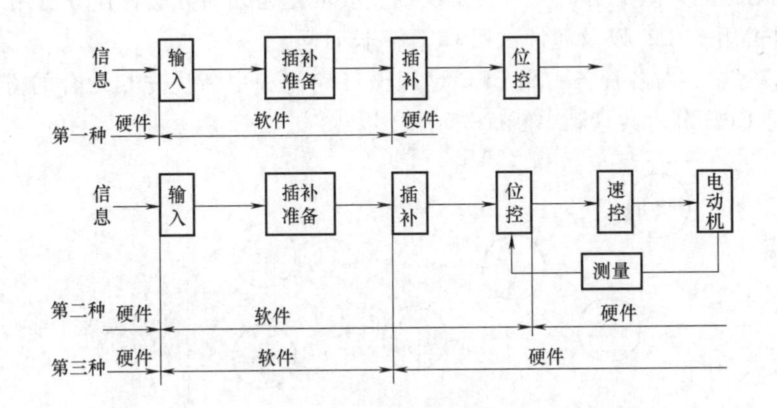

图 4-20 三种典型 CNC 装置的软硬件分工

二、CNC 装置软件结构的特点

CNC 装置系统是一个专用的实时多任务计算机控制系统，它的控制软件也采用了计算机软件技术中的许多先进技术。其中多任务并行处理和多重实时中断两项技术的运用是 CNC 装置软件结构的特点。

1. 多任务并行处理

（1）CNC 装置的多任务性 如前所述，CNC 装置系统软件分为管理软件和控制软件两部分（图 4-3）。数控加工时，控制软件与管理软件经常同时运行，如插补时同时在屏幕上显示坐标位置。此外，为了保证加工过程的连续性，即刀具在各程序段不停刀，译码、刀具补偿和速度控制模块必须与插补模块同时进行，而插补又必须与位置控制同时进行。图 4-21 所示为软件任务的并行处理关系，其中双向箭头表示两个模块之间有并行处理关系。

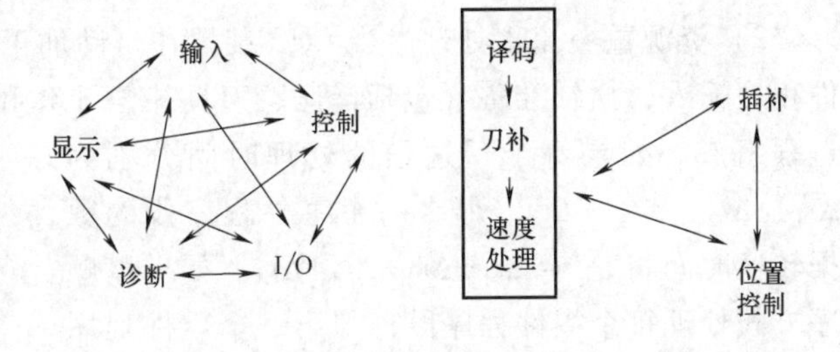

图 4-21 软件任务的并行处理关系

（2）并行处理 并行处理是计算机在同一时刻或同一时间间隔内完成两种或两种以上的工作。运用并行处理技术可以提高运算速度。

并行处理的方法有资源共享、资源重复和资源重叠。

资源共享是根据“分时共享”的原则，使多个用户按时间顺序使用同一套设备。资源重复是通过增加资源（如多 CPU）提高运算速度。资源重叠是根据流水线处理技术，使多个处理过程在时间上相互错开，轮流使用同一套设备的几个部分。

CNC 装置的硬件设计普遍采用资源重复的并行处理方法，而 CNC 装置的软件设计则常采用资源共享和资源重叠的流水线处理技术。

1）资源共享并行处理。在单 CPU 的 CNC 装置中，主要采用 CPU 分时共享的原则来解决多任务的同时运行。资源分时共享要解决的主要问题是如何分配各任务占用 CPU 的时间，即各任务何时占用 CPU，以及允许占用 CPU 多长时间。

在 CNC 装置中，对各任务占用 CPU 是用循环轮流和中断优先相结合的方法来解决的。图 4-22 所示是 CPU 分时共享和中断优先示意图。

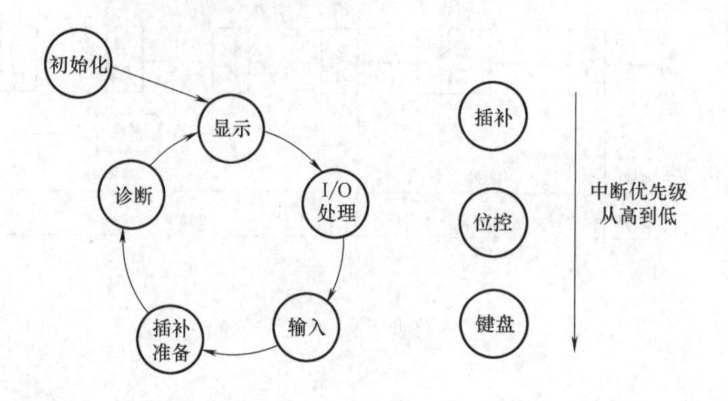

图 4-22 CPU 分时共享和中断优先示意图

系统在完成初始化以后自动进入时间分配中，在环中依次轮流处理各任务。而对于系统中一些实时性很强的任务则按优先级排队，分别放在不同中断优先级上作为环外任务，环外的任务可以随时中断环内各任务的执行。每个任务允许占用 CPU 的时间是受限制的，对于某些占用 CPU 时间比较多的任务（如插补准备），通常的处理方法是在其中的某些地方设置断点，当程序执行到断点处时，自动让出 CPU，等到下一个运行时间里自动跳到断点处继续执行。

2）资源重叠流水处理。当 CNC 装置在自动加工工作方式时，其数据的转换过程将由零件程序输入，插补准备（包括译码、刀具补偿计算和速度处理等）、插补、位置控制四个子过程组成。如果每个子过程的处理时间分别为 Δt_1、Δt_2、Δt_3、Δt_4，那么一个零件程序段的数据转换时间将是 $t=\Delta t_1+\Delta t_2+\Delta t_3+\Delta t_4$。如果以顺序方式处理每个零件程序段，即第一个零件程序段处理完以后再处理第二个程序段，以此类推。图 4-23a 所示为顺序处理时的时间空间关系。从图中可以看出，这种顺序方式处理的结果将导致在两个程序段的输出之间产生时间间隔。这种时间间隔反映在电动机上就是电动机的时转时停，反映在刀具上就是刀具的时走时停，这种情况在加工工艺上是绝对不允许的。

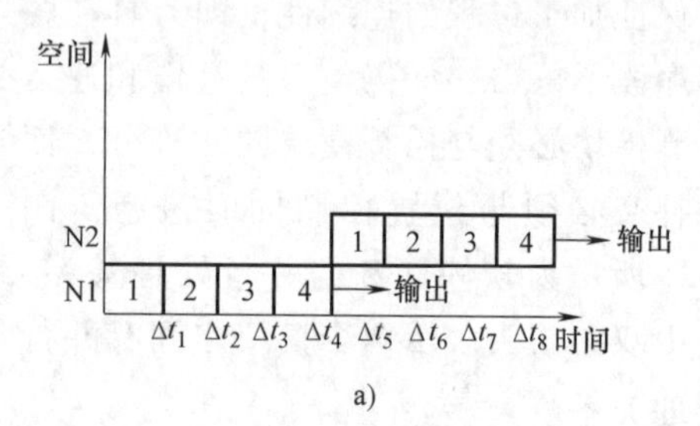

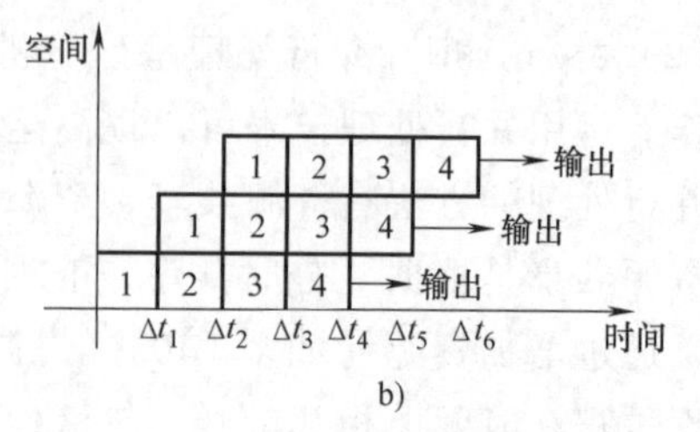

图 4-23 资源重叠流水处理
a）顺序处理 b）流水处理

消除这种间隔的方法是使用流水处理技术。采用流水处理后的时间空间关系如图 4-23b 所示。

流水处理的关键是时间重叠，即在一段时间间隔内不是处理一个子程序，而是处理两个或更多的子程序。从图 4-23b 可以看出，经过流水处理后从时间 Δt_4 开始，每个程序段的输出之间不再有间隔，从而保证了电动机转动和刀具移动的连续性。流水处理要求每个处理子程序的运算时间相等，而实际上 CNC 装置中每个子程序所需处理的时间都是不同的，解决的办法是取最长的子程序处理时间为流水处理时间间隔。这样在处理时间较短的子程序时，当处理完成之后就进入等待状态。

在单 CPU 的 CNC 装置中，从宏观上看流水处理的时间是重叠的，即在一段时间内，CPU 处理多个子程序。而实际上，各子程序是分时占用 CPU 的时间。

（3）并行处理中的信息交换和同步　在 CNC 装置中信息交换主要通过各种缓冲存储区来实现。图 4-24 所示为在自动加工方式中，CNC 装置通过缓冲区交换信息的情况。

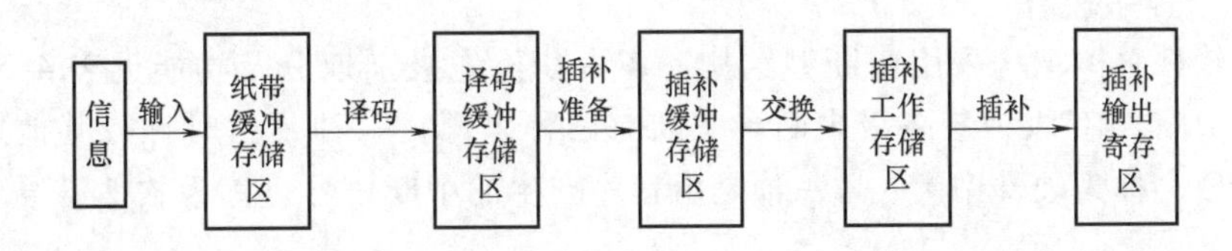

图 4-24　CNC 装置通过缓冲区交换信息的情况

图 4-24 中零件程序通过输入程序的处理先存入纸带缓冲存储区，这是一个有 128 字节的循环队列。插补准备程序先从纸带缓冲区中把一个程序段的数据读入译码缓冲存储区，然后对其进行译码、刀具补偿计算和速度处理，并将结果放在插补缓冲存储区，插补程序每次初始执行一个程序段的插补运算时，把插补缓冲存储区的内容读入插补工作存储区，然后用插补工作存储区中的数据进行插补计算，并将结果送到插补输出寄存区。

2. 实时中断处理

CNC 装置软件结构的另一个特点是实时中断处理。CNC 装置的多任务性和实时性决定了中断成为整个装置必不可少的组成部分。CNC 装置的中断管理主要靠硬件完成，而其中中断结构决定了 CNC 装置软件的结构。

（1）CNC 装置的中断类型

1）外部中断。主要有外部监控中断（如紧急停止等）和键盘和操作面板输入中断。外部监控中断的实时性要求很高，通常将它们放在较高的优先级上，而键盘和操作面板输入中断则放在较低的中断优先级上。

2）内部定时中断。包括插补周期定时中断和位置采样定时中断。在有些系统中，这两种定时中断合二为一。但在处理时，总是先处理位置控制，然后处理插补运算。

3）硬件故障中断。它是 CNC 装置各种硬件故障检测装置发出的中断，如存储器出错、定时器出错、插补计算超时等。

4）程序性中断。它是程序中出现的各种异常情况的报警中断，如各种溢出、除零等。

（2）CNC 装置中断结构模式

1）中断型结构模式。这种模式的特点是除了初始化程序之外，整个系统软件的各种任务模块分别安排在不同级别的中断服务程序中，整个软件就是一个大的中断系统。其管理的功能主要通过各级中断服务程序之间的相互通信来解决。

2）前后台型结构模式。这种模型的特点是前台程序是一个中断服务程序，完成全部实时功能（如插补和位置控制）。后台程序（背景程序）是一个循环程序，它包括管理软件和插补准备程序。后台程序运行时实时中断程序不断插入，与后台程序相互配合，共同完成零件加工任务。图4-25是这种结构的前后台程序关系图。

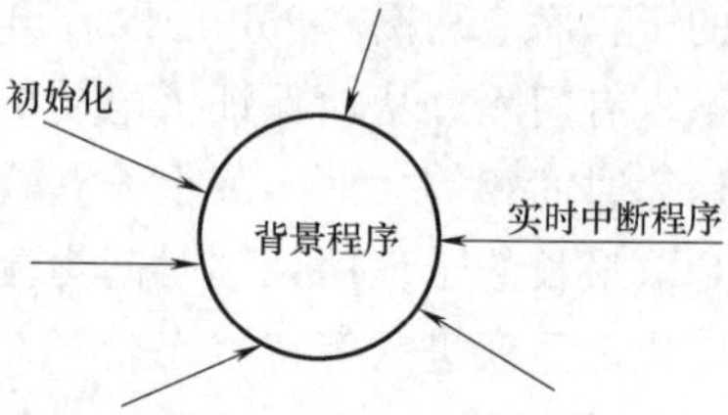

图4-25　前后台程序关系图

三、典型CNC装置软件结构

下面介绍一种单CPU的CNC装置软件结构，该系统采用8086CPU，软硬件分工如图4-20第三种。

1. 软件总体结构

本系统软件总体结构采用中断型结构，各中断优先级别划分及功能见表4-2。优先级0级为最低级中断，10级为最高级中断。中断有两种来源，一种是由时钟或其他外设产生的中断请求信号，称为硬件中断；另一种是由程序产生的中断信号，称为软件信号。

表4-2　中断优先级别划分及功能

优先级	主要功能	中断源
0	初始化	开机后进入
1	CRT显示，ROM校验	硬件、主程序
2	工作方式选择、插补准备	16ms软件定时
3	PLC控制	16ms软件定时
4	存储器检查报警	硬件
5	插补运算	8ms软件定时
6	监控和急停信号	2ms软件定时
7	RS-232C口输入中断	硬件随机
8	纸带阅读机	硬件随机
9	报警	串行传送报警
10	非屏蔽中断	非屏蔽中断产生

2. 各种中断的功能

（1）初始化程序（第0级中断）　初始化程序是为整个系统正常工作做准备的。CNC装置通电后即进入初始化，由于此时尚未开中断，故在0级程序运行时是没有其他优先级中断的。初始化程序主要完成下列几项工作：

1）清除RAM工作区。

2）为数控加工工作正常而进行的处理；初始化零件程序存储器并将其中保存的参数、编制数据等传送到RAM区；参数预处理；初始化G代码；置栈指针等。

3）对有关电路初始化设置，如8253可编程计数器/定时器、8259可编程中断控制器、MB8739位置控制芯片。

4）初始化程序执行完后，先开中断然后转入第一级中断。系统自动进入各级中断服务程序的分时处理工作状态。图4-26是0级初始化程序的结构框图。

（2）第1级中断　第1级中断是系统的主控制程序，主要完成CRT显示控制和ROM奇偶校验。当无其他优先级中断时，第 1 级程序始终循环运行，如图 4-27 所示。

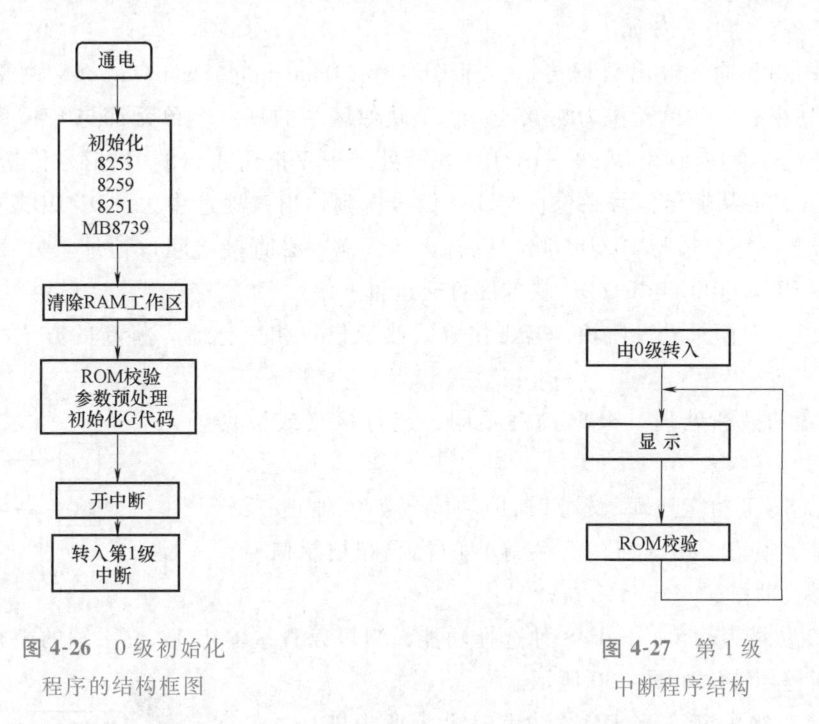

图 4-26　0 级初始化程序的结构框图

图 4-27　第 1 级中断程序结构

(3) 第 2 级中断　该级中断主要是为插补的正常进行做准备工作，例如输入数据的译码、刀具补偿计算和速度处理计算等。它根据系统的工作方式进行任务的调度，工作方式如下：

1）自动方式。系统在这种工作方式下可以连续控制刀具进行零件轮廓加工。在该方式下要进行译码、刀具计算和速度处理计算。

2）手动数据输入方式（MDI）。在该种方式下，可以手动输入各种参数和偏移的数据，也可以手动输入零件程序的一个程序段，并对它单段执行。

3）手动连续进给方式（JOG）或手轮方式。转动手轮或按住进给键控制坐标轴连续移动。

4）步进增量方式（STEP）。在以步进增量方式运行时，坐标轴以所选择的步进增量行驶，增量有 0.001、0.01、0.1、1、10、100、1000。

5）编辑方式（EDIT）。CNC 装置在编辑方式下可输入、删除和修改零件程序，还可以启动阅读机或穿孔机输入或输出零件程序。

图 4-28 所示是第 2 级中断程序结构。

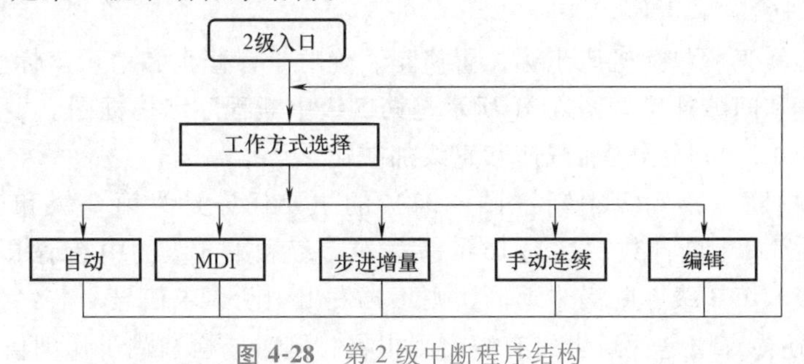

图 4-28　第 2 级中断程序结构

（4）第3级中断　该级中断主要负责CNC装置操作面板、键盘、机床动作的控制，并完成监控任务。主要任务如下：

1）进行串联输入输出数据传送，即DI/DO（Data Input/Data Output）映像处理。CNC装置的RAM中有一些单元作为映像区，这个映像区中的每一个单元都与CNC装置的输入/输出口地址一一对应（图4-29）。DI/DO映像处理程序把输入口的DI信号传送到输入映像区的DI单元，或从输出信号映像区把DO信号送到输出口地址中去。DI/DO处理的好处是各个中断服务程序只需与DI/DO映像区打交道，而不必直接访问口地址。另外，由于该系统具有外装PLC，PLC与DI/DO映像区打交道也方便。

2）监控。对面板进行监控，若工作方式改变位置相应标志，将新的方式存入RAM中相应单元。

3）键盘扫描和处理。根据按键不同，进行检查或数据输入处理。

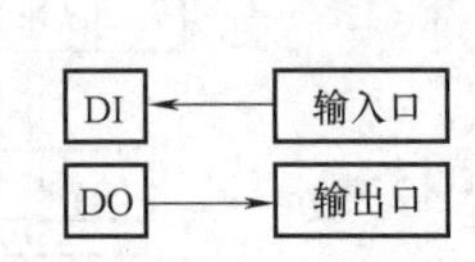

图4-29　DI/DO映像

4）M、S、T功能处理。输出辅助功能（如主轴正/反转、主轴转速控制、换刀、切削液的开关等）的代码和控制信号，去控制机床的有关动作。

5）S12位模拟输出。这是一种选择功能，它可以直接输出12位主轴的模拟电压信号。第3级中断程序结构如图4-30所示。

（5）第4级中断　当DMA结束时进入此中断，用于进行磁泡存储器的读写奇偶校验。读时若有奇偶错则报警，无错位置读出的页指针为读完标志。每读一页，中断一次，写时有错报警，无错结束。

（6）第5级中断　第5级中断是实时控制程序，其中断服务程序每8ms执行一次，由8253定时。主要完成下列工作：

1）位置控制。该系统采用硬件完成位置控制，软件只是配合硬件工作，进行检查、设标志等处理。软件判断坐标轴是否在位，并设相应标志。软件还检查移动误差，控制零点漂移补偿。

2）插补计算。包括直线和圆弧插补、自动定位（包括快速定位、返回基准点定位）、手动定位（包括启动、手动连续进给）和暂停。

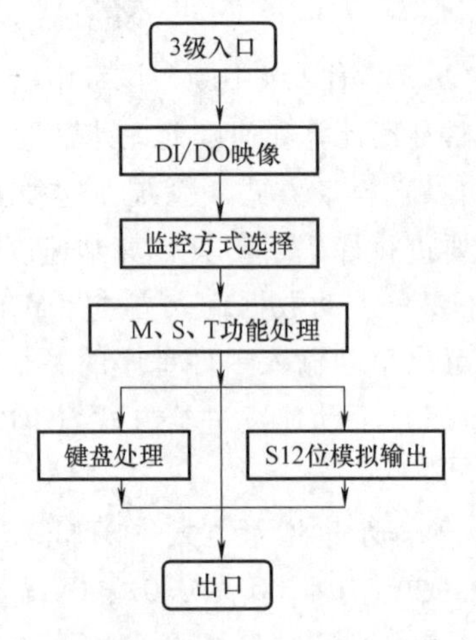

图4-30　第3级中断程序结构

3）坐标位置修正。包括机床坐标位置修正、绝对坐标修正和增量坐标修正。

4）螺距补偿和间隙补偿。图4-31所示是第5级中断程序结构框图。

5）加减速控制。包括指数加减速和直线加减速。

（7）第6级中断　第6级中断（图4-32）的主要任务是为第2级和第3级中断进行16ms中断定时。通过中断计数，计到16ms就置第2级和第3级的中断请求，并使二者相隔8ms。如果第2级和第3级中断尚未返回，则不再发出中断请求信号。

第6级中断还检查栈是否溢出，有溢出则报警，同时，检查跳步切削信号并置标志。

（8）第 7 级中断　第 7 级中断从 RS-232C 接口读入数据存入缓冲存储区。由接收或发送准备信号随机产生中断请求。

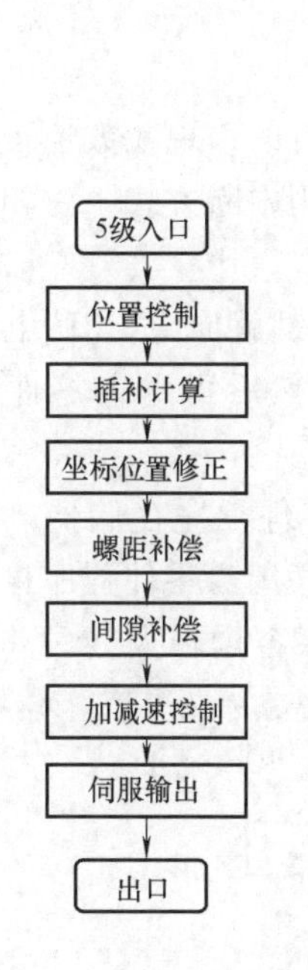

图 4-31　第 5 级中断程序

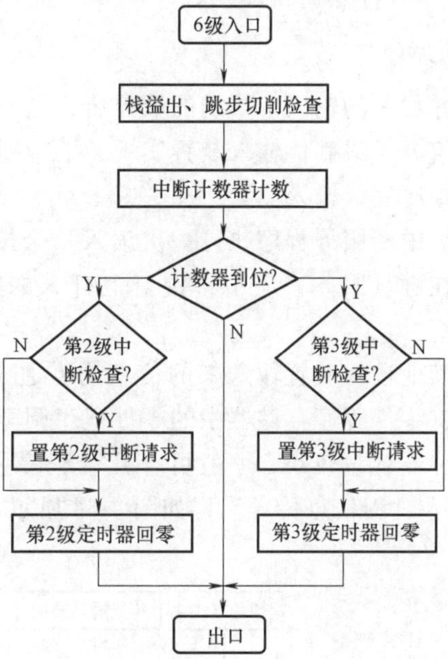

图 4-32　第 6 级中断程序结构

（9）第 8 级中断　第 8 级中断从纸带阅读机读取一个字符（一排孔信号）并在低级中断中对之进行处理。这种处理是对输入代码进行判别并设相应标志。

（10）第 9 级中断　第 9 级中断是串联报警，如果此中断连续产生两次，便置 PLC 报警并停止工作。第 9 级中断程序结构如图 4-33 所示。

（11）第 10 级中断　第 10 级中断是非屏蔽中断，其主要内容如下：

1）RAM 奇偶校验错时，显示奇偶错且动态停止。

2）电源关断时，停止磁泡存储器工作。

3）工程师面板中断时，为它服务。由工程师面板中的 CPU 代替主 CPU，进行系统功能测试。

4）监控定时器中断时，显示监控报警并且动态停止。

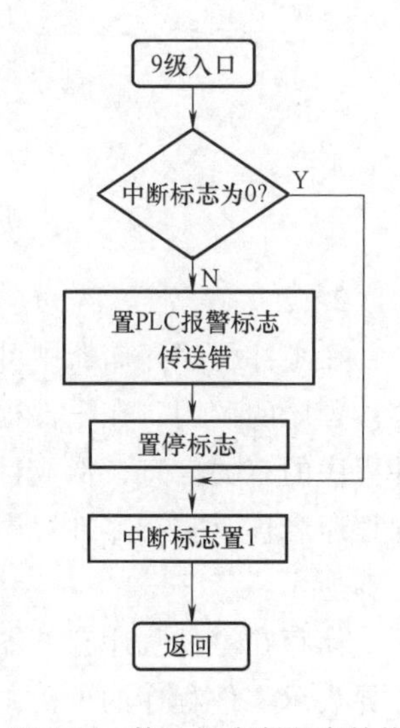

图 4-33　第 9 级中断程序结构

第四节　CNC 装置的数据预处理

CNC 装置控制刀具相对于工件做出符合零件轮廓轨迹的相对运动是通过插补实时控制实现的，而插补所需的信息（如曲线的种类、起点终点坐标、进给速度等）则是通过预处理得到的。预处理包括零件程序的输入、译码、刀具（半径、长度）补偿计算和坐标系转换等。

一、零件程序的输入

1. 概述

零件程序的输入，早期的数控装置是使用纸带阅读机和键盘进行的，现代数控装置则可通过通信方式或其他输入装置实现。纸带阅读机和键盘输入大都采用中断方式，由相应的中断服务程序完成输入。

键盘中断服务程序执行一次读入一个按键的信息，即按下一个键就向主 CPU 申请一次中断。在键盘服务程序中将键盘上打入的字符送入 MDI 缓冲器，然后再送入零件程序存储器。

从其他输入装置输送来的信息均需通过缓冲器后才能被存入零件程序存储器。在译码时，又将零件程序存储器中的零件程序调至缓冲器，供译码处理程序用。零件程序存储器和 MDI 缓冲器容量较小，一般可存几个程序段，零件程序存储器储存容量较大（几 K~几十 K）。输入过程信息传送流程如图 4-34 所示。

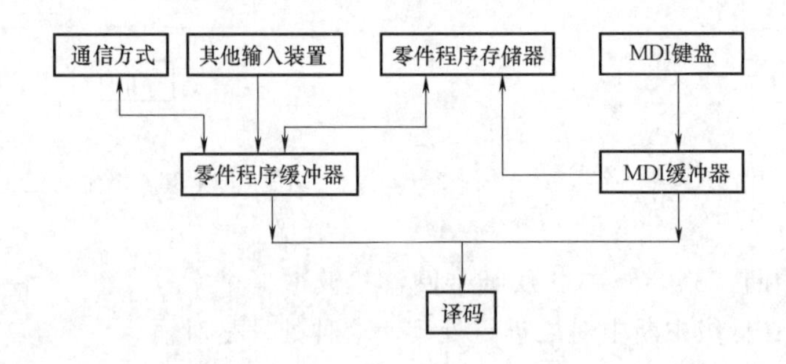

图 4-34　输入过程信息传送流程

2. 数据存放形式

在零件程序存储器中可以储存多个零件程序，零件程序一般是按顺序存放的。为了方便零件程序的调用，在零件程序存储器中还开辟了目录区，在目录中按固定格式存放着相应零件程序的有关信息，形成目录表。目录表的每一项对应于一个零件程序，记录了该零件程序的程序名称及它在零件程序存储器中的首地址和末地址等信息。零件程序存储器的结构如图 4-35 所示。

储存在零件程序存储器内的零件程序通常已不用 ISO 代码或 EIA 代码表示，这两种是在外界表示零件程序的外码。因为 ISO 代码和 EIA 代码的排列规律并不明显，若将其转换为具有一定规律的数控内部代码，则将便于计算机处理。利用表 4-3 可以将两种标准数控代码 ISO 和 EIA 转换为某些数控内部代码。例如将一个零件程序段

N10　G91　G01　X100　Y－50　F150　M03　LF;

转换为数控内部代码，根据表 4-3 就可以得到表 4-4 给出的零件程序存储器中的该程序段转换后的信息。由表 4-3 和表 4-4 可知，使用内部代码后，数字码 0~9 便可直接进行二-十进

制转换，文字码和符号码也有明显的标志，使后续的译码速度加快。

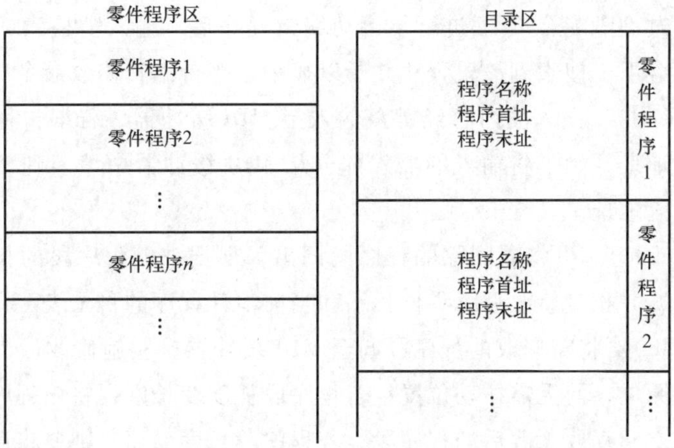

零件程序区
零件程序1
零件程序2
⋮
零件程序n
⋮

目录区
程序名称
程序首址
程序末址
零件程序1
程序名称
程序首址
程序末址
零件程序2
⋮ ⋮

图 4-35 零件程序存储器的结构

表 4-3 常用数控代码及其内部代码

字符	EIA 码	ISO 码	内部代码	字符	EIA 码	ISO 码	内部代码
0	20H	30H	00H	X	37H	D8H	12H
1	01H	B1H	01H	Y	38H	59H	13H
2	02H	B2H	02H	Z	29H	5AH	14H
3	13H	33H	03H	I	79H	C9H	15H
4	04H	B4H	04H	J	51H	CAH	16H
5	15H	35H	05H	K	52H	4BH	17H
6	16H	36H	06H	F	76H	C6H	18H
7	07H	B7H	07H	M	54H	4DH	19H
8	08H	B8H	08H	CR/LF	80H	0AH	20H
9	19H	39H	09H	—	40H	2DH	21H
N	45H	4EH	10H	DEL	7FH	FFH	22H
G	67H	47H	11H	%/ER	0BH	A5H	23H

表 4-4 零件程序存储器的信息

存储器地址	内 容	存储器地址	内 容	存储器地址	内 容
8000H	10H	800AH	12H	8013H	01H
8001H	01H	800BH	01H	8014H	05H
8002H	00H	800CH	00H	8015H	00H
8003H	11H	800DH	00H	8016H	19H
8004H	09H	800EH	13H	8017H	00H
8005H	01H	800FH	21H	8018H	03H
8006H	11H	8010H	05H	8019H	20H
8007H	00H	8011H	00H		
8009H	01H	8012H	18H		

3. 零件加工程序的编辑

将零件加工程序输入后，常常需对该程序编辑。编辑工作主要有插入、删除、修改和替换等操作，一般通过键盘配合 CRT 进行。启动编辑程序后，输入需检索的程序段号，编辑程序在光标移动配合下，搜索到该段程序并予以显示，等待编辑修改命令。

（1）插入（Insert） 插入的内容经键盘输入至 MDI 缓冲器，若编辑程序计算出插入内容的长度，从插入地址开始，将输入的插入部分从 MDI 缓冲器中填入到该空白区，并修改后续零件程序的首末地址。

（2）删除（Delete） 可将需删除的程序段调出，根据被删程序段的长度，将后续零件程序区的内容前移，并相应修改后续零件程序和当前零件程序的目录表。

（3）修改（Edit） 将需修改的程序段调至 MDI 缓冲器，实施修改后，若程序段长度没有变化，则仍送回原位，而无需挪动位置；若程序段长度变长则要将该程序段的后续储存后移，以便有足够的空间存放修改后的程序段；若程序段长度变短，则要将该程序段的后续储存前移，以便节省储存空间。

（4）替换（Replace） 如果欲用新的程序段替换旧的程序段，则要将需替换的程序段调出至 MDI 缓冲器，输入新的内容，计算出新旧内容的长度，若两者一致则无需特别处理，只要将替换后内容存入零件储存区即可；若新内容长度大于旧内容长度，则将零件储存区中后续内容后移。反之，若新内容长度小于旧内容长度，则需将零件储存区的后续内容前移。并且对目录表中的程序首末地址也予以修改。

由上述编辑操作可知，编辑时经常要进行大量的内存内容移动，若内存的零件程序储存不算多，这一过程尚可实施。若一个零件程序中有多处需编辑时，需反复大幅度移动内存内容，从而使处理时间加长，因而可采用数据结构中的链表存储方式。零件程序存储区被分成各个固定长度的区域，并按区域分配给各个零件程序，因此零件程序存储在一个个分离的区域中，并建立相应的文件定位表，用指针链将零件程序的各个区域标记出来，形成链表结构。采用这种结构，在编辑时无需大块移动内存，响应快且操作简单，但文件管理系统复杂，在编译时定位操作不易。

另一种方法是采用顺序存储方式，这种方法是在编辑时将需编辑的零件程序调至一个空白存储区，然后在空区域上编辑，计算出编辑好的零件程序的长度，将后续程序相应前移或后移，并修改目录表中的首末地址，这样避免了多次反复的大块存储内容移动，减少处理时间。目前基于 PC 总线的工控机作为数控系统的应用已经很普遍，为零件程序的编辑提供了很好的物理环境和软件支撑环境。

二、译码

译码程序又称翻译程序，它把零件程序段的各种工件轮廓信息（如起点、终点、直线或圆弧等）、加工速度 F 和其他辅助信息（M、S、T）按一定规律翻译成计算机系统能识别的数据形式，并按系统规定的格式放在译码结果缓冲器中。在译码过程中，还要完成对程序段的语法检查，若发现语法错误立即报警。

译码有解释和编译两种方法。解释方法是将输入程序整改成某种形式，在执行时由计算机顺序取出进行分析、判断和处理，即一边解释一边执行。编译方法是将输入程序作为源程序，对它进行编译，形成由机器指令组成的目的程序，然后计算机执行这个目的程序。由于数控代码比较简单，零件程序不复杂，解释执行并不慢，同时解释程序占内存少，操作简单，故多数 CNC 控制软件采用解释方法。译码工作主要有代码识别和各功能码的译码。

1. 代码识别

在 CNC 系统中，代码识别由软件完成。译码程序从零件缓冲器中逐个输入字符代码，将其与相应数字做比较，若相等就说明输入了该字符。因此这是一种串行工作方式，即比较时要一个个地进行，直到相等为止，速度较慢。但译码可以在插补空闲时间完成，不占用实时工作时间，因此采用软件译码是能满足要求的。由表 4-3 可知，常用数控代码中除数字码和几个符号外，表示各种控制机能的文字码的使用频率最多的也在 10 个左右。在比较时可以将每个字符与各文字码和符号逐个比较，相符后就设立相应标志，并转相应处理子程序。对于数字码来说，其识别较简单，因为在内部代码中已用二-十进制的 0~9 表示出来了，只要进行二-十进制的运算。图 4-36 所示为代码识别原理。

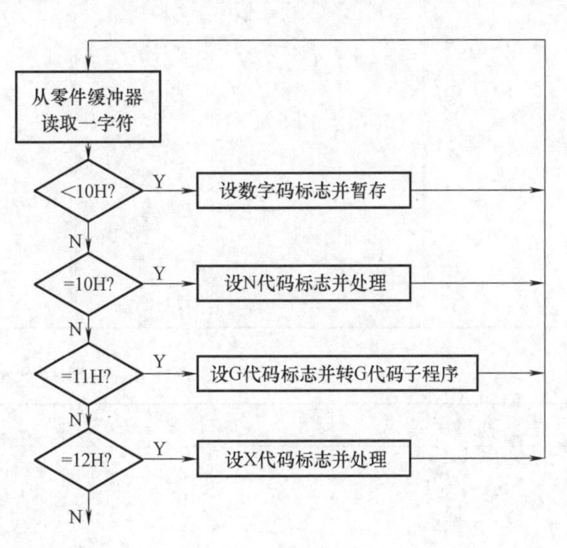

图 4-36　代码识别原理

2. 各功能码的译码

经代码识别设立了各功能码的标志后，就可以分别对各功能码进行处理了。

对于不同的 CNC 系统来说，编程格式有不同的规定，所以可以将译码结果缓冲器的格式与零件程序段格式相对应，见表 4-5。对于位字长的计算机来说，一般的功能地址码只要一个就够了。对于坐标值等以二进制数存放数据的功能字，需准备三个单元。表 4-5 中的 MA~MC，GA~GG 是考虑到了 CNC 系统允许一个程序段中同时出现不止一个准备功能（G 代码）和辅助功能（M 代码）而设置的。在此没有必要为每一种 G 代码或 M 代码准备一个单元，因为某些 G 代码或 M 代码是不允许同时出现在一个程序段中的，即是互相排斥的。如 G00、G01、G02、G03 和 G33 是不可能在一个程序段中出现的，否则编程将出错。如果将 G 代码（M 代码）整理分组，把不能同时出现在一个程序段的 G 代码（M 代码）归为一组，就可以缩小缓冲器容量，还能查出编程错误。常用 G 代码的分组见表 4-6。对于 M 代码来说，这里允许同一个程序段中出现三组 M 代码，因此分为三组 MA、MB 和 MC，MA 对应于 M00、M01 和 M02；MB 对应于 M03、M04 和 M05；MC 对应于 M06。

各个功能码的处理方式是不尽相同的。由表 4-5 可知，除 G 代码和 M 代码需分组外，其余功能码均只有一项，其地址在内存中是指定的，因此译码程序根据代码识别设置的各功能码的标志确定存放其相应数码的地址，以便送入数据。对于数字的处理，也需要判别功能码标志，不同的功能码，其后面的数字位数和存放形式也有区别。有的需要转换成二进制，有的则以二-十进制（BCD）形式存放。每个功能码后的数字位数均有规定，如N后可接4位数字，坐标值（x、y、z等）后接7位数等。在系统ROM中有一个格式字表，表中每一个字符均有相应的地址偏移量和数据位数等。处理时可根据功能码格式字中的标志决定是否需要将这些数字送入上一个功能码指定的地址单元中去。

表4-5　译码结果缓冲器格式

地址码	字节数	数据存放格式	地址码	字节数	数据存放格式
N	2	二-十进制	MA	1	特征字
X	3	二进制	MB	1	特征字
Y	3	二进制	MC	1	特征字
Z	3	二进制	GA	1	特征字
I	3	二进制	GB	1	特征字
J	3	二进制	GC	1	特征字
K	3	二进制	GD	1	特征字
F	2	二进制	GE	1	特征字
S	2	二进制	GF	1	特征字
T	2	二-十进制	GG	1	特征字

表4-6　常用G代码的分组

组　号	G代码	功　　能
GA	G00	点位进给（快速进给）
	G01	直线插补（切削进给）
	G02	顺时针圆弧插补
	G03	逆时针圆弧插补
	G33	螺纹切削
GB	C04	暂停
GC	G28	自动返回参考点
	G29	自动离开参考点
GD	G40	取消刀具补偿
	G41	刀具半径补偿（左刀补）
	G42	刀具半径补偿（右刀补）
GE	G80	取消固定循环
	G81～G89	固定循环
GF	G90	绝对坐标输入
	G91	增量坐标输入
GG	G92	工作坐标系设定

对于分组的G代码和M代码，则在译码结果缓冲器中以特征字形式表示。识别出功能码G(M)后，尚不能分组，需根据后续的二位数字组合来判别。

由于译码结果缓冲器中各单元的地址是固定的，是根据各功能字所在地址才置数据，因此在编程时允许可变地址字格式。图4-37所示为对程序段的译码过程。为了直观起见，图中零件程序段的数据采用十进制表示，而没有以内部代码表示。

图 4-38 所示为译码程序框图，下面以图 4-37 所示的零件程序段为例说明该译码程序的工作原理。

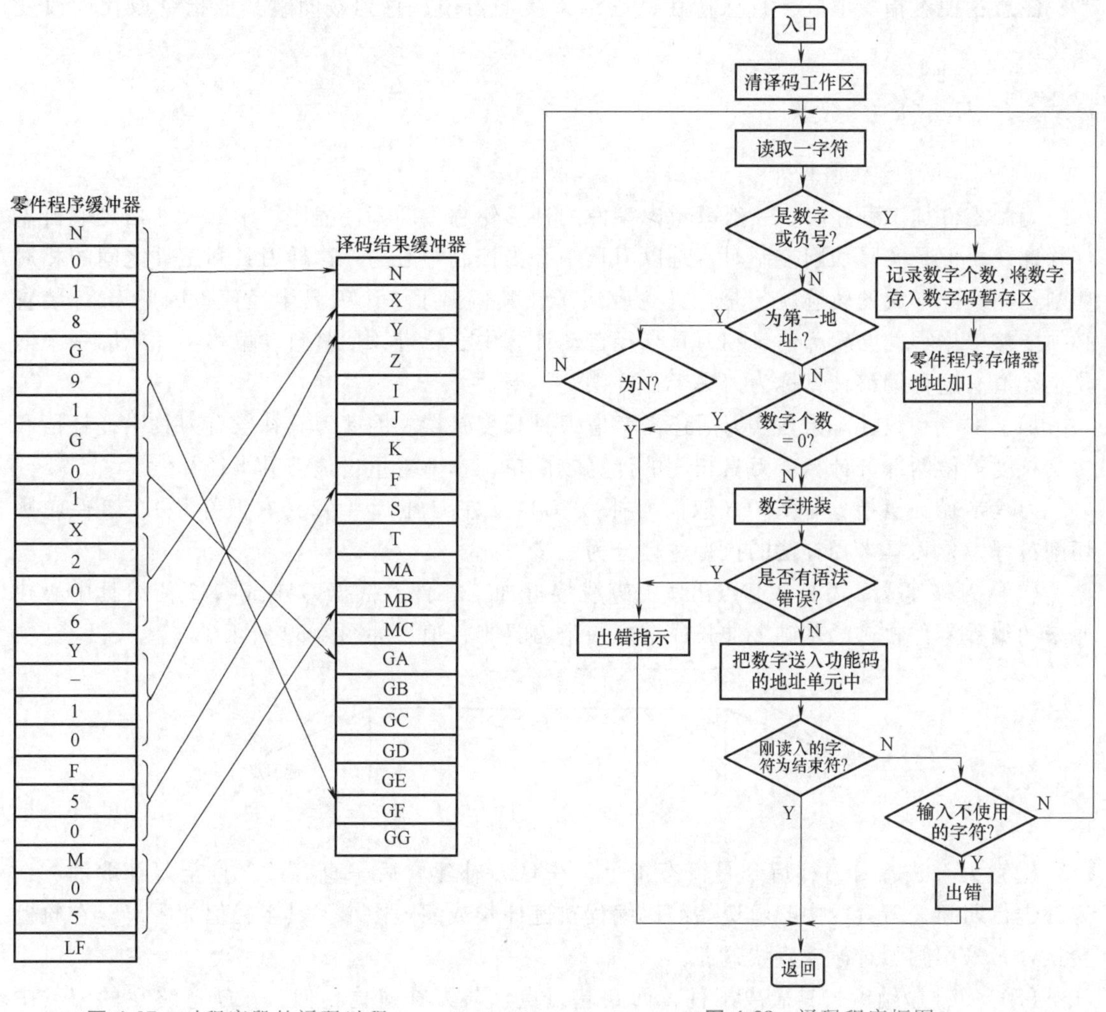

图 4-37　对程序段的译码过程

图 4-38　译码程序框图

首先取出一个字符，判断出是该程序段的第一个地址 N，设标志后继续取字符，这次是数字 0，进入数字拼装处理，由于 N 后面可能有的数字位数是 3 位，将 018 拼装后，首先检查是否有错，再将数据暂存在数据暂存器中。再取一个字符，是功能码 G，此时需先对上一个地址 N 进行语法检查，如检查输入数码个数是否大于允许值，不允许带负号的功能是否带了负号等。若正确则将译码结果缓冲器中的对应地址单元的地址偏移量，再加上缓冲器首址就得到相应的地址，将数据输入进去。若功能码后的数据位数等于 0 则发出出错报警；若输入了系统不使用的字符也应发出报警。这些均属于诊断程序，已渗透于译码程序中。接下去再取二次，是 G 后面的二位数字（91），判断出是 GF 组。再读入下一个字符及其后的数字（01），将 G01 的特征字装入 GA 组的对应地址单元中。若输入到坐标值 Y，则需把上一地址 X 后面的已转换成二进制补码的坐标值送入 X 的对应缓冲单元中。等读入到程序段结束符 LF 后，就把 M 的特征字送入 MB 的对应缓冲单元中，再进行结束处理，返回主程序。

经过译码程序处理后，一个程序段中的所有功能码连同它们后面的数字码存入相应的译码结果缓冲器中，得到图 4-38 所示的右侧的结果。

注意：模态指令值应一直保持在译码结果缓冲器中，直到被同组其他指令取代而改变为止。

三、刀具补偿原理

1. 刀具补偿的基本原理

编制零件加工程序时，一般只考虑零件的外形轮廓，即零件程序段中的尺寸信息取自零件轮廓线。但是实际切削控制时，是以刀具中心为控制中心的，这样刀具和工件之间的相对切削运动实际形成的轨迹就不是零件轮廓线了，其偏离了一个刀具半径值。因此 CNC 装置必须能够根据零件的轮廓信息和刀具半径自动计算中心轨迹，使其自动偏移零件轮廓一个刀具半径值。这种偏移计算称为刀具半径补偿。

加工中心和数控车床在换刀后还需考虑刀具长度补偿。因此刀具补偿有刀具半径补偿和刀具长度补偿两部分计算。刀具长度的计算较简单，本节着重讨论刀具半径补偿。

刀具半径补偿指令有 G40（取消刀补）、G41（左刀补）、G42（右刀补）。在零件轮廓切削过程中，刀具半径补偿的执行过程分为三步。

（1）刀补建立　刀具从起点出发沿直线接近加工零件，依据 G41 或 G42 使刀具中心在原来的编程零件轨迹的基础上伸长或缩短一个刀具半径值，如图 4-39 所示。

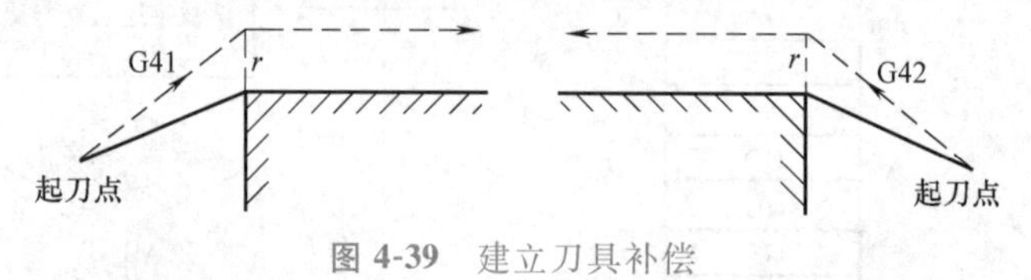

图 4-39　建立刀具补偿

（2）刀补进行　刀补指令是模态指令，一旦刀补建立后一直有效，直至刀补取消。在刀补进行期间，刀具的中心轨迹始终比编程轨迹伸长或缩短一个刀具半径值的距离。在轨迹转接处，采用圆弧过渡或直线过渡。

（3）刀补撤销　刀具撤离工件，回到起刀点。与刀补建立相似，在轨迹终点的刀具中心处开始沿一直线到达起刀点，起刀点与刀具中心重合，刀具被撤销。

刀具半径补偿是在加工平面讨论的，刀具半径值由刀具号 H(D) 指定。

2. B 功能刀具半径补偿计算

B 功能刀具半径补偿计算主要计算直线或圆弧的起点和终点的刀具中心值，以及圆弧刀补后刀具中心轨迹的圆弧半径值。有了这些值就能实施轨迹控制（直线或圆弧插补）。

（1）直线刀具半径补偿计算　如图 4-40 所示，被加工直线 OE 起点在坐标原点，终点 E 的坐标为（x，y）。设刀具半径为 r，刀具偏移后 E 移动到了 E'点，现在要计算的是 E'的坐标（x'，y'）。

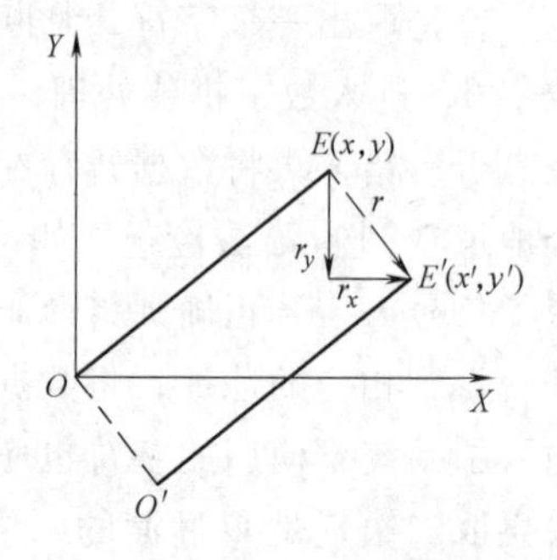

图 4-40　直线刀具半径补偿

刀具半径分量 r_x，r_y 为

$$\begin{cases}r_x=\dfrac{ry}{\sqrt{x^2+y^2}}\\[2ex] r_y=-\dfrac{rx}{\sqrt{x^2+y^2}}\end{cases}\tag{4-1}$$

E'点的坐标为

$$\begin{cases}x'=x+r_x=x+\dfrac{ry}{\sqrt{x^2+y^2}}\\[2ex] y'=y+r_y=y-\dfrac{rx}{\sqrt{x^2+y^2}}\end{cases}\tag{4-2}$$

式（4-2）为直线刀具半径补偿计算公式。

起点 O'的坐标为上一个程序段的终点，求法同 E'。直线刀偏分量 r_x、r_y 的正、负号确定受直线终点(x，y)所在象限以及与刀具半径沿切削方向偏向工件的左侧（G41 指令）还是右侧（G42 指令）的影响。

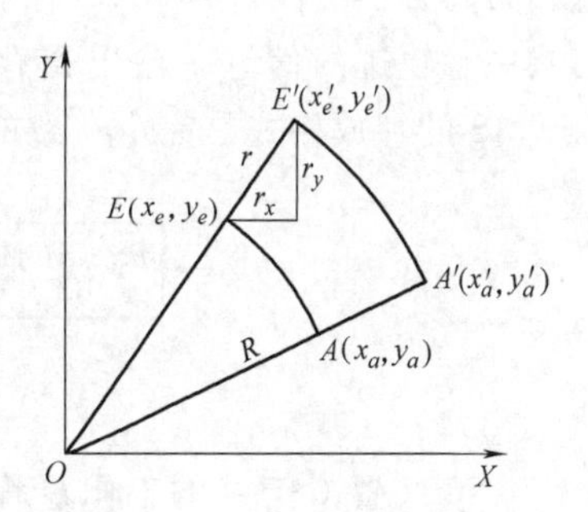

图 4-41　圆弧刀具半径补偿

（2）圆弧刀具半径补偿计算　如图 4-41 所示。被加工圆弧 $\widehat{AE}$，半径为 R，圆心在坐标原点，圆弧起点 A 的坐标为（x_a，y_a）圆弧终点 E 的坐标为（x_e，y_e）。起点 A'为上一个程序段终点的刀具中心点，已求出。现在要计算的是 E'点的坐标（x_e'，y_e'）。

设刀具半径为 r，则 E 点的刀偏分量为

$$\begin{cases}r_x=r\dfrac{x_e}{R}\\[2ex] r_y=r\dfrac{y_e}{R}\end{cases}\tag{4-3}$$

E'点的坐标为

$$\begin{cases}x_e'=x_e+r_x=x_e+r\dfrac{x_e}{R}\\[2ex] y_e'=y_e+r_y=y_e+r\dfrac{y_e}{R}\end{cases}\tag{4-4}$$

式（4-4）为圆弧刀具半径补偿计算公式。圆弧刀具偏移分量的正、负号确定与圆弧的走向（G02/G03）、刀具指令（G41 或 G42）以及圆弧所在的象限有关。

3. C 功能刀具半径补偿计算

（1）C 功能刀具半径补偿的基本思路　B 功能刀具半径补偿不能处理尖角过渡问题。所谓尖角过渡是指上一轮廓的终点刀偏分量与本轮廓的起点刀偏分量不等，如图 4-42 所示。这时编程人员必须事先做出判断，何处为尖角，并在尖角处增加一过渡圆弧$\widehat{B'B''}$（半径为 r）。

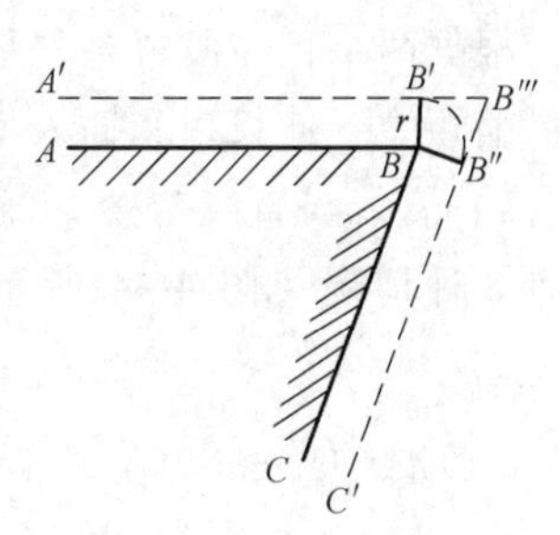

图 4-42　B 刀补的交点及圆弧过渡

C 功能刀补能够处理两个程序段间转换（即尖角过渡）的各种情况。这种刀补不采用圆弧过渡的方法转接轮廓，因为这种过渡在转接点处有停顿。采用直线过渡的刀补方法，如图 4-42 所示，加工 $\overline{AB}$、$\overline{BC}$，相应的刀具中心轨迹为 $\overline{A'B'''}$ 和 $\overline{B'''C'}$，即根据与实际轮廓完全一样的编程轨迹，直接计算出刀具中心轨迹交点的坐标值，然后再对原来的编程轨迹进行伸长或缩短的修正。现代 NC 装置都采用 C 刀补功能。

B 功能刀补采用了读一段，计算一段，再走一段的控制方法，这样预计到由于刀具半径所造成的下一段加工轨迹对本段加工轨迹的影响。C 功能刀补就不同了，它解决了下一段加工轨迹对本段加工轨迹的影响，在计算完本段轨迹后，提前将下一段程序读入，然后根据它们之间转接的具体情况，再对本段的轨迹做适当修改，得到正确的本段加工轨迹。要实现 C 刀补计算，需要四个寄存区，如图 4-43 所示。缓冲寄存区 BS 中存放下一段所要加工的信息，刀具补偿缓冲寄存区 CS 存放本段要加工的信息，工作寄存器 AS 存放经修改后的本段刀具中心轨迹的信息，输出寄存器 OS 的内容来自工作寄存器 AS，与 AS 内容相同。BS、CS、AS 的存放格式是完全一致的。

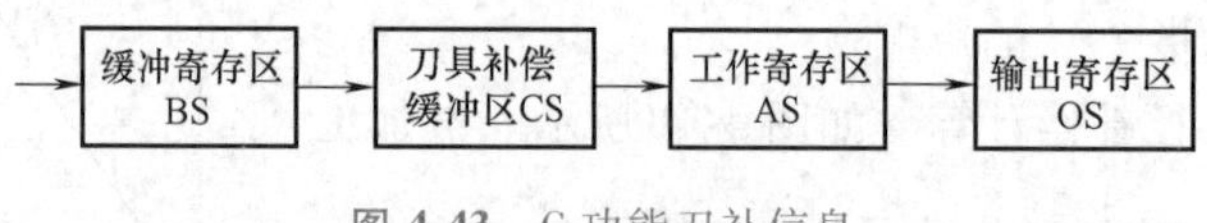

图 4-43　C 功能刀补信息

CNC 装置 C 刀补的工作过程如下：当刀补开始后，首先将第一段程序读入 BS，在 BS 中算得第一段编程轨迹并送到 CS 暂存，然后将第二段轨迹程序读入 BS，算出第二段编程轨迹。接着，对第一、第二两段编程轨迹的连接方式进行判别，根据判别结果，再对 CS 中的第一段编程轨迹做相应的修改。修改结束后，顺序地将修改后的第一段编程轨迹由 CS 送入 AS，第二段编程轨迹由 BS 送入 CS。随后，由 CPU 将 AS 中的内容送到 OS 进行插补运算，运算结果送到伺服装置予以执行。当修正了的第一段编程轨迹开始被执行后，利用插补间隙，CPU 又命令第三段程序读入 BS，随后，又根据 BS、CS 中的第三和第二段编程轨迹的连接方式，对 CS 中的第二段编程轨迹进行修正，依次进行下去，直到最后一段轮廓加工结束。由此可见，CNC 装置在 C 刀补时，总是同时存在三个程序段的信息。

（2）编程轨迹转接类型　CNC 装置通常只有直线和圆弧加工能力，所有编程轨迹一般有以下四种轨迹转接方式：直线与直线转接、圆弧与圆弧转接、直线与圆弧转接、圆弧与直线转接。

根据两个程序段轨迹矢量的夹角 α（锐角和钝角）和刀具补偿的不同，又有以下过渡类型：缩短型、伸长型和插入型。

1）直线与直线转接。直线转接直线时，根据编程指令中的刀补方向 G41/G42 和过程类型有 8 种情况。图 4-44 所示是直线与直线相交进行左刀补的情况。图中的编程轨迹为 $\overline{OA}$-$\overline{AF}$。

① 缩短型转接。在图 4-44a、b 中，$\angle JCK$ 相对于 $\angle OAF$ 来说是内角，AB、AD 为刀具半径。对应于编程轨迹 $\overline{OA}$ 和 $\overline{AF}$，刀具中心轨迹 $\overline{JB}$ 和 $\overline{DK}$ 将在 C 点相交。这样，相对于 $\overline{OA}$ 和 $\overline{AF}$ 来说，缩短了 CB 和 DC 的长度。

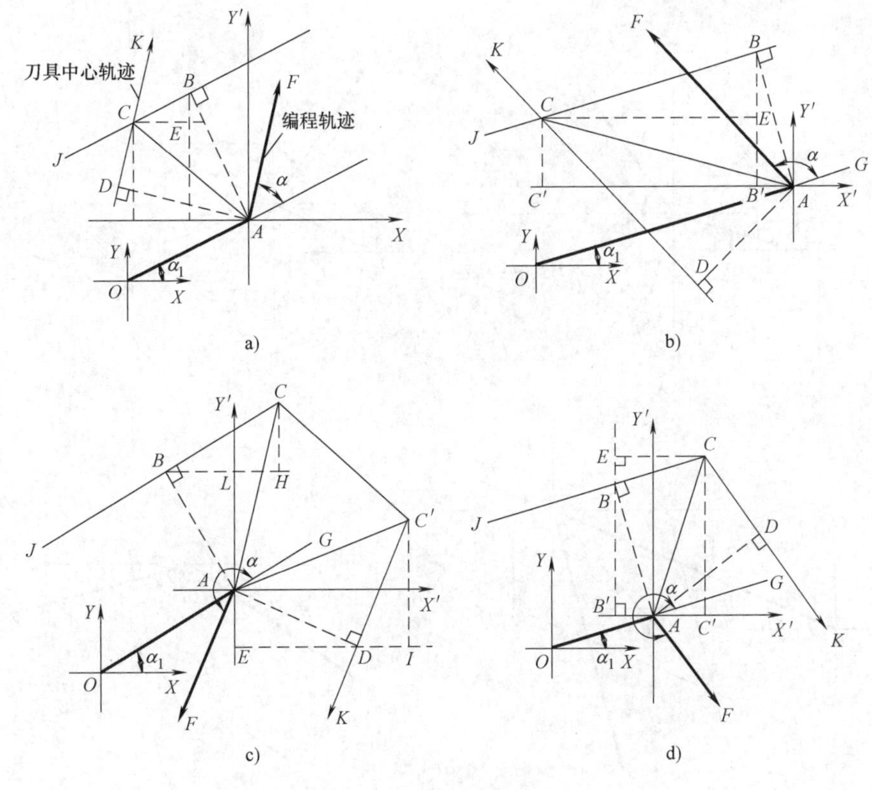

图 4-44　G41 直线与直线转接情况

a)、b）缩短型转接　c）插入型转接　d）伸长型转接

② 伸长型转接。在图 4-44d 中，$\angle JCK$ 相对于 $\angle OAF$ 是外角，C 点处于 $\overline{JB}$ 和 $\overline{DK}$ 的延长线上。

③ 插入型转接。在图 4-44c 中仍需外角过渡，但 $\angle OAF$ 是锐角，若仍采用伸长型转接，则将增加刀具的非切削空行程时间，甚至行程超过工作台加工范围。为此，可以在 $\overline{JB}$ 与 $\overline{DK}$ 之间增加一段过渡圆弧，其计算简单，但会使刀具在转角处停顿，零件加工工艺性差。较好的作法是插入直线，即 C 功能刀补。令 BC 等于 $C'D$ 且等于刀具半径长度 AB 和 AD，同时，在中间插入过渡直线 CC'。也就是说，刀具中心除了沿原来的编程轨迹伸长移动一个刀具半径长度外，还必须增加一个沿直线 CC' 的移动，等于在原来的程序段中间再插入一个程序段。

同理，直线接直线右刀补的情况如图 4-45 所示。

在同一个坐标平面内直线接直线时，当一段编程轨迹的矢量逆时针旋转到第二段编程轨迹的矢量的旋转角在 0°~360°范围变化时，相应刀具中心轨迹的转接将顺序地按上述三种类型（伸长型、缩短型、插入型）的方式进行。

对应于图 4-44 和图 4-45，表 4-7 列出了直线与直线转接时的分类情况。

2）圆弧与圆弧转接。与直线接直线一样，圆弧接圆弧时转接类型的区分也可以通过相接的两圆之起、终点半径矢量的夹角 α 的大小来判别。不过，为了便于分析，往往将圆弧等效于直线处理。

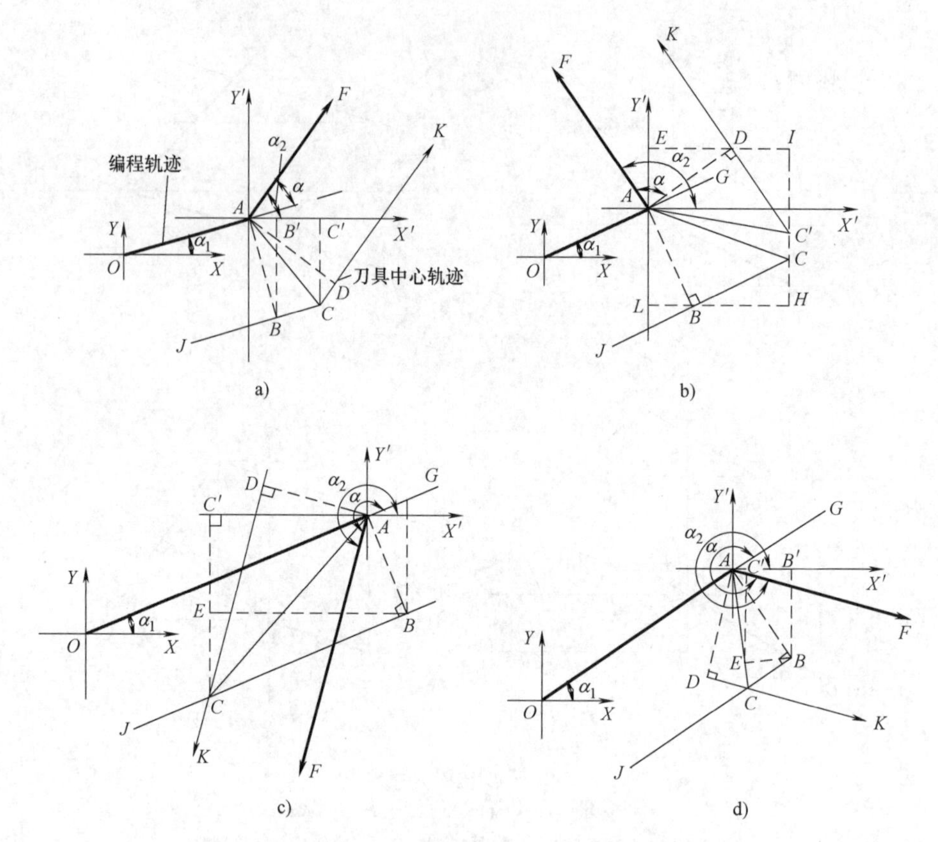

图 4-45 G42 直线与直线转接情况

a）伸长型转接 b）插入型转接 c）、d）缩短型转接

表 4-7 直线与直线转接的分类

刀具补偿方向	sinα	cosα	象 限	转接类型
G41	≥0	≥0	Ⅰ	缩短
	≥0	<0	Ⅱ	
	<0	<0	Ⅲ	插入（Ⅰ）
	<0	≥0	Ⅳ	伸长
G42	≥0	≥0	Ⅰ	伸长
	≥0	<0	Ⅱ	插入（Ⅱ）
	<0	<0	Ⅲ	缩短
	<0	≥0	Ⅳ	

图 4-46 所示是圆弧接圆弧时的左刀补情况。图中，当编程轨迹为 $\widehat{PA}$ 接 $\widehat{AQ}$ 时，$\boldsymbol{O_1A}$ 和 $\boldsymbol{O_2A}$ 分别为终点和起点半径矢量，对于 G41 左刀补，α 角将仍为 $\angle GAF$。以图 4-46a 为例，$\alpha=\angle X_2O_2A-\angle X_1O_1A=\angle X_2O_2A-90°-(\angle X_1O_1A-90°)=\angle GAF$

比较图 4-44 与图 4-46，它们的转接类型分类和判别是完全相同的，即左刀补顺圆接顺圆（G41、G02/G41、G02 时），它的转接类型等效于左刀补直线接直线（G41、G01/G41、G01）。

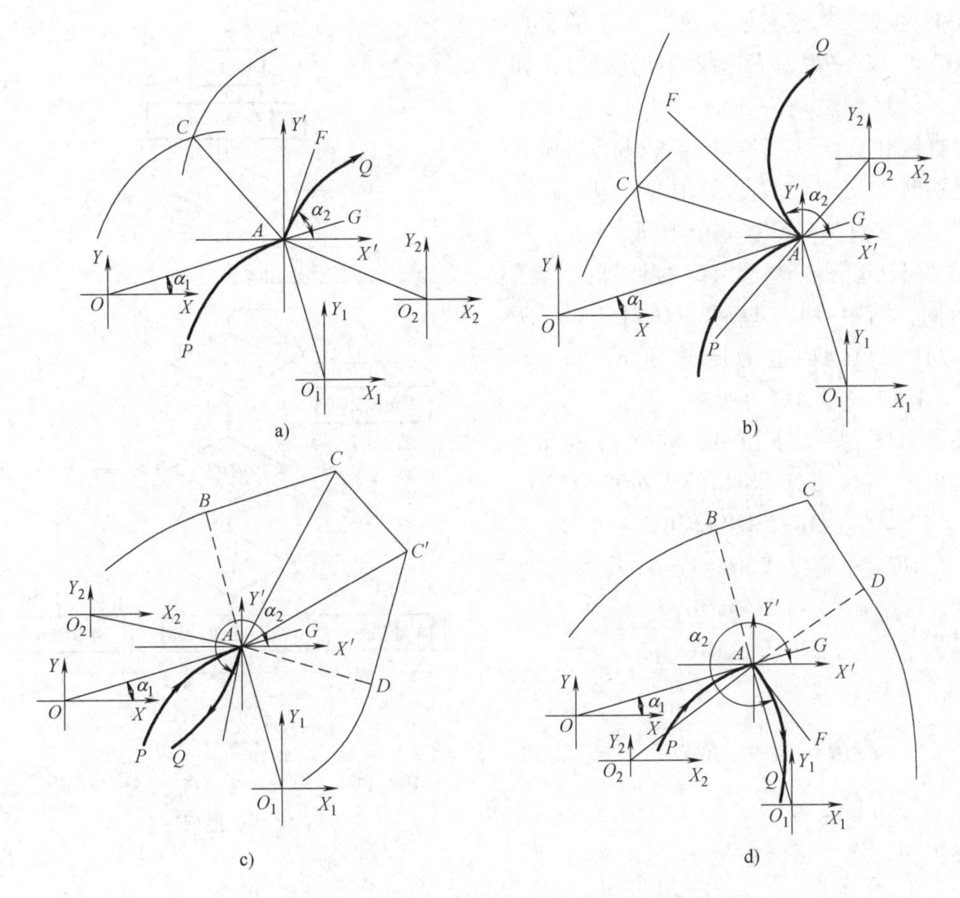

图 4-46　G41 圆弧与圆弧转接情况

a)、b）等效于图 4-44a、b　c）等效于图 4-44c　d）等效于图 4-44d

3）直线与圆弧转接（圆弧与直线转接）。图 4-46 还可看做直线与圆弧的转接，即 G41、G01/G41、G02（$\overline{OA}$ 接 $\widehat{AQ}$）和 G41、G02/G41、G01（$\widehat{PA}$ 接 $\overline{AF}$）。因此，它们的转接类型的判别也等效于直线 G41、G01/G41、G01。

由上述分析可知，根据刀补方向、等效方法以及 α 角的变化这三个条件，就可以区分各种轨迹间的转接类型。

图 4-47 所示是直线接直线时转接分类判别的软件实现框图。

（3）转接矢量的计算　转接矢量分两类，一类是刀具半径矢量，即图 4-44 至图 4-46 中的 $\boldsymbol{AB}$、$\boldsymbol{AD}$；另一种是从直线转接交点指向刀具中心轨迹交点的转接交点矢量 $\boldsymbol{AC}$、$\boldsymbol{AC'}$。

1）刀具半径矢量的计算。以 $\boldsymbol{r}_{\mathbf{D}}$ 表示刀具半径矢量，α_1 表示对应的直线编程矢量与轴的夹角，由图 4-44a 和图 4-45a 可知，若 $\boldsymbol{r}_{\mathbf{D}}=\boldsymbol{AB}$，则 $\alpha_1=\angle XOA$，由图中几何关系可得

$$\text{G41}\begin{cases}\boldsymbol{r}_{\mathbf{DX}}=\boldsymbol{r}_{\mathbf{D}}(-\sin\alpha_1)\\ \boldsymbol{r}_{\mathbf{DY}}=\boldsymbol{r}_{\mathbf{D}}\cos\alpha_1\end{cases}\qquad \text{G42}\begin{cases}\boldsymbol{r}_{\mathbf{DX}}=\boldsymbol{r}_{\mathbf{D}}\sin\alpha_1\\ \boldsymbol{r}_{\mathbf{DY}}=\boldsymbol{r}_{\mathbf{D}}(-\cos\alpha_1)\end{cases}$$

圆弧的起、终点半径矢量可由上式求得，只是事先要按圆弧的刀补方向做适当修正。

2）转接交点矢量的计算。转接类型不同，其转接交点矢量的计算方法也不同。由图 4-44

至图4-46可知，对于伸长型和插入型的交点矢量 $\boldsymbol{AC}$ 和 $\boldsymbol{AC'}$ 来说，无论线型和连接方式如何变化，计算方法是一样的。但对于缩短型来说，直线和直线、直线和圆弧以及圆弧和圆弧连接时的交点位置是变化的，因此，这三种情况的交点矢量计算完全不同。

① 伸长型交点矢量 $\boldsymbol{AC}$ 的计算。以图4-44为例，图中 $\boldsymbol{OA}$、$\boldsymbol{AF}$ 和 $\boldsymbol{AD}$ 均已知，所以 $\angle XOA$、$\angle X'AF$ 也为已知角 α_1 和 α_2，$r_D=AB=AD$，矢量 $\boldsymbol{AC}$ 为所求。

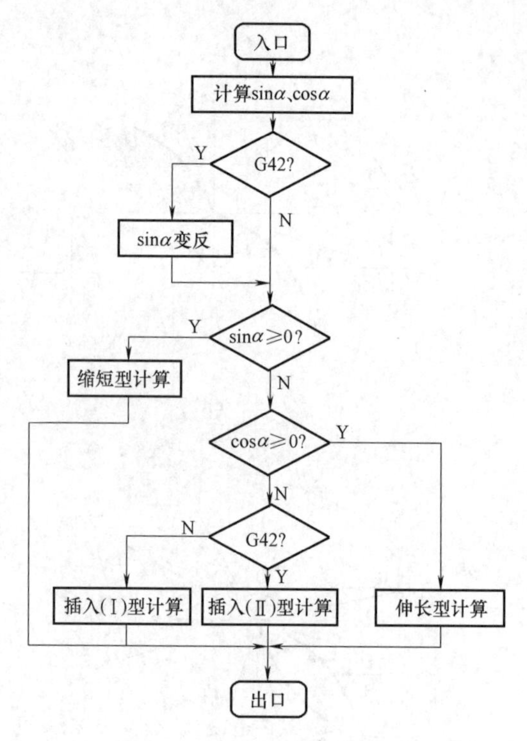

图4-47　直线接直线时转接分类判别的软件实现框图

要求 $\boldsymbol{AC}$，只要求出 $\boldsymbol{AC}$ 的 X 分量和 Y 分量。由图4-44可知，$\boldsymbol{AC}$ 的 X 分量为

$$AC_X=AC'=AB'+B'C'$$

$$AB'=r_D\cos\angle X'AB=r_D\sin\alpha_1$$

$$B'C'=|\boldsymbol{BC}|\cos\alpha_1$$

因为　$\triangle ADC\cong\triangle ABC$

所以　$\angle BAC=\dfrac{1}{2}\angle BAD$

而　$\angle BAD=\angle X'AB-\angle X'AD$

又因为　$\angle X'AB=90°-\alpha_1$

所以　$\angle X'AD=90°-\alpha_2$　　$\angle BAD=\alpha_2-\alpha_1$　　$\angle BAC=\dfrac{1}{2}(\alpha_2-\alpha_1)$

而　$|\boldsymbol{BC}|=r_D\tan\angle BAC=r_D\tan\dfrac{1}{2}(\alpha_2-\alpha_1)$

所以　$B'C'=r_D\tan\dfrac{1}{2}(\alpha_2-\alpha_1)\ \cos\alpha_1$

于是　$AC_X=r_D\sin\alpha_1+r_D\tan\dfrac{1}{2}(\alpha_2-\alpha_1)\cos\alpha_1=r_D\dfrac{\sin\alpha_1+\sin\alpha_2}{1+\cos(\alpha_2-\alpha_1)}$

同理可求得 $\boldsymbol{AC}$ 的 Y 分量为

$$AC_Y=r_D\frac{-\cos\alpha_1-\cos\alpha_2}{1+\cos(\alpha_2-\alpha_1)}$$

$\boldsymbol{AC}$ 求出后，可以很容易得到编程轨迹 $\boldsymbol{OA}$ 和 $\boldsymbol{AF}$ 对应的刀具中心轨迹为 $\boldsymbol{OA}+(\boldsymbol{AC}-\boldsymbol{AB})$ 和 $(\boldsymbol{AD}-\boldsymbol{AC})+\boldsymbol{AF}$。

② 插入型交点矢量 $\boldsymbol{AC}$、$\boldsymbol{AC'}$ 的计算。根据不同的刀补方向指令G41和G42，插入型交点矢量的计算可相应地分为插入（Ⅰ）型和插入（Ⅱ）型两种。

插入（Ⅰ）型计算：

由图4-44c可求得

$$AC_X=r_D\cos\alpha_1+r_D\cos(\alpha_1+90°)=r_D(\cos\alpha_1-\sin\alpha_1)$$

$$AC_Y=r_D\sin\alpha_1+r_D\sin(\alpha_1+90°)=r_D(\sin\alpha_1+\cos\alpha_1)$$
$$AC_X{}'=r_D\cos(\alpha_2+90°)+r_D\cos(\alpha_2+180°)=-r_D(\sin\alpha_2+\cos\alpha_2)$$
$$AC_Y{}'=r_D\sin(\alpha_2+90°)+r_D\sin(\alpha_2+180°)=r_D(\cos\alpha_2-\sin\alpha_2)$$

插入（Ⅱ）型计算：

由图 4-44b 可求得

$$AC_X=r_D\cos\alpha_1+r_D\cos(\alpha_1-90°)=r_D(\cos\alpha_1+\sin\alpha_1)$$
$$AC_Y=r_D\sin\alpha_1+r_D\sin(\alpha_1-90°)=r_D(\sin\alpha_1-\cos\alpha_1)$$
$$AC'_X=r_D\cos(\alpha_2-90°)+r_D\cos(\alpha_2+180°)=r_D(\sin\alpha_2-\cos\alpha_2)$$
$$AC'_Y=r_D\sin(\alpha_2-90°)+r_D\sin(\alpha_2+180°)=r_D(-\cos\alpha_2-\sin\alpha_2)$$

求得 $\boldsymbol{AC}$ 和 $\boldsymbol{AC}'$后，对于编程轨迹 $\boldsymbol{OA}$ 和 $\boldsymbol{AF}$ 来说，对应的刀具中心轨迹为三段：$\boldsymbol{OA}+\boldsymbol{AC}-\boldsymbol{AB}$、$\boldsymbol{AC}'-\boldsymbol{AC}$ 和 $\boldsymbol{AD}-\boldsymbol{AC}'+\boldsymbol{AF}'$

③ 缩短型交点矢量 $\boldsymbol{AC}$ 的计算。直线与直线连接时，缩短型交点矢量 $\boldsymbol{AC}$ 的计算与伸长型交点矢量 $\boldsymbol{AC}$ 的计算方法相同，只是要注意转接矢量的方向，对照图 4-43 和图 4-46 就能判别矢量的方向。

直线与圆弧连接时如图 4-48 所示，直线矢量 $\boldsymbol{FA}$、圆弧起点半径矢量 $\boldsymbol{OA}$ 和刀具矢量 $\boldsymbol{r_D}$ 为已知。从图 4-48 中可看出 $\boldsymbol{AC}=\boldsymbol{OC}-\boldsymbol{OA}$，因此只要求出 $\boldsymbol{OC}$ 就可得到 $\boldsymbol{AC}$。

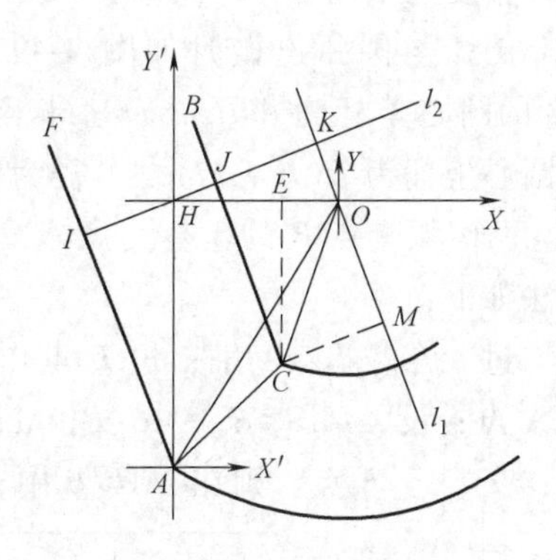

图 4-48　直线与圆弧连接时的缩短型转接

为求得 $\boldsymbol{OC}$，可过 O 点作 $l_1//AF$，$OH=OA_X$，过 H 点作 $l_2\perp AF$，l_2 与 l_1 交于 K 点，交 AF 或其延长线于 I 点，交 CB 于 J 点，CM 为 CB 与 l_1 之间的距离。

由图可知

$$OC_X=|\boldsymbol{OC}|\cos\angle XOC$$
$$\angle XOC=\angle XOM-\angle COM$$
$$\angle XOM=\angle X'AF+180°$$

所以
$$\begin{aligned}OC_X&=|\boldsymbol{OC}|\cos(180°+\angle X'AF-\angle COM)\\&=|\boldsymbol{OC}|[\cos(180°+\angle X'AF)\cos\angle COM+\sin(180°+\angle X'AF)\sin\angle COM]\\&=|\boldsymbol{OC}|[-\cos\angle X'AF\cos\angle COM-\sin\angle X'AF\sin\angle COM]\end{aligned}$$

同理
$$\begin{aligned}OC_Y&=|\boldsymbol{OC}|\sin\angle XOC\\&=|\boldsymbol{OC}|\sin(180°+\angle X'AF-\angle COM)\\&=|\boldsymbol{OC}|[-\sin\angle X'AF\cos\angle COM+\cos\angle X'AF\sin\angle COM]\end{aligned}$$

而
$$\sin\angle COM=|\boldsymbol{CM}|/|\boldsymbol{OC}|$$
$$\cos\angle COM=\frac{\sqrt{|\boldsymbol{OC}|^2-|\boldsymbol{CM}|^2}}{|\boldsymbol{OC}|}$$

上式中
$$|\boldsymbol{OC}|=|\boldsymbol{OA}|-r_D=R-r_D$$（R 为圆弧半径）

$|\boldsymbol{CM}|$值可通过$\triangle OHK$ 与$\triangle AHI$ 求得

$$|\boldsymbol{CM}|=|\boldsymbol{IK}|-|\boldsymbol{IJ}|=|\boldsymbol{OA_X}|\sin\angle HOK+|\boldsymbol{OA_Y}|\cos\angle AHI-r_D$$

因为

$$\angle HOK=180°-\angle X'AF=\angle AHI$$

$$|\boldsymbol{OA_X}|=-OA_X \qquad |\boldsymbol{OA_Y}|=-OA_Y$$

所以

$$|\boldsymbol{CM}|=-OA_X\sin\angle X'AF+OA_Y\cos\angle X'AF-r_D$$

$$OC_X=-\cos\angle X'AF\sqrt{(R-r_D)^2-|\boldsymbol{CM}|^2}-|\boldsymbol{CM}|\sin\angle X'AF$$

于是

$$OC_Y=-\sin\angle X'AF\sqrt{(R-r_D)^2-|\boldsymbol{CM}|^2}+|\boldsymbol{CM}|\cos\angle X'AF$$

根据刀补方向 G41、G42 及圆弧走向 G02、G03 的不同，按上述方法可以得到 8 种不同的计算式。计算式的形式相同，区别在于各项的正负号不同。以上算式计算由软件实现很方便，精度也很高。

圆弧与圆弧连接时如图 4-49 所示，已知圆弧 HP' 的圆心坐标为 $A(I_1, J_1)$ 半径为 R_1；圆弧 $P'I$ 的圆心坐标为 $B(I_2, J_2)$，半径为 R_2；且 $HF=IK=r_D$。两圆弧交点 P' 的坐标为所求。P' 点的坐标求解方法如下：

过 A 点作 $l_1//X$ 轴；过 B 点作 l_1 的垂线，交 l_1 于 N 点；设 $\angle NAB=\beta$，$\angle BAP'=\alpha$，过 P' 点作 $l_2\perp X$ 轴，交 l_1 于 E 点。则在 $\triangle AP'B$ 中，有

$$AB=\sqrt{(I_1-I_2)^2+(J_1-J_2)^2}$$

$$P'A=AH=R_1 \quad P'B=BI=R_2$$

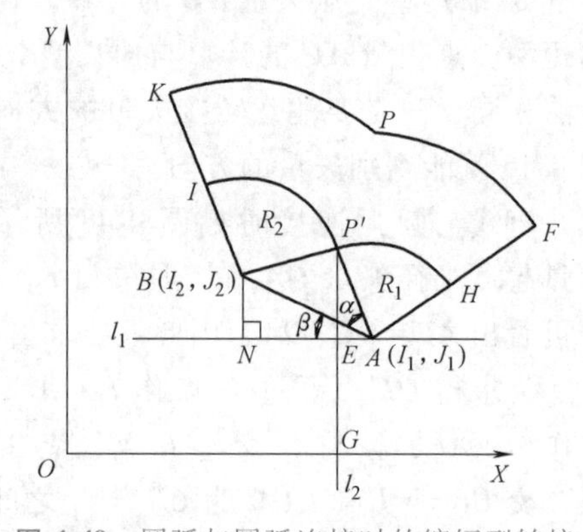

图 4-49 圆弧与圆弧连接时的缩短型转接

由余弦定理得

$$\cos\alpha=\frac{P'A^2+AB^2-P'B^2}{2P'A\cdot AB}$$

则

$$\begin{cases} P'A\cos\alpha=\dfrac{P'A^2+AB^2-P'B^2}{2AB} \\ P'A\sin\alpha=P'A\sqrt{1-\cos^2\alpha} \end{cases}$$

在 $\triangle BAN$ 中有

$$AN=I_1-I_2 \qquad BN=J_2-J_1$$

$$\cos\beta=\frac{AN}{AB} \qquad \sin\beta=\frac{BN}{AB}$$

在 $\triangle AP'E$ 中，有

$$AE=P'A\cos(\alpha+\beta)=P'A\cos\alpha\cos\beta-P'A\sin\alpha\sin\beta$$

$$P'E=P'A\sin(\alpha+\beta)=P'A\sin\alpha\cos\beta+P'A\cos\alpha\sin\beta$$

则可求得 P'点的坐标为

$$X=OG=I_1-AE \qquad Y=P'G=J_1+P'E$$

圆弧与圆弧连接时的缩短型交点矢量的全部计算式也可分为 8 种。

上述缩短型交点矢量的计算是采用平面几何的方法，当然也可用解联立方程组的方法计算，但解联立方程组比较复杂，尤其是出现两个解时，确定唯一解很复杂。

(4) 刀具长度补偿的计算　所谓刀具长度补偿，就是把工件轮廓按刀具长度在坐标轴（车床为 X、Z 轴）上的补偿分量平移。对于每一把刀具来说，其长度是一定的，它们在某种刀具夹座上的安装位置也是一定的。因此在加工前可预先分别测得装在刀架上的刀具长度在 X 和 Z 方向的分量，即 ΔX 刀偏和 ΔZ 刀偏。通过 MDI 将 ΔX 和 ΔZ 输入到 CNC 装置，从 CNC 装置的刀具补偿表中调出刀偏值进行计算。数控车床需对 X 轴、Z 轴进行刀长补偿计算，数控铣床只需对 Z 轴进行刀长补偿计算。

四、实时处理前的其他预计算

实时处理（插补）前除进行译码、刀具补偿计算等预处理外，还有其他一些必要的预计算。如坐标系转换、不同编程方式的处理以及对一些辅助功能的处理等。

1. 坐标系转换

数控机床坐标系的原点又称机床零点，是固定的机械零点，在加工时若将工件坐标系的原点，即工件零点（或编程原点）与机床零点重合或使两点之间的距离固定，则将给安装调整带来极大的不便，对于一些机床甚至很难实现。如一些数控车床的机床零点是在主轴上安装卡盘的法兰盘的中心点位置上，由机床制造厂确定，当规定必须设置机床参考点位置时，作为 CNC 系统计数基准，该基准的数值为机床参考点到机床零点的距离，如图 4-50 中的 $X150$、$Z400$。从图 4-50 中可以看出，将机床参考点或机床零点作为工件零点是很麻烦的。因此，必须能够在坐标轴全行程范围内任意设置工件坐标系的原点，而不必考虑它与机床坐标系的关系，才可以使编程和操作简便。若将图 4-50 所示工件的编程原点设在 O_P 点，则这一点与机床零点没有固定关系，又可称为浮动原点。以该点为坐标原点编程，就得到工件坐标系 $X_PO_PZ_P$，所编制的程序也可以不考虑机床坐标系 XOZ 了。应该指出，在机床坐标

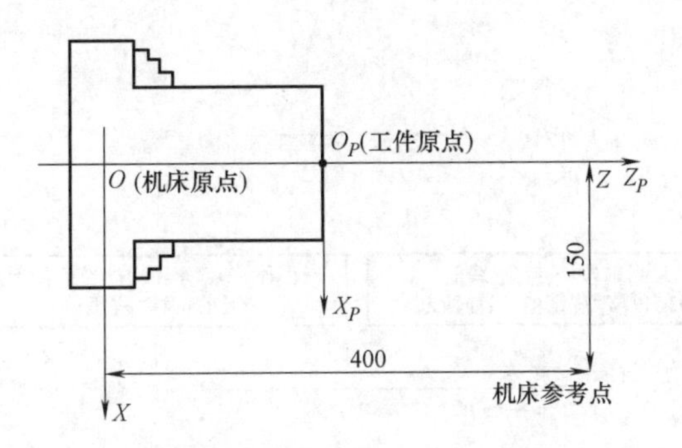

图 4-50　机床坐标系与工件坐标系

系中，坐标值是刀架相关点相对于机床原点的距离，而在工件坐标系中，坐标值则是刀架相对于工件原点的距离。

设置工件零点可用准备功能 G92 来实现。当 G92 代码与坐标信息一起编程时，CNC 装置便自动将程编值置入命令位置寄存器中。若 G92 后坐标值为零，则对应坐标轴的当前位置即为工件原点；若坐标值为非零值，则该非零值就表示坐标轴的当前位置离开所设置的工件零点的实际距离。在 CRT 上显示的位置数据将是以工件坐标系表示的坐标值，而在系统内部则仍以机床坐标系进行位置计数。用一条 G99 指令即可撤销所设置的工件原点。值得注意的是，设置或撤销工件原点的程序段均不引起坐标轴运动，而只是由软件对坐标轴的当前位置和命令位置进行转换，如图 4-51 所示。

2. 编程方式转换

编程方式有绝对坐标方式和增量坐标方式两种。在系统内部一般按绝对坐标方式处理，需要进行转换。绝对坐标编程方式是按各轴移动到终点的坐标值进行编程，增量坐标编程方式则用各轴的移动量直接编程。因此，需要根据两种编程方式的程序段数据计算出当前程序的终点坐标及移动量，如图 4-52 所示。

预处理是在插补的空闲时间进行的，也就是说当前程序段在插补运行过程中，必须将下一段的数据预处理全部完成，以保证加工的连续性。数据预处理的精度，特别是刀具半径补偿计算的精度直接影响后续的插补运算。因此精度和实时性是设计数据处理软件时必须重视的问题。

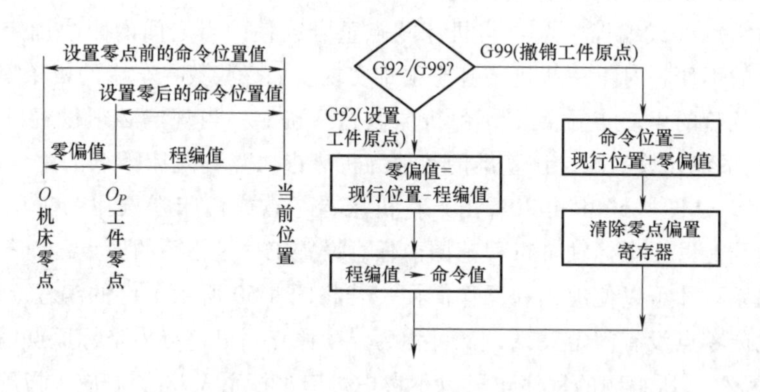

图 4-51　设置和撤销工件原点

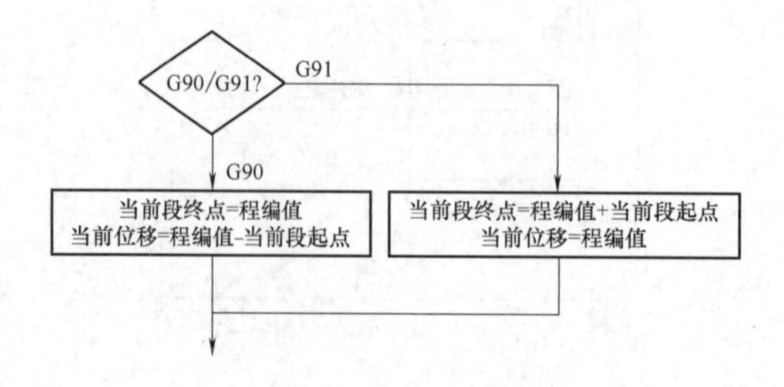

图 4-52　程编方式转换

思考题与习题

4-1　CNC 系统由哪几部分组成？其核心是什么？

4-2　CNC 装置的软件由哪几部分组成？

4-3　CNC 装置的主要功能是什么？每一功能的内容是什么？

4-4　CNC 装置的单微处理机结构与多微处理机结构有何区别？

4-5　单微处理机结构的 CNC 装置由哪几部分组成？其 I/O 接口的任务是什么？

4-6　比较共享总线型结构 CNC 装置和共享存储结构 CNC 装置的工作特点及优缺点。

4-7　CNC 装置软件结构有何特点？

4-8　CNC 装置软件采用的并行处理方法有哪几种？这些方法是如何实现并行处理的？

4-9　CNC 装置中断结构模式有哪两种？各有何特点？

4-10　零件程序的输入有哪些方法？

4-11　将下列零件程序翻译成内部代码。

N010　G91　G01　X－85　Y100　F150　M03　LF

4-12　为什么要对 G 代码、M 代码分组？分组的原则是什么？

4-13　用你熟悉的计算机语言编写译码程序。

4-14　何谓刀具半径补偿？其执行过程如何？

4-15　B 刀补与 C 刀补有何区别？

4-16　直线与直线转接分类中的缩短型转接、伸长型转接和插入型转接如何计算刀补轨迹？

4-17　用你熟悉的计算机语言编写直线与直线转接分类的软件。

4-18　工件原点设置是怎样计算的？

拓展内容

《大国工匠：大巧破难》（扫描下页二维码，观看视频）讲述了中国工匠如何用神技破解世界难题的感人故事。上海复旦大学附属中山医院内镜中心周平红教授独辟蹊径，在 0.4cm 食道壁上打隧道，在实践中把原来一直局限在胃肠道腔内的内镜手术延伸到腔外——胸腔和腹腔，这是划时代的突破，奠定了中国在世界消化内镜微创切除领域的领先地位，也意味着胃肠道疾患之外的更多病人将受惠于内镜微创手术。工匠皆有爱众惠民之心，这几乎是一个定律，也是他们破解难中之难的根本动力和最大的价值所在。

2011 年 3 月，中国超大射电望远镜建设项目（简称为“FAST”）在贵州省平塘县的喀斯特天坑里正式动工。“FAST”工程的主体部分是一个口径 500m 的球面反射镜，依托在巨大的索网结构上，总面积达到 25 万 m^2，相当于 30 个足球场的大小。FAST 射电望远镜的反射面板多达 40 多万块。中船重工武船集团的起重工周平和和工友们先把 100 块小反射面板组装成规格不一的 4000 多块大反射面板，其中单片最大面积约 $120m^2$，最大重量超过 1t。由于强度低、容易变形，而且由“小镜片”组合的曲面，形状并不整齐划一，把它们一个个起吊数十米高，空中运送数百米，下落安装，不能有一点磕碰污损，面板相互间的吻合误差不能超过 2mm，这简直是一个前人从未遇到过的挑战。周平和与他的工友们从圆规中得到启迪，决定以“FAST”大球面的中心为圆心，在离地面 50m 的高空中，用现代机械架起“半径型”的吊运系统，一个圆规式吊装体系就成型了。

中船重工武船集团的起重工周永和巧手拼就世界最大“天眼”的事迹，让我们仰望星空的时候一定不会忘记脚踏实地的中国工匠们对人类天文事业的卓越贡献。

大国工匠：大巧破难

第五章　数控装置的轨迹控制原理

第一节　概述

在数控机床上进行轨迹加工的各种工件，大部分由直线和圆弧构成，因此大多数数控装置都具有直线和圆弧的插补功能。对于由非直线、非圆弧组成的轨迹，可以用一小段直线或圆弧来拟合。数控车床还具有螺纹切削功能。编程人员编制的数控加工程序，经过数控装置输入处理后，将得到刀具移动轨迹直线的起点和终点坐标、圆弧的起点和终点坐标、是逆圆还是顺圆以及圆心相对于起点的偏移量或圆弧半径。插补的任务就是要按照进给速度的要求，在轮廓起点和终点之间计算出若干中间点的坐标值。由于每个中间点的计算时间直接影响数控装置的控制速度，而插补中间点的计算精度又影响到整个数控系统的精度，所以插补算法对整个数控系统的性能至关重要，也就是说数控装置控制软件的核心是插补，研究出一套简单而有效的插补算法是人们追求的目标。目前使用的插补算法有两类，一类是脉冲增量插补，另一类是数据采样插补。

一、脉冲增量插补

脉冲增量插补算法主要为各坐标轴进行脉冲分配计算。其特点是每次插补在结束时仅产生一个行程增量，以一个个脉冲的形式输出给各进给轴的伺服电动机。一个脉冲所产生的进给轴移动量叫脉冲当量，用 δ 表示。脉冲当量是脉冲分配计算的基本单位，根据加工精度选择，普通机床取 $\delta=0.01\text{mm}$，较为精密的机床取 $\delta=1\mu\text{m}$ 或 $0.1\mu\text{m}$。插补误差不得大于一个脉冲当量。

这种插补方法的控制精度和进给速度较低，因此主要应用于以步进电动机为驱动装置的开环控制系统中。

二、数据采样插补

数据采样插补又称为时间标量插补或数字增量插补。这类插补算法的特点是数控装置产生的不是单个脉冲，而是数字量。插补运算分两步完成。第一步为粗插补，它是在给定起点和终点的曲线之间插入若干个点，即用若干条微小直线段来逼近给定曲线，每一微小直线段的长度 ΔL 都相等，且与给定进给速度有关。粗插补在每一微小直线段的长度 ΔL 与进给速度 F 和插补周期 T 有关，即 $\Delta L=FT$。第二步为精插补，它是在粗插补算出的每一微小直线上再进行“数据点的密化”工作，这一步相当于对直线的脉冲增量插补。

数据采样插补方法适用于以闭环和半闭环的直流或交流伺服电动机为驱动装置的位置采样控制系统。粗插补在每个插补周期内计算出坐标位置增量值，而精插补则在每个采集周期内采集闭环或半闭环反馈位置增量值及插补输出的指令位置增量值，然后算出各坐标轴相应的插补指令位置和实际反馈位置，并将二者相比较，求得跟随误差。根据所求得的跟随误差算出相应轴的进给速度指令，并输出给驱动装置。在实际使用中，粗插补运算简称为插补，通常用软件实现，而精插补可以用软件，也可以用硬件来实现，插补周期与采样周期可以相等，也可以不等，通常插补周期是采样周期的整数倍。

第二节　脉冲增量插补

脉冲增量插补就是分配脉冲的计算，在插补过程中不断向各坐标轴发出相互协调的进给脉冲，控制机床坐标做相应的移动。

脉冲增量插补算法中较为成熟并得到广泛应用的有逐点比较法、数字积分法和比较积分法等。

一、逐点比较法

逐点比较法又称为代数运算法或醉步法，它的基本原理是：数控装置在控制刀具按要求轨迹移动的过程中，不断比较刀具与给定轮廓的误差，由此误差决定下一步刀具移动的方向，使刀具向减小误差的方向移动，且只有一个方向移动。

利用逐点比较法进行插补，每进给一步都要经过 4 个工作节拍（图 5-1）。

（1）第一节拍——偏差判别　判别刀具当前位置相对于给定轮廓的偏离情况，以此决定刀具的移动方向。

（2）第二节拍——进给　根据偏差判别结果，控制刀具相对于工件轮廓进给一步，即向给定的轮廓靠拢，减小偏差。

（3）第三节拍——偏差计算　由于刀具进给已改变了位置，因此应计算出刀具当前位置的新偏差，为下一次判别做准备。

（4）第四节拍——终点判别　判别刀具是否已到达被加工轮廓线段的终点。若已到达终点，则停止插补；若未到达终点，则继续插补。如此不断重复上述四个节拍就可以加工出所要求的轮廓。

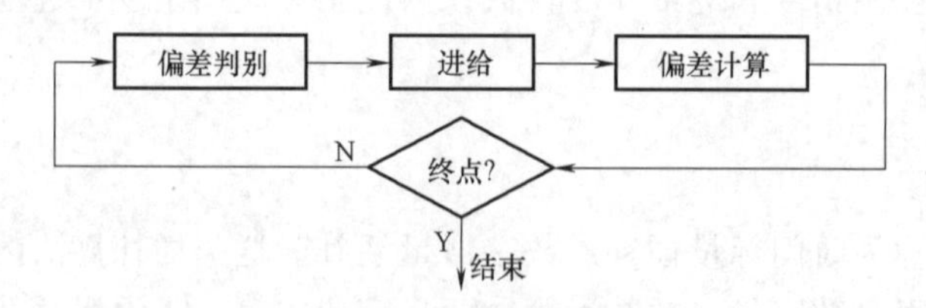

图 5-1　逐点比较法的工作节拍

逐点比较法既可作为直线插补，又可作为圆弧插补。这种算法的特点是运算直观，插补误差小于一个脉冲量，输出脉冲均匀，而且输出脉冲的速度变化小，调节方便。因此，在两坐标联动的数控机床中应用较为广泛。

1. 直线插补

（1）偏差计算　设被加工直线 OE 位于 XOY 平面的第一象限内，起点为坐标原点，终点为 E（x_e，y_e），如图 5-2 所示。

直线方程为
$$\frac{x}{y}=\frac{x_e}{y_e} \tag{5-1}$$

改写为
$$yx_e-xy_e=0 \tag{5-2}$$

直线插补时，所在位置可能有三种情况：在直线的上方（如 A 点）；在直线的下方（如 C 点）；在直线上（如 B 点）。

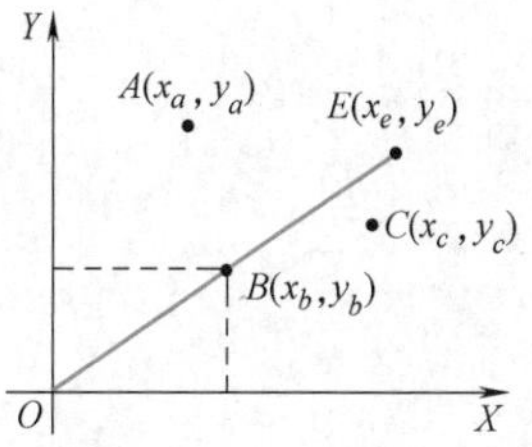

对于在直线上方的点 $A(x_a,\ y_a)$，有
$$y_ax_e-x_ay_e>0$$

对于在直线下方的点 $C(x_c,\ y_c)$，有
$$y_cx_e-x_cy_e<0$$

对于在直线上的点 B（x_b，y_b），有
$$y_bx_e-x_by_e=0$$

图 5-2　直线偏差

因此可以取偏差判别函数 F 为

$$F=yx_e-xy_e \tag{5-3}$$

用式（5-3）来判别刀具和直线的偏差。

综合以上三种情况，偏差判别函数 F 与刀具位置有以下关系：

1）$F=0$，刀具在直线上。

2）$F>0$，刀具在直线上方。

3）$F<0$，刀具在直线下方。

为了便于计算机计算，下面将简化 F 的计算。

设在第一象限中的点（x_i，y_i）的 F 值为 F_i，则
$$F_i=y_ix_e-x_iy_e$$

若沿 $+x$ 方向走一步，则
$$x_{i+1}=x_i+1 \qquad y_{i+1}=y_i$$

因此，新的偏差判别函数为
$$F_{i+1}=y_{i+1}x_e-x_{i+1}y_e=y_ix_e-(x_i+1)y_e=F_i-y_e$$

若向 $+y$ 方向走一步，则
$$x_{i+1}=x_i \qquad y_{i+1}=y_i+1$$

因此，新的偏差判别函数为
$$F_{i+1}=y_{i+1}x_e-x_{i+1}y_e=(y_i+1)x_e-x_iy_e=F_i+x_e$$

（2）进给　第一象限直线偏差判别函数与进给方向的关系如下：
$$F\geqslant 0\text{，沿}+x\text{ 方向走一步，}F\leftarrow F-y_e \tag{5-4}$$
$$F<0\text{，沿}+y\text{ 方向走一步，}F\leftarrow F+x_e \tag{5-5}$$

（3）终点判别　每进给一步，都要进行一次终点判别，以确定是否到达直线终点。

直线插补的终点判别，可采用两种方法：一是把每个程序段中的总步数求出来，即 $n=|x_e|+|y_e|$，每走一步 $n-1$，直到 $n=0$ 时为止；二是每走一步判断 $x_i-x_e\geqslant 0$，且 $y_i-y_e\geqslant 0$ 是否成立，如果成立，插补结束。

（4）直线插补流程图　逐点比较法第一象限直线插补流程图如图 5-3 所示。

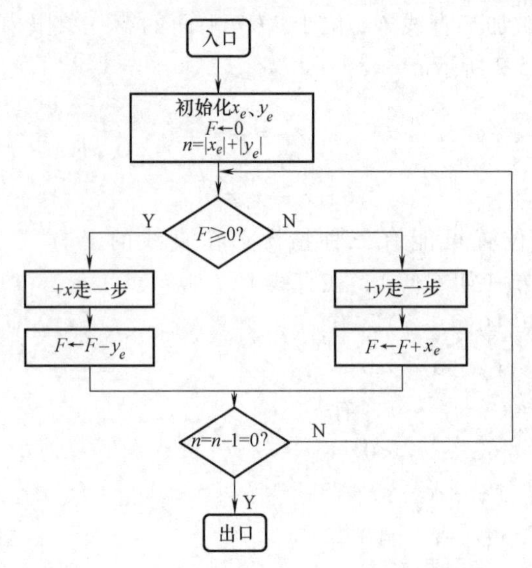

图 5-3　逐点比较法第一象限直线插补流程图

例 5-1　设欲加工第一象限直线 OE，终点坐标为 $x_e=3$，$y_e=5$，用逐点比较法加工直线 OE。

解　总步数　$n=3+5=8$

开始时刀具在直线起点，即在直线上，故 $F_0=0$。表 5-1 列出了逐点比较法直线插补运算过程，插补轨迹如图 5-4 所示。

表 5-1　逐点比较法直线插补运算过程

序号	偏差判别	进给方向	偏差计算	终点判别
0			$F_0=0$	
1	$F=0$	$+x$	$F_1=F_0-y_e=0-5=-5$	$n=8-1=7$
2	$F_1<0$	$+y$	$F_2=F_1+x_e=-5+3=-2$	$n=7-1=6$
3	$F_2<0$	$+y$	$F_3=F_2+x_e=-2+3=1$	$n=6-1=5$
4	$F_3>0$	$+x$	$F_4=F_3-y_e=1-5=-4$	$n=5-1=4$
5	$F_4<0$	$+y$	$F_5=F_4+x_e=-4+3=-1$	$n=4-1=3$
6	$F_5<0$	$+y$	$F_6=F_5+x_e=-1+3=2$	$n=3-1=2$
7	$F_6>0$	$+x$	$F_7=F_6-y_e=2-5=-3$	$n=2-1=1$
8	$F_7<0$	$+y$	$F_8=F_7+x_e=-3+3=0$	$n=1-1=0$

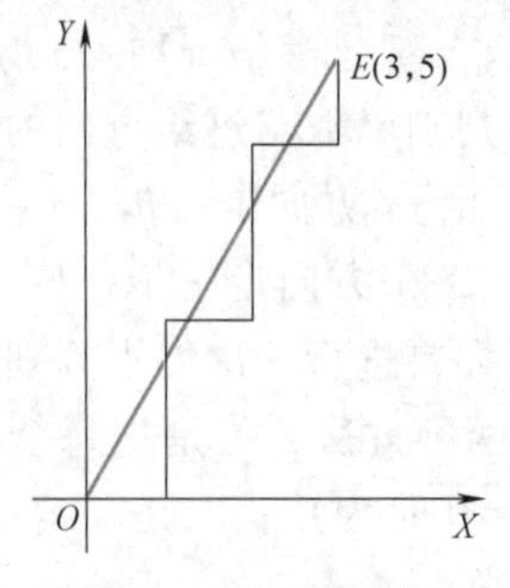

图 5-4　直线插补轨迹

2. 圆弧插补

（1）偏差计算　现以第一象限逆圆弧为例推导出偏差计算公式。设圆弧起点为（x_s，y_s），终点为（x_e，y_e），以圆心为坐标原点，如图 5-5 所示。

设圆上任意一点为（x，y），则

$$(x^2+y^2)-(x_s^2+y_s^2)=0 \tag{5-6}$$

取偏差函数 F 为

$$F=(x_i^2+y_i^2)-(x_s^2+y_s^2) \tag{5-7}$$

1）若 $F>0$，则动点在圆弧外侧。

2）$F=0$，则动点在圆弧上。

3）$F<0$，则动点在圆弧内侧。

设第一象限动点（x_i，y_i）的 F 值为 F_i，则

$$F_i=(x_i^2+y_i^2)-(x_s^2+y_s^2)$$

若动点沿$-x$ 方向走一步，则

$$x_{i+1}=x_i-1 \quad y_{i+1}=y_i$$

$$F_{i+1}=(x_{i+1}^2+y_{i+1}^2)-(x_s^2+y_s^2)=(x_i-1)^2+y_i^2-(x_s^2+y_s^2)=F_i-2x_i+1$$

若动点沿$+y$ 方向走一步，则

$$x_{i+1}=x_i \quad y_{i+1}=y_i+1$$

$$F_{i+1}=(x_{i+1}^2+y_{i+1}^2)-(x_s^2+y_s^2)=x_i^2+(y_i+1)^2-(x_s^2+y_s^2)=F_i+2y_i+1$$

（2）进给　第一象限逆圆弧偏差判别函数与进给方向的关系如下：

$F\geqslant 0$，沿$-x$ 方向走一步，$F\leftarrow F-2x+1$ (5-8)

$$x\leftarrow x-1$$

$F<0$，沿$+y$ 方向走一步，$F\leftarrow F+2y+1$ (5-9)

$$y\leftarrow y+1$$

（3）终点判断　圆弧插补时每进给一步也要进行终点判断，其方法与直线插补相同。

（4）圆弧插补流程图　逐点比较法第一象限逆圆弧插补流程图如图 5-6 所示。

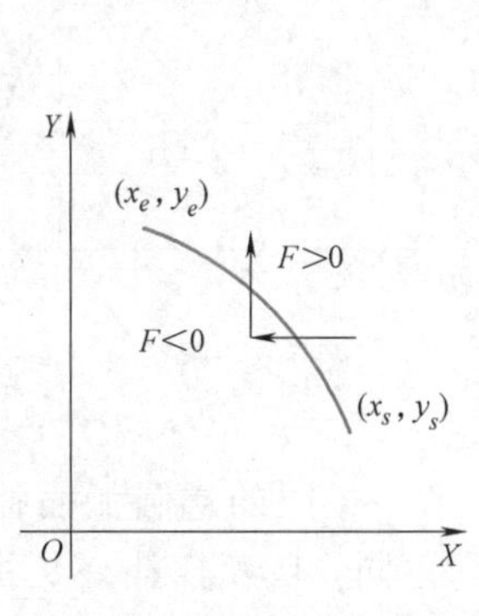

图 5-5　第一象限逆圆弧

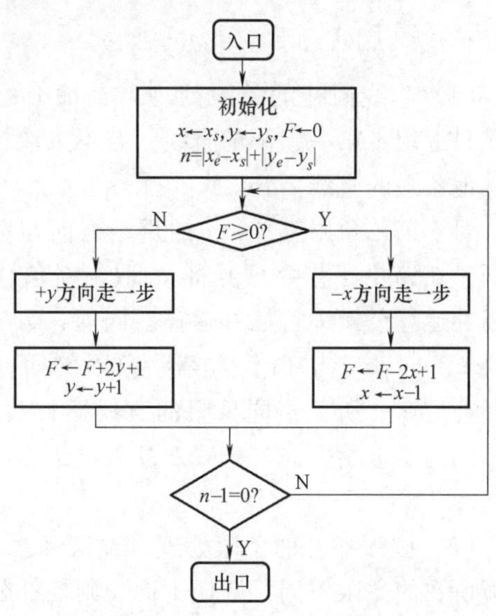

图 5-6　逐点比较法第一象限逆圆弧插补流程图

例 5-2 设$\widehat{AB}$为第一象限逆圆弧，起点为$A(5,0)$，终点为$B(0,5)$，用逐点比较法加工$\widehat{AB}$。

解 $n=|5-0|+|0-5|=10$

开始加工时刀具在起点，即在圆弧上，$F_0=0$。逐点比较法圆弧插补运算过程见表5-2，插补轨迹如图5-7所示。

表 5-2 逐点比较法圆弧插补运算过程

序号	偏差判别	进给方向	偏差计算		终点判别
0			$F_0=0$	$x_0=5$，$y_0=0$	$n=10$
1	$F_0=0$	$-x$	$F_1=F_0-2x+1=0-2\times5+1=-9$	$x_1=4$，$y_1=0$	$n=10-1=9$
2	$F_1<0$	$+y$	$F_2=F_1+2y+1=-9+2\times0+1=-8$	$x_2=4$，$y_2=1$	$n=8$
3	$F_2<0$	$+y$	$F_3=-8+2\times1+1=-5$	$x_3=4$，$y_3=2$	$n=7$
4	$F_3<0$	$+y$	$F_4=-5+2\times2+1=0$	$x_4=4$，$y_4=3$	$n=6$
5	$F_4=0$	$-x$	$F_5=0-2\times4+1=-7$	$x_5=3$，$y_5=3$	$n=5$
6	$F_5<0$	$+y$	$F_6=-7+2\times3+1=0$	$x_6=3$，$y_6=4$	$n=4$
7	$F_6=0$	$-x$	$F_7=0-2\times3+1=-5$	$x_7=2$，$y_7=4$	$n=3$
8	$F_7<0$	$+y$	$F_8=-5+2\times4+1=4$	$x_8=2$，$y_8=5$	$n=2$
9	$F_8>0$	$-x$	$F_9=4-2\times2+1=1$	$x_9=1$，$y_9=5$	$n=1$
10	$F_9>0$	$-x$	$F_{10}=1-2\times1+1=0$	$x_{10}=0$，$y_{10}=5$	$n=0$

3. 象限处理与坐标变换

(1) 直线插补的象限处理 前面介绍的插补运算公式只适用于第一象限的直线，若不采取措施不能适用于其他象限的直线插补。

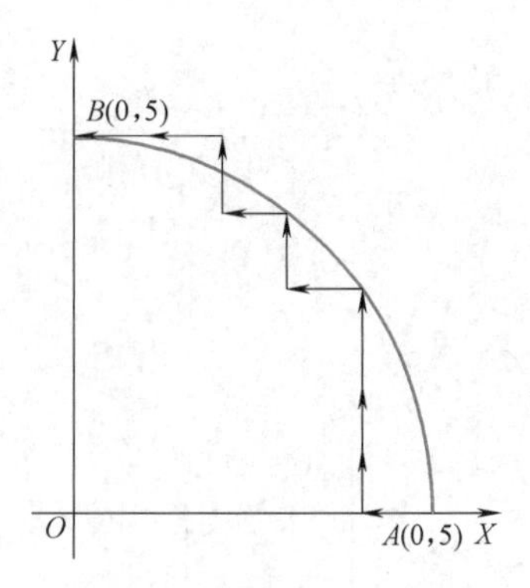

图 5-7 圆弧插补轨迹

对于第二象限直线，x的进给方向与第一象限直线不同，在偏差计算中只要将x_e取绝对值代入第一象限的插补运算公式即可插补运算。同理，第三、第四象限也将x_e、y_e取绝对值代入第一象限的插补运算公式即可插补运算。所以不同象限的直线插补共用一套公式，所不同的是进给方向。直线四象限进给方向与偏差的关系如图5-8所示。

(2) 圆弧插补的象限处理 在圆弧插补中，仅讨论了第一象限的逆圆弧插补，实际上圆弧所在的象限不同，顺逆不同，则插补公式和进给方向均不同。圆弧插补有8种情况，圆弧四象限进给方向与偏差的关系如图5-9所示。

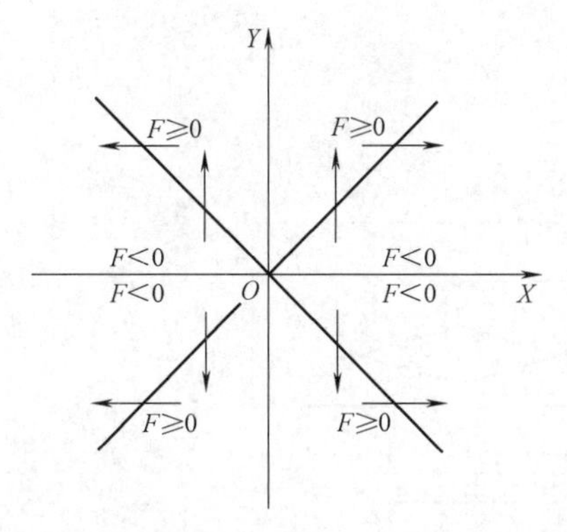

图 5-8　直线四象限进给方向与偏差的关系

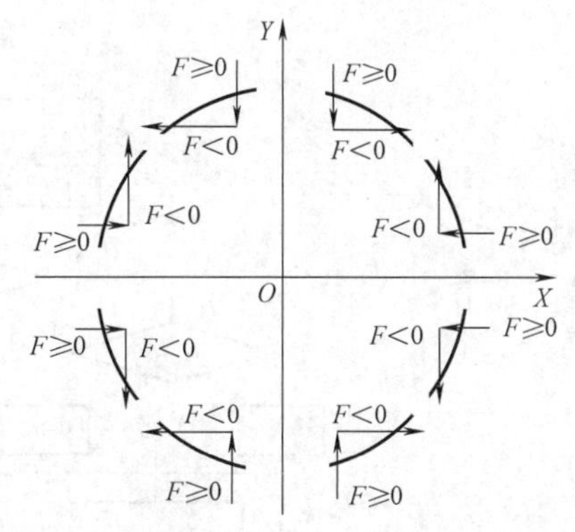

图 5-9　圆弧四象限进给方向与偏差的关系

根据图 5-9 可推导出用代数值进行插补计算的公式为

沿$+x$ 方向走一步，有

$$x_{i+1}=x_i+1$$
$$F_{i+1}=F_i+2x_i+1 \tag{5-10}$$

沿$+y$ 方向走一步，有

$$y_{i+1}=y_i+1$$
$$F_{i+1}=F_i+2y_i+1 \tag{5-11}$$

沿$-x$ 方向走一步，有

$$x_{i+1}=x_i-1$$
$$F_{i+1}=F_i-2x_i+1 \tag{5-12}$$

沿$-y$ 方向走一步，有

$$y_{i+1}=y_i-1$$
$$F_{i+1}=F_i-2y_i+1 \tag{5-13}$$

现将 XOY 平面内直线 4 种情况和圆弧 8 种情况偏差计算及进给方向列于表 5-3 中，其中用 R 表示圆弧，S 表示顺时针，N 表示逆时针，四个象限分别用数字 1、2、3、4 标注，例如 SR_1 表示第一象限顺圆，NR_3 表示第三象限逆圆。用 L 表示直线，L_1、L_2、L_3、L_4 分别表示第一、第二、第三、第四象限直线。

四个象限直线插补和圆弧插补流程图分别如图 5-10、图 5-11 所示。

表 5-3　XOY 平面内直线和圆弧插补的偏差计算及进给方向

线　型	偏差判别	偏　差　计　算	进　给　方　向
SR_2，NR_3	$F\geqslant0$	$F\leftarrow F+2x+1$ $X\leftarrow x+1$	$+x$
SR_1，NR_4	$F<0$		
NR_1，SR_4	$F\geqslant0$	$F\leftarrow F-2x+1$ $X\leftarrow x-1$	$-x$
NR_2，SR_3	$F<0$		
NR_4，SR_3	$F\geqslant0$	$F\leftarrow F+2y+1$ $Y\leftarrow y+1$	$+y$
NR_1，SR_2	$F<0$		
SR_1，NR_2	$F\geqslant0$	$F\leftarrow F-2y+1$ $Y\leftarrow y-1$	$-y$
NR_3，SR_4	$F<0$		
L_1，L_4	$F\geqslant0$	$F\leftarrow F-\|y_e\|$	$+x$
L_2，L_3	$F\geqslant0$		$-x$
L_1，L_2	$F<0$	$F\leftarrow F+\|x_e\|$	$+y$
L_3，L_4	$F<0$		$-y$

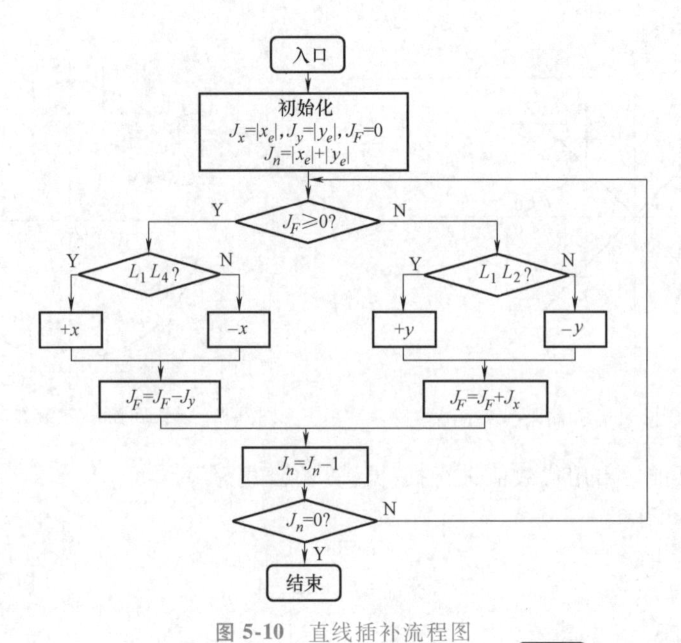

图 5-10　直线插补流程图

（3）圆弧自动过象限　所谓圆弧自动过象限，是指圆弧的起点和终点不在同一象限内，如图 5-12 所示。为实现一个程序段的完整功能，需设置圆弧自动过象限功能。

要完成自动过象限功能，首先应判别何时过象限。过象限有一个显著特点，就是过象限时刻正好是圆弧与坐标轴相交的时刻，因此在两个坐标值中必有一个为零，判断是否过象限只要检查是否有坐标值为零即可。

过象限后，圆弧线型也改变了，以图 5-12 为例，由 SR_2 变为 SR_1。但过象限时象限的转换是有一定规律的。当圆弧起点在第一象限时，逆时针圆弧过象限后转换顺序是 $NR_1 \rightarrow NR_2 \rightarrow NR_3 \rightarrow NR_4 \rightarrow NR_1$，每过一次象限，象限顺序号加 1，当从第四象限向第一象限过象限时，象限顺序号从 4 变为 1；顺时针圆弧过象限的转换顺序是 $SR_1 \rightarrow SR_4 \rightarrow SR_3 \rightarrow SR_2 \rightarrow SR_1$，每过一次象限，象限顺序号减 1，当从第一象限向第四象限过象限时，象限顺序号从 1 变为 4。

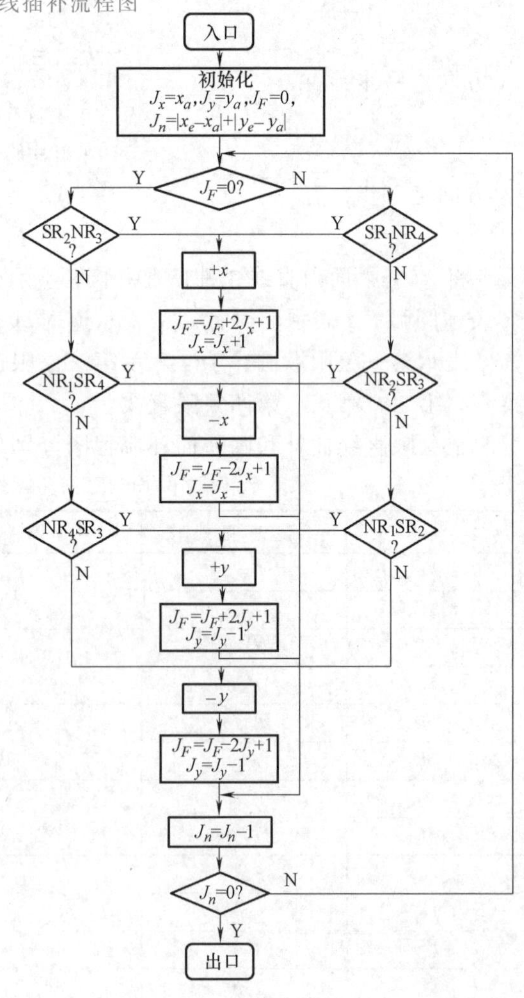

图 5-11　圆弧插补流程图

（4）坐标变换　前面所述的逐点比较

法插补是在 XOY 平面中讨论的。对于其他平面的插补可采用坐标变换方法实现。用 y 代替 x，z 代替 y，可实现 YOZ 平面内的直线和圆弧插补；用 z 代替 y 而 x 坐标不变，就可以实现 XOZ 平面内的直线与圆弧插补。

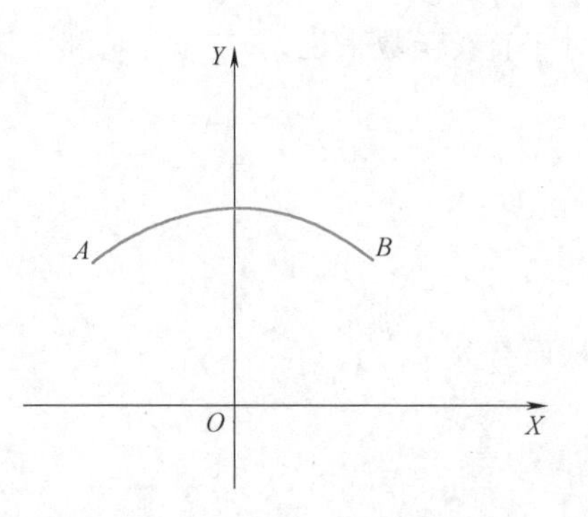

图 5-12　圆弧自动过象限

二、数字积分法

数字积分法又称数字微分分析法（Digital Differential Analyzer，DDA）。数字积分法具有运算速度快、脉冲分配均匀、易于实现多坐标联动及描绘平面各种函数曲线的特点，应用比较广泛。其缺点是速度调节不便，插补精度需要采用一定措施才能满足要求。由于计算机有较强的功能和灵活性，采用软件插补时，可克服上述缺点。

根据积分法的基本原理，函数 $y=f(t)$ 在 $t_0\sim t_n$ 区间的积分，就是该函数曲线与横坐标 t 在区间（$t_0\sim t_n$）所围成的面积（图 5-13），即

$$S=\int_{t_0}^{t_n}f(t)\,\mathrm{d}t \tag{5-14}$$

当 Δt 足够小时，将区间 $t_0\sim t_n$ 划分为间隔为 Δt 的子区间，则此面积可以看成是许多小矩形面积之和，矩形的宽为 Δt，高为 y_i，则有

$$S=\int_{t_0}^{t_n}y_i\,\mathrm{d}y=\sum_{i=1}^{n}y_i\Delta t \tag{5-15}$$

在数学运算时，若 Δt 取为最小的基本单位"1"，则上式简化为

$$S=\sum_{i=1}^{n}y_i \tag{5-16}$$

1. DDA 直线插补

（1）DDA 直线插补原理　以 XOY 平面为例，设直线 OE，起点在原点 O，终点为 $E(x_e,\ y_e)$，如图 5-14 所示。令 v_x，v_y 分别表示动点在 x 轴、y 轴方向的速度，根据前述积分原理计算公式，在 x 轴、y 轴方向上微小位移增量 Δx、Δy 应为

$$\begin{cases}\Delta x=v_x\Delta t\\ \Delta y=v_y\Delta t\end{cases} \tag{5-17}$$

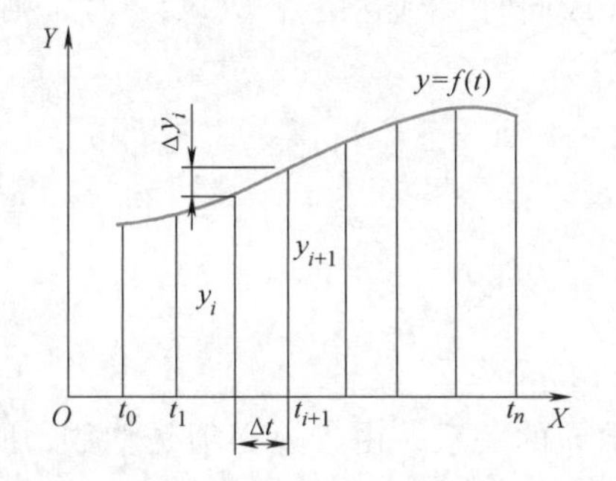

图 5-13　函数 $y=f(t)$ 的积分

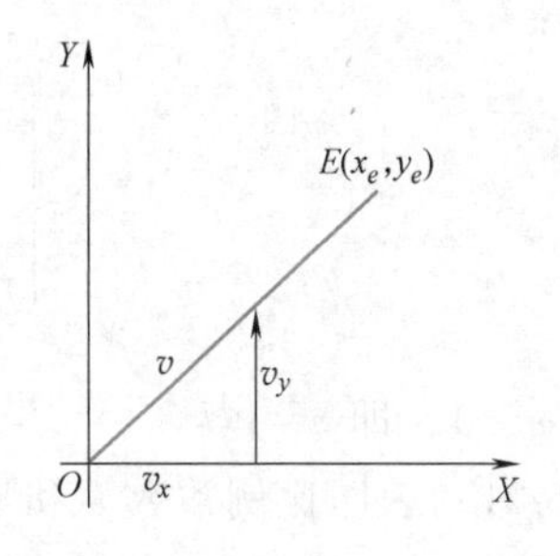

图 5-14　直线插补

对于直线函数来说，v_x、v_y、v 和 L 满足下式

$$\begin{cases}\dfrac{v_x}{v}=\dfrac{x_e}{L}\\ \dfrac{v_y}{v}=\dfrac{y_e}{L}\end{cases}$$

从而有

$$\begin{cases}v_x=kx_e\\ v_y=ky_e\end{cases} \tag{5-18}$$

$$k=\frac{v}{L}$$

因此坐标轴的位移增量为

$$\begin{cases}\Delta x=kx_e\Delta t\\ \Delta y=ky_e\Delta t\end{cases} \tag{5-19}$$

各坐标轴的位移量为

$$\begin{cases}x=\displaystyle\int_0^t kx_e\mathrm{d}t=k\sum_{i=1}^{n}x_e\Delta t\\ y=\displaystyle\int_0^t ky_e\mathrm{d}t=k\sum_{i=1}^{n}y_e\Delta t\end{cases} \tag{5-20}$$

所以，动点从原点走向终点的过程，可以看做是各坐标轴每经过一个单位时间间隔 Δt，分别以增量 kx_e、ky_e 同时累加的过程。据此可以作出直线插补原理图，如图 5-15 所示。

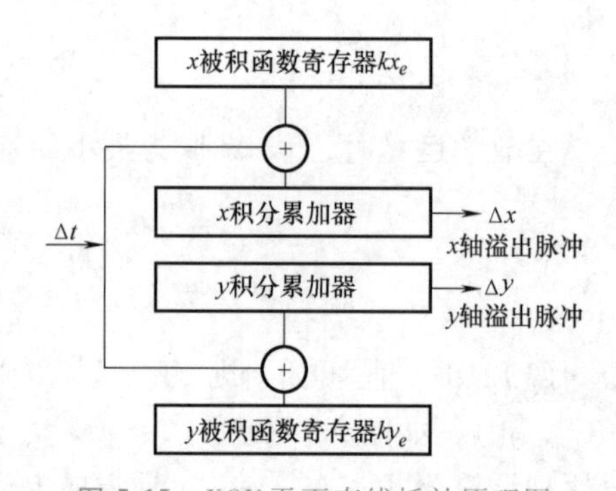

图 5-15　XOY 平面直线插补原理图

平面直线插补器由两个数字积分器组成，每个坐标的积分器由累加器和被积函数寄存器组成。终点坐标值存在被积函数寄存器中，Δt 相当于插补控制脉冲源发出的控制信号。每发出一个插补迭代脉冲（即来一个 Δt），被积函数 kx_e 和 ky_e 就向各自的累加器里累加一次，累加的结果有无溢出脉冲 Δx（或 Δy），取决于累加器的容量和 kx_e 或 ky_e 的大小。

假设经过 n 次累加后（取 $\Delta t=1$），x 和 y 分别（或同时）到达终点 $E(x_e,\ y_e)$，则

$$\begin{cases}x=\displaystyle\sum_{i=1}^{n}kx_e\Delta t=kx_en=x_e\\ y=\displaystyle\sum_{i=1}^{n}ky_e\Delta t=ky_en=y_e\end{cases} \tag{5-21}$$

由此得到 $nk=1$，即 $n=1/k$

式（5-21）表明比例常数 k 和累加（迭代）次数 n 的关系，由于 n 必须是整数，所以 k 一定是小数。

k 的选择主要考虑每次增量 Δx 或 Δy 不大于 1，以保证坐标轴上每次分配进给脉冲不超过一个，也就是说，要使下式成立。

$$\begin{cases}\Delta x = kx_e < 1 \\ \Delta y = ky_e < 1\end{cases} \tag{5-22}$$

若取寄存器位数为 N 位，则 x_e 及 y_e 的最大寄存器容量为 2^N-1，故有

$$\begin{cases}\Delta x = kx_e = k(2^N-1) < 1 \\ \Delta y = ky_e = k(2^N-1) < 1\end{cases} \tag{5-23}$$

所以

$$k < \frac{1}{2^N-1}$$

一般取

$$k = \frac{1}{2^N}$$

可满足

$$\begin{cases}\Delta x = kx_e = \dfrac{2^N-1}{2^N} < 1 \\ \Delta y = ky_e = \dfrac{2^N-1}{2^N} < 1\end{cases} \tag{5-24}$$

因此，累加次数 n 为

$$n = \frac{1}{k} = 2^N$$

因为 $k=1/2^N$，对于一个二进制数来说，使 kx_e（或 ky_e）等于 x_e（或 y_e）乘以 $1/2^N$ 是很容易实现的，即 x_e（或 g_e）数字本身不变，只要把小数点左移 N 位即可。所以一个 N 位的寄存器存放 x_e（或 kx_e）和存放 y_e（或 ky_e）的数字是相同的，后者只认为小数点出现在最高位前面，其他没有差异。

DDA 直线插补的终点判别较简单，因为直线程序段需要进行 2^N 次累加运算，进行 2^N 次累加后就一定到达终点，故可由一个与积分器中寄存器容量相同的终点计数器 J_E 实现，其初值为 0。每累加一次，J_E 加 1，当累加 2^N 次后，产生溢出，使 $J_E=0$，完成插补。

(2) DDA 直线插补流程图　用 DDA 法进行插补时，x 和 y 两坐标可同时进给，即可同时送出 Δx、Δy 脉冲，同时每累加一次，要进行一次终点判别。DDA 直线插补流程图如图 5-16 所示，其中 J_{Vx}、J_{Vy} 为积分函数寄存器，J_{Rx}、J_{Ry} 为余数寄存器，J_E 为终点计数器。

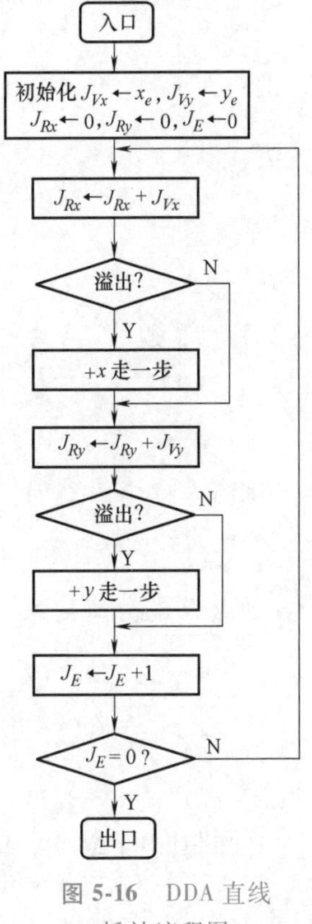

图 5-16　DDA 直线插补流程图

例 5-3　设有一直线 OA，起点在坐标原点 O，终点的坐标为 $A(4, 6)$，试用 DDA 法插补此直线。

解　$J_{Vx}=4$，$J_{Vy}=6$，选寄存器位数 $N=3$，则累加次数 $n=2^3=8$，DDA 直线插补运算过程见表 5-4，插补轨迹如图 5-17 所示。

2. DDA 圆弧插补

(1) DDA 圆弧插补原理　从上面的叙述可知，数字积分直线插补的物理意义是使动点沿速度矢量的方向前进，这同样适合于圆弧插补。

表 5-4　DDA 直线插补运算过程

累加次数 n	x 积分器 $J_{Rx}+J_{Vx}$	溢出 Δx	y 积分器 $J_{Ry}+J_{Vy}$	溢出 Δy	终点判断 J_E
0	0	0	0	0	0
1	0+4=4	0	0+6=6	0	1
2	4+4=8+0	1	6+6=8+4	1	2
3	0+4=4	0	4+6=8+2	1	3
4	4+4=8+0	1	2+6=8+0	1	4
5	0+4=4	0	0+6=6	0	5
6	4+4=8+0	1	6+6=8+4	1	6
7	0+4=4	0	4+6=8+2	1	7
8	4+4=8+0	1	2+6=8+0	1	8

以第一象限为例，设圆弧 AE 半径为 R，起点 $A(x_s,\ y_s)$，终点 $E(x_e,\ y_e)$，$N(x_i,\ y_i)$ 为圆弧上的任意动点，动点移动速度为 v，分速度为 v_x 和 v_y，如图 5-18 所示。

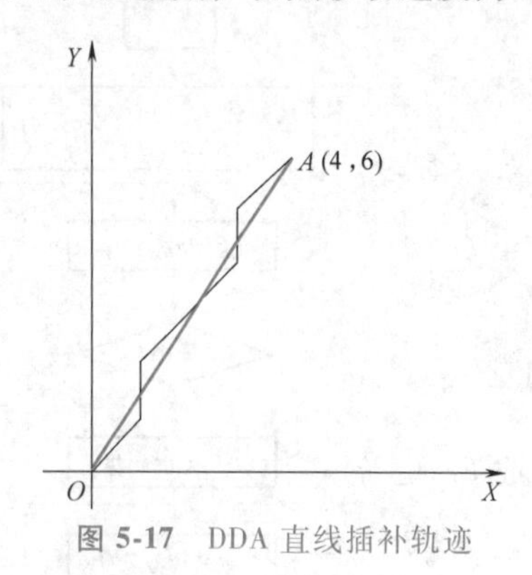

图 5-17　DDA 直线插补轨迹

图 5-18　第一象限圆弧 DDA 插补

圆弧方程为

$$\begin{cases} x_i = R\cos\alpha \\ y_i = R\sin\alpha \end{cases} \tag{5-25}$$

动点 N 的分速度为

$$\begin{cases} v_x = \dfrac{\mathrm{d}x_i}{\mathrm{d}t} = -v\sin\alpha = -v\,\dfrac{y_i}{R} = -\left(\dfrac{v}{R}\right) y_i \\ v_y = \dfrac{\mathrm{d}y_i}{\mathrm{d}t} = v\cos\alpha = v\,\dfrac{x_i}{R} = \left(\dfrac{v}{R}\right) x_i \end{cases} \tag{5-26}$$

在单位时间 Δt 内，x、y 位移增量方程为

$$\begin{cases} \Delta x_i = v_x \Delta t = -\left(\dfrac{v}{R}\right) y_i \Delta t \\ \Delta y_i = v_y \Delta t = \left(\dfrac{v}{R}\right) x_i \Delta t \end{cases} \tag{5-27}$$

当 v 恒定不变时，有

$$\frac{v}{R} = k$$

式中　k——比例常数。

式（5-27）可写为

$$\begin{cases} \Delta x_i = -k y_i \Delta t \\ \Delta y_i = k x_i \Delta t \end{cases} \tag{5-28}$$

与 DDA 直线插补一样，取累加器容量为 2^N，$k=1/2^N$，N 为累加器、寄存器的位数，则各坐标的位移量为

$$\begin{cases} x = \int_0^t -ky\mathrm{d}t = -\dfrac{1}{2^N}\sum_{i=1}^{n} y_i \Delta t \\ y = \int_0^t kx\mathrm{d}t = \dfrac{1}{2^N}\sum_{i=1}^{n} x_i \Delta t \end{cases} \tag{5-29}$$

由此可构成如图 5-19 所示的 DDA 圆弧插补原理图。

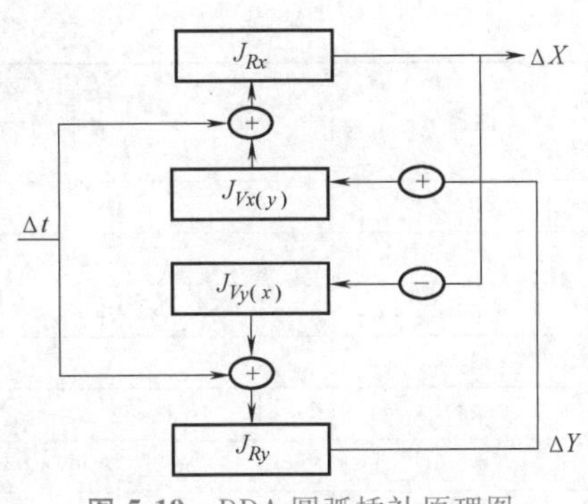

图 5-19　DDA 圆弧插补原理图

DDA 圆弧插补与直线插补的主要区别有两点，一是坐标值 x、y 存入被积函数器 J_{Vx}、J_{Vy} 的对应关系与直线情况恰好相反，即 x 存入 J_{Vy}、而 y 存入 J_{Vx} 中；二是 J_{Vx}、J_{Vy} 寄存器中寄存的数值与 DDA 直线插补有本质的区别，直线插补时，寄存的是终点坐标值，为常数。而在 DDA 圆弧插补时寄存的是动点坐标，是个变量，因此在插补过程中必须根据动点位置的变化来改变 J_{Vx} 和 J_{Vy} 中的内容。在起点时，J_{Vx} 和 J_{Vy} 寄存起点坐标 y_s、x_s。在插补过程中，J_{Ry} 每溢出一个 Δy 脉冲，J_{Vx} 应该加 1；当 J_{Rx} 溢出一个 Δx 脉冲时，J_{Vy} 应减 1。加 1 还是减 1，取决于动点坐标所在的象限及圆弧的走向。

DDA 圆弧插补时，由于 x、y 方向到达终点的时间不同，需对 x、y 两个坐标分别进行终点判别。因此可利用两个终点计数器 J_{Ex} 和 J_{Ey}，把 x、y 坐标所需输出的脉冲数 $|x_s-x_e|$、$|y_s-y_e|$ 分别存入这两个计数器中，x 或 y 积分累加器每输出一个脉冲，响应的减法计数器减 1，当某一个坐标的计数器为零时，说明该坐标已到达终点，停止该坐标的累加运算。当两个计数器均为零时，圆弧插补结束。

(2) DDA 圆弧插补流程图　DDA 圆弧插补流程图如图 5-20 所示。

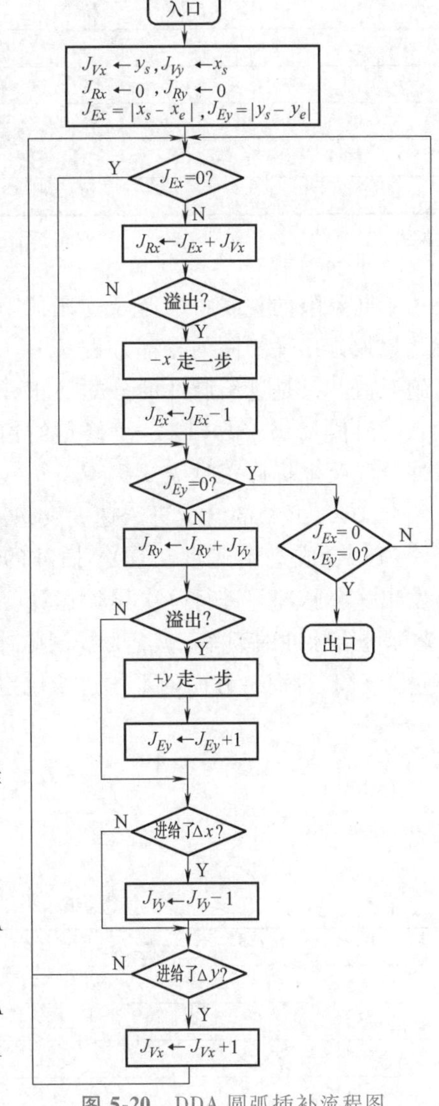

图 5-20　DDA 圆弧插补流程图

例 5-4　设有第一象限逆圆弧 AB，起点 $A(5,0)$，终点 $B(0,5)$，设寄存器位数为 3。试用 DDA 法插补此圆弧。

解　$J_{Vx}=0$，$J_{Vy}=5$，寄存器容量为 $2^3=8$。DDA 圆弧插补运算过程如表 5-5，插补轨迹如图 5-21 所示。

表 5-5　DDA 圆弧插补运算过程

累加器 n	x 积分器				y 积分器			
	J_{Vx}	J_{Rx}	Δx	J_{Ex}	J_{Vy}	J_{Ry}	Δy	J_{Ey}
0	0	0	0	5	5	0	0	5
1	0	0	0	5	5	5	0	5
2	0	0	0	5	5	8+2	1	4
3	1	1	0	5	5	7	0	4
4	1	2	0	5	5	8+4	1	3
5	2	4	0	5	5	8+1	1	2
6	3	7	0	5	5	6	0	2
7	3	8+2	1	4	5	8+3	1	1
8	4	6	0	4	4	7	0	1
9	4	8+2	1	3	4	8+3	1	0
10	5	7	0	3	3	停止累加	0	0
11	5	8+4	1	2	3			
12	5	8+1	1	1	2			
13	5	6	0	1	1			
14	5	8+3	1	0	1			
15	5	停止累加	0	0	0			

3. 不同象限的脉冲分配

不同象限的直线、顺圆及逆圆的 DDA 插补有一共同点，就是累加方式是相同的，都是做 $J_R \leftarrow J_R + J_V$ 运算，被积函数为绝对值。只是进给脉冲的分配（正或负）及圆弧插补时对动点瞬时值 x_i、y_i 做+1 或−1 修正的情况不同。不同象限的脉冲分配及坐标修正见表 5-6。

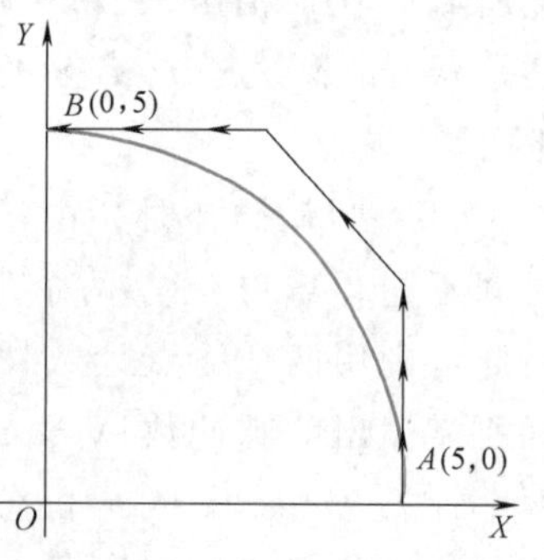

图 5-21　DDA 圆弧插补轨迹

4. DDA 插补的合成进给速度及稳速控制

（1）合成进给速度　DDA 插补的特点是：控制脉冲源每发出一个脉冲，进行一次累加运算。如果 f_x、f_y 分别为 x、y 坐标进给脉冲的频率，f_{MF} 为控制脉冲源的频率，累加器的容量为 $x/2^N$，而 y 方向的平均进给比率为 $y/2^N$，则 x 和 y 方向的指令脉冲频率分别为

$$\begin{cases} f_x = \dfrac{x}{2^N} f_{MF} \\ f_y = \dfrac{y}{2^N} f_{MF} \end{cases} \tag{5-30}$$

表 5-6　不同象限的脉冲分配及坐标修正

	$NR1$	$NR2$	$NR3$	$NR4$	$SR1$	$SR2$	$SR3$	$SR4$
J_{Vx}（y）	+1	−1	+1	−1	−1	+1	−1	+1
J_{Vy}（x）	−1	+1	−1	+1	+1	−1	+1	−1
Δx	−	−	+	+	+	+	−	−
Δy	+	−	−	+	−	+	+	−

各坐标的进给速度为

$$\begin{cases} v_x = f_x\delta = \delta f_{MF}\dfrac{x}{2^N} \\ v_y = f_y\delta = \delta f_{MF}\dfrac{y}{2^N} \end{cases} \tag{5-31}$$

式中　δ——脉冲当量。

合成速度为

$$v = \sqrt{v_x^2 + v_y^2} = \delta\frac{f_{MF}}{2^N}\sqrt{x^2+y^2} = \delta\frac{L}{2^N}f_{MF}$$

式中 $L=\sqrt{x^2+y^2}$。

上述频率的单位为 s^{-1}，而速度的时间单位是 min，故上式可写为

$$v = 60\delta\frac{L}{2^N}f_{MF} \tag{5-32}$$

圆弧插补时，L 应改为圆弧半径 R。

插补合成的轮廓速度与插补控制脉冲源虚拟速度（来一个 f_{MF} 坐标轴走一步）的比值称为插补速度变速率，其表达式为

$$\frac{v}{v_{MF}} = \frac{L}{2^N} \quad 或 \quad \frac{v}{v_{MF}} = \frac{R}{2^N} \tag{5-33}$$

式中　v_{MF}——虚拟速度。

由式（5-33）可以看出，当 v_{MF} 不变时，v 随 L 或 R 变化。由于 $L(R)$ 的变化范围是 $0\sim2^N$，故合成进给速度 v 的变化范围为 $v=(0\sim1)v_{MF}$。当 L 较小时，脉冲溢出速度慢，进给慢；当 L 较大时，脉冲溢出速度快，进给快。显然这样难以实现程编进给速度，必须设法加以改善。

（2）稳速控制　DDA 插补实施稳速的方法有左移规格化、按进给速度率数 FRN 代码编程等。

1）左移规格化。直线插补时，若寄存器中的数其最高位为“1”，该数称为规格化数；反之，若最高位数为“0”，则该数为非规格化数。显然，规格化数经过两次累加后必有一次溢出；而非规格化数必须进行两次以上的累加后才会有溢出。直线插补的左移规格化方法是将被积函数寄存器 J_{Vx}、J_{Vy} 中的数同时左移（最低有效位输入零），并记下左移位数，直到 J_{Vx} 或 J_{Vy} 中的一个数是规格化数为止。直线插补经过左移规格化处理后，x、y 两方向的脉冲分配速度扩大同样的倍数（即左移位数），而两者数值之比不变，所以斜率也不变。因为规格化后，每累加运算两次必有一次溢出，溢出速度不受被积函数大小的影响，较均匀，所以加工的效率和质量都大为提高。

由于左移后，被积函数变大，为使发出的进给脉冲总数不变，就要相应的减少累加次数。如果左移 Q 次，累加次数为 2^{N-Q}。要达到这个目的，只要在 J_{Vx}、J_{Vy} 左移的同时，终点判断计数器 J_E 把“1”从最高位输入，进行右移，使 J_E 使用长度（位数）缩小 Q 位，实现累加次数减少的目的。

圆弧插补的左移规格化处理与直线插补的基本相同，不同的是圆弧插补的左移规格化是

使坐标值最大的被积函数寄存器的次高位为“1”（即保留一个前零）。也就是说，在圆弧插补中 J_{Vx}、J_{Vy} 寄存器中的数 y_i、x_i 随插补而不断修正（即作±1修正），做了+1修正后，函数不断增加，若仍取数的最高位“1”作为规格化数，则有可能在+1修正后溢出。规格化数以数的次高位为“1”，就避免了溢出。

另外，左移 i 位相当于 x、y 坐标值扩大了 2^i 倍，即 J_{Vx}、J_{Vy} 寄存器中的数分别为 2^iy 和 2^ix。当 y 积分器有溢出时，J_{Vx} 寄存器中的数应改为

$$2^iy \rightarrow 2^i(y+1)=2^iy+2^i$$

上式说明，若规格化处理时左移了 i 位，对第一象限逆圆插补来说，当 J_{Ry} 中溢出一个脉冲时，J_{Vx} 中的数应该加 2^i（而不是加1），即应在 J_{Vx} 的第 i+1位加1；同理，若 J_{Rx} 有一个脉冲溢出，J_{Vy} 的数应减少 2^i，即在第 i+1位减1。

综上所述，虽然直线插补和圆弧插补的规格化数不一样，但均能提高进给脉冲溢出速度。

2）按FRN（Feedrate Number）代码编程。如前所述，DDA插补时，合成速度 v 与 L 或 R 成正比，即

$$v=60\delta\frac{L}{2^N}f_{MF} \quad（直线） \tag{5-34}$$

$$v=60\delta\frac{R}{2^N}f_{MF} \quad（圆弧） \tag{5-35}$$

令

$$F=\frac{60\delta}{2^N}f_{MF}$$

即

$$f_{MF}=\frac{2^N}{60\delta}F$$

则

$$v=LF \quad（直线） \tag{5-36}$$

$$v=RF \quad（圆弧） \tag{5-37}$$

程编进给速度代码F是根据加工要求的切削速度 v_0 选择的，于是可定义进给速度率数FRN为

$$\mathrm{FRN}=\frac{v_0}{L}\left(或\frac{v_0}{R}\right) \tag{5-38}$$

编程时，可按FRN代码编制进给速度，即按FRN代码选择程编F代码，使

$$F=\mathrm{FRN}=\frac{v_0}{L} \quad（直线） \tag{5-39}$$

$$F=\mathrm{FRN}=\frac{v_0}{R} \quad（圆弧） \tag{5-40}$$

从而合成进给速度为

$$v=LF=v_0 \quad（直线） \tag{5-41}$$

$$v=RF=v_0 \quad（圆弧） \tag{5-42}$$

式（5-41）和式（5-42）中，v 与 L 或 R 无关，稳定了进给速度。

由此可见，若不同的程序段要求相同的切削速度 v_0，可选择不同的 F 代码予以实现。用软件来计算 FRN 是方便的，根据 FRN 可选择时钟频率 f_{MF}。

例 5-5　若某 CNC 系统的脉冲当量为 0.01mm，被加工直线长度 $L=40\text{mm}$，要求的进给速度 $v_0=240\text{mm/min}$，设寄存器位数 $N=8$。试计算时钟频率 f_{MF}。

解　$\text{FRN}=v_0/L=240/40\text{min}^{-1}=6\text{min}^{-1}$

按此代码选择程编 F 代码，即

$$F=\text{FRN}$$

则
$$f_{MF}=\frac{2^N}{60\delta}F=\frac{2^8\times6}{60\times0.01}\text{s}^{-1}=2560\text{s}^{-1}$$

插补时将 f_{MF} 作为中断频率。

5. 提高 DDA 插补精度的措施

DDA 直线插补的插补误差小于脉冲当量，圆弧插补误差小于或等于两个脉冲当量。其原因是：当在坐标轴附近进行插补时，一个积分器的被积函数值接近于 0，而另一个积分器的被积函数值接近最大值（圆弧半径），这样，后者连续溢出，而前者几乎没有溢出脉冲，两个积分器的溢出脉冲速率相差很大，致使插补轨迹偏离理论曲线。减小插补误差的方法如下：

（1）减小脉冲当量　减小脉冲当量，加工误差也变小，但参加运算的数（如被积函数值）变大，寄存器的容量则变大。欲获得同样的进给速度，需提高插补运算速度。

（2）余数寄存器预置数　在 DDA 插补之前，余数寄存器 J_{Rx}、J_{Ry} 预置某一数值。通常采用余数寄存器半加载。所谓半加载，就是在 DDA 插补前，给余数寄存器置容量的一半值 2^{N-1}，这样只要再累加 2^{N-1}，就可以产生第一个溢出脉冲，改善了溢出脉冲的时间分布，减小了插补误差。

6. 多坐标插补

DDA 插补算法的优点是可以实现多坐标直线插补联动。下面介绍实际加工中常用的空间直线插补和螺旋线插补。

（1）空间直线插补　设在空间直角坐标系中有一直线 OE（图 5-22），起点 $O(0, 0, 0)$，终点 $E(x_e, y_e, z_e)$。假定进给速度 v 是均匀的，v_x、v_y、v_z 分别表示动点在 x、y、z 方向上的移动速度，则有

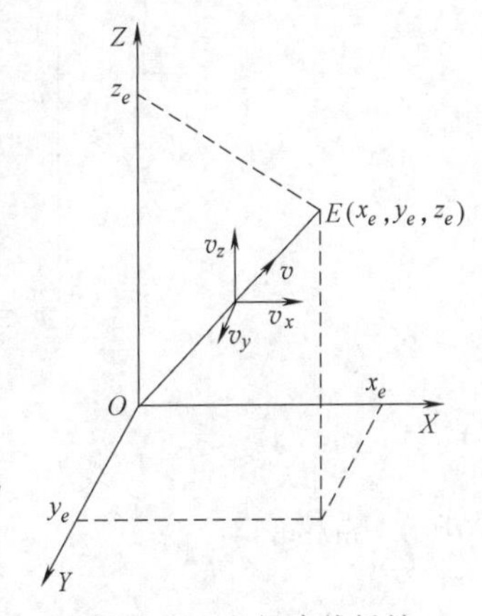

图 5-22　空间直线插补

$$\frac{v}{|OE|}=\frac{v_x}{x_e}=\frac{v_y}{y_e}=\frac{v_z}{z_e}=k \tag{5-43}$$

式中　k——比例常数。

动点在单位时间内的坐标轴位移分量为

$$\begin{cases}\Delta x=v_x\Delta t=kx_e\Delta t\\ \Delta y=v_y\Delta t=ky_e\Delta t\\ \Delta z=v_z\Delta t=kz_e\Delta t\end{cases} \tag{5-44}$$

参照平面内的直线插补可知，各坐标轴经过 2^N 次累加后分别到达终点，当 Δt 足够小时，有

$$\begin{cases} x = \sum_{i=1}^{n} kx_e \Delta t = kx_e \sum_{i=1}^{n} \Delta t = knx_e = x_e \\ y = \sum_{i=1}^{n} ky_e \Delta t = ky_e \sum_{i=1}^{n} \Delta t = kny_e = y_e \\ z = \sum_{i=1}^{n} kz_e \Delta t = kz_e \sum_{i=1}^{n} \Delta t = knz_e = z_e \end{cases} \tag{5-45}$$

与平面内直线插补一样，每来一个 Δt，最多只允许产生一个进给单位的位移增量，故 k 的选取也为 $1/2^N$。

由此可见，在空间直线插补中，x、y、z 单独累加溢出，彼此独立，易于实现。

(2) 螺旋线插补　设有一螺旋线 AE（图 5-23），其导程为 P_h，螺旋线圆弧半径为 R，动点 $N_i(x_i, y_i, z_i)$ 的运动速度为 v，螺纹升角 $\phi = \arctan \dfrac{P_h}{2\pi R}$，则沿三个坐标轴的速度分量为

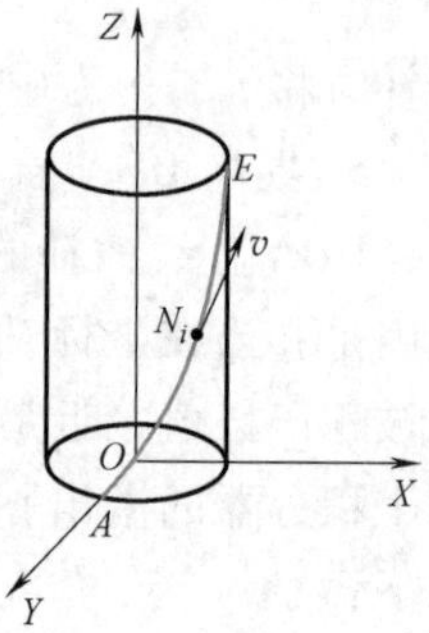

图 5-23　螺旋线插补

$$\begin{cases} v_x = v\cos\phi\sin\theta_i = \dfrac{v}{\sqrt{R^2 + \left(\dfrac{P_h}{2\pi}\right)^2}} y_i = Qy_i \\ v_y = -v\cos\phi\cos\theta_i = \dfrac{-v}{\sqrt{R^2 + \left(\dfrac{P_h}{2\pi}\right)^2}} x_i = -Qx_i \\ v_z = v\sin\phi = \dfrac{v}{\sqrt{R^2 + \left(\dfrac{P_h}{2\pi}\right)^2}} \dfrac{P_h}{2\pi} = Q\dfrac{P_h}{2\pi} \end{cases} \tag{5-46}$$

式中 $\theta_i = \arctan \dfrac{y_i}{x_i}$。

$$Q = \frac{v}{\sqrt{R^2 + \left(\dfrac{P_h}{2\pi}\right)^2}}$$

每来一个 Δt，各坐标位移增量为

$$\begin{cases} \Delta x = v_x \Delta t = Qy_i \Delta t \\ \Delta y = -v_y \Delta t = -Qx_i \Delta t \\ \Delta z = v_z \Delta t = Q\dfrac{P_h}{2\pi}\Delta t \end{cases} \tag{5-47}$$

若 Δt 足够小，则可得

$$
\begin{cases}
x = \sum_{i=1}^{n} \Delta x = Q \sum_{i=1}^{n} y_i \Delta t = Q \sum_{i=1}^{n} y_i \\
y = \sum_{i=1}^{n} \Delta y = -Q \sum_{i=1}^{n} x_i \Delta t = -Q \sum_{i=1}^{n} x_i \\
z = \sum_{i=1}^{n} \Delta z = Q \sum_{i=1}^{n} \frac{P}{2\pi} \Delta t = Q \sum_{i=1}^{n} \frac{P_{\mathrm{h}}}{2\pi}
\end{cases}
\tag{5-48}
$$

从而得到 x、y、z 三个积分器的被积函数为

$$
J_{Vx} \leftarrow y_i \qquad J_{Vy} \leftarrow x_i \qquad J_{Vz} \leftarrow P_{\mathrm{h}}/2\pi
$$

x 和 y 的被积函数与圆弧插补的被积函数相同，螺旋线在 XOY 平面内符合圆弧插补运动规律，上述讨论的是螺旋线影响到 XOY 平面第一象限的插补运算情况，其他情况被积函数相同，只是 x、y 的进给方向发生变化，其变化规律与圆弧的变化规律一致。

三、比较积分法

DDA 可灵活的实现各种函数的插补和多坐标直线的插补。但是由于溢出脉冲频率与被积函数值大小有关，所以存在着速度调节不便的缺点。而逐点比较法由于以判别原理为基础，其进给脉冲是跟随插补运算频率，因而速度平稳、调节方便，但使用时不如 DDA 插补方便。比较积分法集 DDA 插补和逐点比较法插补于一身，能够实现各种函数和多坐标插补，且插补精度高，直线插补误差小于 1 个脉冲当量，易于调速、运算简单。

1. 比较积分法的原理

先用直线插补来说明。设已知直线方程为

$$
y = \frac{y_e}{x_e} x
$$

求微分得

$$
\frac{\mathrm{d}y}{\mathrm{d}x} = \frac{y_e}{x_e} \tag{5-49}
$$

下面用比较判别的方法来建立两个积分的联系。式（5-49）可改写为

$$
y_e \mathrm{d}x = x_e \mathrm{d}y \tag{5-50}
$$

用矩形公式求积就得到

$$
y_e + y_e + \cdots = x_e + x_e + \cdots \tag{5-51}
$$

或

$$
\sum_{i=0}^{x-1} y_e = \sum_{j=0}^{y-1} x_e \tag{5-52}
$$

式（5-22）表明，x 方向每发一个进给脉冲，相当于积分值增加一个量 y_e；y 方向每发一个进给脉冲，相当于积分值增加一个量 x_e。为了得到直线，必须使两个积分值相等。

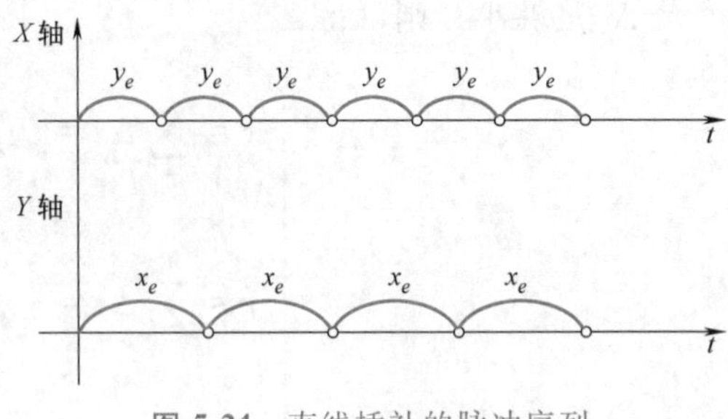

图 5-24 直线插补的脉冲序列

在时间轴上分别作出 X 轴和 Y 轴的脉冲序列，如图 5-24 所示。把时间间隔作为积分增量，X 轴上每隔一段时间 y_e 发出一个脉冲，就得到一个时间间隔 y_e；y 轴上每隔一段时间 x_e 发出一个脉冲，就得到一个时间间隔 x_e。当 X 轴发出 x 个脉冲后，有

$$\sum_{i=0}^{x-1} y_e = y_e + y_e + \cdots \tag{5-53}$$

同样，当 Y 轴发出 y 个脉冲后，有

$$\sum_{i=0}^{y-1} x_e = x_e + x_e + \cdots \tag{5-54}$$

要实现直线插补，必须始终保持上述两个积分式相等。因此，参照逐点比较法，我们引入一个判别函数 F，令

$$F = \sum_{i=0}^{x-1} y_e - \sum_{i=0}^{y-1} x_e \tag{5-55}$$

若 x 轴进给一步，则

$$F_{i+1} = F_i + y_e \tag{5-56}$$

若 y 轴进给一步，则

$$F_{i+1} = F_i - x_e \tag{5-57}$$

若 x 轴和 y 轴同时进给，则

$$F_{i+1} = F_i + y_e - x_e \tag{5-58}$$

根据 F 可以决定两轴的脉冲分配关系。下面介绍一种 SFG（伸雄式函数发生器）的运算程序，又称目标点跟踪法，来实现比较积分法插补。

2. 直线插补

设第一象限直线 OE（图 5-25），起点 $O(0, 0)$，终点 $E(x_e, y_e)$。根据比较积分法原理，其理想的脉冲分配应为：x 轴 x_e 个脉冲，时间间隔为 y_e；y 轴 y_e 个脉冲，时间间隔为 x_e，如图 5-24 所示。现取脉冲间隔小，即脉冲密度高的轴为基准轴，每次判别，该轴都发出一个脉冲；另一轴即非基准轴则根据判别函数 F 决定。

假设 $x_e>y_e$，则 $F\geqslant 0$ 时 x、y 均进给一步，$F<0$ 时 x 进给一步，y 不进给。

也就是说，在 x 轴的整个脉冲进给期间，逐次判别其相对的 y 轴脉冲是否存在。SFG 方式直线插补软件流程图如图 5-26 所示。

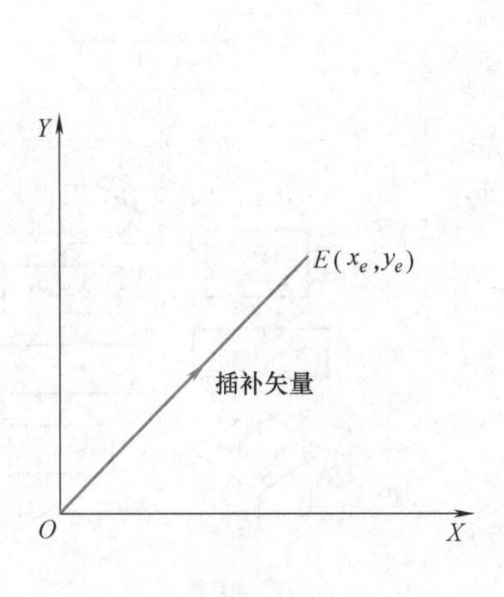

图 5-25　插补矢量

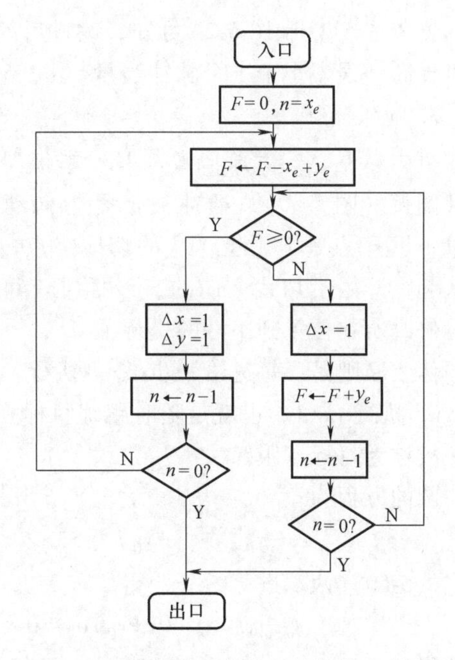

图 5-26　SFG 方式直线插补软件流程图

例 5-6　设有第一象限直线 OE，起点 $O(0，0)$。终点 $E(5，3)$，试用 SFG 方式插补。

解　判别函数初值 $F_0=0$，$n=5$。

插补运算过程见表 5-7，插补轨迹如图 5-27 所示。

表 5-7　SFG 方式插补运算过程

序号	偏差判别	进给	偏差计算	终点判别
0			$F_0=0$	$n=5$
1	$F_1<0$	Δx	$F_1=F_0+y_e-x_e=-2$	$n=4$
2	$F_2>0$	Δx，Δy	$F_2=F_1+y_e=1$	$n=3$
3	$F_3<0$	Δx	$F_3=F_2+y_e-x_e=-1$	$n=2$
4	$F_4>0$	Δx，Δy	$F_4=F_3+y_e=2$	$n=1$
5	$F_5=0$	Δx，Δy	$F_5=F_4+y_e-x_e=0$	$n=0$

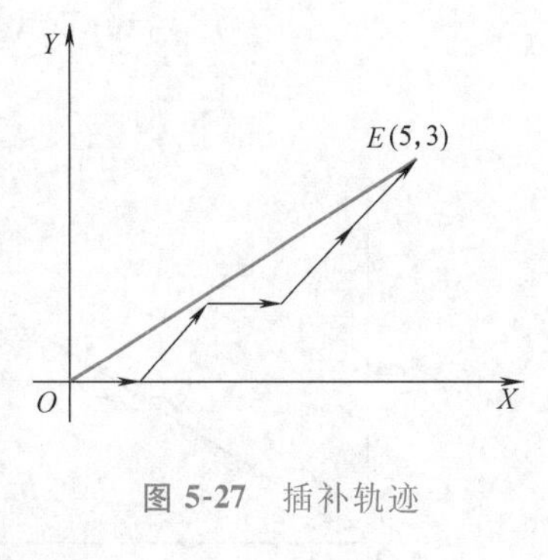

图 5-27　插补轨迹

由例 5-6 可知，SFG 方式插补误差较大，必须予以适当改进。

若将判别关系改为

$$F>\frac{1}{2}x_e，进给\ \Delta x，\Delta y$$

$$F\leqslant\frac{1}{2}x_e，进给\ \Delta x$$

改进后的 SFG 方式直线插补软件流程图如图 5-28 所示，改进后的 SFG 方式直线插补轨迹如图 5-29 所示。

比较图5-27和图5-29可知，改进后的插补轨迹精度明显提高，误差小于半个脉冲当量。

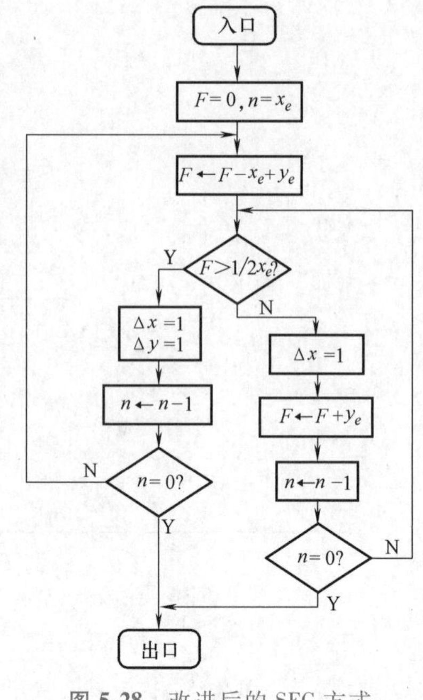

图5-28 改进后的SFG方式直线插补软件流程图

3. 圆弧插补

对于以 $B(x_0, -y_0)$ 为圆心，坐标原点为起点的顺时针圆弧（图5-30），插补矢量是指向动点切线方向的矢量，设 B' 点是圆弧起点 O 的切线终点，则圆弧插补就是从起点开始沿切线方向的直线插补。每进给一步都要及时修改所在位置到中心的坐标值。

修改原则是：每进给一步 Δx，执行 x_0-1；每进给一步 Δy，执行 y_0+1。也就是随时跟踪目标点到 B 点的坐标值，故称为目标点跟踪法。

圆的方程为

$$(x-x_0)^2+(y+y_0)^2=x_0^2+y_0^2 \tag{5-59}$$

对式（5-59）两端进行微分，得

$$(x-x_0)\mathrm{d}x+(y+y_0)\mathrm{d}y=0$$

移项得

$$(x_0-x)\mathrm{d}x=(y_0+y)\mathrm{d}y$$

利用矩形公式求积得

$$\sum_{i=0}^{x-1}(x_0-i)=\sum_{j=0}^{y-1}(y_0+j) \tag{5-60}$$

将式（5-60）展开，得

$$x_0+(x_0-1)+(x_0-2)+\cdots=y_0+(y_0+1)+(y_0+2)+\cdots \tag{5-61}$$

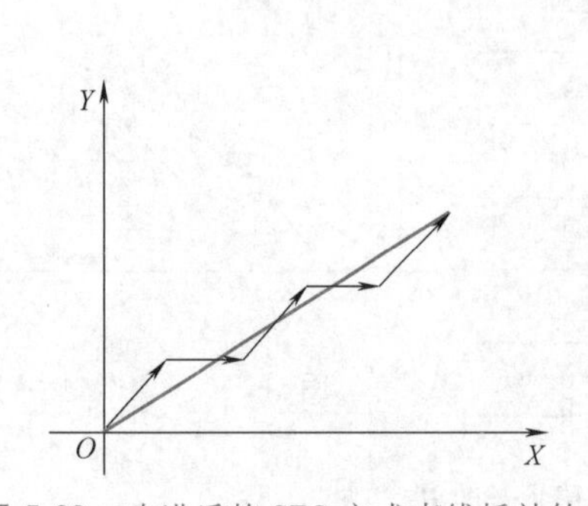

图5-29 改进后的SFG方式直线插补轨迹

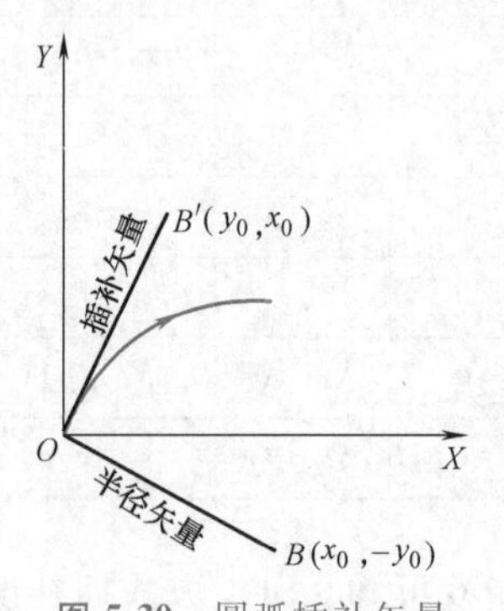

图5-30 圆弧插补矢量

式（5-61）两边分别可用两组等差数列表示，等式左边数列的公差为−1，等式右边数列的公差为+1，说明在插补过程中，X 轴（或 Y 轴）每发出一个进给脉冲，就对被积函数 X（或 Y）进行减1（或加1）的修正，这恰好证明了圆弧插补就是沿切线方向的直线插补。圆函数的脉冲分配图如图5-31所示，改进后的圆弧插补软件流程图如图5-32所示。

4. 空间直线插补

现以三坐标直线插补为例来说明比较积分法实现多坐标插补的原理。

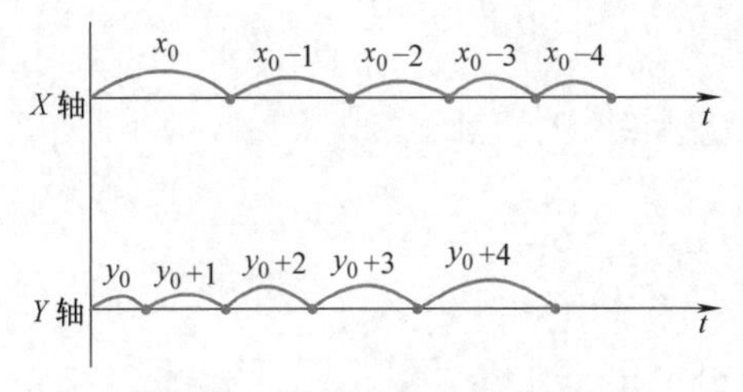

图 5-31　圆函数的脉冲分配图

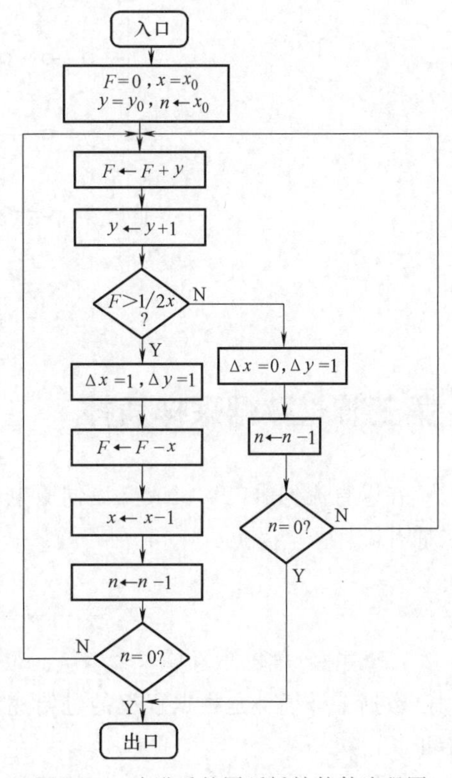

图 5-32　改进后的圆弧插补软件流程图

设空间直线的起点为（0，0，0），终点为（x_e，y_e，z_e），若 X 轴是三个坐标中脉冲间隔最小的，则取 X 轴为基准轴，分别在 XOY 及 XOZ 平面作判别函数。

$$
\begin{aligned}
F_{i+1} &= F_i - x_e + y_e \\
F_{i+1}' &= F_i' - x_e + z_e
\end{aligned}
\tag{5-62}
$$

在 XOY 和 XOZ 平面上同时进行脉冲分配即可实现三坐标直线插补。

其软件流程图和脉冲分配序列分别如图 5-33 和图 5-34 所示。图 5-34 中的终点为（9，5，7）。

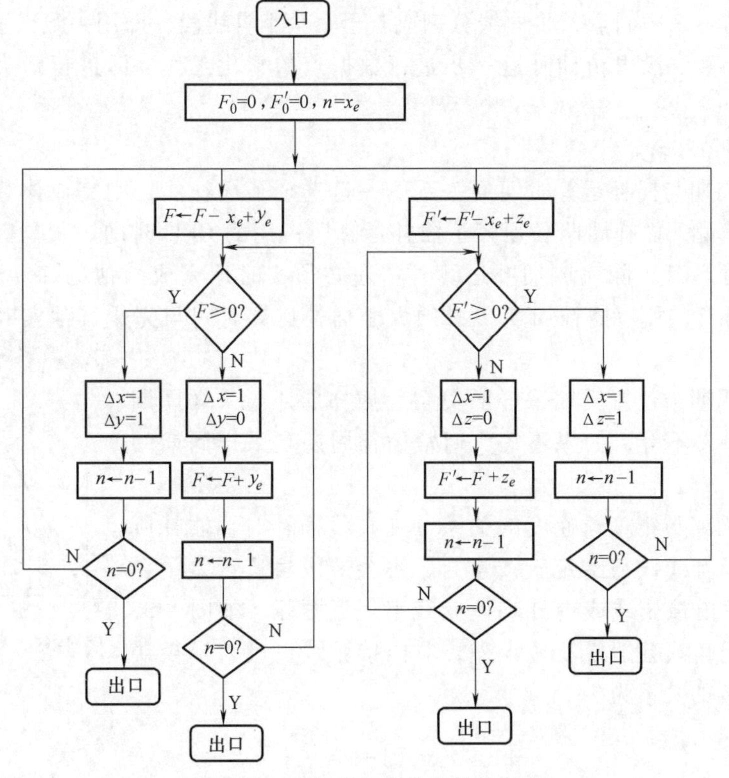

图 5-33　空间直线插补软件流程图

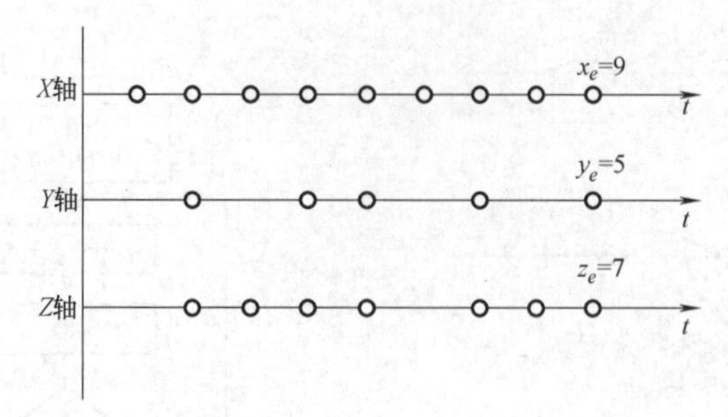

图 5-34　空间直线插补脉冲分配序列

第三节　数据采样插补

在以直流伺服电动机或交流伺服电动机为驱动元件的数控系统中，一般采用数据采样方法插补。

一、概述

1. 数据采样插补的基本原理

数据采样插补是根据程编的进给速度将轮廓曲线按时间分割为采样周期的进给段，即进给步长。

数据采样插补一般分为粗、精插补两步完成。第一步是粗插补，由它在给定曲线的起、终点之间插入若干个中间点，将曲线分割成若干个微小直线段，即用一组微小直线段来逼近曲线。这些微小直线段由精插补进一步进行数据点的密化工作，即进行对直线的脉冲增量插补。

2. 插补周期的选择

（1）插补周期与插补运算时间的关系　一旦选定了插补法，则完成该算法的时间也就确定了。一般来说，插补周期必须大于插补运算所占用的 CPU 时间。这是因为当数控系统进行轮廓控制时，CPU 除完成插补运算外，还必须实时地完成其他的一些工作，如显示、监控甚至精插补等。所以插补周期 T 必须大于插补运算时间与完成其他实时任务所需时间之和。

（2）插补周期与位置反馈采样的关系　插补周期与采样周期可以相等，也可以不等，如果不等，通常插补周期是采样周期的整数倍。

（3）插补周期与精度、速度的关系　在直线插补时，插补所形成的每一个小直线段与给定直线重合，不会造成轨迹误差。在圆弧插补时，用内接弦线或内外均差弦线来逼近圆弧，如图 5-35 所示。这种逼近必然会造成轨迹误差，对内接弦线，最大半径误差 e_r 与步距角 δ 的关系为

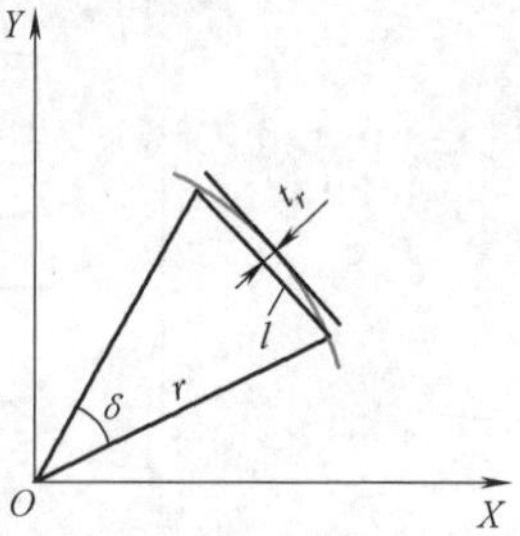

图 5-35　用弦线逼近圆弧

$$e_r = r\left(1-\cos\frac{\delta}{2}\right) \tag{5-63}$$

将上式中的 $\cos\dfrac{\delta}{2}$ 用级数展开式表达，得

$$e_r=r-r\cos\frac{\delta}{2}=r\left\{1-\left[1-\frac{\left(\frac{\delta}{2}\right)^2}{2!}+\frac{\left(\frac{\delta}{4}\right)^4}{4!}-\cdots\right]\right\} \tag{5-64}$$

由于

$$\frac{\left(\frac{\delta}{2}\right)^4}{4!}=\frac{\delta^4}{384}\ll 1$$

$$\delta=\frac{l}{r}\text{（用进给步长代替弧长）}$$

其中，$l=TF$（T 是插补周期，F 是刀具移动速度）。

因此

$$e_r=\frac{\delta^2}{8}r=\frac{l^2}{8}\frac{1}{r}=\frac{(TF)^2}{8}\frac{1}{r} \tag{5-65}$$

由式（5-65）可以看出圆弧插补时，插补周期 T 分别与精度 e_r、半径 r 和速度 F 有关。

下面介绍数据采样插补的算法：直接函数法、双 DDA 插补。

二、直接函数法

1. 直线插补

如图 5-36 所示，在 XOY 平面加工直线 OE。起点在原点 O，终点在 $E(x_e, y_e)$，OE 与 X 轴的夹角为 α，则插补进给步长为

$$\begin{cases}\Delta x=l\cos\alpha\\ \Delta y=\dfrac{y_e}{x_e}\Delta x\end{cases} \tag{5-66}$$

$$\begin{cases}x_{i+1}=x_i+\Delta x\\ y_{i+1}=y_i+\Delta y\end{cases} \tag{5-67}$$

2. 圆弧插补

如图 5-37 所示，设刀具沿顺时针方向运动，在圆上有插补点 $A(x_i, y_i)$、$B(x_{i+1}, y_{i+1})$，所谓插补，在这里是指由已加工点 A 求出下一点 B，实际上是求在一个插补周期内，X 轴和 Y 轴的进给增量为 Δx 和 Δy。图 5-37 中的弦 AB 正是圆弧插补时每周期的进给步长 l，AP 是 A 点的切线，M 是弦的中点，$OM\perp AB$，$ME\perp AF$，E 是 AF 的中点。

由图 5-37 中的几何关系得

$$\alpha=\angle PAF+\angle BAP=\beta+\frac{1}{2}\delta \tag{5-68}$$

式中　δ——弧 AB 所对应的圆心角，即步距角。

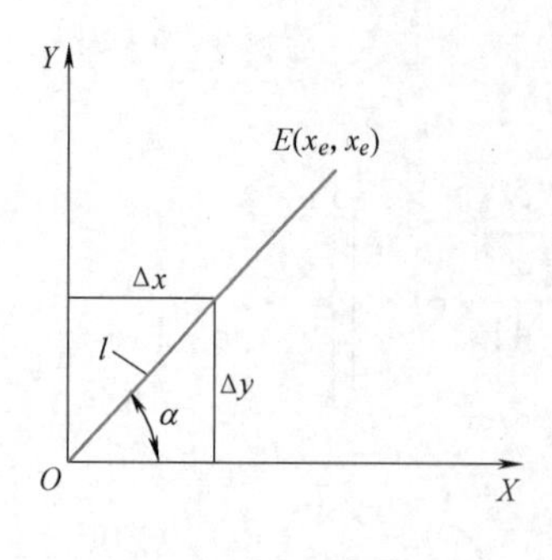

图 5-36　直线插补

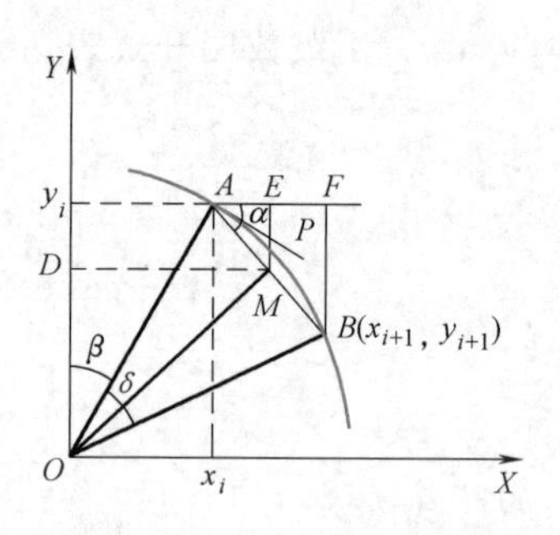

图 5-37　圆弧插补

在△MOD 中

$$\tan\left(\beta+\frac{1}{2}\delta\right)=\frac{DM}{OD}=\frac{x_i+\frac{1}{2}l\cos\alpha}{y_i-\frac{1}{2}l\sin\alpha} \tag{5-69}$$

$$\tan\alpha=\tan\left(\beta+\frac{1}{2}\delta\right)=\frac{x_i+\frac{1}{2}l\cos\alpha}{y_i-\frac{1}{2}l\sin\alpha} \tag{5-70}$$

又因为

$$\tan\alpha=\frac{FB}{FA}=\frac{\Delta y}{\Delta x}$$

由此可以推出（x_i，y_i）与 Δx、Δy 的关系式为

$$\frac{\Delta y}{\Delta x}=\frac{x_i+\frac{1}{2}l\cos\alpha}{y_i-\frac{1}{2}l\sin\alpha} \tag{5-71}$$

在式（5-70）中，$\cos\alpha$ 和 $\sin\alpha$ 都是未知数，难以求解 Δx 和 Δy，所以采用近似算法，用 $\cos45°$ 和 $\sin45°$ 来代替，即

$$\tan\alpha=\frac{x_i+\frac{1}{2}l\cos\alpha}{y_i-\frac{1}{2}l\sin\alpha}\approx\frac{x_i+\frac{1}{2}l\cos45°}{y_i-\frac{1}{2}l\sin45°} \tag{5-72}$$

其中 x_i、y_i 为已知。由上式 $\tan\alpha$ 可求出 $\cos\alpha$，所以 $\Delta x=l\cos\theta$ 可求得。由于 $\tan\alpha$ 是近似值，所以 Δx 值也是近似值。

但是这种偏差不会使插补点离开圆弧轨迹，这是由式（5-71）保证的。因为圆弧上任意相邻两点必满足

$$\Delta y=\frac{\left(x_i+\frac{1}{2}\Delta x\right)\Delta x}{y_i-\frac{1}{2}\Delta x} \tag{5-73}$$

求出 Δx、Δy 后，可求得新的插补点的坐标为

$$\begin{cases} x_{i+1}=x_i+\Delta x \\ y_{i+1}=y_i-\Delta y \end{cases} \tag{5-74}$$

以此新的插补点坐标又可求出下一个插补点的坐标。

由于圆弧插补是以弦逼近圆弧，因此插补误差主要是径向误差。该误差取决于进给速度的大小，进给速度越高，每次插补进给的弦长越长，径向误差就越大。

由式（5-65）可求出

$$l \leqslant \sqrt{8e_r r} \tag{5-75}$$

式中　e_r——最大径向误差；

r——圆弧半径。

当 $e_r \leqslant 1\mu m$，插补周期 $T=8ms$ 时，进给速度为

$$v \leqslant \frac{\sqrt{8e_r r}}{T}=\sqrt{\frac{8r}{1000}}\times\frac{60\times1000}{8}=\sqrt{450000r}$$

式中　v——进给速度，单位为 mm/min。

三、双 DDA 插补算法

双 DDA 插补采用两套数据，第一套数据由第一组公式计算出，即得到插补点 B、F…。第二套数据由第二组公式计算出，得到插补点 C、G…。将两套数据相对应的点（如 B 和 C，F 和 G 等）连接，求出中点坐标（如 P_1 和 P_2 点坐标），P_1 和 P_2 点即为双 DDA 圆弧插补的步长分隔点，插补轨迹如图 5-38 所示。

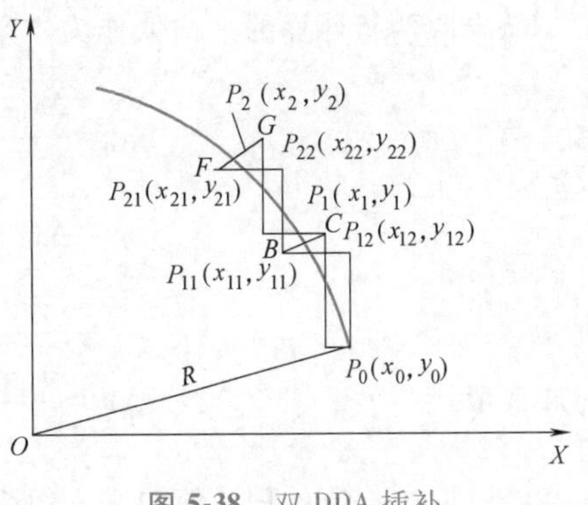

图 5-38　双 DDA 插补

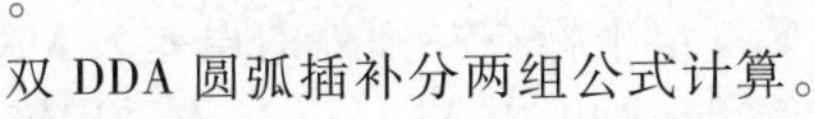

双 DDA 圆弧插补分两组公式计算。

第一组

第一步：
$$\Delta y_{01}=\left(\frac{v}{R}\right)x_{01} \quad y_{11}=y_{01}+\Delta y_{01}$$
$$\Delta x_{01}=-\left(\frac{v}{R}\right)y_{11} \quad x_{11}=x_{01}+\Delta x_{01}$$

第二步：
$$\Delta y_{11}=\left(\frac{v}{R}\right)x_{11} \quad y_{21}=y_{11}+\Delta y_{11}$$
$$\Delta x_{11}=-\left(\frac{v}{R}\right)y_{21} \quad x_{21}=x_{11}+\Delta x_{11}$$

第二组

第一步：
$$\Delta x_{02}=-\left(\frac{v}{R}\right)y_{02} \quad x_{12}=x_{02}+\Delta x_{02}$$
$$\Delta y_{02}=\left(\frac{v}{R}\right)x_{12} \quad y_{12}=y_{02}+\Delta y_{02}$$

第二步：
$$\Delta x_{12}=-\left(\frac{v}{R}\right)y_{12} \quad x_{22}=x_{12}+\Delta x_{12}$$

$$\Delta y_{12}=\left(\frac{v}{R}\right)x_{22} \quad y_{22}=y_{12}+\Delta y_{12}$$

坐标下标中的第一个数字表示动点，第二个数字表示组号。

双 DDA 圆弧插补的两组计算公式中，Δy_{01}、Δx_{01} 和 Δy_{02}、Δx_{02} 为采样周期 T 时间内从起点开始第一组和第二组坐标轴方向的进给增量；v 为合成速度；R 为圆弧半径；y_{01}、x_{01} 和 y_{02}、x_{02} 分别为第一组和第二组插补起点（第 0 点）的坐标值；y_{11}、x_{11} 和 y_{12}、x_{12} 为一个插补周期后，第一组和第二组分别得到的新插补点（第 1 点）的坐标值。式中其他符号意义类同。

由第一组插补公式先求出 Δy_i，然后修正 y 值，用修正的 y 值去求 Δx_i，再修正 x 值，从而得到第一组新的插补点（x_{i1}、y_{i1}）。以此类推，循环进行下去，可以计算出其他插补点 B、F…。

由第二组插补公式先求出 Δx_i，然后修正 x 值，用修正的 x 值去求 Δx_{i+1}（$\Delta x_{i+1}=x_i+\Delta x_i$），并求这一点的 Δy 值，从而得到该点的坐标值（x_{i2}、y_{i2}），即第二组新的插补点。以此类推，也可以计算出其他插补点 C、G…。

每次取两组计算的平均值作为本采样周期的数字增量值，即

第一步：
$$\Delta x_0=\frac{\Delta x_{01}+\Delta x_{02}}{2} \quad \Delta y_0=\frac{\Delta y_{01}+\Delta y_{02}}{2}$$

第二步：
$$\Delta x_1=\frac{\Delta x_{11}+\Delta x_{12}}{2} \quad \Delta y_1=\frac{\Delta y_{11}+\Delta y_{12}}{2}$$

写成一般式
$$\Delta x_i=\frac{\Delta x_{i1}+\Delta x_{i2}}{2} \quad \Delta y_i=\frac{\Delta y_{i1}+\Delta y_{i2}}{2}$$

经过取平均值处理，使原来一组坐标点在圆内，另一组坐标点在圆外的误差大大减小。在图 5-38 中，被加工起点在 P_0 点，用第一组公式的第一步求出 $B(x_{11}, y_{11})$ 点，用第二组公式求出 $C(x_{12}, y_{12})$ 点，取 B 点和 C 点的中值得实际插补点 $P_1(x_1, y_1)$。然后用第一组公式的第二步以 B 点为基点求出 $F(x_{21}$、$y_{21})$，用第二组公式的第二步以 C 为基点求出 $G(x_{22}$、$y_{22})$ 点，取 F 点和 G 点的中值求得实际第二步的插补点坐标 $P_2(x_2, y_2)$。以此类推，求出一系列的 P_1、P_2、…、P_i、…、P_n。

第四节 数控装置的进给速度控制

轮廓控制系统中，既要严格控制运动轨迹，又要严格控制运动速度，以保证被加工零件的精度和表面粗糙度，同时保证刀具和机床的寿命以及生产效率。在高速运动时，为避免在起动时和停止阶段发生冲击、失步、超程和振荡，数控装置还应对运动速度进行加减速控制。

一、进给速度控制

由于脉冲增量插补和数据采样插补的计算方法不同，其速度控制方法也有不同。

1. 脉冲增量插补算法的进给速度控制

脉冲增量插补的输出形式是脉冲，其频率与进给速度成正比。因此可通过控制插补运算

的频率来控制进给速度。常用的方法有软件延时法和中断控制法。

（1）软件延时法　根据程编进给速度，可以求出要求的进给脉冲频率，从而得到两次插补运算之间的时间间隔 t，时间间隔 t 必须大于 CPU 执行插补程序的时间 $t_{程}$，t 与 $t_{程}$ 之差即为应调节的时间 $t_{延}$，可以编写一个延时子程序来改变进给速度。

例 5-7　设某数控装置的脉冲当量 $\delta=0.01\text{mm}$，插补程序运行时间 $t_{程}=0.1\text{ms}$，若程编进给速度 $F=300\text{mm/min}$，求调节时间 $t_{延}$。

解　由 $v=60\delta f$ 得

$$f=\frac{v}{60\delta}=\frac{300}{60\times0.01}\text{s}^{-1}=500\text{s}^{-1}$$

则插补时间间隔为

$$t=\frac{1}{f}=0.002\text{s}=2\text{ms}$$

调节时间 $t_{延}=t-t_{程}=(2-0.1)\text{ms}=1.9\text{ms}$

用软件编一程序实现上述延时，即可达到控制进给速度的目的。

（2）中断控制法　根据程编进给速度计算出定时器/计数器（CTC）的定时时间常数，以控制 CPU 中断。在中断服务中进行一次插补运算并发出进给脉冲，CPU 等待下一次中断，如此循环进行，直至插补完毕。这种方法使得 CPU 可以在两个进给脉冲时间间隔内做其他工作，如输入、译码、显示等。进给脉冲频率由定时器定时常数决定。定时到，插补运算一次输出进给脉冲，所以该方法具有实际使用意义。

2. 数据采样插补算法的进给速度控制

数据采样插补根据程编进给速度计算一个插补周期内合成速度方向上的进给量

$$f_s=\frac{FTK}{60\times1000} \tag{5-76}$$

式中　f_s——系统在稳定进给状态下的插补进给量，称为稳定速度，单位为 mm/min；

F——程编进给速度，单位为 mm/min；

T——插补周期，单位为 ms；

K——速度系数，包括快速倍率、切削进给倍率等。

为了调速方便，设置了速度系数 K 来反映速度倍率的调节范围，$K=0\sim200\%$，当中断服务程序扫描到面板上倍率开关状态时，给 K 设置相应参数，从而对数控装置面板手动速度调节作出正确响应。

二、加减速度控制

为了保证加工质量，在进给速度突变时必须对送到进给电动机的脉冲频率和电压进行加减速控制。当速度突然升高时，应保证加在伺服进给电动机上的进给脉冲频率或电压逐渐增大；当速度突然降低时，应保证加在伺服进给电动机上的进给脉冲频率或电压逐渐减小。数控装置的加减速控制多用软件实现，可以在插补前进行，也可以在插补后进行。

在插补前进行的加减速控制称为前加减速控制，仅对程编速度 F 指令进行控制，其优点是不会影响实际插补输出的位置精度，只需预测减速点，计算量较大。

在插补后进行的加减速控制称为后加减速控制，分别对各运动轴进行加减速控制，故不必预测减速点，而是在插补输出为零时才开始减速，经过一定的延时逐渐靠近终点。但在加减速过程中对坐标合成位置有影响。

1. 前加减速控制

（1）稳定速度和瞬时速度　稳定速度即系统处于稳定进给状态时，一个插补周期内的进给量 f_s，可用式（5-76）表示。通过该计算公式将程编速度指令或快速进给速度 F 转换成每个插补周期的进给量，并包括了速率倍率调整的因素在内。如果计算出的稳定速度超过系统允许的最大速度（由参数设定），取最大速度为稳定速度。

瞬时速度指系统在每个插补周期内的进给量。当系统处于稳定进给状态时，瞬时速度 $f_i=f_s$，当系统处于加速（或减速）状态时，$f_i<f_s$（或 $f_i>f_s$）。

（2）线性加减速处理　当机床起/停或在切削加工过程中改变进给速度时，数控系统自动进行线性加减速处理。加减速的速率必须作为机床的参数预先设置好，其中包括机床允许的最大进给速度 F_{max} 和由0加速到 F_{max} 或由 F_{max} 减速到0所需的时间 t（ms）。例如，取 $t=100$ms。设定了上述参数后，快速进给的加速度 a 为

$$a=\frac{1}{60\times1000}\times\frac{F_{max}}{t} \tag{5-77}$$

而切削进给时，式（5-77）应代入进给速度 F 以及加速到 F 所用时间 t。

1）加速处理。每插补一次，都应进行稳定速度、瞬时速度的计算和加减速处理。当计算出的当前稳定速度 f_s 大于上一个插补周期内的瞬时速度 f_i 时，需进行加速处理。当前瞬时速度为

$$f_{i+1}=f_i+aT \tag{5-78}$$

式中　T——插补周期。

新的瞬时速度 f_{i+1} 作为插补进给量参与插补运算，计算出各坐标的位置增量值，使坐标轴运动至进给稳定速度为止。

2）减速处理。每进行一次插补计算，系统都要进行终点判别，计算出刀具离开终点的瞬时距离 s_i，并判别是否已到达减速区域。若 $s_i\leqslant s$，表示已到达减速点，当稳定速度 f_s 和设定的加速度 a 确定后，可由下式决定减速区域。

$$S=\frac{f_s^2}{2a}+\Delta s \tag{5-79}$$

式中　Δs——提前量，Δs 可作为参数预先设置好。若不需要提前一段距离开始减速，则可取 $\Delta s=0$，每减速一次后，新的瞬时速度为

$$f_{i+1}=f_i-aT \tag{5-80}$$

新的瞬时速度 f_{i+1} 作为插补进给量参与插补运算，控制各坐标轴移动，直至减速到新的稳定速度或到达终点，速度减为0。

（3）终点判别处理　每进行一次插补计算，系统都要计算 s_i，然后进行终点判别。若即将到达终点，就设置相应标志；若本程序段要减速，则在到达减速区域时设减速标志，并开

始减速处理，终点判别计算分为直线和圆弧插补两个方面。

1）直线插补。如图 5-39 所示，设刀具沿直线 OE 运动，E 为直线程序段终点，N 为某一瞬时点。在插补计算时，已算出 X 轴和 Y 轴的插补进给量 Δx 和 Δy，所以 N 点的瞬时坐标可由上一插补点的坐标 x_{i-1} 和 y_{i-1} 求得，即

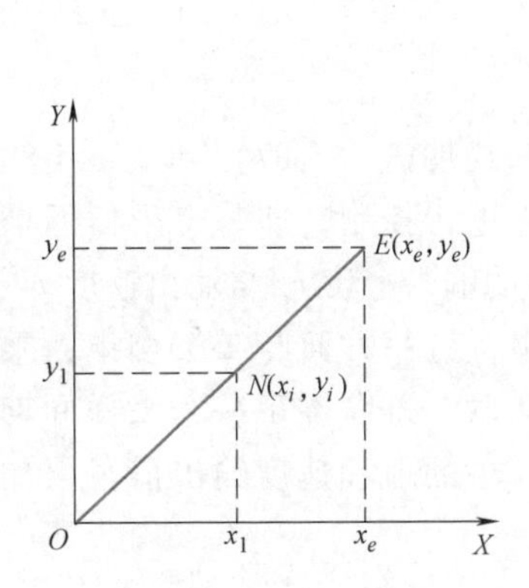

图 5-39　直线插补终点判别

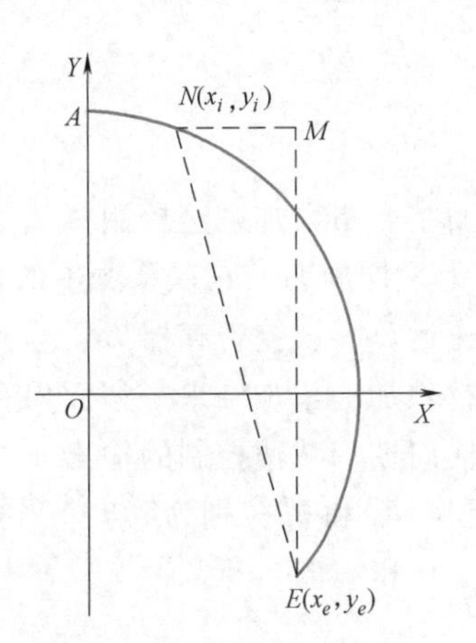

图 5-40　圆弧插补终点判别

$$\begin{cases} x_i = x_{i-1} + \Delta x \\ y_i = y_{i-1} + \Delta y \end{cases} \tag{5-81}$$

瞬时点离终点 E 的距离 s_i 为

$$s_i = NE = \sqrt{(x_e - x_i)^2 + (y_e - y_i)^2} \tag{5-82}$$

2）圆弧插补。如图 5-40 所示，设刀具沿圆弧 AE 做顺时针运动，N 为某一瞬间插补点，其坐标值 x_1 和 y_1 已在插补计算中求出。N 离开终点 E 的距离 s_i 为

$$s_i = \sqrt{(x_e - x_i)^2 + (y_e - y_i)^2} \tag{5-83}$$

终点判别原理框图如图 5-41 所示。

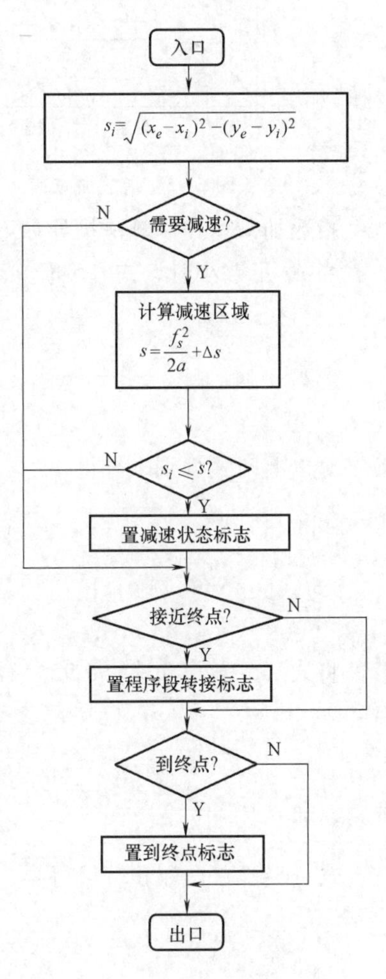

图 5-41　终点判别原理框图

2. 后加减速控制

后加减速控制的方法主要有指数加减速控制算法、直线加减速控制算法和 S 曲线加减速控制算法。

（1）指数加减速控制算法　在切削进给或手动进给时，跟踪响应要求较高，一般采用指数加减速控制，将速度突变处理成速度随时间指数规律上升或下降，如图 5-42 所示。

指数加减速控制时速度与时间的关系是

加速时　$v(t) = v_c(1 - e^{-\frac{t}{T}})$　（5-84）

匀速时　$v(t) = v_c$　（5-85）

减速时　$v(t) = v_c e^{-\frac{t}{T}}$　（5-86）

式中　T——时间常数；

v_c——稳定速度。

上述过程可以用累加公式来实现，即

$$E_i = \sum_{k=0}^{i-1}(v_c - v_k)\Delta t \tag{5-87}$$

$$v_i = \frac{E_i}{T} \tag{5-88}$$

下面结合指数加减速控制算法原理图（图 5-43）来说明式（5-87）和式（5-88）的含义。Δt 为采样周期，它在算法中的作用是对加减速运算进行控制，即每个采样周期进行一次加减速运算。误差寄存器 E 的作用是对每个采样周期的输入速度 v_c 与输出速度 v 之差 $E=v_c-v$ 进行累加。累加结果一方面保存在误差寄存器 E 中，另一方面与 $1/T$ 相乘，乘积作为当前采样周期加减速控制的输出 v。同时 v 又反馈到输入端，准备在下一个采样周期中重复以上过程。E_i 和 v_i 分别为第 i 个采样周期误差寄存器 E 中的值和速度输出值，累加初值分别为 $E_0=0$ 和 v_0。

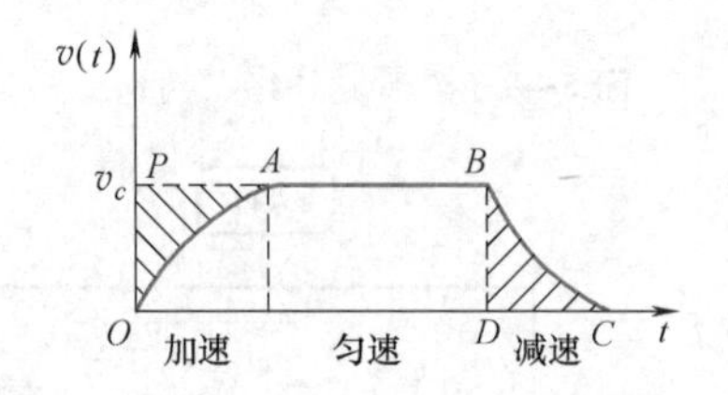

图 5-42 指数加减速

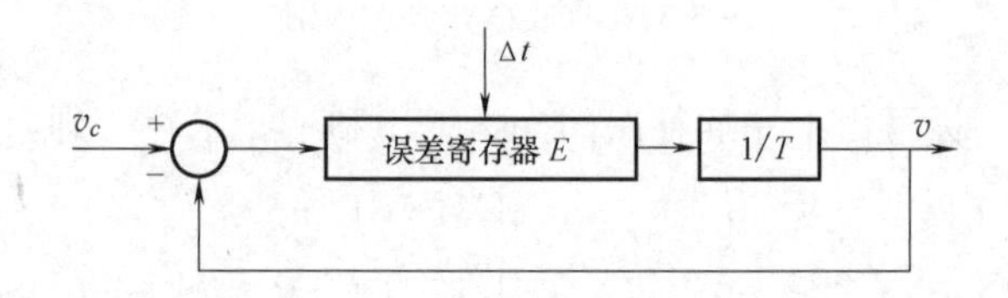

图 5-43 指数加减速控制算法原理图

指数加减速控制算法推导如下：

当 Δt 足够小时，式（5-87）和式（5-88）可写成

$$E(t) = \int_0^t [v_c - v(t)]\mathrm{d}t \tag{5-89}$$

$$v(t) = \frac{1}{T}E(t) \tag{5-90}$$

对以上两式分别求导得

$$\frac{\mathrm{d}E(t)}{\mathrm{d}t} = v_c - v(t) \tag{5-91}$$

$$\frac{\mathrm{d}v(t)}{\mathrm{d}t} = \frac{1}{T}\frac{\mathrm{d}E(t)}{\mathrm{d}t} \tag{5-92}$$

将式（5-91）和式（5-92）合并得

$$T\frac{\mathrm{d}v(t)}{\mathrm{d}t} = v_c - v(t)$$

或

$$\frac{\mathrm{d}v(t)}{v_c - v(t)} = \frac{\mathrm{d}t}{T} \tag{5-93}$$

式（5-93）两端积分后得

$$\ln[v_c - v(t)]\Big|_0^t = -\frac{t}{T} \tag{5-94}$$

即

$$\frac{v_c-v(t)}{v_c-v(0)}=\mathrm{e}^{-\frac{t}{T}} \tag{5-95}$$

由式（5-95）可得

加速时 $v(0)=0$，则 $v(t)=v_c(1-\mathrm{e}^{-\frac{t}{T}})$ （5-96）

匀速时 $t\to\infty$，则 $v(t)=v_c$ （5-97）

减速时 $v(0)=v_c$ 且输入为 0，由式（5-91）得

$$\frac{\mathrm{d}E(t)}{\mathrm{d}t}=v_c-v(t)=-v(t) \tag{5-98}$$

代入式（5-92）得

$$\frac{\mathrm{d}v(t)}{v(t)}=-\frac{v(t)}{T} \tag{5-99}$$

即

$$\frac{\mathrm{d}v(t)}{v(t)}=-\frac{\mathrm{d}t}{T} \tag{5-100}$$

式（5-100）两端积分后得 $v(t)=\mathrm{e}^{-\frac{t}{T}}$ （5-101）

上面的推导过程证明了用式（5-87）和式（5-88）可以实现指数加减速控制。下面进一步导出其实用的指数加减速算法公式。

参照式（5-87）和式（5-88），设

$$\Delta x_i'(\Delta y_i')=v_i\Delta t \qquad \Delta x(\Delta y)=v_c\Delta t$$

其中，Δx 或 Δy 为每个采样周期加减速的输入位置增量，即每个插补周期内计算出的坐标位置增量值。$\Delta x_i'$ 和 $\Delta y_i'$ 则为第 i 个插补周期加减速输出的位置增量值。后加减速是在插补后进行的，对 X 轴和 Y 轴分别控制。

将以上两式代入式（5-87）和式（5-88）得

$$\begin{cases} E_i=\sum\limits_{k=0}^{i-1}(\Delta x-\Delta x_k')=E_{i-1}+(\Delta x-\Delta x_{i-1}') \\ \Delta x_i'=E_i\dfrac{1}{T} \qquad (\text{取 } \Delta t=1) \end{cases} \tag{5-102}$$

或

$$\begin{cases} E_i=\sum\limits_{k=0}^{i-1}(\Delta y-\Delta y_k')=E_{i-1}+(\Delta y-\Delta y_{i-1}') \\ \Delta y_i'=E_i\dfrac{1}{T} \qquad (\text{取 } \Delta t=1) \end{cases} \tag{5-103}$$

式（5-102）和式（5-103）分别为 X 轴和 Y 轴加减速控制算法的实用累加公式。

（2）直线加减速控制算法　快速进给时速度变化范围大，要求平稳性好，一般采用加减速控制，使速度突然升高时，沿一定斜率的直线上升；速度突然降低时，沿一定斜率的直线下降，如图 5-44 所示的速度变化曲线 $OABC$。

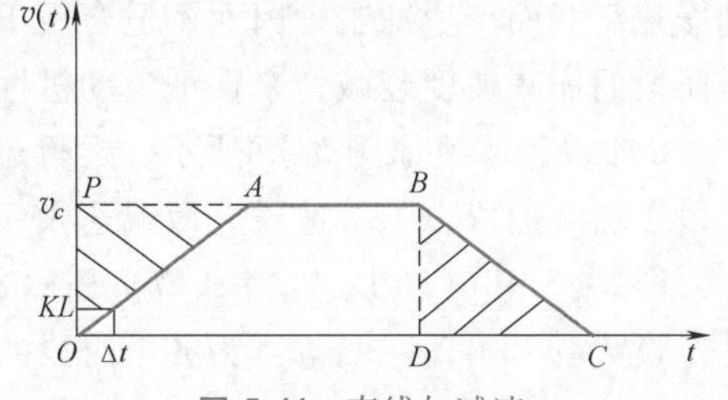

图 5-44　直线加减速

直线加减速控制需经 5 个过程。

1）加速过程。若输入速度与上一个采样周

期的输出速度 v_{i-1} 之差大于一个速度常数 KL，即 $v_c-v_{i-1}>KL$，则必须进行加速控制，使本次采样周期的输出速度增加一个 KL 值，即

$$v_i=v_{i-1}+KL \tag{5-104}$$

式中　KL——速度阶跃因子。

显然，在加速过程中，输出速度 v_i 沿斜率为 $K'=\dfrac{KL}{\Delta t}$的直线上升，Δt 为采样周期。

2）加速过渡过程。当输入速度 v_c 与上次采样周期的输出速度 v_{i-1} 之差满足下式时，即

$$0<v_c-v_{i-1}<KL \tag{5-105}$$

说明速度已上升至接近匀速。这时可改变本次采样周期的输出速度 v_i，使之与输入速度相等，即

$$v_i=v_c \tag{5-106}$$

经过这个过程后，系统进入稳定速度状态。

3）匀速过程。在这个过程中，输出速度保持不变，即

$$v_i=v_{i-1} \tag{5-107}$$

4）减速过渡过程。当输入速度 v_c 与上一个采样周期的输出速度 v_{i-1} 之差满足下式时，即

$$0<v_{i-1}-v_c<KL \tag{5-108}$$

说明应开始减速处理。改变本次采样周期的输出速度 v_i，使之减小到与输入速度 v_c 相等，即

$$v_i=v_c \tag{5-109}$$

5）减速过程。若输入速度 v_c 小于一个采样周期的输出速度 v_{i-1}，但其差值大于 KL 值时，即

$$v_{i-1}-v_c>KL \tag{5-110}$$

则进行减速控制，使本次采样周期的输出速度 v_i 减小一个 KL 值，即

$$v_i=v_{i-1}-KL \tag{5-111}$$

显然，在减速过程中，输出速度沿斜率为 $K'=\dfrac{KL}{\Delta t}$的直线下降。

（3）S曲线加减速控制算法　前面介绍的指数加减速和直线加减速在启动和结束时存在加减速突变而产生冲击，因而不适合用于高速数控系统。S曲线加减速通过对启动阶段和高速阶段的加减速度衰减，来保证电动机性能的充分发挥和减小启动冲击。

S曲线加减速如图5-45所示，运行过程分为7段：加加速段、匀加速段、减加速段、匀速段、加减速段、匀减速段、减减速段。

图5-45中 $t_i(i=1、2、\cdots、7)$ 表示各个阶段的过渡点时刻。

设 $T_i(i=1、2、\cdots、7)$ 为各个时段的持续运行时间。$T_1=t_1$；$T_2=t_2-t_1$；$T_3=t_3-t_2$；$T_4=t_4-t_3$；$T_5=t_5-t_4$；$T_6=t_6-t_5$；$T_7=t_7-t_6$。

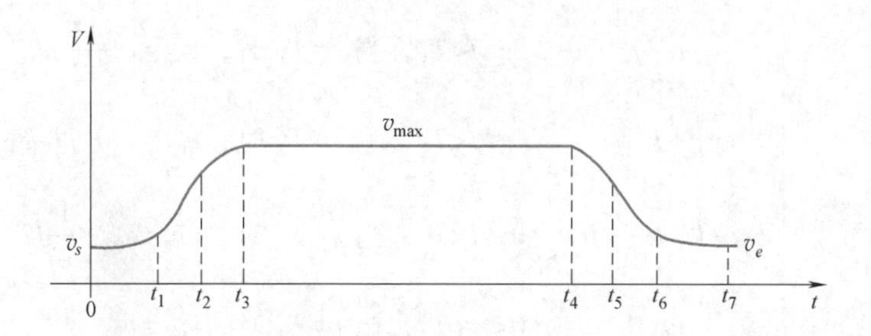

图 5-45　S 曲线加减速

一般情况下，电动机正反向的负载驱动能力是一致的，因此可假设电动机的正向最大加速度（A_{max}）和反向最大加速度（D_{max}）相等，即 $A_{max}=D_{max}$。

假设电动机加速度变化是线性的，从 0 增至最大值和从最大值减至 0 的时间相等，将这个时间设定为系统的一个特性时间常数，以 t_m 表示。t_m 大，柔性大，加减速时间长；t_m 小，冲击大，加减速时间短。$t_m=0$ 时，S 曲线加减速退化为直线加减速，$t_m=V_{max}/A_{max}$，则 S 曲线只有两段，中间匀加（减）速段消失。根据假设有

$$T_1=T_3=T_5=T_7=t_m \tag{5-112}$$

从而得

$$J=J_1=J_3=J_5=J_7=A_{max}/t_m \tag{5-113}$$

式中　A_{max}——最大加速度；

J——加速度。

若行程短，在运行过程中达不到最大加速度，式（5-113）不成立，则

$$T_1=T_3 \qquad T_5=T_7 \tag{5-114}$$

由以上分析可以看出，只需要确定三个最基本的系统参数：系统最大速度 V_{max}、最大加速度 A_{max}、加加速度 J 便可确定整个运行过程，其中最大速度反映了系统的最大运行能力，最大加速度反映了系统的最大加减速能力，加加速度反映了系统的柔性，J 与 t_m 成反比。若 J 取大，则冲击大，极限情况下取无穷大，S 曲线加减速即退化为直线加减速；若 J 取小，则系统的加减速过程时间长，可以根据系统的需要及性能进行选取。通常先选取时间常数 t_m，后确定 J。

加加速度 J、速度 v、加速度 a、位移 s 的计算公式为

$$J(t)=\begin{cases} J & 0\leqslant t<t_1 \\ 0 & t_1\leqslant t<t_2 \\ -J & t_2\leqslant t<t_3 \\ 0 & t_3\leqslant t<t_4 \\ -J & t_4\leqslant t<t_5 \\ 0 & t_5\leqslant t<t_6 \\ J & t_6\leqslant t<t_7 \end{cases} \tag{5-115}$$

$$v(t)=\begin{cases} v_s+\frac{1}{2}t^2 & 0\leqslant t<T_1,\ 当\ t=T_1\ 时,\ v_{01}=v_s+\frac{1}{2}JT_1^2 \\ v_{0s}+JT_1t & 0\leqslant t<T_2,\ 当\ t=T_2\ 时,\ v_{02}=v_{01}+JT_1T_2 \\ v_{02}+JT_1t-\frac{1}{2}Jt^2 & 0\leqslant t<T_3,\ 当\ t=T_3\ 时,\ v_{03}=v_{02}+\frac{1}{2}JT_1^2 \\ v_{03} & 0\leqslant t<T_4,\ 当\ t=T_4\ 时,\ v_{04}=v_{03} \\ v_{04}-\frac{1}{2}Jt^2 & 0\leqslant t<T_5,\ 当\ t=T_5\ 时,\ v_{05}=v_{04}-\frac{1}{2}JT_5^2 \\ v_{05}-JT_5t & 0\leqslant t<T_6,\ 当\ t=T_6\ 时,\ v_{06}=v_{05}-JT_5T_6 \\ v_{06}-JT_5t_7+\frac{1}{2}Jt_7^2 & 0\leqslant t<T_7,\ 当\ t=T_7\ 时,\ v_{07}=v_{06}-\frac{1}{2}JT_5^2 \end{cases} \tag{5-116}$$

$$a(t)=\begin{cases} Jt & 0\leqslant t<T_1 \\ JT_1 & 0\leqslant t<T_2 \\ JT_1-Jt & 0\leqslant t<T_3 \\ 0 & 0\leqslant t<T_4 \\ -Jt & 0\leqslant t<T_6 \\ -JT_5+Jt & 0\leqslant t<T_7 \end{cases} \tag{5-117}$$

$$s(t)=\begin{cases} v_st_1+\frac{1}{6}Jt^3 & 0\leqslant t<T_1,\ 当\ t=T_1\ 时,\ s_{01}=v_sT_1+\frac{1}{6}JT_1^3 \\ s_{01}+v_{01}t+\frac{1}{2}JT_1t^2 & 0\leqslant t<T_2,\ 当\ t=T_2\ 时,\ s_{02}=s_{01}+v_{01}T_2+\frac{1}{2}JT_1T_2^2 \\ s_{02}+v_{02}t+\frac{1}{2}JT_1t^2-\frac{1}{6}Jt^2 & 0\leqslant t<T_3,当\ t=T_3\ 时,s_{03}=s_{02}+v_{02}T_1+\frac{1}{3}JT_1^3 \\ s_{03}+v_{03}t & 0\leqslant t<T_4,\ 当\ t=T_4\ 时,\ s_{04}=s_{03}+v_{03}T_4 \\ s_{04}+v_{04}t-\frac{1}{6}JT_5^3 & 0\leqslant t<T_5,\ 当\ t=T_5\ 时,\ s_{05}=s_{04}+v_{04}T_5-\frac{1}{6}JT_5^3 \\ s_{05}+v_{05}t-\frac{1}{2}JT_5t^2 & 0\leqslant t<T_6,\ 当\ t=T_6\ 时,\ s_{06}=s_{05}+v_{05}T_6-\frac{1}{2}JT_5T_6^2 \\ s_{06}+v_{06}t-\frac{1}{2}JT_5t^2+\frac{1}{6}Jt^3 & 0\leqslant t<T_7,\ 当\ t=T_7\ 时,\ s_{07}=s_{06}+v_{06}T_5-\frac{1}{3}JT_5^3 \end{cases} \tag{5-118}$$

上述方程式满足如下边界条件，即

$$v_{07}=v_e \tag{5-119}$$

$$s_{07}=L\ （L\ 为位移量） \tag{5-120}$$

在一般情况下运行过程为 7 个阶段时，除了上述两个边界条件外，还有下面条件成立，即

$$JT_1=JT_5=A_{\max} \tag{5-121}$$

$$v_{03}=v_{04}=v_{\max} \tag{5-122}$$

将各项代入式（5-119）和式（5-120），得

$$v_{07}=v_5+JT_1(T_1+T_2)-JT_5(T_5+T_6)=v_e \tag{5-123}$$

$$\begin{aligned} s_{07} &= v_s(2T_1+T_2)+\frac{1}{2}JT_1(2T_1^2+3T_1T_2+T_2^2)+v_{\max}T_4+ \\ & v_{03}(2T_5+T_6)-\frac{1}{2}JT_5(2T_5^2+3T_5T_6+T_6^2)=L \end{aligned} \tag{5-124}$$

式中

$$v_{03}=v_s\ JT_1(T_1+T_2) \tag{5-125}$$

由此可得匀速运行段时间为

$$\begin{aligned} T_4 = \frac{1}{v_{\max}}\Big[& L-v_s(2T_1+T_2)-\frac{1}{2}JT_1(2T_1^2+3T_1T_2+T_2^2)- \\ & v_{03}(2T_5+T_6)+\frac{1}{2}JT_5(2T_5^2+3T_5T_6+T_6^2)\Big] \end{aligned} \tag{5-126}$$

由式（5-122）和式（5-125）可得

$$T_2=(v_{\max}-v_s)/A_{\max}-T_1 \tag{5-127}$$

由式（5-123）和式（5-125）可得

$$T_6=(v_{\max}-v_e)/A_{\max}-T_5 \tag{5-128}$$

加速区长度为

$$s_{\mathrm{a}}=s_{03}=v_s(2T_1+T_2)+\frac{1}{2}JT_1(2T_1^2+3T_1T_2+T_2^2)$$

减速区长度为

$$s_{\mathrm{a}}=s_{07}-s_{04}=v_{03}(2T_5+T_6)-\frac{1}{2}JT_5(2T_5^2+3T_5T_6+T_6^2)$$

上述各个计算公式还可以根据具体情况进行简化，这样只要根据具体条件计算得到各个阶段的运行时间，即可根据式（5-115）~式（5-118）进行插补计算。

后加减速控制的关键是加速过程和减速过程的对称性，即在加速过程中输入到加减速控制器的总进给量必须等于该加减速控制器减速过程中实际输出的进给量之和，以保证系统不产生失步和超程。因此，对于指数加减速和直线加减速，必须使图 5-42 和图 5-44 所示的区域 OPA 的面积等于区域 DBC 的面积。为此，用位置误差累加寄存器 E 来记录由于加速延迟而失去的进给量之和。当发现剩下的总进给量小于寄存器 E 中的值时，即开始减速，在减速过程中，又将误差寄存器 E 中保存的值按一定规律（指数或直线）逐渐放出，以保证在加减速过程全程结束时，机床到达指定的位置。由此可见，后加减速控制不需预测减速点，而是通过误差寄存器的进给量来保证加减速过程的对称性，使加减速过程中的两块阴影面积相等。也有一种特殊情况，即由于行程短，在未加速到指定速度时即开始减速，如图 5-46 所示。

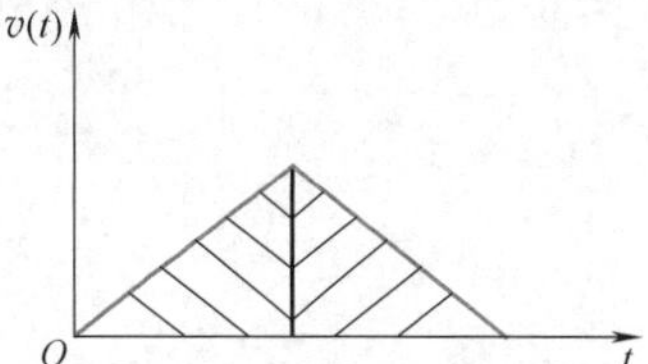

图 5-46　未加速到指定速度即减速

思考题与习题

5-1 何谓插补？有哪两类插补算法？

5-2 试述逐点比较法的4个节拍。

5-3 设欲加工第一象限直线 OE，终点 $E(4, 6)$，用逐点比较法加工出直线 OE。

5-4 用你熟悉的计算机语言编写第一象限直线插补软件。

5-5 设 $\overset{\frown}{AB}$ 为第一象限逆圆弧，起点 $A(6, 0)$，终点 $B(0, 6)$，用逐点比较法加工 $\overset{\frown}{AB}$。

5-6 圆弧终点判别有哪些方法？

5-7 圆弧自动过象限如何实现？

5-8 逐点比较法如何实现 XOY 平面所有象限的直线和圆弧插补？

5-9 试述 DDA 插补的原理。

5-10 设有一直线 OA，起点 $O(0, 0)$，终点 $A(3, 5)$，用 DDA 法插补此直线。

5-11 设欲加工第一象限逆圆弧 $\overset{\frown}{AE}$，起点 $A(6, 0)$，终点 $E(0, 6)$，设寄存器位数为4，用 DDA 法插补此圆弧。

5-12 简述 DDA 稳速控制的方法及其原理。

5-13 用 SFG 法插补题 5-10 中的 OA 直线。

5-14 数据采样插补是如何实现的？

5-15 设某一 CNC 系统的插补周期 $T=8\text{ms}$，进给速度 $F=300\text{mm/min}$，试计算插补步长 L。

5-16 圆弧插补的径向误差 $e_r \leqslant 1\mu\text{m}$，插补周期 $T=8\text{ms}$，插补圆弧半径为100mm，问允许的最大进给速度 $v(\text{mm/min})$ 为多少？

5-17 脉冲增量插补进给速度的控制常用哪些方法？

5-18 加减速控制有何作用？有哪些实现方法？

第六章 数控机床的伺服系统

第一节 概述

伺服系统是指以位置和速度作为控制对象的自动控制系统，又称为拖动系统或随动系统。在数控机床上伺服系统接收来自插补装置或插补软件产生的进给脉冲指令，经过一定的信号变换及电压、功率放大，将其转化为机床工作台相对于切削刀具的运动，这些运动主要通过对步进电动机、交/直流伺服电动机等进给驱动元件的控制来实现。

数控机床的伺服系统作为一种实现切削刀具与工件间运动的进给驱动和执行机构，是数控机床的一个重要部分，在很大程度上决定了数控机床的性能。数控机床的最高转动速度、跟踪精度、定位精度等一系列重要指标主要取决于伺服系统性能的优劣。因此，研究和开发高性能的伺服系统，一直是现代数控机床的关键技术之一。

一、数控机床对伺服系统的要求

数控机床的伺服系统应满足以下基本要求：

（1）精度高　数控机床不可能像传统机床那样用手动操作来调整和补偿各种误差，因此它要求很高的定位精度和重复定位精度。所谓精度是指伺服系统的输出量跟随输入量的精确程度。脉冲当量越小，机床的精度越高。一般脉冲当量为0.01~0.001mm。

（2）快速响应特性好　快速响应是伺服系统动态品质的标志之一。它要求伺服系统跟随指令信号不但跟随误差小，而且响应要快，稳定性要好。即系统在给定输入后，能在短暂的调节之后达到新的平衡或受外界干扰作用下能迅速恢复原来的平衡状态。一般是在200ms以内，甚至小于几十毫秒。

（3）调速范围要大　由于工件材料、刀具以及加工要求各不相同，要保证数控机床在任何情况下都能得到最佳的切削条件，伺服系统就必须有足够的调速范围，既能满足高速加工要求，又能满足低速进给要求。调速范围一般大于1∶10000。而且在低速切削时，还要求伺服系统能输出较大的转矩。

（4）系统可靠性要好　数控机床的使用率要求很高，常常是24h连续工作不停机。因而要求其工作可靠。系统的可靠性常用发生故障时间间隔的长短的平均值作为依据，即平均无故障时间，这个时间越长可靠性越好。

二、数控机床伺服系统的基本组成

数控机床伺服系统的基本组成如图6-1所示。数控机床的伺服系统按有无反馈检测单元分为开环和闭环两种类型（见数控机床伺服系统分类），这两种类型的伺服系统的基本组成不完全相同。但不管是哪种类型，驱动控制单元和执行元件都必不可少。驱动控制单元的作用是将进给指令转化为执行元件所需要的信号形式，执行元件则将该信号转化为相应的机械位移。

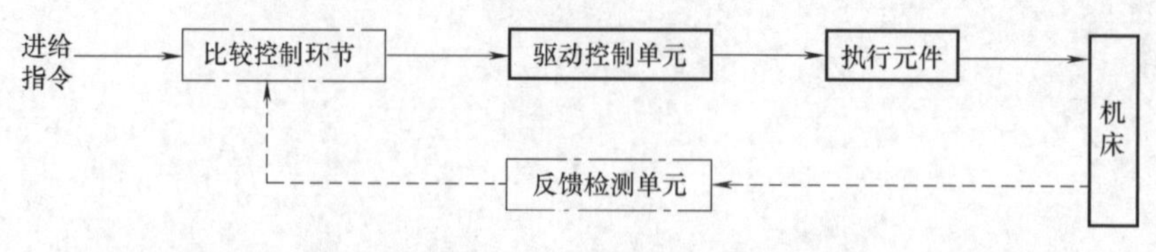

图 6-1 数控机床伺服系统的基本组成

开环伺服系统由驱动控制单元、执行元件和机床组成。通常，执行元件选用步进电动机。执行元件对系统的特性具有重要影响。

闭环伺服系统由驱动控制单元、执行元件、机床、反馈检测单元和比较控制环节组成。反馈检测单元将检测后的工作台实际位置反馈给比较控制环节，比较控制环节将进给指令信号和反馈信号进行比较，以两者的差值作为伺服系统的跟随误差经驱动控制单元驱动和控制执行元件带动工作台运动。

三、数控机床伺服系统的分类

数控机床的伺服系统按其控制原理和有无位置检测反馈环节的不同分为开环伺服系统、闭环伺服系统和半闭环伺服系统；按其用途和功能的不同分为进给驱动系统和主轴驱动系统；按驱动执行元件的动作原理的不同分为电液伺服系统和电气伺服系统。电气伺服系统又分为直流伺服系统和交流伺服系统。

1. 开环伺服系统、闭环伺服系统和半闭环伺服系统

（1）开环伺服系统　图 6-2 所示为开环伺服系统构成原理图。它主要由步进电动机及其驱动线路构成。数控系统发出指令脉冲经过驱动电路变换与放大，传给步进电动机。步进电动机每接受一个指令脉冲，就旋转一个角度，再通过齿轮副和丝杠螺母副带动机床工作台移动。步进电动机的转速和转过的角度取决于指令脉冲的频率和个数，反映到工作台上就是工作台的移动速度和位移大小。然而，由于系统中没有检测和反馈环节，工作中是否移动到位，取决于步进电动机的步距角精度、齿轮传动间隙、丝杠螺母副的精度等，所以它的精度较低。但其结构简单、易于调整、工作可靠、价格低廉。该系统应用于精度要求不高的数控机床。

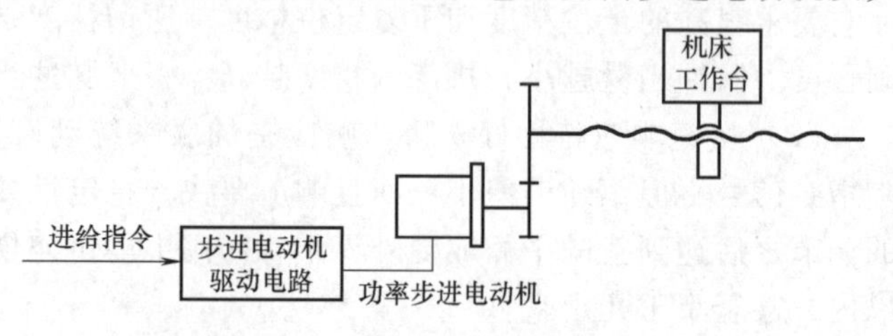

图 6-2 开环伺服系统构成原理图

（2）闭环伺服系统　由于开环伺服系统只接受数控系统的指令脉冲，至于执行情况的好坏，系统则无法控制。如果能对执行情况进行监控，其加工精度无疑会大大提高。图 6-3 所示为闭环伺服系统构成原理图，它由比较环节、驱动电路（包括位置控制和速度控制）、伺服电动机、检测反馈单元等组成。安装在机床工作台的位置检测装置，将工作台的实际位

移量测出并转换成电信号，经反馈线路与指令信号进行比较，并将其差值经伺服放大，控制伺服电动机带动工作台移动，直到两者差为零为止。

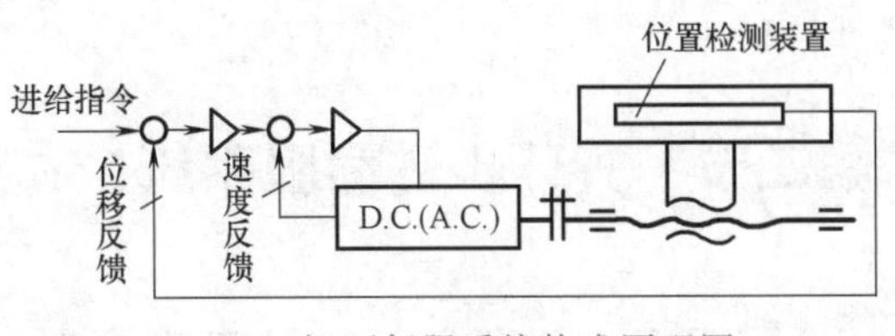

图 6-3　闭环伺服系统构成原理图

由于闭环伺服系统是直接以工作台的最终位移为目标，从而消除了进给传动系统的全部误差。所以精度很高（从理论上讲，其精度取决于检测装置的测量精度）。然而，正是由于各个环节都包括在反馈回路内，因此它们的摩擦特性、刚度和间隙等都直接影响伺服系统的调整参数。所以闭环伺服系统的结构复杂，其调试和维护都有较大的技术难度，价格也较高。因此一般只在大型精密数控机床上应用。

（3）半闭环伺服系统　闭环伺服系统由于检测的是机床最末端的位移量，其影响因素多而复杂，极易造成系统不稳定，且其安装调试都很复杂，而测量转角则容易得多。伺服电动机在制造时将测速发电机、旋转变压器等转角测量装置直接装在电动机轴端上。工作时将所测的转角折算成工作台的位移，再与指令值进行比较，进而控制机床运动。这种不在机床末端而在中间某一部分拾取反馈信号的伺服系统就称为半闭环伺服系统。图 6-4 所示为半闭环伺服系统构成原理图。由于这种系统不涉及一些诸如传动系统刚度和摩擦阻尼等非线性因素，所以这种系统调试比较容易，稳定性也好。尽管这种系统不反映反馈回路之外的误差，但由于采用高分辨率的检测元件，因此也可以获得比较满意的精度。这种系统被广泛应用于中小型数控机床上。

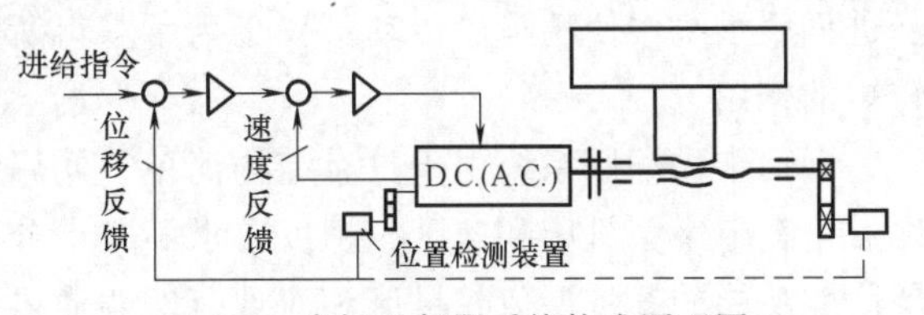

图 6-4　半闭环伺服系统构成原理图

2. 进给驱动系统和主轴驱动系统

进给驱动系统用于数控机床工作台或刀架坐标的控制系统，控制机床各坐标轴的切削进给运动，并提供切削过程所需的转矩。主轴驱动系统控制机床主轴的旋转运动，为机床主轴提供驱动功率和所需的切削力。一般地，对于进给驱动系统，主要关心其转矩大小、调节范围的大小和调节精度的高低，以及动态响应速度的快慢。对于主轴驱动系统，主要关心其是否具有足够的功率、足够的恒功率调节范围及速度调节范围。

3. 直流伺服系统与交流伺服系统

20 世纪 70 年代和 80 年代初，数控机床大多采用直流伺服系统。直流大惯量伺服电动机具有良好的宽调速性能。输出转矩大，过载能力强，而且由于电动机的惯性与机床传动部件的惯量相当，构成闭环后易于调整。而直流中小惯量伺服电动机及其大功率晶体管脉宽调制驱动装置，比较适应数控机床对频繁起动、制动、快速定位及切削的要求。但直流电动机的特点是具有电刷和机械换向器，这限制了它向大容量、高电压、高速度方向的发展，使其应用受到限制。

进入 20 世纪 80 年代，在电动机控制领域，交流电动机调速技术取得了突破性进展，交流伺服系统广泛进入电气传动调速控制的各个领域。交流伺服系统最大的优点是交流电动机容易维修，制造简单，易于向大容量、高速度方向发展，适合于在较恶劣的环境中使用。同时，从减小伺服驱动外形尺寸和提高可靠性的角度来看，采用交流电动机比采用直流电动机更合理。

第二节　开环步进伺服系统

一、开环步进伺服系统的工作原理

采用步进电动机的伺服系统又称为开环步进伺服系统，其组成如图6-2所示。在开环步进伺服系统中指令信号是单向流动的。由机床数控装置送来的指令脉冲，经驱动电路、功率步进电动机或电液脉冲马达、减速器、丝杠螺母副转换成机床工作台的移动。开环伺服系统没有位置和速度反馈回路，因此省去了检测装置，系统简单可靠，不需要像闭环伺服系统那样进行复杂的设计计算与试验校正。

开环步进伺服系统的脉冲当量一般取为0.01mm或0.001°，也可选用0.002~0.005mm或者0.002°~0.005°。脉冲当量小，进给位移的分辨率和精度就高。但由于进给速度$v=60f\delta$或$\omega=60f\delta$，在同样的最高工作频率f时，脉冲当量δ越小则最大进给速度之值也越小。在步进伺服系统中使用齿轮传动不仅是为了求得所需的脉冲当量δ，还有满足结构要求和增大转矩的作用。

开环步进伺服系统由于具有结构简单、使用维护方便、可靠性高、制造成本低等一系列优点，在中小型机床和速度、精度要求不是十分高的场合得到了广泛的应用，并适合用于发展简化功能的经济型数控机床和对现有的普通机床进行数控化技术改造。

二、步进电动机

1. 步进电动机的种类和结构

步进电动机的分类方式有很多，根据不同的分类方式，可将步进电动机分为多种类型，见表6-1。

表6-1　步进电动机的分类

分类方式	具体类型
按力矩产生的原理	1. 反应式：转子无绕组，由被励磁的定子绕组产生反应力矩实现步进运行 2. 励磁式：定子、转子均有励磁绕组（或转子用永久磁钢），由电磁力矩实现步进运行
按输出力矩的大小	1. 伺服式：输出力矩在百分之几至十分之几牛米，只能驱动较小的负载，要与液压扭矩放大器配合，才能驱动机床工作台等较大的负载 2. 功率式：输出力矩在5~50N·m之间，可以直接驱动机床工作台等较大的负载
按定子数	1. 单定子式 2. 双定子式 3. 三定子式 4. 多定子式
按各组绕组分布	1. 径向分相式：电动机各相按圆周依次排列 2. 轴向分相式：电动机各相按轴向依次排列

图 6-5 所示为一典型单定子径向分相反应式伺服步进电动机结构原理图。它与普通电动机一样，分为定子和转子两部分，其中定子又分为定子铁心和定子绕组。定子铁心由硅钢片叠压而成，其形状如图中所示。定子绕组是绕置在定子铁心 6 个均匀分布的齿上的线圈，在直径方向上相对的两个齿上的线圈串联在一起，构成一相控制绕组。图 6-5 所示的步进电动机可构成三相控制绕组，故也称为三相步进电动机。若任一相绕组通电，便形成一组定子磁极，其方向即图中所示的 N、S 极。在定子的每个磁极上，即定子铁心上的每个齿上又开了 5 个小齿，齿槽等宽，齿间夹角为 9°，转子上没有绕组，只有均匀分布的 40 个小齿，齿槽也是等宽的，齿间夹角也为 9°，与磁极上的小齿一致。此外，三相定子磁极上的小齿在空间位置上依次错开 1/3 齿距，如图 6-6 所示。当 A 相磁极上的小齿与转子上的小齿对齐时，B 相磁极上的齿刚好超前（或滞后）转子上的齿 1/3 齿距角，C 相磁极上的齿则超前（或滞后）转子上的齿 2/3 齿距角。

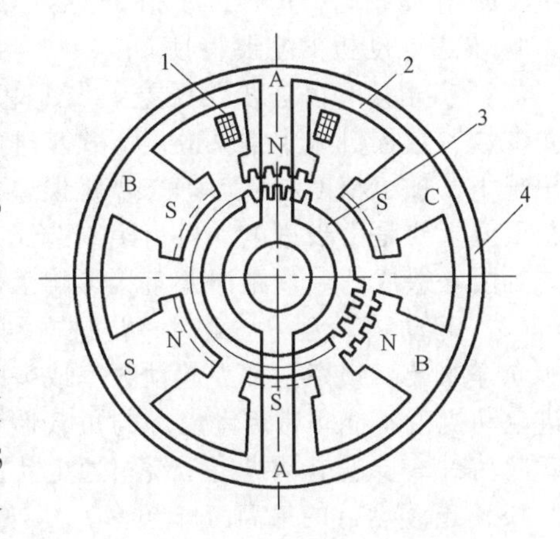

图 6-5　单定子径向分相反应式伺服步进电动机结构原理图

1—绕组　2—定子铁心

3—转子铁心　4—A 相磁通 Φ_A

2. 步进电动机的工作原理

步进电动机的工作原理实际上是电磁铁的作用原理。以图 6-5 所示的步进电动机为例，当 A 相绕组通电时，转子的齿与定子 AA 上的齿对齐。若 A 相断电，B 相通电，由于磁力的作用，转子的齿与定子 BB 上的齿对齐，转子沿顺时针方向转过 3°，如果控制线路不停地按 A→B→C→A···的顺序控制步进电动机绕组的通断电，步进电动机的转子便不停地顺时针转动。若通电顺序改为 A→C→B→A···，步进电动机的转子将逆时针转动。这种通电方式称为三相三拍，而常用的通电方式为三相六拍，其通电顺序为 A→AB→B→BC→C→CA→A···及 A→AC→C→CB→B→BA→A···，相应地，定子绕组的通电状态每改变一次，转子转过 1.5°。

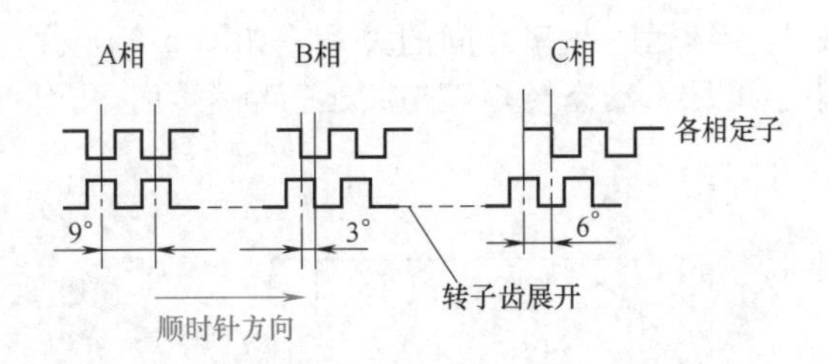

图 6-6　步进电动机的齿距

综上所述，可以得到如下结论：

1）步进电动机定子绕组的通电状态每改变一次，它的转子便转过一个确定的角度，即步进电动机的步距角 α。

2）改变步进电动机定子绕组的通电顺序，转子的旋转方向也随之改变。

3）步进电动机定子绕组通电状态的改变速度越快，其转子旋转的速度也越快，即通电状态的变化频率越高，转子的转速越高。

4）步进电动机的步距角 α 与定子绕组的相数 m、转子的齿数 z、通电方式 k 有关，即

$$\alpha = 360°/(mzk) \tag{6-1}$$

式中，m 相 m 拍时，$k=1$；m 相 $2m$ 拍时，$k=2$。

3. 步进电动机的主要特性

（1）步距角和静态步距误差　步进电动机的步距角 α 是决定开环伺服系统脉冲当量的重要参数，数控机床中常见的反应式步进电动机的步距角一般为 0.5°~3°，一般情况下，步距角越小，加工精度越高。静态步距误差指理论步距角和实际步距角之差，一般在10′之内。步距误差主要是由步进电动机齿距制造误差、定子和转子间气隙不均匀以及各相电磁转矩不均匀等因素造成的。步距误差直接影响工作的加工精度以及步进电动机的动态特性。

（2）起动频率 f_q　空载时，步进电动机由静止突然起动，并进入不丢步的正常运行状态所允许的最高频率，称为起动频率或突跳频率，用 f_q 表示。若起动时频率大于起动频率，步进电动机就不能正常起动。f_q 与负载惯量有关，一般说来，随着负载惯量的增加而下降。空载起动时，步进电动机定子绕组通电状态变化的频率不能高于该起动频率。

（3）连续运行的最高工作频率 f_{max}　步进电动机连续运行时，它所能接受的，即保证不丢步运行的极限频率 f_{max}，称为最高工作频率。它是决定定子绕组通电状态最高变化频率的参数，它决定了步进电动机的最高转速。其值远大于 f_q，且随负载的性质和大小而异，与驱动电源也有很大关系。

（4）加减速特性　步进电动机的加减速特性是描述步进电动机在由静止到工作频率和由工作频率到静止的加减速过程中，定子绕组通电状态的变化频率与时间的关系。当要求步进电动机起动到大于起动频率的工作频率停止时，变化速度必须逐渐下降。逐渐上升和下降的加速时间、减速时间不能过小，否则会出现失步或超步。用加速时间常数 T_a 和 T_d 来描述步进电动机的加减速特性，如图 6-7 所示。

（5）矩频特性与动态转矩　矩频特性 $M=F(f)$ 描述步进电动机连续稳定运行时输出转矩与连续运行频率之间的关系。如图 6-8 所示，该特性上每一个频率对应的转矩称为动态转矩。可见，动态转矩随连续运行频率的上升而下降。

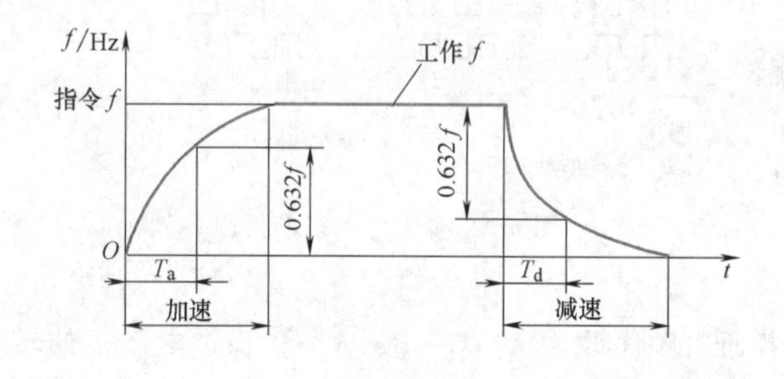

图 6-7　加减速特性曲线

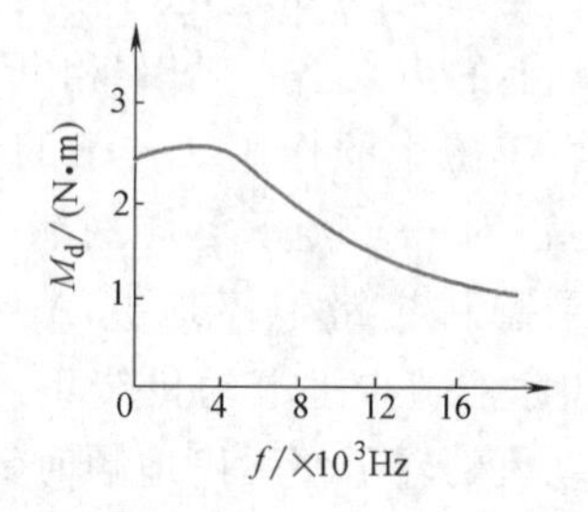

图 6-8　转矩-频率特性曲线

上述步进电动机的主要特性除（1）以外，其余均与驱动电源有很大关系。若驱动电源的性能好，步进电动机的特性可得到明显改善。

三、步进电动机的驱动控制线路

根据步进伺服系统的工作原理，步进电动机驱动控制线路的功能是将具有一定频率 f、一定数量和方向的进给脉冲转换成控制步进电动机各相定子绕组通断电的电平信号。电平信号的变化频率、变化次数和通断电顺序与进给脉冲的频率、数量和方向对应。为了能够实现该功能，一个较完善的步进电动机的驱动控制线路应包括脉冲混合电路、加减脉冲分配电路、加减速电路、环形分配器和功率放大器（图 6-9），并应能接收和处理各种类型的进给

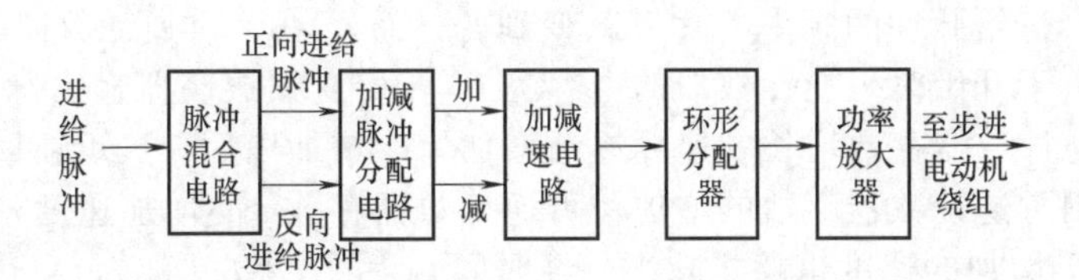

图 6-9 驱动控制线路框图

指令控制信号，如自动进给信号、手动信号和补偿信号等。脉冲混合电路、加减脉冲分配电路、加减速电路和环形分配器都可用硬件线路来实现，也可用软件来实现。

1. 脉冲混合电路

无论是来自数控系统的插补信号，还是各种类型的误差补偿信号、手动进给信号及手动、回原点信号等，它们的目的无非是使工作台正向进给或负向进给。必须首先将这些信号混合为使工作台正向进给的“正向进给”信号或使工作台负向进给的“负向进给”信号，这一功能由脉冲混合电路实现。

2. 加减脉冲分配电路

当机床在进给脉冲的控制下正在沿某一方向进给时，由于各种补偿脉冲的存在，可能还会出现极个别的反向进给脉冲，这些与正在进给方向相反的个别脉冲的出现，意味着执行元件即步进电动机正在沿着一个方向旋转时，再向相反的方向旋转几个步距角。根据步进电动机的工作原理，要做到这一点，必须首先使步进电动机从正在旋转的方向静止下来，然后才能向相反的方向旋转，待旋转几个步距角后，再恢复至原来的方向继续旋转进给。这从机械加工工艺性方面来看是不允许的，即使允许，控制线路也相当复杂。一般采用的方法是从正在进给方向的进给脉冲中抵消相同数量的相反方向的补偿脉冲，这一功能由加减脉冲分配电路实现。

3. 加减速电路（又称自动升降速电路）

根据步进电动机的加减速特性，进入步进电动机定子绕组的电平信号的频率变化要平滑，而且应有一定的时间常数。但由加减脉冲分配电路来的进给脉冲频率的变化是有跃变的。因此，为了保证步进电动机能够正常、可靠地工作，此跃变频率必须首先进行缓冲，使之变成符合步进电动机加减速特性的脉冲频率，然后再送入步进电动机的定子绕组。加减速电路就是为此而设置的。图 6-10 所示为一种加减速电路的原理框图。

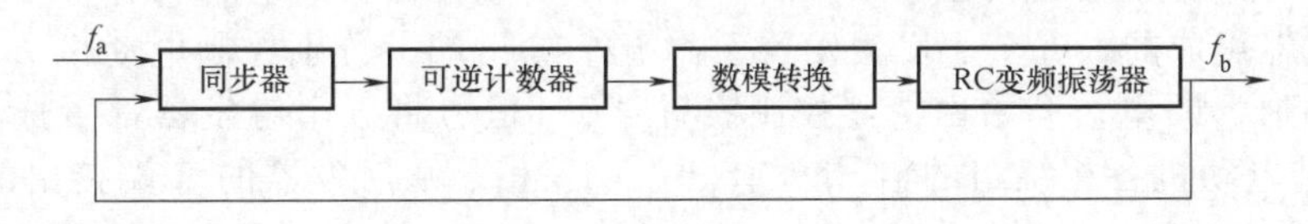

图 6-10 加减速电路的原理框图

该加减速电路由同步器、可逆计数器、数模转换电路和 RC 变频振荡器四部分组成。同步器的作用是使进给脉冲 p_a（其频率为 f_a）和由 RC 变频振荡器来的脉冲 p_b（其频率为 f_b）不在同一时刻出现，以防止 p_a 和 p_b 同时进入可逆计数器，使可逆计数器在同一时刻既做加法又做减法，产生计数错误。RC 变频振荡器的作用是将经数模转换电路输出的电压信号转换成脉冲信号，脉冲信号的频率与电压值的大小成正比。可逆计数器是既可做加法又可做减法计数的计数器，但不允许在同一时刻既做加法又做减法。数模转换电路的作用是将数字量转换为模拟量。

系统工作前，先将可逆计数器清零，RC 变频振荡器输出脉冲的频率 $f_b=0$。

进给开始时，进给脉冲的频率f_a由 0 跃变到f_1，而$f_b=0$，可逆计数器的存数 i 以频率f_1变化、增加。但由于开始时可逆计数器的内容为 0。RC 变频振荡器输出脉冲的频率f_b也就由 0 以对应于可逆计数器存数增长的速度逐渐增加，f_b增加以后，又反馈回去使可逆计数器做减法计数，抑制可逆计数器存数的增加。可逆计数器存数 i 的增加速度减小之后，振荡器输出脉冲的频率f_b增加的速度也随之减小，经时间 t_T 后，$f_a=f_b(f_1=f_2)$，达到平衡，这就是加速过程。

在$f_a=f_b$后，可逆计数器存数 i 的增加速度为 0，即存数不变，因而 RC 变频振荡器的频率也稳定下来，此过程是匀速过程。

若经过一段时间 t_2 后，进给脉冲由f_2突变为 0，可逆计数器的存数便以$f_b=f_1$的频率下降，相应地，RC 变频振荡器输出的脉冲频率f_b也随之下降，直到可逆计数器的存数为 0，$f_b=0$，步进电动机停止运转，这个过程就是减速过程。

在整个加速、匀速和减速过程中，进给脉冲 p_a 使可逆计数器做加法计数，RC 变频振荡器的输出脉冲 p_b 使可逆计数器做减法计数，而最后可逆计数器的内容为 0，故进给脉冲 p_b 的个数和 RC 变频振荡器的输出脉冲 p_b 的个数相等。由于 RC 变频振荡器输出的脉冲 p_b 是进入步进电动机的工作脉冲，因此经过该加减速电路保证不会产生丢步现象。图 6-11 所示为加减速电路输入输出特性曲线。

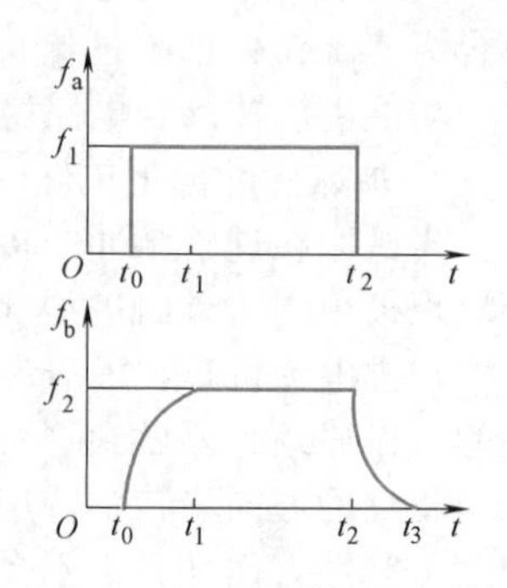

图 6-11 加减速电路输入输出特性曲线

4. 环形分配器

环形分配器的作用是把来自于加减速电路的一系列进给脉冲指令，转换成控制步进电动机定子绕组通、断电的电平信号，电平信号状态的改变次数及顺序与进给脉冲的数量及方向对应。如对于三相三拍步进电动机，若“1”表示通电，“0”表示断电，A、B、C 是其三相定子绕组，则经环形分配器后，每来一个进给脉冲指令，A、B、C 应按（100）→(010)→(001)→(100)…的顺序改变一次。

功率步进电动机一般采用五相或六相制，现以五相十拍（2-3 相同时通电）为例说明环形分配器的工作原理。五相步进电动机五相十拍的通电顺序是 AB→ABC→BC→BCD→CD→CDE→DE→DEA→EA→EAB…。

五相十拍环形分配器逻辑原理图如图 6-12 所示。它是由集成电路“与非门”、驱动反相器和 J-K 触发器组成的。五个 J-K 触发器引出五个输出端，分别控制电动机 A、B、C、D、E 五相绕组的通、断电。开始由清零控制线置“0”信号将五个触发器都置成“0”状态。由于连到步进电动机各相绕组的信号，A、B、C 三相是从触发器的 A 端接出的，而 D、E 两相是从触发器的 $\overline{A}$ 端接出的。触发器的“0”状态对 A、B、C 三相而言，是励磁状态，而对 D、E 两相为非励磁状态。所以清零状态为 A、B、C 三相通电。所有触发器的同步触发脉冲由数控装置的进给控制脉冲经两级驱动反相器控制。触发器 J、K 端的控制信号由从数控装置来的正向进给信号 K^+或负向进给信号 K^-和各触发器的反馈信号经逻辑控制门组合而成，以保证各触发器按一定的规律翻转。下面以正向进给情况为例说明，此时 K^+为“1”，K^-为“0”，则 K^-信号封住负向控制门，只有正向控制门起作用。进给脉冲未到之前，各触发器为原始清零状态，A、B、C 三相通电。此时各触发器的 J 控制端状态为

$$A_{1J}=K^+\cdot A_3=1\cdot 1=1$$
$$A_{2J}=K^+\cdot A_4=1\cdot 0=0$$

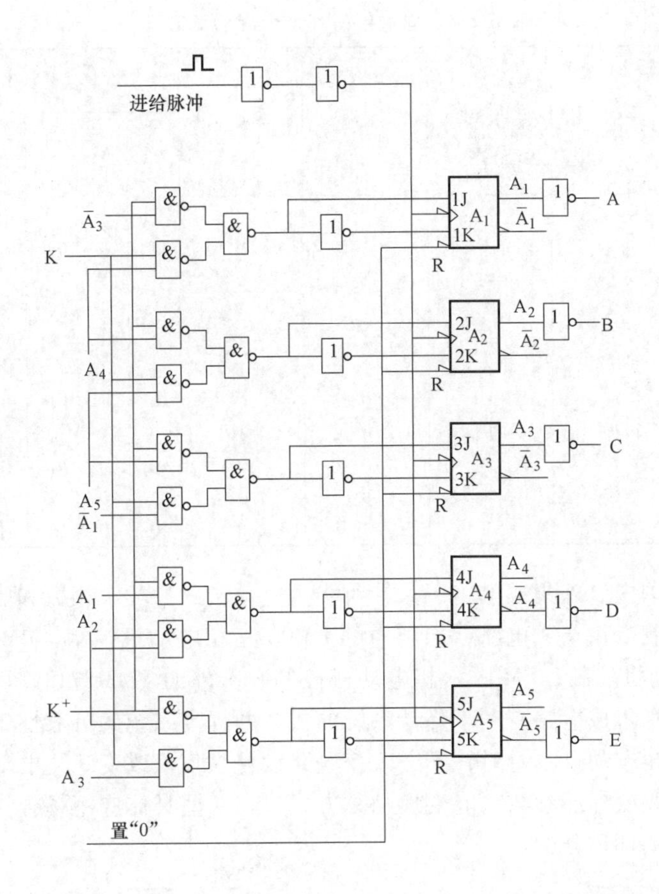

图 6-12　五相十拍环形分配器逻辑原理图

$$A_{3J}=K^+\cdot A_5=1\cdot 0=0$$

$$A_{4J}=K^+\cdot A_1=1\cdot 0=0$$

$$A_{5J}=K^+\cdot A_2=1\cdot 0=0$$

由此看来，只有 A_1 触发器的 J 端信号与 A_1 触发器本身的状态不符，这为下次翻转准备了条件。当第一个进给脉冲到来时，进给脉冲的下降沿只使 A_1 触发器由“0”态翻转成“1”态，其余触发器保持原态不变，故此时通电相变为 B、C。由于 A_1 触发器翻转，使 A_4 触发器的 J 端控制信号 A_{4J} 由“0”变成“1”，A_{1J} 仍为“1”，其余全为“0”。同理可知，此时只有 A_{4J} 信号与 A_4 触发器本身的状态不符，为其下次翻转准备了条件。当第二个进给脉冲的下降沿到来时，使 A_4 触发器由“0”翻转成“1”状态，其余触发器保持原态不变，故此时通电相变为 B、C、D。与此同时，A_{2J} 为“1”，为 A_2 触发器翻转准备了条件。以此类推，不难得到表 6-2 给出的正向进给时环形分配器真值表。负向进给时，K^+ 为“0”，封住正向控制门，K^- 为“+”，打开负向控制门，其动作的原理与正向进给的一样，只是各相绕组通电循环变成 ABC→AB→EAB→EA→DEA→DE→CDE→CD→BCD→BC→ABC。在实际使用中，应尽量避免采用各单相轮流通电的控制方式，而应采用控制拍数为电动机相数两倍的通电方式。这对提高电磁力矩，提高起动和连续运行频率，减小振荡及提高电动机运行稳定性有很大好处。

表 6-2　正向进给时环形分配器真值表

进给脉冲输入顺序	$A_{1J}=K^+\cdot A_3$	$A_{2J}=K^+\cdot A_4$	$A_{3J}=K^+\cdot A_5$	$A_{4J}=K^+\cdot A_1$	$A_{5J}=K^+\cdot A_2$	触发器状态					输出通电相
						A_1	A_2	A_3	A_4	A_5	
0	1	0	0	0	0	0	0	0	1	1	ABC
1	1	0	0	1	0	1	0	0	1	1	BC
2	1	1	0	1	0	1	0	0	0	1	BCD
3	1	1	0	1	1	1	1	0	0	1	CD
4	1	1	1	1	1	1	1	0	0	0	CDE
5	0	1	1	1	1	1	1	1	0	0	DE
6	0	1	1	0	1	0	1	1	0	0	DEA
7	0	0	1	0	1	0	1	1	1	0	EA
8	0	0	1	0	0	0	0	1	1	0	EAB
9	0	0	0	0	0	0	0	1	1	1	AB
10	1	0	0	0	0	0	0	0	1	1	(ABC)

另外，近年来国内、外集成电路厂家针对步进电动机的种类、相数和驱动方式等开发一系列步进电动机控制专用集成电路，如国内的 PM03-三相电动机控制、PM04-四相电动机控制、PM05-五相电动机控制、PM06-六相电动机控制，国外的 PMM8713、PPMC101B 等专用集成电路，采用专用集成电路有利于降低系统的成本并提高系统的可靠性，而且能够大大方便用户。当需要更换电动机本身时，不必改变电路设计，仅仅改变一下电动机的输入参数就可以了，同时通过改变外部参数也能变换励磁方式。在一些具体应用场合，还可以用计算机软件实现脉冲序列的环形分配。

5. 功率放大器

从环形分配器传来的进给控制信号的电流只有几毫安，而步进电动机的定子绕组需要几安培电流。因此，需要对从环形分配器传来的信号进行功率放大，以提供幅值足够、前后沿较好的励磁电流。常用的功率放大器有以下两种。

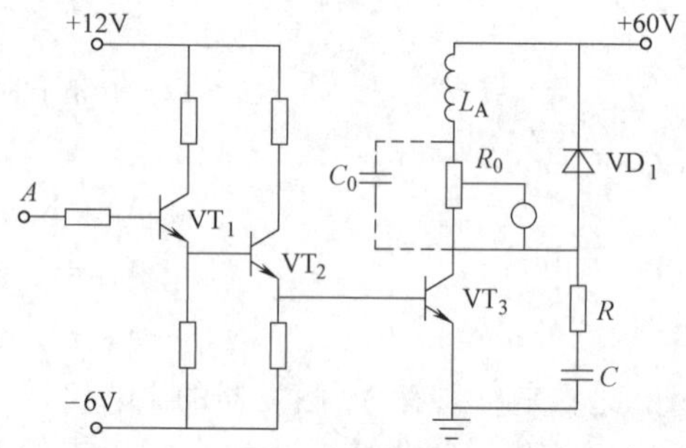

图 6-13　单电压供电功率放大器电路图

（1）单电压供电功率放大器　图 6-13 所示为一种典型的单电压供电功率放大器电路图，步进电动机的每一相绕组都有一套这样的电路。该电路由两级射极跟随器和一级功率放大器组成。第一级射极跟随器主要起隔离作用，使功率放大器对环形分配器的影响减小；第二级射极跟随器的功率晶体管 VT_2 处于放大区，用以改善功率放大器的动态特性。另外由于射极跟随器的输出阻抗较低，可使加到功率晶体管 VT_3 的脉冲前沿较好。

当环形分配器的 A 输出端为高电平时，VT_3 饱和导通，步进电动机 A 相绕组 L_A 中的电流从零开始按指数规律上升到稳态值。当 A 端为低电平时，VT_1、VT_2 处于小电流放大状态，VT_2 的射极电位，也就是 VT_3 的基极电位不可能使 VT_3 导通，绕组 L_A 断电。此时，由于绕组存在电感，因此在绕组两端产生很大的感应电动势。它和电源电压一起加到 VT_3 管上，将造成过压击穿。因此，绕组 L_A 并联有续流二极管 VD_1，VT_3 的集电极与发射极之间并联 RC 吸收回路以保护功率晶体管 VT_3 不被损坏。在绕组 L_A 上串联电阻 R_0，用以限流和减小供电回路的时间常数，并联加速电容 C_0 以提高绕组的瞬间过压，这样可使 L_A 中的电流上升速度提高，从而提高起动频率。但是串入电阻 R_0 后，无功功耗增大。为保持稳态电流，相应的驱动电压较无串接电阻时也要大为提高，对功率晶体管的耐压要求更高，为了克服上述缺点，出现了双电压供电电路。

（2）双电压供电功率放大器　双电压供电功率放大器又称高低电压供电功率放大器，图 6-14 所示为双电压供电功率放大器电路图和波形图。该电路包括功率放大级（由功率晶体管 V_g、V_d 组成）、前置放大器和单稳延时电路。二极管 VD_d 是用于高低电压隔离的，VD_g 和 R_g 是高压放电回路。高压导通时间由单稳延时电路整定，通常为 100～600μs，对功率步进电动机可达几千微秒。

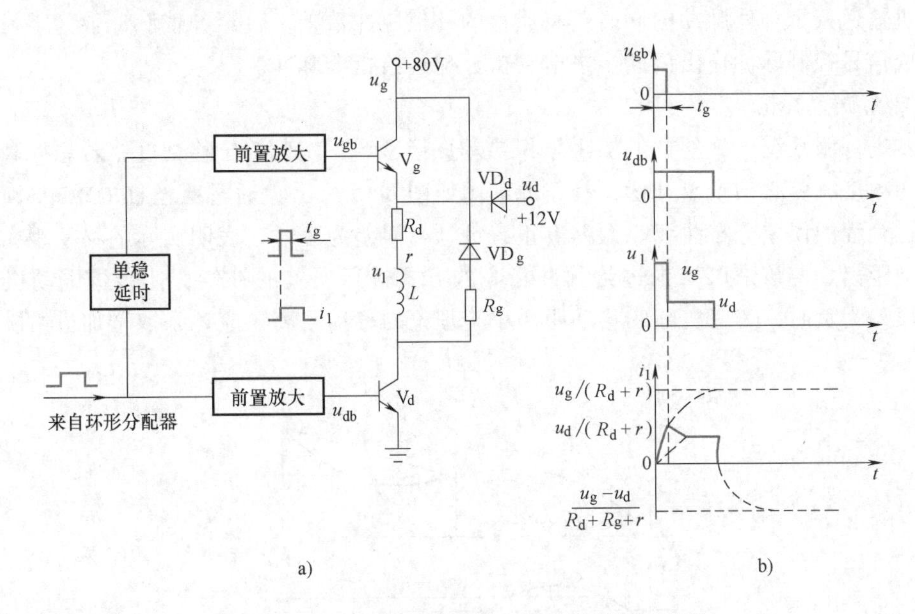

图 6-14　双电压供电功率放大器电路图和波形图

a）电路图　b）波形图

当环形分配器输出高电平时，两只功率晶体管 V_g，V_d 同时导通，电动机绕组以+80V 电压供电，绕组电流按 $L/(R_d+r)$ 的时间常数向电流稳定值 $u_g/(R_d+r)$ 上升，当达到单稳延时时间时，V_g 管截止，改由+12V 电压供电。维持绕组额定电流。若高低电压之比为 u_g/u_d，则电流上升率也提高 u_g/u_d 倍，上升时间明显减少。当低压断开时，电感 L 中储能通过 R_gVD_g 及 u_gu_d 构成的回路放电，放电电流的稳态值为 $(u_g-u_d)/(R_g+R_d+r)$，因此也加快了放电过程。这种供电电路由于加快了绕组电流的上升和下降过程，故有利于提高步进电动机的起动频率和最高连续工作频率。由于额定电流是由低压维持的，只需较小的限流电阻，功耗大为减小。

四、提高步进伺服系统精度的措施

步进伺服系统是一个开环系统，在此系统中，步进电动机的质量、机械传动部分的结构和质量以及控制电路的完善与否，均影响到系统的工作精度。要提高系统的工作精度，应从改善步进电动机的性能，减小步距角或采用精密传动副，减小传动链中传动间隙等方面考虑。但这些因素往往由于结构和工艺的关系而受到一定的限制。为此，需要从控制方法上采取一些措施，弥补其不足。

1. 传动间隙补偿

在进给传动结构中，提高传动元件的制造精度并采取消除传动间隙的措施，可以减小但不能完全消除传动间隙。由于间隙的存在，接收反向进给指令后，最初的若干个指令脉冲只能起到消除间隙的作用，因此产生了传动误差。传动间隙补偿的基本方法是当接收反向位移指令后，首先不向步进电动机输送反向位移脉冲，而是由间隙补偿电路或补偿软件产生一定数量的补偿脉冲，使步进电动机转动越过传动间隙，然后再按指令脉冲使执行部件产生准确的位移。间隙补偿的数目由实测决定，并作为参数存储起来。接收反向指令信号后，每向步进电动机输送一个补偿脉冲的同时，将所存的补偿脉冲数减 1 直至补偿脉冲数为零时，发出补偿完成信号控制脉冲输出门向步进电动机分配进给指令脉冲。

2. 螺距误差补偿

在步进伺服系统中，丝杠的螺距累积误差直接影响工作台的位移精度，若想提高步进伺服系统的精度，就必须予以补偿，补偿原理图如图 6-15 所示。通过对丝杠的螺距进行实测，得到丝杠全程的误差分布曲线。误差有正有负，当误差为正时，表明实际的移动距离大于理论的移动距离，应该采取减少进给脉冲指令的方式进行误差的补偿，使步进电动机少走一步；当误差为负时，表明实际的移动距离小于理论的移动距离，应该采取增加进给脉冲指令

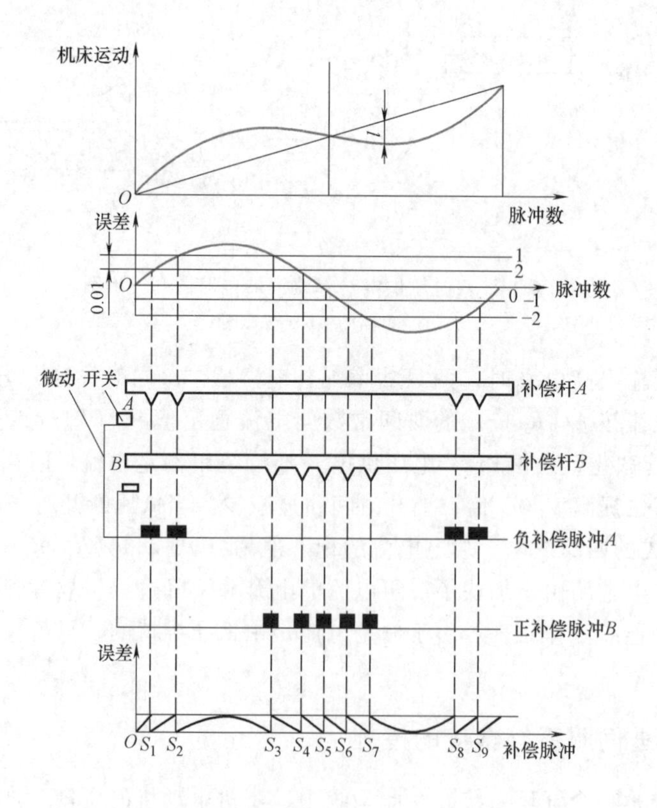

图 6-15 螺距误差补偿原理图

的方式进行误差的补偿，使步进电动机多走一步。具体做法如下：

1）安置两个补偿杆分别负责正误差和负误差的补偿。

2）在两个补偿杆上，根据丝杠全程的误差分布情况及如上所述螺距误差的补偿原理，设置补偿开关或挡块。

3）当机床工作台移动时，安装在机床上的微动开关每与挡块接触一次，就发出一个误差补偿信号，对螺距误差进行补偿，以消除螺距的累积误差。

3. 细分线路

所谓细分线路，就是把步进电动机的一步再分得细一些。如十细分线路，就是将原来输入一个进给脉冲步进电动机走一步变为输入十个进给脉冲才走一步。换句话说，采用十细分线路后，在进给速度不变的情况下，可使脉冲当量缩小到原来的1/10。

若无细分，定子绕组的电流是由零跃升到额定值的，相应的角位移如图6-16a所示。采用细分后，定子绕组的电流要经过若干小步的变化，才能达到额定值，相应的角位移如图6-16b所示。

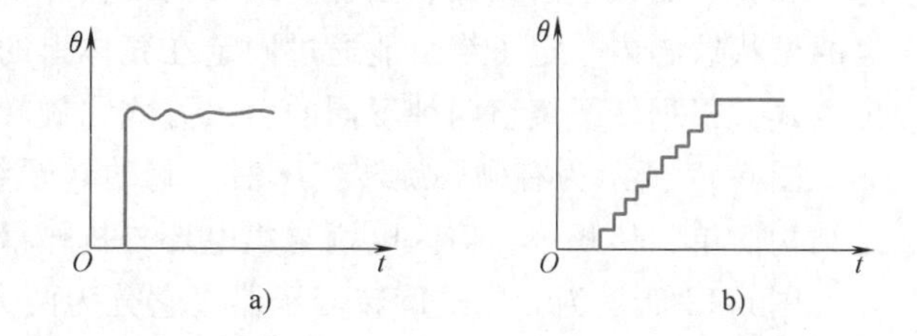

图 6-16　细分前后的一步角位移波形图

a）细分前　b）细分后

第三节　数控机床的检测装置

检测装置是闭环伺服系统的重要组成部分。它的作用是检测各种位移和速度，发送反馈信号，构成闭环控制。闭环控制数控机床的加工精度主要取决于检测系统的精度。位移检测系统能够测量出的最小位移量称为分辨率。分辨率不仅取决于检测装置本身，还取决于测量线路。因此，研制和选用性能优越的检测装置是很重要的。一般来说，数控机床上使用的检测装置应满足以下要求：

1）工作可靠，抗干扰性强。

2）使用维护方便，适应机床的工作环境。

3）满足精度、速度和机床工作行程的要求。

4）成本低。

数控机床上的检测装置见表6-3。

表 6-3　数控机床上的检测装置

	数字式		模拟式	
	增量式	绝对式	增量式	绝对式
回转形	圆光栅	编码盘	旋转变压器、圆感应同步器、圆形磁栅	多极旋转变压器
直线形	长光栅激光干涉仪	编码尺	直线感应同步器、磁栅、容栅	绝对值式磁尺

通常，检测装置的检测精度为0.001~0.002mm/m，分辨率为0.001~0.01mm/m。能满足机床工作台以0~24m/min的速度驱动。不同类型的数控机床对检测装置的精度和适应的速度要求是不同的，对大型机床以满足速度要求为主。对中、小型机床和高精度机床以满足

精度要求为主。选择测量系统的分辨率应比加工精度高一个数量级。下面介绍数控机床常用的检测装置。

一、旋转变压器

旋转变压器是一种常用的转角检测元件，由于它结构简单，工作可靠，且其精度能满足一般的检测要求，因此被广泛应用在数控机床上。

1. 旋转变压器的结构

旋转变压器的结构和两相绕线式异步电动机的结构相似，可分为定子和转子两大部分。定子和转子的铁心由铁镍软磁合金或硅钢薄板冲压成的槽状片叠成。它们的绕组分别嵌入各自的槽状铁心内。定子绕组能通过固定在壳体上的接线柱直接引出。转子绕组有两不同的引出方式，根据转子绕组两种不同的引出方式，旋转变压器分为有刷式和无刷式两种结构。

图6-17所示为有刷式旋转变压器。它的转子绕组通过集电环和电刷直接引出，其特点是结构简单，体积小，但因电刷与集电环是机械滑动接触的，所以可靠性差，寿命也较短。

图6-18所示为无刷式旋转变压器。它分为两大部分，即旋转变压器本体和附加变压器。附加变压器的一、二次铁心及其绕组均成环形，分别固定于转子轴和壳体上，径向留有一定的间隙。旋转变压器本体的转子绕组与附加变压器一次绕组连在一起，在附加变压器一次绕组中的电信号，即转子绕组中的电信号，通过电磁耦合，经附加变压器二次绕组间接地送出去。这种结构避免了电刷与集电环之间的不良接触造成的影响，提高了旋转变压器的可靠性及使用寿命，但其体积、质量、成本均有所增加。

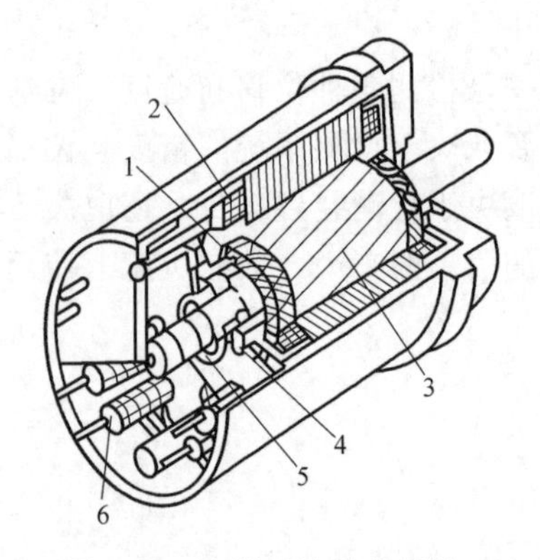

图6-17 有刷式旋转变压器

1—转子绕组 2—定子绕组 3—转子 4—换向器 5—电刷 6—接线柱

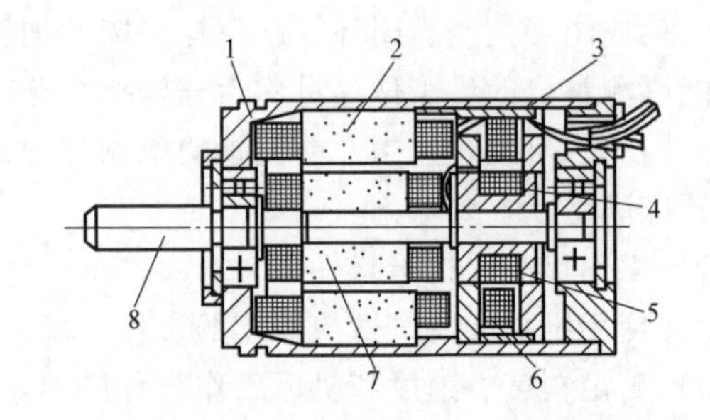

图6-18 无刷式旋转变压器

1—壳体 2—旋转变压器本体定子 3—附加变压器定子 4—附加变压器一次绕组 5—附加变压器转子线轴 6—附加变压器二次绕组 7—旋转变压器本体转子 8—转子轴

常见的旋转变压器一般有两极绕组和四极绕组两种结构形式。两极绕组旋转变压器的定子和转子各有一对磁极，四极绕组则有两对磁极，主要用于高精度的检测系统。除此之外，还有多极式旋转变压器，用于高精度绝对式检测系统。

2. 旋转变压器的工作原理

由于旋转变压器在结构上保证了其定子和转子（旋转一周）之间空气间隙内磁通分布符合正弦规律，因此，当励磁电压加到定子绕组时，通过电磁耦合，转子绕组便产生感应电动势。图6-19为两极旋转变压器电气工作原理图。图中 Z 为阻抗。设加在定子绕组 S_1S_2 的

励磁电压为

$$V_S = V_m \sin\omega t \tag{6-2}$$

根据电磁学原理，转子绕组 B_1B_2 中的感应电势为

$$V_B = KV_S \sin\theta = KV_m \sin\theta \sin\omega t \tag{6-3}$$

式中　K——电磁耦合系数；

V_m——V_S 的幅值；

θ——转子的转角，当转子和定子的磁轴垂直时，$\theta=0$。如果转子安装在机床丝杠上，定子安装在机床底座上，则 θ 角代表的是丝杠转过的角度，它间接反映了机床工作台的位移。

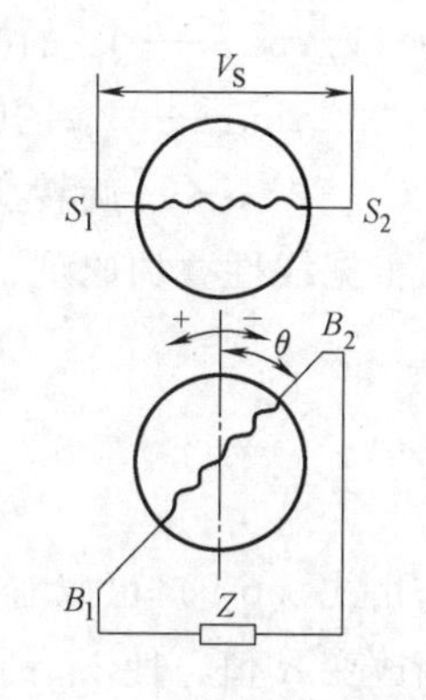

图 6-19　两极旋转变压器电气工作原理图

由式（6-3）可知，转子绕组中的感应电动势 V_B 为以角速度 ω 随时间 t 变化的交变电压信号。其幅值 $KV_m\sin\theta$ 随转子和定子的相对角位移 θ 以正弦函数变化。因此，只要测量出转子绕组中的感应电动势的幅值，便可间接地得到转子相对于定子的位置，即 θ 角的大小，也就可间接获得机床工作台的位移。

实际应用中，考虑到使用的方便性和检测精度等因素，常采用四极绕组式旋转变压器，其电气工作原理如图 6-20 所示，这种结构形式的旋转变压器有鉴相式和鉴幅式两种工作方式。

（1）鉴相式工作方式　鉴相式工作方式是一种根据旋转变压器转子绕组中感应电动势的相位来确定被测位移大小的检测方式。定子绕组和转子绕组均由两个匝数相等且互相垂直的绕组构成。图 6-20 中 S_1S_2 为定子主绕组，K_1K_2 为定子辅助绕组。当 S_1S_2 和 K_1K_2 中分别通以交变励磁电压时，根据线性叠加原理，便可在转子绕组 B_1B_2 中得到感应电动势 V_B，其值为励磁电压 V_S 和 V_K 在 B_1B_2 中产生的感应电动势 V_{BS} 和 V_{BK} 之和，即

$$V_S = V_m \cos\omega t \tag{6-4}$$

$$V_K = V_m \sin\omega t \tag{6-5}$$

$$\begin{aligned} V_B &= V_{BS} + V_{BK} = KV_S \sin(-\theta) + KV_K \cos\theta \\ &= -KV_m \cos\omega t \sin\theta + KV_m \sin\omega t \cos\theta = KV_m \sin(\omega t - \theta) \end{aligned} \tag{6-6}$$

由式（6-5）和式（6-6）可知，旋转变压器转子绕组中的感应电动势 V_B 与定子绕组中的励磁电压同频率，但相位不同，其差值为 θ。而 θ 角正是被测位移，故通过比较感应电动势 V_B 与定子励磁电压信号 V_K 的相位，便可求出 θ。

在图 6-20 中，转子绕组 A_1A_2 接一高阻抗，它不作为旋转变压器的测量输出，而主要起平衡磁场的作用，目的是提高测量精度。

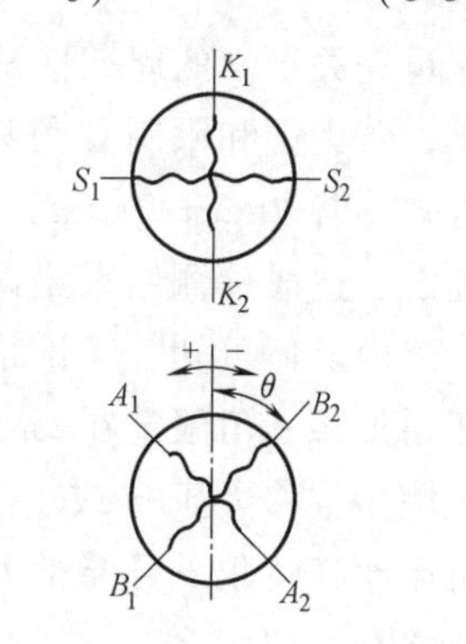

图 6-20　四极绕组式旋转变压器电气工作原理图

（2）鉴幅式工作方式　鉴幅式工作方式是通过旋转变压器转子绕组中感应电动势幅值的检测来实现位移检测的。其工作原理如下。

在图 6-20 中，设定子主绕组 S_1S_2 和辅助绕组 K_1K_2 分别输入交变励磁电压

$$V_S = V_m \cos\alpha \sin\omega t \tag{6-7}$$

$$V_K = V_m \sin\alpha \sin\omega t \tag{6-8}$$

式中 $V_m\cos\alpha$——V_S 的幅值；

$V_m\sin\alpha$——V_K 的幅值；

α——旋转变压器的电气角，其值可以改变。

根据线性叠加原理，得出转子绕组 B_1B_2 中的感应电动势 V_B 为

$$\begin{aligned} V_B &= V_{BS} + V_{BK} = KV_S\sin(-\theta) + KV_K\cos\theta \\ &= -KV_m\cos\alpha\sin\omega t\sin\theta + KV_m\sin\alpha\sin\omega t\cos\theta \\ &= KV_m\sin(\alpha-\theta)\sin\omega t \end{aligned} \tag{6-9}$$

由式（6-9）可以看出，感应电动势 V_B 是幅值为 $KV_m\sin(\alpha-\theta)$ 的交变电压信号，只要逐渐改变 α 值，使 V_B 的幅值等于零，这时因

$$KV_m\sin(\alpha-\theta)=0 \tag{6-10}$$

故可得

$$\theta=\alpha \tag{6-11}$$

α 值就是被测角位移 θ 的大小。由于 α 是通过对它的逐渐改变实现使 V_B 幅值等于零的，其值自然是应该知道的。

3. 旋转变压器的应用

在旋转变压器的鉴相式工作方式中，感应信号 V_B 和励磁信号 V_K 之间的相位差 θ 角，可通过专用的鉴相器线路检测出来并表示成相应的电压信号，设为 $V(\theta)$，通过测量该电压信号，便可间接地求得 θ 值。但由于 V_B 是关于 θ 的周期性函数，$V(\theta)$ 是通过比较 V_B 和 V_K 之值获得的，因而它也是关于 θ 的周期性函数，即

$$V(\theta)=V(2n\pi+\theta) \qquad (n=1,\ 2,\ 3,\ \cdots) \tag{6-12}$$

故在实际应用中，不但要测出 $V(\theta)$ 的大小，而且还要测出 $V(\theta)$ 的周期性变化次数 m，或者将被测角位移 θ 角限制在 $\pm\pi$ 之内。

在旋转变压器的鉴幅式工作方式中，V_B 的幅值设为 V_{Bm}，由式（6-9）可知

$$V_{Bm}=KV_m\sin(\alpha-\theta) \tag{6-13}$$

它也是关于 θ 的周期性函数，在实际应用中，同样需要将 θ 角限制在 $\pm\pi$ 之内。在这种情况下，若规定和限制 α 角只能在 $[-\pi,\ \pi]$ 内取值，利用式（6-11）便可唯一确定出 θ 的值。否则，若 $\theta=3\pi/2(>\pi)$，这时，$\alpha=3\pi/2$ 和 $\alpha=-\pi/2$ 都可使 $V_{Bm}=0$，从而使 θ 角不能唯一确定，造成检测结果错误。

由上述可知，无论是旋转变压器的鉴相式工作方式，还是鉴幅式工作方式，都需要将被测角位移 θ 角限定在 $\pm\pi$ 之内，只要 θ 在 $\pm\pi$ 之内，就能够被正确地检测出来。事实上，对于被测角位移大于 π 或小于 $-\pi$ 的情况，若用旋转变压器检测机床丝杠转角的情况，尽管总的机床丝杠转角 θ 可能很大，远远超出限定的 $\pm\pi$ 范围，但却是机床丝杠转过的若干次小角度 θ_i 之和，即

$$\theta=\theta_1+\theta_2+\cdots+\theta_N=\sum_{i=1}^{N}\theta_i \tag{6-14}$$

而 θ_i 很小，在数控机床上一般不超过 $3°$，符合 $-\pi\leqslant\theta_i\leqslant\pi$ 的要求，旋转变压器及其信号处理线路可以及时地将它们一一检测出来，并将结果输出。因此，这种检测方式属于动态跟随检测和增量式检测。

二、感应同步器

感应同步器是一种电磁式位置检测元件，按其结构特点一般分为直线式和旋转式两种。直线式感应同步器由定尺和滑尺组成；旋转式感应同步器由转子和定子组成。前者用于直线位移测量，后者用于角位移测量。它们的工作原理都与旋转变压器相似。感应同步器具有检测精度较高、抗干扰性强、寿命长、维护方便、成本低、工艺性好等优点，广泛应用于数控机床及各类机床数控改造。下面仅以直线式感应同步器为例，对其结构特点和工作原理进行介绍。

1. 感应同步器的结构特点

感应同步器的结构原理如图 6-21 所示，其定尺和滑尺基板由与机床热膨胀系数相近的钢板制成，钢板上用绝缘粘合剂贴以铜箔，并利用照像腐蚀的办法做成图 6-21 所示的印制绕组。感应同步器定尺和滑尺绕组的齿距相等，均为 2τ，这是衡量感应同步器精度的主要参数，工艺上要保证其齿距的精度。一块标准型感应同步器的定尺长度为 250mm，齿距为 2mm，其绝对精度可达 2.5μm，分辨率可达 0.25μm。

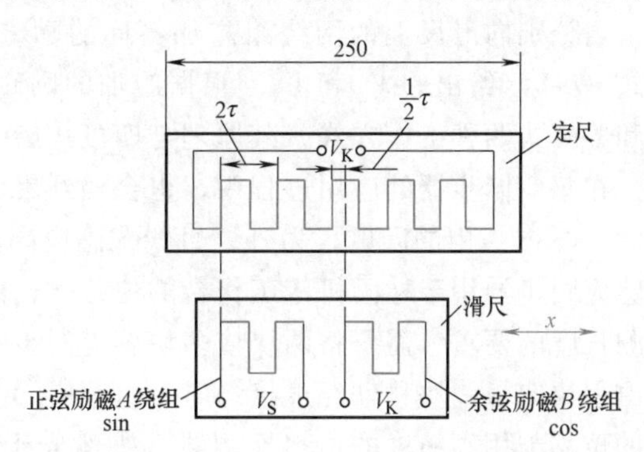

图 6-21 感应同步器的结构原理图

由图 6-21 可知，如果把定尺绕组和滑尺绕组 A 对准，那么滑尺绕组 B 正好和定尺绕组相差 1/4 齿距。也就是说，绕组 A 与绕组 B 在空间上相差 1/4 齿距。

2. 感应同步器的工作原理

由图 6-21 可知，当滑尺的两个绕组中的任一绕组通以交变励磁电压时，由于电磁效应，定尺绕组上必然产生相应的感应电动势。感应电动势的大小取决于滑尺相对定尺的位置。图 6-22 给出了滑尺绕组（滑尺）相对于定尺绕组（定尺）处于不同的位置时，定尺绕组中感应电动势的变化情况。图中 A 点表示滑尺绕组与定尺绕组重合，这时定尺绕组中的感应电动势最大；如果滑尺相对于定尺从 A 点逐渐向左（或向右）平行移动，感应电动势就随之逐渐减小，在两绕组刚好错开 1/4 节距的位置即 B 点，感应电动势减为零；若再继续移动，移到 1/2 齿距的 C 点，感应电动势相应地变为与 A 位置相同，但极性相反，到达 3/4 齿距的 D 点时，感应电动势再一次变为零；其后，移动了一个齿距到达 E 点，情况就又与 A 点相同了，相当于又回到了 A 点。这样，滑尺在移动一个齿距的过程中，感应同步器定尺绕组的感应电动势近似于按余弦函数的规律变化了一个周期。

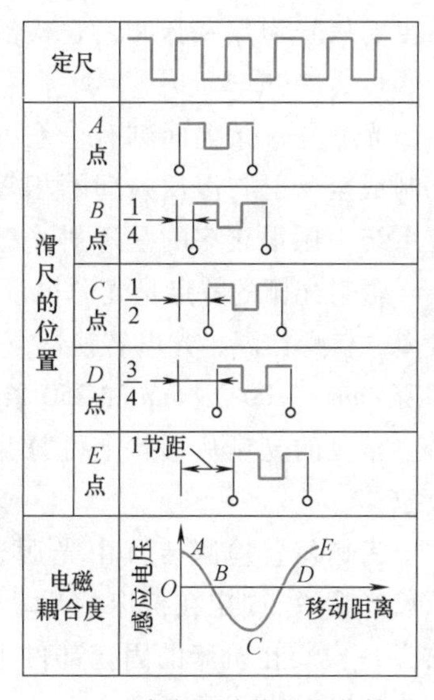

图 6-22 感应电动势的变化情况

若用数学公式描述，设 V_S 是加在滑尺任一绕组上的励磁交变电压，即

$$V_S = V_m \sin\omega t \tag{6-15}$$

由式（6-15）及电磁学原理，定尺绕组上的感应电动势为

$$V_B = KV_S\cos\theta = KV_m\cos\theta\sin\omega t \quad (6\text{-}16)$$

式中 K——电磁耦合系数；

V_m——V_S 的幅值。

θ 反映的是定尺和滑尺相对移动的距离 x，它们之间的关系为

$$\theta = (2\pi/2\tau)x = (\pi/\tau)x \quad (6\text{-}17)$$

由式（6-15）和式（6-16）可知，感应同步器的工作原理与两极式旋转变压器的工作原理一样，只要测量出 V_B 的值，便可求得滑尺相对于定尺移动的距离 x。

当分别向滑尺上的两绕组施加不同的励磁电压时，如式（6-4）、式（6-5）、式（6-7）和式（6-8）给出的 V_S 和 V_K，根据施加的励磁交变电压信号的不同，感应同步器也分鉴相式和鉴幅式两种工作方式，其原理与四极式旋转变压器完全相同，请参看本节第一部分。

在感应同步器的应用过程中，也会遇到旋转变压器在应用过程中所遇到的 θ 角必须限定在 $[-\pi, \pi]$ 内的问题，另外，直线式感应同步器还常常会遇到有关接长的问题。一般地，当感应同步器用于检测机床工作台的位移时，由于行程较长，一块感应同步器常常难以满足检测长度的要求，需要将两块或多块感应同步器的定尺拼接起来。接长的原理是滑尺沿着定尺由一块向另一块移动经过接缝时，由感应同步器定尺绕组输出的感应电动势信号，它所表示的位移与用高精度的位移检测器（如激光干涉仪）所检测出的位移相互之间要满足一定的误差要求，否则应重新调整接缝，直到满足这种误差要求为止。

三、光栅

光栅是闭环伺服系统中另一种用得较多的测量装置，可用于位移或转角的检测，且测量输出的信号为数字脉冲，它检测范围大，测量精度高，可达几微米。

1. 光栅的种类及结构

光栅是一条上面刻有一系列平行等间隔密集线纹的透明玻璃片，或是在长条形金属镜面上制成全反射与漫反射间隔相等的密集线纹。前者称为透射光栅，后者称为反射光栅。在数控系统中用得较多的是透射光栅，以下主要介绍透射光栅。

透射光栅的特点是光源可以采用垂直入射光，光电元件能够直接接收，因此信号的幅值比较大，信噪比高，光电转换器（读数头）的结构简单。常用透射光栅的条纹密度有25条/mm、50条/mm、100条/mm和250条/mm等，某些特殊用途透射光栅的条纹密度可达1000条/mm。

常见的光栅从形状上可分为圆光栅和长光栅两种。前者用于角度测量，后者用于检测直线位移。

光栅位置检测装置由光源、标尺光栅、指示光栅、光电元件等组成，如图6-23所示。标尺光栅 G_1 固定在机床的活动部件上，长度相当于工作台移动的全行程，指示光栅 G_2（读数头）安装在机床的固定部件上，光栅线纹之间的距离 ω 称为栅距。

2. 光栅的工作原理

不难理解，光栅实际上是一根刻线很密很精确的“尺”。如果用它测量位移，只要数出测试对象上某一个确定的点相对于光栅移过的线纹数即可。实际上，由于线纹过密，直接对线纹计数很困难，因而利用光栅的莫尔条纹现象进行计数。为叙述简明，采取如图6-24所示的光栅坐标系。以标尺光栅 G_1 线纹区的中心为坐标原点，以刻线方向为 Z 轴，并以线纹面作为 XZ 平面。令指示光栅 G_2 的线纹面按上述规定与标尺光栅线纹面相重叠。这样放置

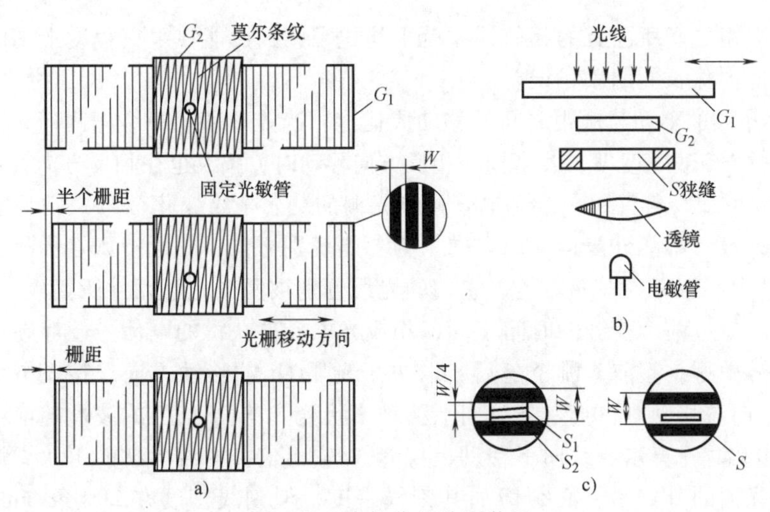

图 6-23　光栅位置检测装置

的一副透射光栅是产生莫尔条纹的基本装置。

如果标尺光栅与指示光栅具有相同的栅距 ω，而指示光栅绕 Y 轴转过微小角度 θ，并且用平行光垂直照射标尺光栅时，将在与线纹垂直的方向，更确切地说，在两块光栅线纹相交的钝角的平分线方向，呈现出明暗交替、间隔相等的条纹，这就是横向莫尔条纹。生成莫尔条纹的原因，对粗光栅来说主要是挡光积分效应，对细光栅则是光线通过线纹衍射后，发生干涉的结果。图 6-25 所示为光栅形成莫尔条纹的原理。由于两光栅间存在微小角度 θ 而使线纹交叉，交点近旁的小区域内黑线重叠，减小了遮光面积，所以挡光效应削弱，透光累积结果使这个区域出现亮带。相反，距交点远些的区域，光栅不透明，黑线的重叠部分减少，遮光面积大，挡光效应增强而出现暗带，这就是粗光栅莫尔条纹的成因。

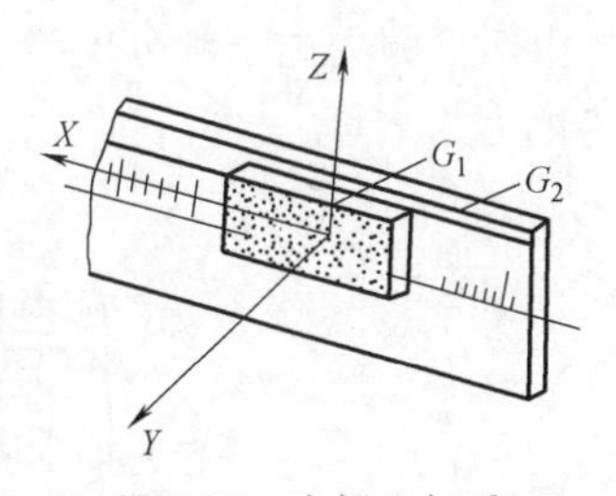

图 6-24　光栅坐标系

莫尔条纹具有如下重要特性：

（1）放大作用　莫尔条纹间距 W_c 与栅距 ω 及线纹交角 θ 的关系为

$$W_c = \frac{\omega}{2\sin(\theta/2)} \tag{6-18}$$

因 θ 很小，故式（6-18）可近似地表示为

$$W_c = \omega/\theta \tag{6-19}$$

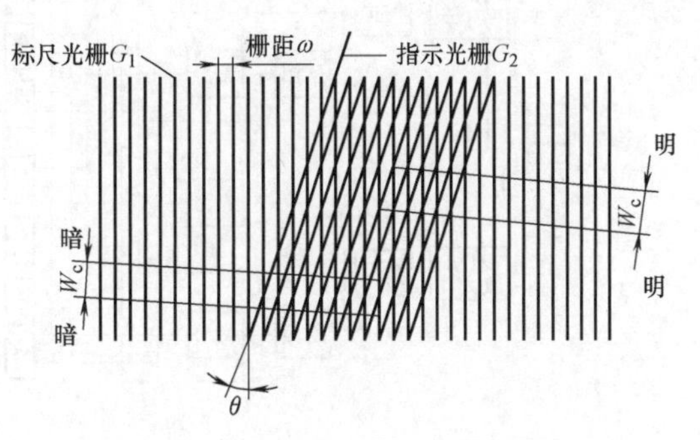

图 6-25　光栅形成莫尔条纹的原理

式（6-19）表明，莫尔条纹的间距可以通过改变 θ 的大小来调整。还可以看出，放大倍率为线纹交角 θ 的倒数。由于 θ 属于毫弧度量级，所以 $1/\theta$ 是个成百上千的数字，即莫尔条纹间距比栅距大到近千倍，因而无需复杂的光学系统，这可大大减轻电子系统放大的负担。这是莫尔条纹技术一个非常重要的特点。

（2）平均效应　指示光栅覆盖了许多线纹而形成了莫尔条纹，即莫尔条纹是由若干线纹组成的。如对于每毫米 100 条线纹的光栅，10mm 宽的一根莫尔条纹就由 1000 根线纹组成。这样一来栅距之间所固有的相邻误差就平均化了，因而能在很大程度上消除短周期误差的影响，但不能消除长周期累积误差。

（3）莫尔条纹的移动与栅距之间的移动成比例　当光栅移动一个栅距时，莫尔条纹也相应准确地移动一个条纹宽度 W；若光栅往相反方向移动时，条纹也往相反方向移动。

由图 6-23b 可知，若仅用一个光电管检测光栅的莫尔条纹变化信号，则只能产生一个正弦波信号用于计数，不能分辨运动的方向。为了能辨别方向，如图 6-23c 所示，设置两个狭缝 S_1 和 S_2，其中心距离为 $W/4$。透过它们的光线分别被两个光电元件所接收。当光栅 G_1 移动时，莫尔条纹通过两个狭缝的时间不同，相应光电元件获得的电信号便存在 1/4 周期的相位差。两个信号中哪个超前，哪个落后，取决于光栅 G_1 的移动方向。按图 6-23c 所示的关系，当光栅 G_1 向右移动时，莫尔条纹向上移动，狭缝 S_1 输出信号的波形超前 1/4 周期；当光栅 G_1 向左移动时，莫尔条纹向下移动，狭缝 S_2 输出信号的波形超前 1/4 周期。

为了提高光栅的分辨率，必须增加其刻线密度，但刻线密度在 200 条/mm 以上的光栅制造较困难，成本也高。为此，通常用电子和机械细分的方法来提高精度。图 6-26 所示为光栅四倍频的电子细分电路，这电路就可将读数精度提高为原来的四倍，还可将模拟量位移转化为数字量。

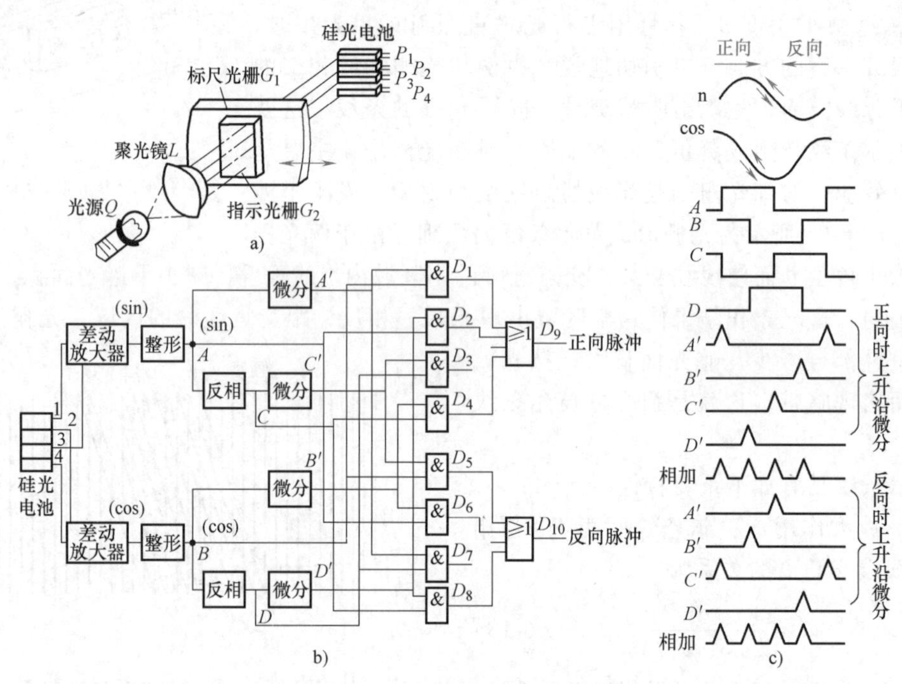

图 6-26　光栅四倍频的电子细分电路

在一个莫尔条纹宽度（例如 10mm）内每隔 90°安放一个光电元件，共有 $P_1 \sim P_4$ 四个光电元件。这四个光电元件输出信号中的直流分量大小相同，而其交流分量 P_1 和 P_3 相差 180°，P_2 和 P_4 相差 180°，如图 6-26a 所示。将 P_1 和 P_3 的输出信号接入一个差分放大器，则在此放大器的输出端，直流分量互相抵消，交流分量互相叠加，得到一个正弦信号。将 P_2 与 P_4 的输出信号送入另一个差分放大器，则在放大器的输出端得到一个余弦信号。将此正、余弦信号经过施密特整形电路得对应的两个相差 90°的方波 A 和 B，如图 6-26c 所示。

再将方波 A、B 送入倒相器得到倒相后的方波 C、D。C 对应于 A，D 对应于 B。然后将 A、B、C、D 四个方波送入微分器，并去除反相脉冲，则在莫尔条纹的一个周期内得到正向脉冲 A'、B'、C'、D'。设指示光栅相对于标尺光栅做正向运动时亮条纹按 $P_1 \to P_2 \to P_3 \to P_4 \to P_1$ 的顺序扫描，则四尖脉冲出现的顺序是 $A' \to D' \to C' \to B' \to A'$。设置四个“与门”$D_1$、$D_2$、$D_3$、$D_4$，使其输入分别是 $A'B$、AD'、、$C'D$、$B'C$。由波形图不难看出，当 A'脉冲出现时，方波 B 是高电位，所以 A'脉冲可从 D_1 输出。同理可知 D'、C'、B'可分别由“与门”D_2、D_3、D_4 输出，最后这四个脉冲由或门 D_9 输出。

反之，光栅做反向运动时亮条纹按 $P_4 \to P_3 \to P_2 \to P_1 \to P_4$ 的顺序扫描，则四个尖脉冲出现的顺序是 $C' \to D' \to A' \to B' \to C'$，注意反向运动时四个尖脉冲出现的位置与正向运动时出现的位置相差 180°，因为正向运动时方波的上升沿在反向运动时就成了下降沿。同样，设置 $D_5 \sim D_8$ 四个“与门”，由波形图不难看出，当 C'脉冲出现时 B 方波是高电位，因此 C'脉冲可从 D_9 输出，其他情形以此类推。总之，光栅反向移动时，每出现一个莫尔条纹，就从“或门”D_{10} 输出四个脉冲。

这种细分电路具有重要意义，在其他位移检测装置中常有应用。除了上述四倍频电路外，还有八倍频、十倍频、二十倍频及其他倍频电路。

四、脉冲编码器

脉冲编码器也是一种位置检测元件。编码盘直接装在旋转轴上，以检测轴的旋转角度、位置和速度的变化，其输出信号也为电脉冲，按照编码方式的不同，可分为增量式和绝对值式两种。

1. 增量式编码器

图 6-27 为光电式编码器工作原理图，在一个圆盘周围分成相等的透明与不透明部分，其数量从几百到上千条不等。当圆盘与工作轴一起转动时，光电元件接收时断时续的光，产生近似以正弦规律变化的信号，放大整形后成脉冲信号送到计数器。根据脉冲数目和频率可测出工作轴的转角和转速，其优点是没有接触磨损，允许高转速，精度及可靠性较高；缺点是结构复杂，价格高、安装困难。除此之外，还有接触式及电磁感应式编码器。常用增量编码器的分辨率一般为 2000P/r、2500P/r、3000P/r、20000P/r、25000P/r 和 30000P/r 等。

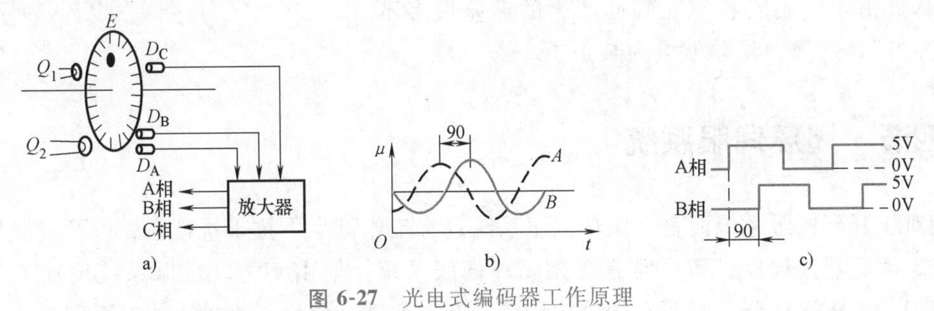

图 6-27　光电式编码器工作原理

2. 绝对值式编码器

绝对值式编码器是一种直接编码式的测量元件，它可以直接把被测转角或位移转换成相应的代码，指示的是绝对位置而无绝对误差，在电源切断后，不会失去位置信息，但其结构复杂、价格较高，且不易做到高精度和高分辨率。

绝对值式编码器也有接触式、光电式和电磁式等几种，最常用的是光电式二进制循环编码器。

编码盘是按一定的编码形式，如二进制编码等，将圆盘分成若干等份，利用电子、光电或电磁元件把代表被测位移的各等份上的数码转换成电信号输出用于检测。图6-28所示为一个4位二进制编码盘，涂黑部分是导电的，其余部分是绝缘的。对应于各码道上装有电刷。当编码盘随工作轴一起转动时，就可得到二进制数输出，编码盘的精度与码道多少有关，码道越多，编码盘的容量越大，一般编码盘是9位二进制的，而光电式编码盘可以做到18位二进制数。

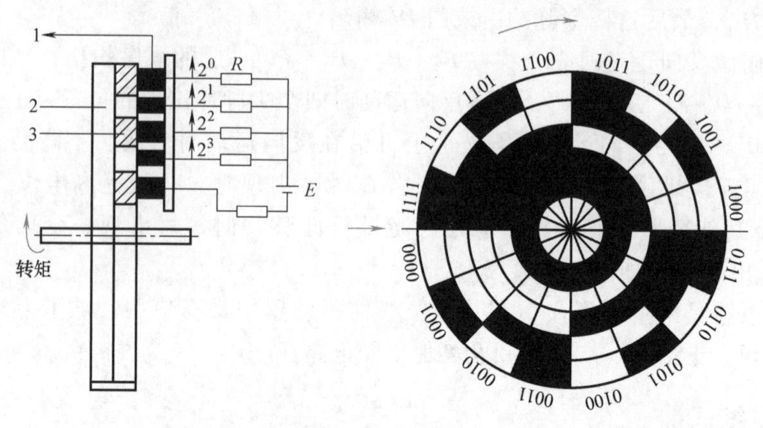

图6-28　4位二进制编码盘

图6-28所示的二进制编码盘，由于电刷的安装不会完全准确，会使个别电刷偏离原来的位置，这样将给测量造成很大的误差，所以一般情况下使用二进制循环码即格雷码（Gray code）做编码盘。如图6-29所示，循环码是无权码，其特点是相邻两个代码间只有一位数变化，即“0”变为“1”或“1”变为“0”。因此由于电刷安装不准确而产生的误差最多不会超过“1”，这样，误差就大为减小了。

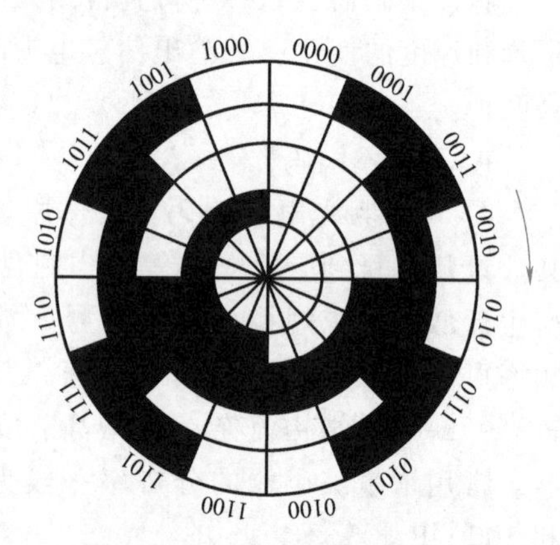

图6-29　二进制循环码编码盘

第四节　闭环伺服系统

相对于开环伺服系统而言，闭环伺服系统具有工作可靠、抗干扰性强，以及伺服精度高等优点，因此现代数控机床中常常采用闭环伺服系统。但由于闭环伺服系统增加了位置检测、反馈、比较等环节，因而它的结构比较复杂，调试、使用与维护也相对更困难。

一、闭环伺服系统的执行元件

执行元件是伺服系统的重要组成部分，它的作用是把驱动线路的电信号转换为机械运动。整个伺服系统的调速性能、动态特性，运行精度等均与执行元件有关。通常伺服系统对执行元件有如下要求：

1）调速范围宽且具有良好的稳定性，尤其是低速运行的稳定性和均匀性。

2）负载特性好，即使在低速时也应有足够的负载能力。

3）尽可能减小电动机的转动惯量，以提高系统的快速动态响应。

4）能够频繁起、停及换向。

目前在数控机床上广泛应用的有直流伺服电动机和交流伺服电动机。

1. 直流伺服电动机

直流伺服电动机容易进行调速，他励直流电动机又具有较好的机械特性，因而在数控伺服系统中早有使用。但由于数控机床的特殊要求，一般的直流电动机不能满足要求，因而目前在进给伺服系统中使用的都是大功率直流伺服电动机。如小惯量直流伺服电动机和宽调速直流伺服电动机等。各种直流伺服电动机的基本工作原理与一般他励直流电动机的相同，由于结构上不断改进，因而其特性提高较快。

（1）小惯量直流伺服电动机　小惯量直流伺服电动机与一般直流电动机的区别在于其转子为光滑无槽的铁心，用绝缘粘合剂直接把线圈粘在铁心表面上，且转子长而直径小，气隙尺寸比一般直流电动机大 10 倍以上，输出功率一般在几十瓦到 10kW 之间，主要用于要求快速动作、功率较大的系统。小惯量直流伺服电动机具有以下特点：

1）转动惯量小，约为一般直流电动机的 1/10。

2）由于气隙大，电枢反应较小，具有良好的换向性能，机电时间常数（又称机械时间常数，为电动机动态特性的一个重要参数，定义为当施加一个阶跃电压时，电动机电枢达到整个速度 63.2%时所需的时间）只有几个毫秒。

3）由于转子无槽，大大降低了低速时电磁转矩的波动和不稳定性，保证了低速运行的稳定性和均匀性，在转速低达 10r/min 时无爬行现象。

4）过载能力强。最大电磁转矩可达额定值的 10 倍。

5）热时间常数较小，允许过载的持续时间不能太长。

（2）宽调速直流伺服电动机　小惯量直流伺服电动机是以减小电动机转动惯量来提高电动机的快速性的，而宽调速直流伺服电动机则是在维持一般直流电动机较大转动惯量的前提下，以尽量提高转矩的方法来改善其动态特性的，又称为大惯量宽调速直流伺服电动机或大惯量直流电动机。它既有普通直流电动机的各项优点，又有小惯量直流伺服电动机的快速响应性能，即较好的输出转矩/惯量的比值，易与机床惯量匹配，因而得到广泛的应用。宽调速直流伺服电动机还可同时在电动机内装上测速发电机、旋转变压器、编码盘等检测装置及制动装置。

宽调速直流伺服电动机的结构形式与一般直流电动机的相似，通常采用他励式，目前几乎都用永磁式电枢控制。它具有以下特点：

1）高转矩。在相同的转子外径和电枢电流的情况下，由于其设计的力矩系数较大，所以产生的力矩也较大，从而使电动机的加速性能和响应特性都有显著的提高。在低速时输出较大的力矩，可以不经减速齿轮而直接去驱动丝杠，从而避免由于齿轮传动中间隙所产生的噪声、振动及齿隙造成的误差。

2）调速范围宽。它采用增加槽数和换向片数、齿槽分度均匀、极弧宽度与齿槽配合合理以及斜槽等措施，减小电动机转矩的波动，提高低转动的精度，从而大大地扩大了调速范围。它不仅在低速时能提供足够的转矩，在高速时也能提供所需的功率。

3）动态响应好。由于定子采用了矫顽力很高的铁氧体永磁材料，在电动机电流过载10倍的情况下也不会被去磁，这就大大提高了电动机瞬时加速转矩，改善了动态响应性能。

4）过载能力强。由于采用了高级的绝缘材料，转子的惯性又不大，允许过载转矩达5~10倍。而且在密闭的自然空冷条件下可以长时间超负荷运转。

5）易于调试。由于电动机转子惯量接近于普通电动机的转子惯量，外界负载惯量对伺服系统的影响较小，在调试中可以不加负载预调，联机时再做少量调整即可。

（3）直流伺服电动机的速度调节　直流伺服电动机的调整方法主要是调整电动机电枢电压。一般直流速度控制单元多采用晶闸管（即可控硅，Silicon Controlled Rectifer，SCR）调速系统和晶体管脉宽调制（PWM）调速系统。目前使用最为广泛的方法是晶体管脉宽调制调速。与晶闸管调速系统相比，PWM调速系统具有以下特点：

1）频带宽。晶体管的“结电容”小，截止频率高于晶闸管，因此可允许系统有较高的工作频率，PWM系统的开关工作频率多为2kHz或5kHz。远大于SCR系统，整个系统的快速响应性能好，能给出极快的定位速度和很高的定位精度，适用于起动频繁的场合。

2）电动机脉动小，输出转矩平稳，对低速加工有利。

3）电源的功率因数高。

4）动态硬度好，系统具有良好的线性。

脉宽调制器的基本工作原理是利用大功率晶体管的开关作用，将直流电压转换成一定频率的方波电压，加到直流电动机的电枢上。通过对方波脉冲宽度的控制，改变电枢的平均电压，从而调节电动机的转速。图6-30是PWM-M系统的工作原理图。设将图6-30a中的开关S周期地闭合、断开，开和关的周期是T。在一个周期内，闭合的时间为τ，断开的时间为$T-\tau$。若外加电源的电压U是常数，则电源加到电动机电枢上的电压波形将是一个方波列，其高度为U，宽度为τ，如图6-30b所示。它的平均值U_a为

$$U_a = \frac{1}{T}\int_0^{\tau} u\mathrm{d}t = \frac{\tau}{T}U = \delta U \tag{6-20}$$

式中　δ——导通率，$\delta=\tau/T$。

当T不变时，只要连续地改变$\tau(0\sim T)$，就可使电枢电压的平均值（即直流分量U_a）由0连续变化至U，从而连续地改变电动机的转速。实际的PWM-M系统用大功率晶体管代替开关S。其开关频率是2000Hz，即$T=1/2000=0.5$ms。

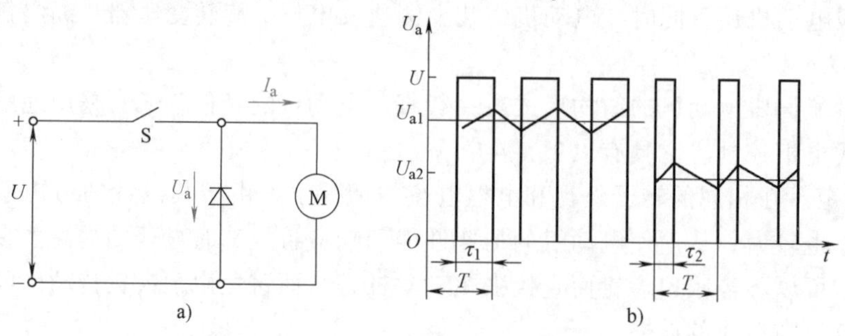

图6-30　PWM-M系统的工作原理图

图 6-30a 中所示的二极管是续流二极管，当 S 断开时，由于电枢电感 L_a 的存在，电动机的电枢电流 I_a 可通过它形成回路而流通。

图 6-30a 所示的电路只能实现电动机单方向的速度调节。为使电动机实现双向调速，必须采用桥式电路。图 6-31 所示的桥式电路为 PWM-M 系统的主回路电气原理图。图中 4 个大功率晶体管 $VT_1 \sim VT_4$ 组成电桥。如果在 VT_1 和 VT_3 的基极加正脉冲的同时，在 VT_2 和 VT_4 的基极加负脉冲，这时 VT_1 和 VT_3 导通，VT_2 和 VT_4 的截止，电流沿 $+90V \to c \to VT_1 \to d \to M \to b \to VT_3 \to a \to 0V$ 的路径流通。设此时电动机的转向为正向。反之，如果在晶体管 VT_1 和 VT_3 的基极加负脉冲，这时 VT_2 和 VT_4 导通，VT_1 和 VT_3 截止，电流沿 $+90V \to c \to VT_2 \to b \to M \to d \to VT_4 \to a \to 0V$ 的路径流通。电流的方向与前一种情况相反，电动机反向旋转。显然，如果改变加到 VT_1 和 VT_3，VT_2 和 VT_4 这两组晶体管基极上控制脉冲的正负和导通率 δ_r，就可以改变电动机的转向和转速。

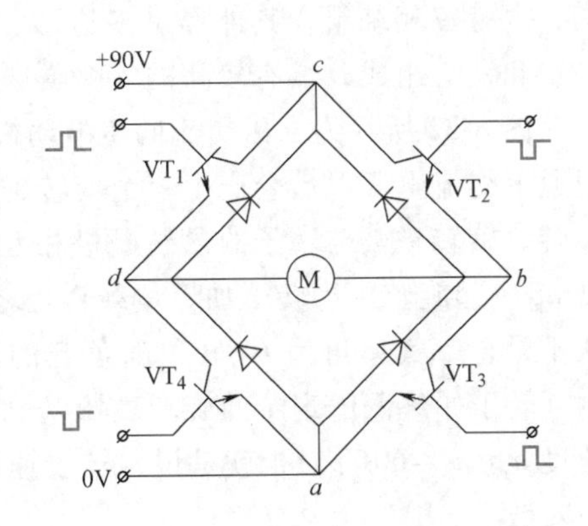

图 6-31 PWM-M 系统的主回路电气原理图

2. 交流伺服电动机

交流调速克服了直流伺服电动机在结构上存在机械换向器和电刷维护困难、造价高、寿命短、应用环境受到限制等缺点，同时又具有坚固耐用，经济可靠及动态响应性能好等优点。随着新型开关功率器件及控制算法的发展，交流伺服系统在数控机床中的应用日益普及，已逐步取代直流伺服系统。

交流伺服系统可采用交流异步电动机和永磁交流同步电动机。交流同步电动机的转速与所接电源的频率之间存在严格的关系，即在电源电压和频率固定不变时，它的转速稳定不变。若采用变频电源给同步电动机供电，就可方便地获得与频率成正比的速度，同时可以得到较好的机械特性及较宽的调速范围。

（1）交流异步电动机　交流异步伺服系统一般采用不带换向器的三相感应电动机，其结构为定子上装有对称三相绕组，在圆柱体转子铁心上嵌有均匀分布的导条，导条两端分别用金属环把它们连接成一个整体。当对称三相绕组接通对称三相电源时，由电源供给励磁电流，在定子和转子之间的气隙内建立起以同步转速旋转的旋转磁场，依靠电磁感应作用，在转子导条内产生感应电动势。因为转子上的导条已构成闭合回路，所以转子导条中有电流通过，从而产生电磁转矩，实现由电能到机械能的能量转换。

交流异步电动机在数控机床中多用于主轴驱动控制。其转子惯量小于直流电动机的转子惯量，动态响应性能较好，具有重量轻、结构简单、容量大、转速高等特点，价格仅为直流电动机的 1/3 左右。其缺点是必须从电网吸收滞后的励磁电流以实现范围较宽的无级调速，因而会使电网功率因素减小。

（2）永磁交流同步电动机　目前永磁交流同步电动机多用于数控机床的进给驱动系统，转子采用永久磁铁。由于采用电子换向器取代直流电动机的换向器和电刷的机械换向，因此其寿命主要由轴承决定，无需进行电刷及换向器的维护保养工作，可靠性大大提高。永磁交流同步电动机采用多磁极对结构，其一般由定子、转子和检测元件三部分组成。定子具有齿槽，内有三相绕组，其外形呈多边形，利于散热。转子由多块永久磁铁和铁心组成，具有较高的气隙磁场密度。

图6-32所示为永磁交流同步电动机的工作原理，当定子三相绕组通上交流电源以后会产生一个旋转磁场，该磁场将以同步转速 n_s 旋转，旋转磁极与转子的永磁磁极相互吸引，并带着转子以同步速度 n_s 一起旋转。当转子加上负载转矩之后，将使定子与转子磁场轴线不重合，其夹角为 θ。θ 角随负载的增大而增大，并在一定限度内，转子始终跟随定子的旋转磁场以恒定的同步转速 n_s 旋转。转子速度 $n_r = n_s = 60f/p$，也就是说，转子速度 n_r 取决于电源频率 f 和磁极对数 p。

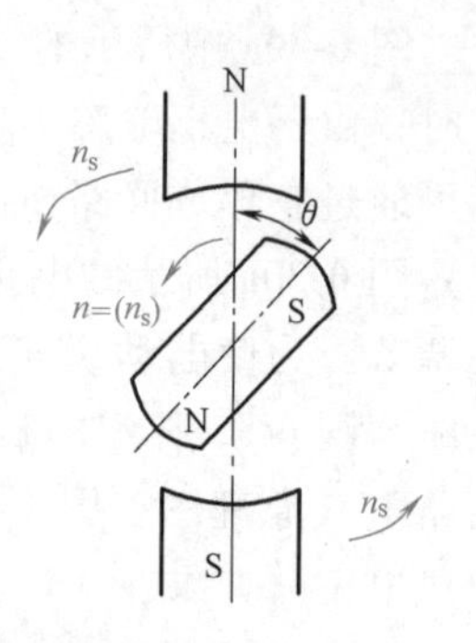

图6-32 永磁交流同步电动机的工作原理图

当负载超过极限后，转子不能按同步转速旋转，甚至停止，即产生同步电动机“失步”现象，此极限负载称为最大同步转矩。永磁交流同步电动机的一个缺点是起动比较困难，这是由于当定子绕组接通三相电源时，处于静止状态的转子由于惯性作用不能跟随旋转磁场同步旋转，转子受到的平均转矩为零。为此，可采用降低转子惯量或增加极对数等方法减小定子旋转磁场的同步转速，或者通过速度控制单元使电动机在低速下起动，然后再提高到所要求的速度。

（3）SPWM变频调速　变频器是永磁交流同步电动机调速的关键部件之一，它可分为“交-直-交”型和“交-交”型两种。数控机床上普遍使用“交-直-交”型变频器，这种类型的变频器首先将工频交流电变换为直流电，再将直流电逆变为可调频率和可调电压的交流电输出给交流电动机使用。近年来，交流调速系统变频技术得到了快速发展，由普通晶闸管构成的方波型逆变器被全控型高频开关器件组成的脉宽调制（PWM）逆变器所取代，并且正弦波脉宽调制（SPWM）、磁通跟踪型PWM、电流跟踪型PWM技术已被广泛采用。

正弦波脉宽调制（SPWM）变频器是使用最广泛的“交-直-交”型变频器。它是用脉冲宽度不等的一系列矩形脉冲逼近正弦波电压或电流信号。这种方法总是中间脉冲宽而两边脉冲窄，各个脉冲的面积和与正弦波下的面积成正比，所以脉宽基本上按正弦规律分布。这是一种最基本、也是应用最广泛的调制方法。

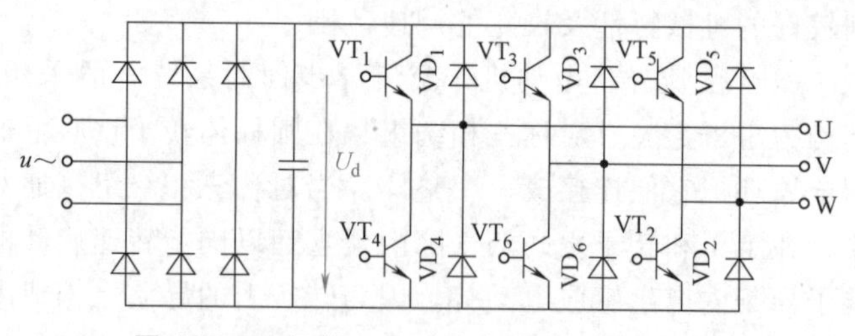

图6-33 双极性SPWM变频器的典型主电路

图6-33所示为双极性SPWM变频器的典型主电路，它将50Hz的交流电经变压器变换为所需电压值，然后利用二极管整流并用电容滤波，形成恒定的直流电压，再送给由六个大功率开关管构成的逆变器主电路，进而输出三相频率和电压均可调整的等效于正弦变化的交流电源供电动机使用。

SPWM的逆变器主要是通过三角波调制原理产生正弦波的，如图6-34所示。图6-34中 u_T 为三角载波信号，u_S 为某相（如U相）正弦控制波。通过比较器对两个信号进行比较后，输出脉宽与正弦控制波成比例的方波。这两种波形的交点（如图6-34所示的数字位置）决定了逆变器某相（如U相）元器件（如 VT_1 和 VT_4）的通断时刻。当 VT_1 处于导通状态时，VT_4 处于截止状态，U相绕组的相电压为 $U_d/2$。而当 VT_1 处于截止状态时，电动机绕

组中的电流通过 VD_4 二极管续流，使该相绕组承受 $-U_d/2$ 的相电压，从而实现双极性 SPWM 调制。

SPWM 的逆变器输出基波的电压大小和频率均取决于正弦控制波。当改变正弦控制波的幅值时，脉冲宽度随之改变，从而改变输出电压的大小；当改变正弦控制波的频率时，输出的电压频率随之改变。因此，逆变器要求实现调频和调压的双重任务。

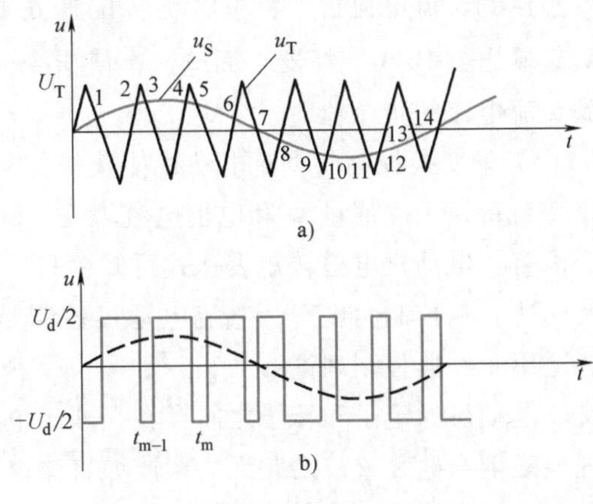

图 6-34　三角波调制原理

a）三角波和正弦控制波的比较　b）正弦波脉宽调制

SPWM 变频器结构简单，电网功率因数接近于 1，并且不受逆变器负载大小的影响，系统动态响应快，输出的波形准确，从而使电动机可在近似以正弦规律变化的交变电压下运行。转矩脉动小，扩展了调速范围，提高了调速性能，因此在数控机床的交流驱动系统中被广泛应用。

图 6-35 所示为一种永磁交流同步电动机 SPWM 控制系统的基本组成。这种控制系统也由速度外环和电流内环组成，类似一个直流调速系统。速度指令和速度反馈信号经比较后，通过速度控制输出转矩指令 T_M^*，而 T_M^* 与电流幅值指令 I^* 成比例，指令 I^* 在交流电流指令发生器里与对应于旋转位置 θ_r 的单位正弦波相乘，输出交流电流指令 i_a^*、i_c^*，再经过电流控制得到 U_a^*、U_c^* 电压指令，而 $U_b^*=-(U_a^*+U_c^*)$，然后根据 SPWM 控制规律确定各相电

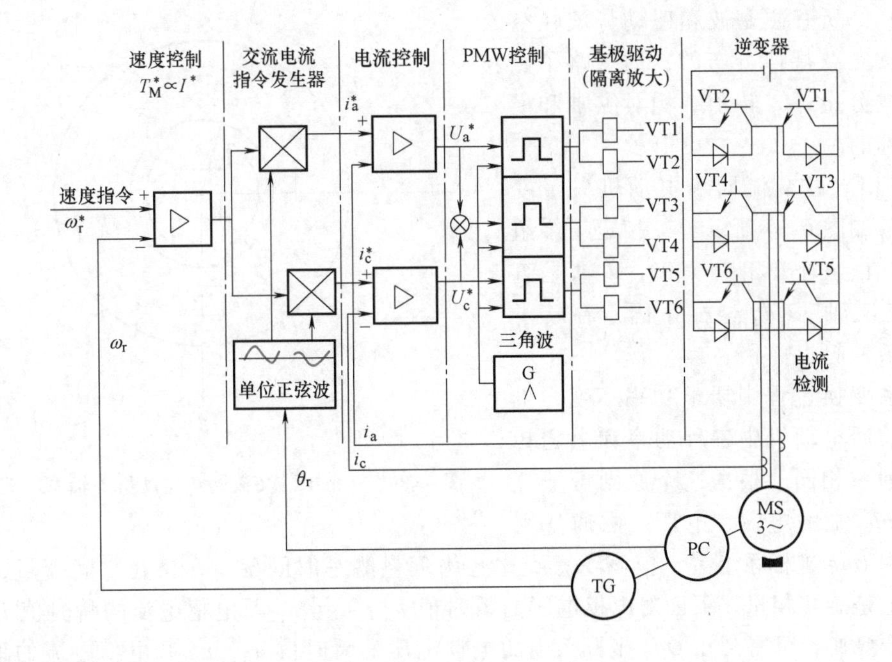

图 6-35　永磁交流同步电动机 SPWM 控制系统的基本组成

压对应逆变器功率管的开关状态。

要想得到交流电流指令，可将旋转位置 θ_r 的数据输送到存有单位正弦波的 ROM 地址中，然后输出到 D/A 变换器，而电流幅值指令 I^* 作为 D/A 变换器的参考电压，两者相乘，就得到交流电流的指令值。

（4）矢量变换控制　直流电动机能获得优异的调速性能是因为电动机与电磁转矩相关的两个变量每极主磁通量 Φ 和电枢电流 I_d 是相互完全独立的，当补偿绕组完全补偿了电枢反应，由直流电动机电磁转矩表达式可知，只要分别控制励磁电流和电枢电流即可线性控制转矩和转速。从控制角度看，直流电动机控制是一个单输入单输出（SISO）的单变量控制系统，适用于经典控制理论。

交流电动机的定子和转子之间存在强烈的电磁耦合关系，而电动机在结构上又没有补偿这种强电磁耦合的装置，因此无法形成如直流电动机控制中的独立变量。由交流电动机电磁转矩的表达式可知，交流电动机的两个变量 Φ 和 I_d 不再相互独立，而且其输入的定子电压和电流均为随时间交变的矢量，磁通量是空间交变矢量，从控制角度分析，交流电动机是一个高阶、非线性、强耦合的多变量控制系统，其数学模型由电压转矩方程、磁链矩阵方程、转矩方程和运动方程构成。矢量变换控制调速系统可应用处理多变量系统的现代控制理论、坐标变换及反变换，建立交流电动机的等效模型，通过对该模型的控制，实现对交流电动机的控制，并得到与直流电动机相近的良好控制性能。

近年来，由于三相永磁电动机的发展，很多数控机床都采用矢量法来控制这种电动机，并成为了交流伺服系统的一种主要形式。为了突出永磁电动机的本质，简化运算，便于推导，现对电动机做如下的假设：①忽略磁路饱和、磁滞和涡流的影响，即假定磁路是线性的；②所有磁密波和磁动势波在空间上都是按正弦规律分布的，即忽略了磁场高次谐波分量；③转子结构对纵轴和横轴都是对称的。

1）三相永磁交流同步电动机矢量变换方程式。如图6-36所示，三相定子绕组U、V、W在空间上相隔120°，d 轴是直轴，q 轴是交轴。Odq 坐标系固定在转子上，与转子一起旋转。

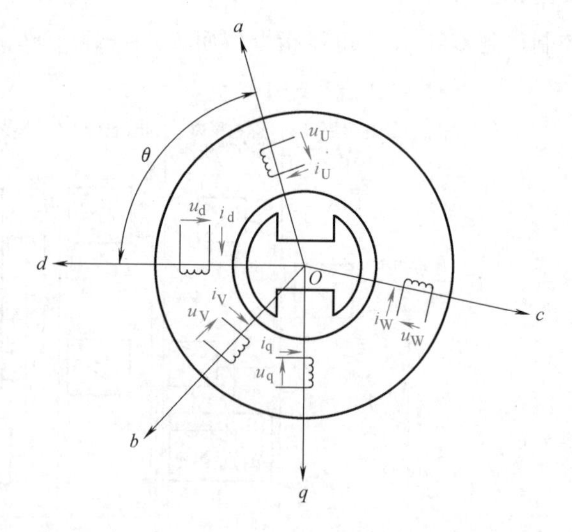

图6-36　三相永磁交流同步电动机的轴系间关系

在轴系变换过程中要求功率不变，也就是变换前后电动机中各种功率和电磁转矩应与原轴系相同。根据这个原则可把三相坐标轴 abc 上的电流、电压、磁通量密度等变换到 Odq 坐标系上去。应该注意到这些物理量既是时间变量，又是空间变量，而且这些矢量也是旋转相量。下面对电枢电压的瞬时值 u_a、u_b、u_c 及电枢电流的瞬时值 i_a、i_b、i_c 进行旋转变换，可得到在 Odq 坐标系上的电枢电压的瞬时值 u_d、u_q 和电枢电流的瞬时值 i_d、i_q，即

$$\begin{pmatrix} u_{\rm d} \\ u_{\rm q} \end{pmatrix} = \sqrt{\frac{2}{3}} \begin{pmatrix} \cos\theta & \cos\left(\theta-\frac{2}{3}\pi\right) & \cos\left(\theta+\frac{2}{3}\pi\right) \\ \cos\theta & \sin\left(\theta-\frac{2}{3}\pi\right) & \sin\left(\theta+\frac{2}{3}\pi\right) \end{pmatrix} \begin{pmatrix} u_{\rm a} \\ u_{\rm b} \\ u_{\rm c} \end{pmatrix} \tag{6-21}$$

$$\begin{pmatrix} i_{\rm d} \\ i_{\rm q} \end{pmatrix} = \sqrt{\frac{2}{3}} \begin{pmatrix} \cos\theta & \cos\left(\theta-\frac{2}{3}\pi\right) & \cos\left(\theta+\frac{2}{3}\pi\right) \\ \cos\theta & \sin\left(\theta-\frac{2}{3}\pi\right) & \sin\left(\theta+\frac{2}{3}\pi\right) \end{pmatrix} \begin{pmatrix} i_{\rm a} \\ i_{\rm b} \\ i_{\rm c} \end{pmatrix} \tag{6-22}$$

式中 θ——U 相绕组轴线对 d 轴的电角度。

在随转子旋转的 Odq 坐标系中，设 $\Psi_{\rm q}=L_{\rm q}i_{\rm q}$、$\Psi_{\rm d}=L_{\rm d}i_{\rm d}+\Psi_{\rm f}$，可得三相永磁交流同步电动机的电压平衡方程式为

$$u_{\rm q}=R_{\rm q}i_{\rm q}+{\rm D}\Psi_{\rm q}+\omega_1\Psi_{\rm d} \tag{6-23}$$

$$u_{\rm d}=R_{\rm q}i_{\rm d}+{\rm D}\Psi_{\rm d}-\omega_1\Psi_{\rm q} \tag{6-24}$$

式中 $R_{\rm q}$——折算到 Odp 坐标系上的等效电阻值；

ω_1——Odq 坐标系的旋转角频率；

$\Psi_{\rm f}$——永久磁铁对应转子的磁链；

D——微分算子，即 d/dt。

图 6-37 所示为三相永磁交流同步电动机矢量图，横轴电压由三部分平衡。第一部分是 $R_{\rm q}i_{\rm q}$，也就是三相等效绕组的电阻压降；第二部分是横轴磁通量对横轴的变化率，即在横轴绕组中产生的感应电动势；第三部分是横轴绕组在旋转的直轴磁通量作用下产生的旋转电动势。直轴情况的分析与横轴（或称为交轴）类似。

横轴的磁通量（或准确地称为“磁链”）是横轴电流自己产生的，而直轴（或称为纵轴）的磁通量不仅是由直轴电流产生的，还与转子上永久磁铁的磁通量有关。横轴磁链对横轴绕组产生的电动势实际上就是自感电动势，自感电动势只有磁通量变化时才会产生。而直轴对横轴的绕组没有互感电动势，这是因为横轴与直轴正好是垂直的。但是由于直轴旋转，所以可在横轴绕组中产生旋转电动势。

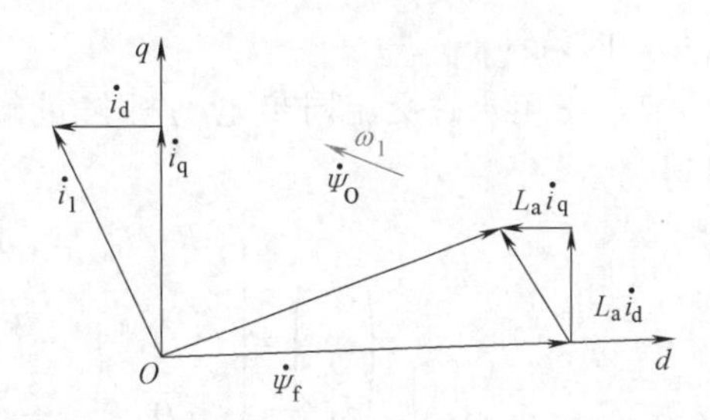

图 6-37 三相永磁交流同步电动机矢量图

现假设 $L_{\rm d}=L_{\rm ad}+L_\sigma$、$L_{\rm q}=L_{\rm aq}+L_\sigma$，$L_\sigma$ 是定子绕组的直轴、横轴的漏磁电感，$L_{\rm ad}$ 是直轴电枢反应电感，$L_{\rm aq}$ 是横轴电枢反应电感。$L_{\rm d}$ 是直轴同步电感，$L_{\rm q}$ 是横轴同步电感。

输出的电磁转矩为

$$T_{\rm m}=\frac{3}{2}p[\Psi_{\rm f}i_{\rm q}+(L_{\rm d}-L_{\rm q})i_{\rm d}i_{\rm q}] \tag{6-25}$$

式中 p——磁极对数。

事实上，根据功率不变原则，永磁交流同步电动机输入的总瞬时功率为

$$\begin{aligned} P_1 &= u_{\rm a}i_{\rm a}+u_{\rm b}i_{\rm b}+u_{\rm c}i_{\rm c}=u_{\rm d}i_{\rm d}+u_{\rm q}i_{\rm q} \\ &=(R_{\rm a}i_{\rm a}+p\Psi_{\rm d}-\omega\Psi_{\rm q})i_{\rm d}+(R_{\rm a}i_{\rm q}+p\Psi_{\rm q}+\omega\Psi_{\rm d})i_{\rm q} \end{aligned}$$

$$=(i_d p\Psi_d+i_q p\Psi_q)+(\Psi_d i_q-\Psi_q i_d)\omega+R_a(i_d^2+i_q^2) \tag{6-26}$$

现求出一个周期内的平均功率，也就是通过气隙磁场传输到转子上的电磁功率为

$$P=\frac{3}{2}(\Psi_d i_q-\Psi_d i_d)\omega=\frac{3}{2}(\Psi_d i_q-\Psi_q i_d)p\omega_n \tag{6-27}$$

根据电角角速度 ω 和机械角角速度 ω_m 之间的关系 $\omega=\rho\omega_m$，可得

$$T_m=\frac{p}{\omega_n}=\frac{3}{2}p[(L_d i_q+\Psi_f)i_q-i_q L_q i_d]=\frac{3}{2}p[\Psi_f i_q+(L_d-L_q)i_d i_q] \tag{6-28}$$

再考虑到三相永磁交流同步电动机驱动负载 T_L 时的方程式为

$$T_m=T_L+B\omega_n+J\frac{d\omega_m}{dt} \tag{6-29}$$

式中　B——粘滞摩擦系数；

　　J——折算到电动机转子上的总转动惯量。

因此得到永磁同步电动机的状态方程为

$$p\begin{pmatrix} i_d \\ i_q \\ \omega_m \end{pmatrix}=\begin{pmatrix} -R_a/L_a & \rho\omega_m & 0 \\ -p\omega_m & -R_a/L_q & -p\Psi_f/L_q \\ 0 & \frac{3}{2}p\Psi_f/J & B/J \end{pmatrix}\begin{pmatrix} i_d \\ i_q \\ \omega_m \end{pmatrix}+\begin{pmatrix} u_d/L_d \\ u_q/L_q \\ -T_L/J \end{pmatrix} \tag{6-30}$$

可见，式（6-30）中存在 ω_m 和 Odq 坐标系中 $i_q i_d$ 乘积的耦合关系，所以不能实现线性控制，也无法达到很高的性能指标。

另外，在求 T_m 时，假定 $L_d-L_q=0$，即直轴与横轴的电感是相同的。事实上，由于气隙是均匀的，气隙内的磁场是以正弦规律分布的，转子是一个圆柱体，所以基本能够满足 $L_d=L_q=L_a$ 的条件。

2）三相永磁交流同步电动机矢量解耦控制。现将 $B=0$，代入状态方程（6-30）中，可得

$$p\begin{pmatrix} i_d \\ i_q \\ \omega_m \end{pmatrix}=\begin{pmatrix} -R_a/L_a & \rho\omega_n & 0 \\ -p\omega_m & -R_a/L_q & -p\Psi_f/L_q \\ 0 & \frac{3}{2}p\Psi_f/J & 0 \end{pmatrix}\begin{pmatrix} i_d \\ i_q \\ \omega_m \end{pmatrix}+\begin{pmatrix} u_d/L_d \\ u_q/L_q \\ -T_L/J \end{pmatrix} \tag{6-31}$$

由此可以看出产生转矩的电流是 i_q，而励磁电流 i_d 的作用如下：

① $\Psi_d=L_d i_d+\Psi_f$，可以看出它会增加直轴磁链或减小纵轴的磁链。特别是当 $i_d<0$ 时，会使磁链减小，这当然是不希望的。

② 由于 i_d 在定子绕组中流动，那么就必然会在绕组电阻中产生损耗，使电动机的定子损耗增加，而使电动机温度上升，损失了能量。

③ i_d 的存在会对定子绕组端电压及视在功率产生影响。

事实上，有

$$u_q=R_a i_q+p\Psi_q+\omega_1\Psi_d=R_a i_q+pi_q L_a+\omega_1 L_a i_d+\omega_1\Psi_f$$
$$u_d=R_a i_d+p\Psi_d+\omega_1\Psi_q=R_a i_d+p(i_q L_a+\Psi_f)-\omega_1 i_q L_a$$
$$u_q^2=(R_a i_q+\omega_1 L_a i_d+\omega_1\Psi_f)^2+(\omega_1 L_a i_q)^2$$

$$u_d^2=(R_a i_d-\omega_1 L_a i_q)^2+(L_a i_d+\Psi_f)^2\omega_1^2$$

$$u_q^2+u_d^2=[R_a^2+2(L_a\omega_1)^2][i_d^2+i_q^2]+2\omega_1\omega_f(L_a i_d\omega_1+R_a i_d+\Psi_f\omega_1)$$

因此 $u_{max}=\sqrt{2}\sqrt{(u_d^2+u_q^2)}$，可见当 $i_d>0$ 时，电枢电压比 $i_d=0$ 时要高；而当 $i_d<0$ 时，$-\dfrac{L_a\omega_1\Psi_f}{R_a^2+(\omega_1 L_a)^2}<i_d<0$，逆变器输入电压可以降低。所以为了获得最大的输出转矩，i_d 应该为 0，或者最好设法使其为负值。

若要使 $i_d=0$，那么状态方程可简化为

$$p\begin{pmatrix}i_q\\ \omega_m\end{pmatrix}=\begin{pmatrix}-R_a/L_a & -p\Psi_f/L_a\\ p\Psi_f/J & 0\end{pmatrix}\begin{pmatrix}i_q\\ \omega_m\end{pmatrix}+\begin{pmatrix}u_q/L_a\\ -T_L/J\end{pmatrix} \tag{6-32}$$

可见，i_d 与 i_q 无耦合关系，并且 $u_d=p\omega_m L_a i_q$。

要实现 $i_d=0$ 的解耦控制，通常可以采用电压前馈解耦控制和电流反馈解耦控制两种方法，更深入的详细介绍可参阅有关文献。

3. 直线电动机

前面讨论的电动机所产生的机械运动均以旋转方式运动，当应用到数控机床进给伺服系统时必须在传动链中增设滚珠丝杠，将旋转运动转换成直线运动，但丝杠会限制进给速度和传递力矩的提高，且丝杠的间隙会影响系统的精度和稳定性。为此，下面介绍一种新型的执行元件——直线电动机，它可以将电能直接转换成直线运动的机械能，从而取消了将旋转运动转变成直线运动的中间机构，能够获得高速度（80~180m/min）、大加速度（2g~10g）和高定位精度（0.1~0.01μm）。

（1）工作原理　直线电动机的主要类型有直流直线电动机、交流永磁同步直线电动机、交流感应异步直线电动机、步进式直线电动机、磁阻式直线电动机和压电式直线电动机等。其中前三种在高速加工机床中应用较多。

直线电动机可以认为是旋转电动机在结构上的一种演变，设想将一种传统旋转式电动机沿着如图 6-38a 所示转轴的直径方向切开、拉平，就成了如图 6-38b 所示的直线电动机。图 6-38b 中不动的部件仍称为定子，运动的部件称为动子。旋转电动机中的转矩变成了沿直线方向的力，交流旋转电动机中的旋转磁场变成了平移磁场。旋转电动机的行程可以说是无限

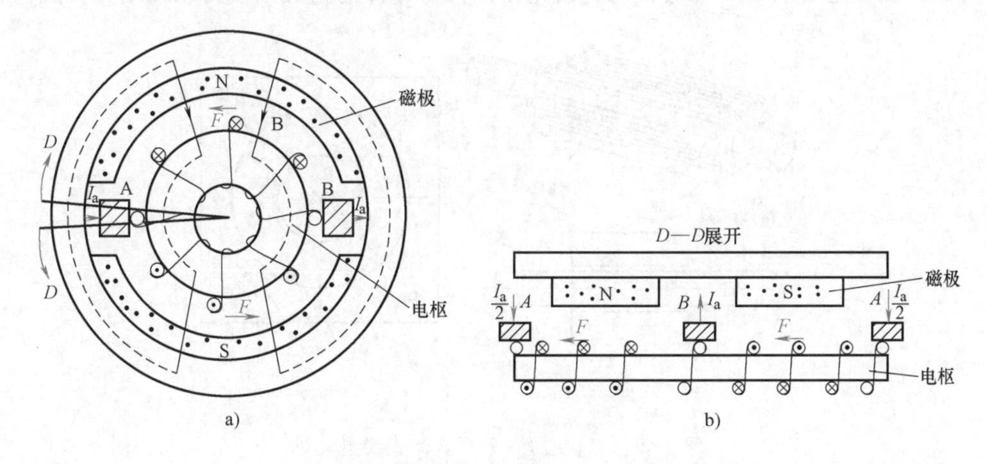

图 6-38　直线电动机工作原理图

的，而直线电动机的行程则是有限的。

在图 6-38 中，将电源的正极加到电刷 A，电源的负极加到电刷 B，则电枢绕组各导体中电流的流向如图 6-38 中矢头⊙和矢尾⊗所示。根据右手法则可以判断这时绕在电枢上的各绕组均要受到电磁作用力，它的方向是从右向左。因为绕组是固定在电枢上的，所以电枢将在电磁力 F 的作用下向左做直线运动。显然，无论是改变磁极的极性，还是改变加到电刷 A、B 上电源的极性，均可改变电磁力 F 的方向。

图 6-38b 所示的结构具有两个缺点：①磁极对电枢铁心有单边磁拉力，有把电磁铁心紧紧地吸附在磁极表面的趋势；②电枢在电磁力 F 的作用下产生移动后，将移出磁极的作用范围，F 力会逐步消失。所以，真正具有实用价值的直线电动机的结构如图 6-39 所示。这种结构的特点是在电枢铁心的上、下两边均有电磁铁，它们对铁心的磁拉力互相抵消；同时，电枢长度远大于磁铁的长度，电枢在铁心中运动时，只要不移出磁板的作用范围，电磁力 F 的大小不受影响。

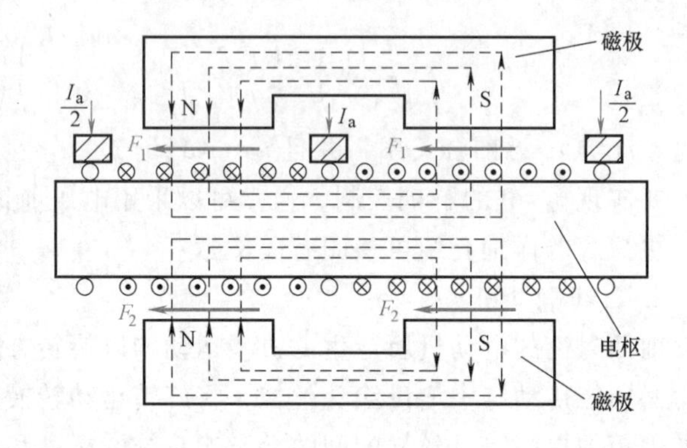

图 6-39　长电枢型直流直线电动机工作原理图

（2）控制方法　图 6-40 所示为某公司生产的一种专利型 LD 系列直流直线电动机，它可以直接取代滚珠丝杠完成数控机床的进给驱动，避免了旋转电动机与直线运动之间的转换环节。这种电动机的独特之处在于其作为定子的管状永磁导杆（tubular magnetic rod）和作为动子的方形拖板（rectangular thrust block）的设计。其圆柱形导杆包含永磁材料，产生如图 6-40c 所示的沿导杆径向分布的磁场，这个磁场完全被内含换向线圈的拖板所捕获。拖板里的线圈完全包含导杆，并且其电流方向与导杆圆周相切。因此导杆的径向磁场总是与电流方向垂直相交，此时由电流和磁场的矢量（叉积）产生最大的电磁力驱动拖板及其负载（如刀架）运动。电磁力的方向可根据右手法则来判断。因为 LD 系列直线电动机内部的磁场是沿圆周均匀分布的。因此在拖板与导杆之间既无吸力也无斥力，这样就大

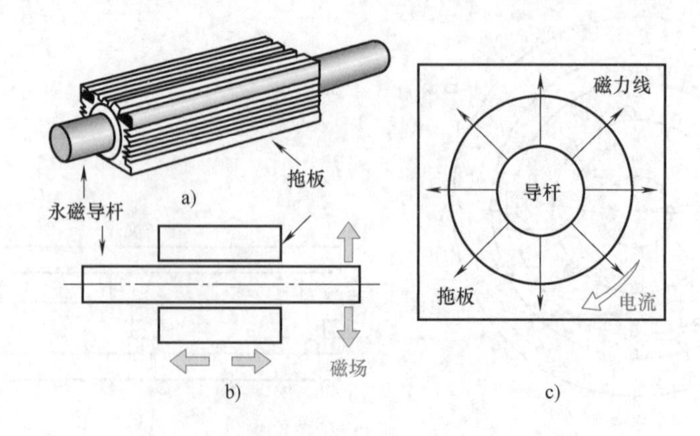

图 6-40　专利型 LD 系列直流直线电动机
a）直线电动机外形示意图　b）电磁力与磁场方向　c）导杆径向分布的磁场

大减小了直线导杆支承所承受的力量，从而延长了支承的寿命。LD 系列直线电动机的绕组安装在作为运动部件的拖板内部，拖板外部制成散热片形状以改善散热条件，使得这种电动机无需强迫通风。

由于直线电动机的定子、动子结构的特殊性，使直线电动机的磁场存在“进口端”和“出口端”两个纵向边端，因此直线电动机的磁场分析较为特殊，此处不再详细讨论。

直线电动机因为行程有限，一般多用在做往复运动的场合，因此在运行中总是处在暂态过程中，所以对直线电动机通常只讨论它的动态特性及其参数。直线电动机的特性也是在理想化条件下分析其基本方程式，然后求出其动态解。

直流直线电动机的电压方程为

$$u=L_a\frac{\mathrm{d}i}{\mathrm{d}t}+R_a i+K_e v \tag{6-33}$$

相应的运动方程为

$$m\frac{\mathrm{d}v}{\mathrm{d}t}+K_d v+F_f=BLi=K_e i \tag{6-34}$$

式中　m——运动物体的质量；

K_e——电动势常数，$K_e=Bl$。

如果忽略式（6-34）中第二、三项所代表的阻尼和摩擦，求解式（6-33）和式（6-34），可得速度方程式为

$$\frac{\mathrm{d}^2v}{\mathrm{d}t^2}+\frac{1}{T_e}\frac{\mathrm{d}v}{\mathrm{d}t}+\frac{v}{T_eT_m}=\frac{v_m}{T_eT_m} \tag{6-35}$$

式中　v_m——不计摩擦及阻尼时的最大运动速度，$v_m=u/Bl$；

T_e——电气时间常数，$T_e=L_a/R_a$；

T_m——机械时间常数，$T_m=R_a/(Bl)^2$；

l——工作的行程。

如果忽略电气时间常数，则直线电动机的速度方程式可简化为

$$T_m\frac{\mathrm{d}v}{\mathrm{d}t}+v=v_m \tag{6-36}$$

从式（6-36）可求得速度随时间变化的函数为

$$v(t)=v_m(1-\mathrm{e}^{-t/T_m})+v_0\mathrm{e}^{-t/T_m} \tag{6-37}$$

式中　v_0——初始速度。

从上面的分析可以看出，直流直线电动机的动态特性和普通直流电动机的动态特性类似，它的参数也可以用直流电动机的参数来等效。如直流直线电动机的 Bl 可等效于直流电动机的电动势常数，直流直线电动机的动子总质量（含负载运动质量）等效于直流电动机的转子总惯量，直流直线电动机的速度等效于直流电动机的转速等。

以上主要对直流直线电动机的基本工作原理进行了介绍，关于永磁交流同步直线电动机、交流异步直线电动机和步进式直线电动机的工作情况请参阅有关文献。

4. 电主轴

随着变频调速技术、电动机矢量控制技术的迅速发展和日趋完善，高速数控机床主传动的机械结构也得到了极大简化，基本上取消了带传动和齿轮传动，机床主轴改由内装式电动

机直接驱动，从而把机床主传动链的长度缩短为零，实现了机床的“零传动链”。这种主轴电动机与机床主轴“合二为一”的传动结构形式，使主轴部件从机床的传动系统和整体结构中相对独立出来，因此可做成主轴单元，俗称电主轴（Electric Spindle、Motor Spindle 或 Motorized Spindle）。由于当前电主轴主要采用的是交流高频电动机，故也称为高频主轴（High Frequency Spindle）。由于没有中间传动环节，有时又称它为直接传动主轴（Direct Dive Spindle）。电主轴是一直种智能型功能部件，不但转速高、功率大，还有一系列控制主轴温升与振动等机床运行参数的功能，以确保其在高速运转时的可靠性与安全性。

图 6-41 所示为电主轴的典型结构，其电动机转子用压配合的方法安装在机床主轴上，处于前后轴承之间，由压配合产生的摩擦力来实现大转矩的传递。由于转子内孔与主轴配合面之间有很大的过盈量，因此在装配时必须在油浴中将转子加热到 200℃ 左右，然后迅速进行热压装配。电动机的定子通过一个冷却套固装在电主轴的壳体中。这样，电动机的转子就是机床主轴，电主轴的套筒就是电动机座，因此成为一种新型主轴系统。在主轴的后部安装有齿盘作为电感式编码器，以实现电动机的全闭环控制。主轴前端外伸部分的内锥孔和端面，用于安装和固定加工中心可更换的刀柄。

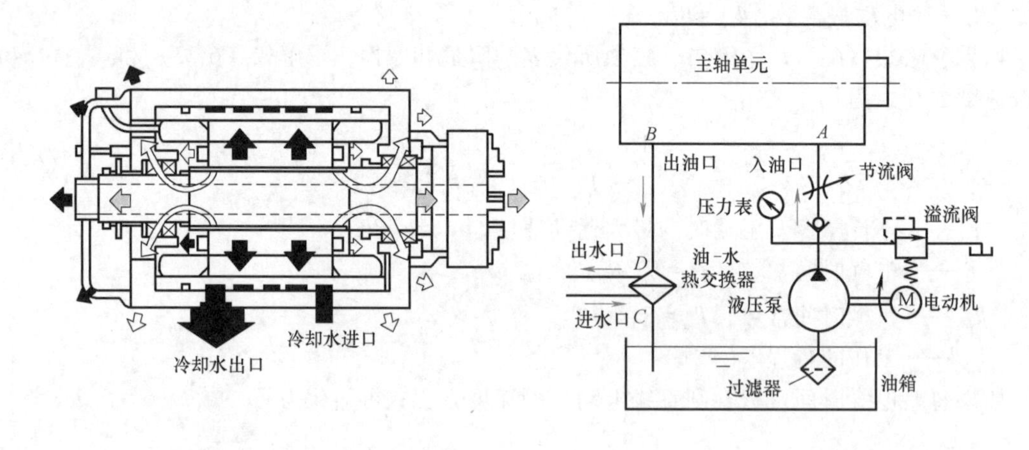

图 6-41 电主轴的典型结构

如图 6-41 所示的电主轴结构包含如下几部分：

（1）各种连接装置　它可以使电源、数据线、冷却水、润滑剂等的安装和更换极为方便，也方便更换压缩空气。

（2）滚珠套　它使得主轴可自由向后方膨胀。

（3）冷却水套　它保证有限均匀温升，绕组中的温度传感器进一步保证工作安全可靠。

（4）电动机　可以采用矢量控制技术，确保低速大转矩，使得刚性攻丝得以实现。

（5）微米级位移传感器　可用于对数控系统进行位移补偿。

（6）HSK-E 刀具接口　其径向和轴向重复精度小于 1μm，BT、SK、CAT、SKI 接口均为选件，切削液从刀具中喷出也是选件。

（7）陶瓷珠混合轴承　其精度小于 3μm，大尺寸轴颈保证了径向和轴向刚度，最小量的润滑油直接喷向轴承，延长了轴承的寿命。

电主轴是高速机床的“心脏部件”，是高速、精密且承受较大径向和轴向切削负荷的旋转部件。其轴承首先必须满足能高速运转的要求，并且具有较高的回转精度和较低的温升；其次，必须具有尽可能高的径向和轴向刚度。此外，还要具有较长的使用寿命，特别是保持精度的寿命。因此，轴承的性能对电主轴的正常使用极为重要。目前，电主轴采用的轴承主要有滚动轴承、液体静压轴承和磁悬浮轴承。

滚动轴承具有刚性好、高速性能好、结构简单紧凑、标准化程度高、品种规格丰富、便于维修更换和价格适中等优点，因而在电主轴中得到了最广泛的应用。电主轴一般采用适应高速运转且可同时承受径向和轴向负荷的精密角接触球轴承。

液体静压轴承为接触式轴承，具有磨损小、寿命长、旋转精度高、阻尼特性好（振动小）等优点，用于机床电主轴上，在加工零件时刀具寿命长、加工表面质量高。另外还有气体静压轴承，其电主轴的转速可高达 100000~200000r/min，但缺点是刚性差，承载能力低，在机床上一般只限于在小孔磨削和钻孔时使用。

磁悬浮轴承依靠多副在圆周上互为 180°的电磁铁产生径向方向相反的吸力（或斥力），将主轴悬浮在空气中，轴颈与轴承不接触，其径向间隙为 1mm 左右。当承受载荷后，主轴在空间的位置发生微弱的变化，由位置传感器测出其变化值，通过反馈装置和自动控制作用，改变相应磁极的吸力（或斥力）值，使其迅速恢复到原来的位置，控制主轴始终围绕其惯性轴做高速回转。磁悬浮轴承电主轴的最高线速度可达 200m/s（陶瓷球轴承为 80m/s）。由于轴颈与轴承不接触，因此没有磨损，无需润滑，寿命很长，并且轴承温升低，回转精度高（可达 0.1μm），是一种很有发展前途的电主轴。

总之，电主轴是最近发展起来的一个高度机电一体化的精密智能型主轴系统，虽然已经有许多品种投入使用且效果很好，但仍有不少技术难题有待解决，其发展前景是乐观的。

二、鉴相式伺服系统

鉴相式伺服系统是采用相位比较方法实现位置闭环及半闭环控制的伺服系统。

1. 鉴相式伺服系统的基本组成和工作原理

图 6-42 所示为鉴相式伺服系统框图，它主要由基准信号发生器、检测元件及其信号处理线路、脉冲调相器、鉴相器和执行元件等组成。

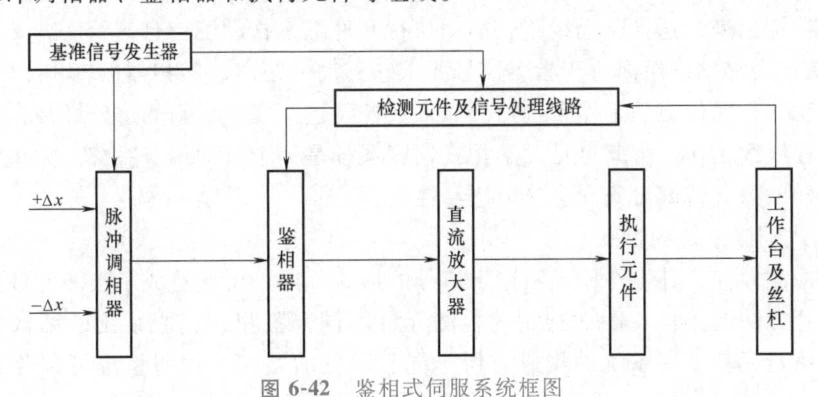

图 6-42 鉴相式伺服系统框图

基准信号发生器输出的是一列具有一定频率的脉冲信号，其作用是为伺服系统提供一个相位比较的基准。

检测元件及信号处理线路的作用是检测工作台的位移，并表示为基准信号之间的相位差，此相位差的大小反映了工作台的实际位移量。

脉冲调相器又称为数字相位转换器，它的作用是将脉冲信号转换为相位变化信号，该相位变化信号可用正弦波或方波表示。若没有脉冲信号输入，脉冲调相器的输出信号与基准信号发生器输出的基准信号同相位，即两者没有相位差；若有脉冲信号输入，则每输入一个正向或反向脉冲，脉冲调相器的输出将超前或滞后基准信号一个相应的相位角。

鉴相器的输入信号有两路，一路是来自脉冲调相器的指令进给信号；另一路是来自于检测元件及信号处理线路的反馈信号。这两路信号都用它们与基准信号之间的相位差表示，且同频率，同周期。鉴相器的作用就是鉴别出两个信号之间的相位差，并以与此相位差信号成正比的电压信号输出。

鉴相器的输出信号一般比较微弱，不能直接驱动执行元件，故需要进行电压和功率放大，然后去驱动执行元件。当执行元件为宽调速直流电动机时，鉴相器的输出信号首先进行电压、功率放大，然后送入晶闸管驱动线路，由晶闸管驱动线路驱动执行元件，这些都是驱动线路要完成的工作内容。

鉴相式伺服系统是利用相位比较的原理进行工作的。当数控机床的数控装置要求工作台沿一个方向进给时，插补装置便产生一列进给脉冲。该进给脉冲作为指令信号被送入伺服系统。在伺服系统中，进给脉冲首先经脉冲调相器转变为相对于基准信号的相位差，设为φ。来自于检测元件及信号处理线路的反馈信号也表示成相对于基准信号的相位差，设为θ。φ和θ分别代表了指令要求工作台的进给距离和机床工作台实际移动的距离。φ和θ被送入鉴相器，在鉴相器中，代表指令要求工作台进给距离的指令信号φ和代表机床工作台实际移动距离的反馈信号θ进行比较，两者的差值$\varphi-\theta$称为跟随误差。跟随误差信号经电压和功率放大后，驱动执行元件带动工作台移动。当进给开始时，由于工作台没有位移，$\theta=0$，而设$\varphi=\varphi_1$是指令要求工作台进给的距离，φ和θ之差$\varphi-\theta=\varphi_1$，鉴相器将该相位差检测出来，并作为跟随误差送入驱动线路，由驱动线路依照其大小驱动执行元件拖动工作台进给。工作台进给之后，检测元件检测出此进给位移，并经信号处理线路转变为相对于基准信号的相位差信号，设其值θ_1。该信号再次进入鉴相器中与指令信号进行比较，若$\varphi-\theta=\varphi_1-\theta_1\neq0$，说明工作台实际移动的距离不等于指令信号要求工作台移动的距离，鉴相器进一步将φ和θ的差值$\varphi_1-\theta_1$检测出来，送入驱动线路，驱动执行元件继续拖动工作台进给。若$\varphi-\theta=\varphi_1-\theta_1=0$，则说明工作台移动的距离等于指令信号要求它移动的距离，鉴相器的输出$\varphi-\theta=0$，驱动线路停止驱动执行元件拖动工作台进给。如果数控装置又发出了新的进给脉冲，伺服系统按上述循环过程继续工作。由此可见，鉴相式伺服系统是一个自动调节系统。如果每个坐标都配备一套这样的系统，即可实现多坐标进给控制。

2. 鉴相式伺服系统的类别

不同的检测元件，其工作原理和输出信号的形式不同，由此造成了检测元件的控制及其输出信号处理方法的不同。因而选用的检测元件不同，鉴相式伺服系统的结构也不同。另外，不同的执行元件也使系统的构成有所不同。常见的鉴相式伺服系统可以分为以下几种形式。

（1）以旋转变压器为检测元件的半闭环伺服系统　图6-43所示为以旋转变压器为检测元件的半闭环伺服系统框图。它的执行元件是宽调速直流电动机。在该系统中，基准信号发生器一方面控制脉冲调相器，使进给脉冲按一定的比例转换成相位的变化，另一方面经励磁

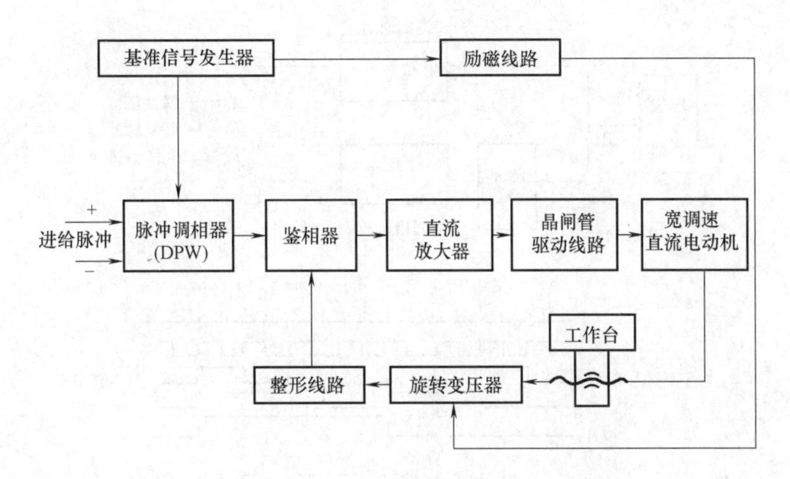

图 6-43 以旋转变压器为检测元件的半闭环伺服系统框图

线路产生旋转变压器的励磁信号。整形线路将旋转变压器的输出变成与脉冲调相器的输出同形式的信号。鉴相器的输出经直流放大器放大之后，首先驱动宽调速直流电动机的晶闸管驱动线路，然后由晶闸管线路驱动宽调速直流电动机带动工作台移动。为消除丝杠和工作台之间存在的传动误差，可采用开环步进伺服系统所采取的措施，如齿隙补偿和螺距误差补偿等，或者采用闭环伺服系统。

（2）以直线式感应同步器为检测元件的闭环伺服系统 该系统与上述（1）中所述系统的唯一区别是检测元件直接安装在机床的工作台上。整个系统的构成与（1）中所述的系统基本一样。

（3）以光栅为检测元件的数字相位比较伺服系统 图 6-44 所示为数字相位比较伺服系统框图，在该系统中，检测元件是光栅，执行元件是宽调速直流电动机。光栅的输出信号经信号处理线路即鉴相倍频线路之后，进入它的数字相位变换器，把代表工作台实际位移的数字脉冲信号转换成与基准信号成一相位差的方波信号。同样，进给脉冲经它的脉冲调相器即数字相位变换器之后，变成另一与基准信号成一相位差的方波信号。这两路方波信号共同进入鉴相器，在鉴相器中进行比较，其差值以电压信号的形式输出。这个输出信号经直流放大器放大、控制宽调速直流电动机带动工作台移动。

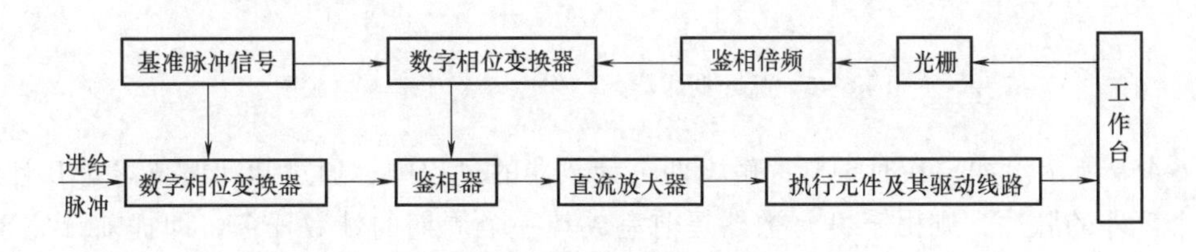

图 6-44 数字相位比较伺服系统框图

3. 鉴相式伺服系统的主要控制线路

（1）脉冲调相器 图 6-45a 所示为脉冲调相器的构成图。当同一个时钟脉冲序列去触发容量相同的两个计数器 A 和 B 使它们计数时，如选用四位二进制计数器，其容量为 16，这两个计数器 A 和 B 的最后一级输出是两个频率大大降低了的同频率、同相位的方波信号，

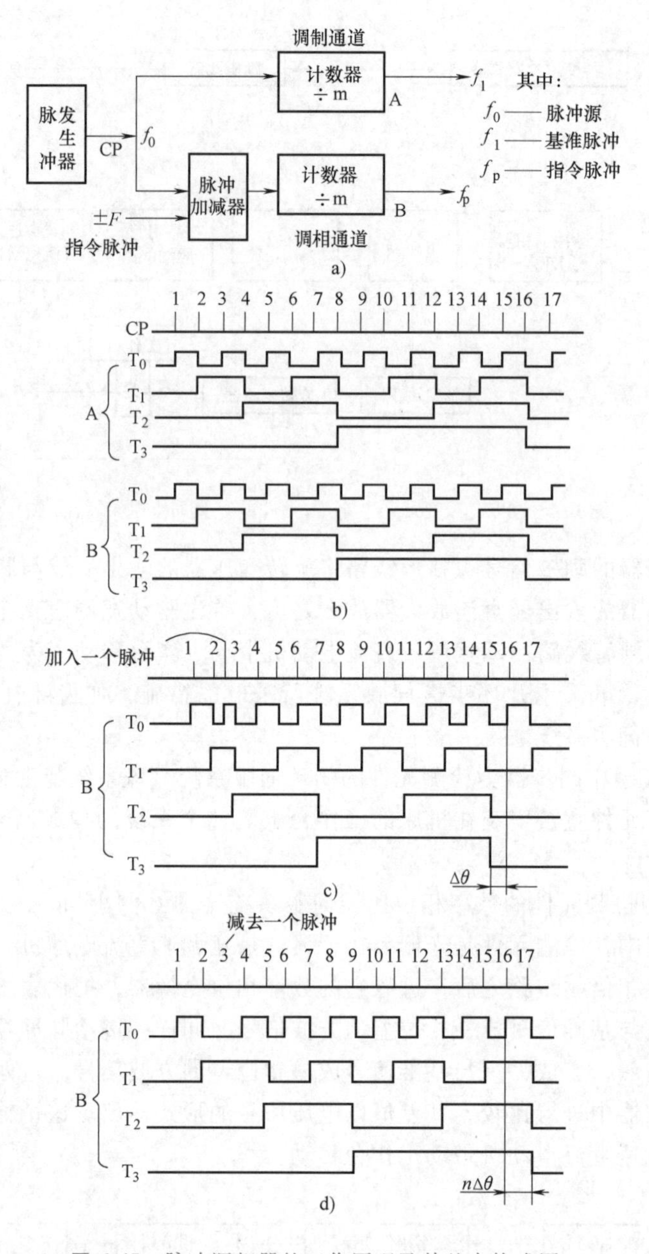

图 6-45　脉冲调相器的工作原理及其基本构成图

如图 6-45b 所示。如果在时钟脉冲触发两个计数器的过程中，通过脉冲加减器向 B 计数器加入一个额外的脉冲，则由于 B 计数器提前完成其一个周期的计数任务，即提前计完 16 个数的计数而使得其最后一级的输出提前翻转，从而相对于计数器 A 的输出产生一个正的相移 $\Delta\theta$，如图 6-45c 所示。同理，当通过脉冲加减器减去一个进入 B 计数器的时钟脉冲，则由于 B 计数器延时完成其一个周期的计数任务而使得最后一级的输出延时翻转，从而导致相对于计数器 A 的输出产生了一个负的相移 $\Delta\theta$，如图 6-45d 所示。$\Delta\theta$ 与计数器的容量有关，若计数器的容量为 m，则 $\Delta\theta=360°/m$。如果在时钟脉冲触发两个计数器的过程中，通过脉冲加减器向 B 计数器加入或扣除的不止是一个脉冲，而是 n 个脉冲，根据同样的道理，则 B 计数器相对于A计数器的相移是$\theta=n\Delta\theta$。这就是脉冲调相器的工作原理及其基本构成。

(2) 鉴相器　鉴相器的主要功能是鉴别两个输入信号的相位差及其超前滞后关系。根据输入信号形式的不同，常用的鉴相器有两种类型，一种是二极管型鉴相器，它可以鉴别正弦信号之间的相位差；另一种是门电路型鉴相器，它对方波信号之间的相位差进行鉴别。图6-46是两种鉴相器的输入输出工作波形图。对于这两种类型的鉴相器，二极管型鉴相器有专门的集成元件，门电路型鉴相器的逻辑线路也比较简单，在此不再进一步讨论。

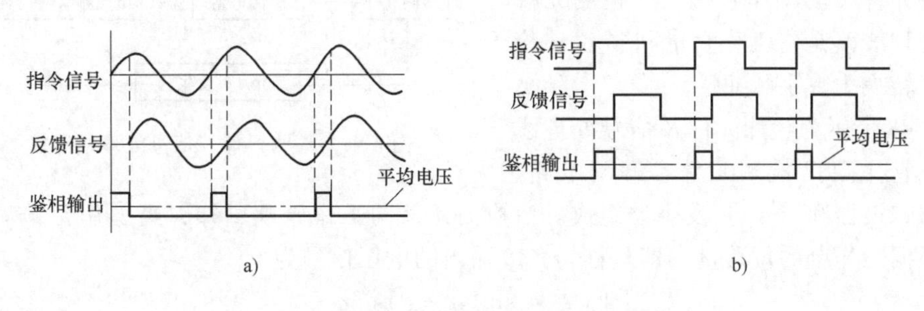

图6-46　两种鉴相器的输入输出工作波形图

a）二极管型鉴相器　b）门电路型鉴相器

三、鉴幅式伺服系统

鉴幅式伺服系统以位置检测信号的幅值大小来反映机械位移的数值，并以此作为位置反馈信号与指令信号进行比较构成的闭环控制系统。

1. 鉴幅式伺服系统的工作原理

图6-47所示为鉴幅式伺服系统框图。该系统由检测元件及信号处理线路、数模转换器、比较器、驱动环节和执行元件五部分组成。它与鉴相式伺服系统的主要区别有两点，一是它的检测元件是以鉴幅式工作状态进行工作的，因此可用于鉴幅式伺服系统的检测元件有旋转变压器和感应同步器；二是比较器所比较的是数字脉冲量，而与之对应的鉴相式伺服系统的鉴相器所比较的是相位信号，故在鉴幅式伺服系统中，不需要基准信号，两数字脉冲量可直接在比较器中进行脉冲数量的比较。

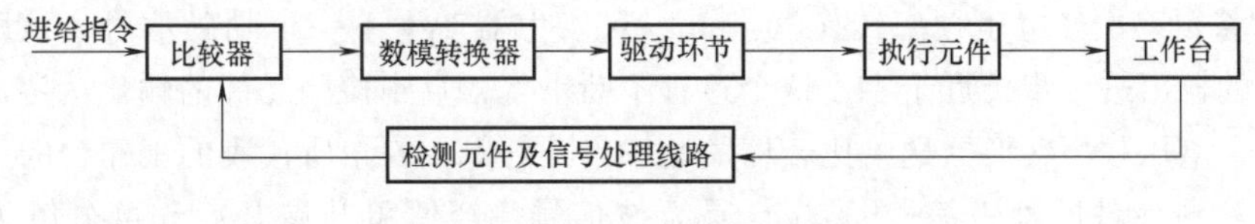

图6-47　鉴幅式伺服系统框图

鉴幅式伺服系统的工作原理如下：

进入比较器的信号有两路，一路来自数控装置插补部分的进给脉冲，它代表数控装置要求机床工作台移动的位移；另一路来自检测元件及信号处理线路，也是以数字脉冲形式出现，它代表工作台实际移动的距离。鉴幅式伺服系统工作前，数控装置和检测元件的信号处理线路都没有脉冲输出，比较器的输出为零。这时，执行元件不能带动工作台移动。出现进给脉冲信号之后，比较器的输出不再为零，执行元件开始带动工作台移动，同时，以鉴幅式工作的检测元件又将工作台的位移检测出来，经信号处理线路转换成相应的数字脉冲信号，该数字脉冲信号作为反馈信号进入比较器与进给脉冲进行比较。若两者相等，比较器的输出为零，说明工作台实际移动的距离等于指令信号要求工作台移动的距离，执行元件停止带动工作台移动；若两者不相等，说明工作台实际移动的距离还不等于指令信号要求工作台移动的距离，执行元件继续带动工作台移动，直到比较器输出为零时停止。

鉴幅式伺服系统中，数模转换器的作用是将比较器输出的数字量转化为直流电压信号，该信号经驱动线路进行电压和功率放大，驱动执行元件带动工作台移动。检测元件及信号处理线路是将工作台的机械位移检测出来并转换为数字脉冲量。

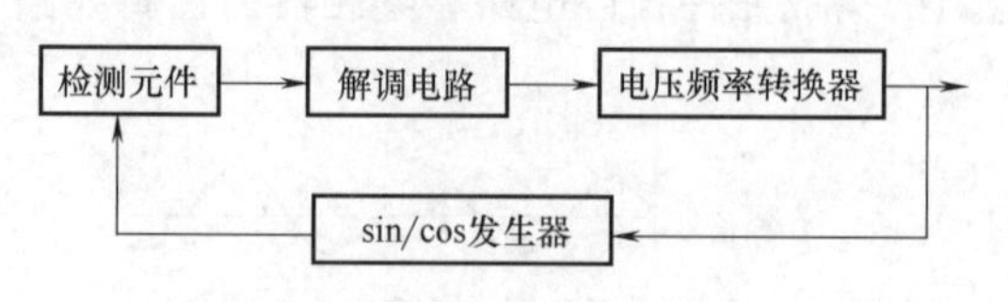

图 6-48 检测元件及信号处理线路框图

图6-48所示为检测元件及信号处理线路框图，它主要由检测元件、解调电路、电压频率转换器和sin/cos发生器组成。由检测元件的工作原理可知，当工作台移动时，检测元件根据工作台的位移量，即丝杠转角θ输出的电压信号为

$$V_B = V_m \sin(\alpha - \theta)\sin\omega t \tag{6-38}$$

式中 α——此时检测元件励磁信号的电气角。

V_B的幅值$V_m\sin(\alpha-\theta)$代表工作台的位移。V_B经滤波、放大、检波、整流以后，变成方向与工作台移动方向相对应，幅值与工作台位移成正比的直流电压信号，这个过程称为解调。解调电路也称鉴幅器。解调后的信号经电压频率转换器变成计数脉冲，脉冲的个数与电压幅值成正比，并用符号触发器表示方向。一方面，该计数脉冲及其符号送到比较器与进给脉冲比较；另一方面，经sin/cos发生器，产生驱动检测元件的两路信号sin和cos，使α角与此相对应发生改变。该驱动信号是方波信号，它的脉冲宽度随计数脉冲的数量而变。根据傅里叶展开式，当该方波信号作用于检测元件时，其基波信号分量为

$$V_S = V_m \sin\alpha_1 \sin\omega t \tag{6-39}$$

$$V_K = V_m \sin\alpha_1 \cos\omega t \tag{6-40}$$

α_1角的大小由方波的宽度决定。若检测元件的转子没有新位移，因励磁信号电气角由α变为α_1，它所输出的幅值信号也随之变化，而且逐步趋于零。若输出的新的幅值信号

$$V_B' = V_m \sin(\alpha_1 - \theta) \tag{6-41}$$

不为零，V_B'将再一次经电压频率转换器、sin/cos发生器产生下一个励磁信号，该励磁信号将使检测元件的输出进一步接近于零，这个过程不断重复，直到检测元件的输出为零时为止。在这个过程中，电压频率转换器送给比较器的脉冲量正好等于θ角所代表的工作台的位移量。

另外，检测元件的励磁信号sin/cos是方波信号，经傅里叶展开后，可分解为基波信号和无穷个谐波信号，因此，检测元件的输出也必然含有这些谐波的影响，故在解调线路中，必须首先进行滤波，将这些谐波的影响排除掉。

2. 鉴幅式伺服系统的控制线路

（1）解调线路即鉴幅器 它由低通滤波器、放大器和检波器组成。

（2）电压频率转换器 它的作用是把检波后输出的电压值变成相应的脉冲序列，脉冲的方向用符号寄存器的输出表示。电压频率转换器的输出一方面作为工作台的实际位移被送到鉴幅系统的比较器，另一方面作为励磁信号的电气角α被送到sin/cos发生器。

（3）sin/cos发生器 sin/cos发生器的作用是根据电压频率转换器输出脉冲的多少和方

向，生成检测元件的励磁信号 V_S 和 V_K，即

$$V_S = V_m \sin\alpha \sin\omega t \tag{6-42}$$

$$V_K = V_m \cos\alpha \sin\omega t \tag{6-43}$$

α 的大小由脉冲的数量和方向决定；V_S 和 V_K 的频率和周期根据要求可用基准信号的频率和计数器的位数调整、控制。通常，sin/cos 发生器可分为两部分，即脉冲相位转换线路和 sin/cos 信号生成线路。

（4）比较器　鉴幅式伺服系统比较器的作用是对指令脉冲信号和反馈脉冲信号进行比较。一般来说，来自数控装置的指令脉冲信号可以是以下两种形式，第一种是用一条线路传递进给的方向，一条线路传送进给脉冲；第二种是用一条线路传送正向进给脉冲，一条线路传送反向进给脉冲。来自检测元件信号处理线路的反馈信号是采用第一种形式表示的。进入比较器的脉冲信号形式不同，比较器的构造也不同。

（5）数模转换器　数模转换器也称脉宽调制器，它的作用是把比较器的数字量转变为电压信号。目前，已有许多不同精度、不同形式的数模（D/A）转换器，只要能满足伺服系统对它的输入输出要求，就可直接选取应用。

有关控制线路的详细情况，请参阅相关书籍。

四、数字脉冲比较式伺服系统

随着数控技术的发展，在位置控制伺服系统中，采用数字脉冲的方法构成位置闭环控制，由于其结构较为简单，受到了普遍的重视。目前应用较多的是以光栅和光电编码器作为位置检测装置的半闭环控制的脉冲比较伺服系统。图 6-49 所示为数字脉冲比较式伺服系统框图。

1. 数字脉冲比较式伺服系统的构成

一个数字脉冲比较式伺服系统最多可由 6 个主要环节组成。

1）由数控装置提供的指令信号。它可以是数码信号，也可以是脉冲数字信号。

2）由测量元件提供的机床工作台位置信号。它可以是数码信号，也可以是数字脉冲信号。

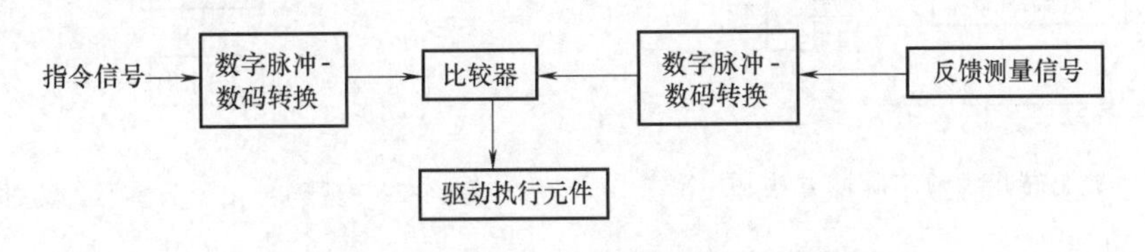

图 6-49　数字脉冲比较式伺服系统框图

3）完成指令信号与测量反馈信号比较的比较器。

4）数字脉冲信号与数码的相互转换部件。它依据比较器的功能以及指令信号和反馈信号的性质而决定取舍。

5）驱动执行元件。它根据比较器的输出带动机床工作台移动。

6）比较器。常用的数字比较器大致有三类：数码比较器、数字脉冲比较器、数码与数字脉冲比较器。

由于指令和反馈信号不一定能适合比较的需要，因此在指令和比较器之间以及反馈和比较器之间有时需要增加“数字脉冲-数码转换”的线路。

比较器的输出反映了指令信号和反馈信号的差值，以及差值的方向。将这一输出信号放大后，控制执行元件。执行元件可以是伺服电动机、液压伺服马达等。

一个具体的数字脉冲比较系统，根据指令信号和测量反馈信号的形式，以及选择的比较器的形式的不同，可以是一个包括上述6个环节的系统，也可以仅由其中的某几个环节组成。

2. 数字脉冲比较式伺服系统的主要功能部件

（1）数字脉冲-数码转换器

1）数字脉冲转换为数码。对于数字脉冲转化为数码，最简单的实现方法可用一个可逆计数器将输入的脉冲进行计数，以数码值输出。根据对数码形式要求的不同，可逆计数器可以是二进制的、二-十进制的或其他类型的计数器，图6-50所示为由两个二-十进制可逆计数器组成的数字脉冲-数码转换器。

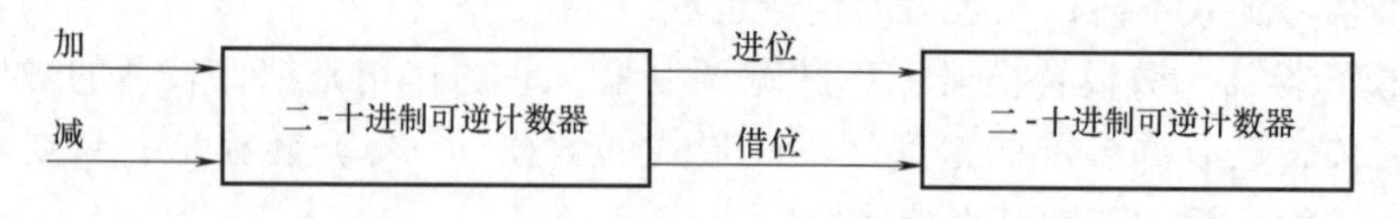

图6-50　数字脉冲-数码转换器工作原理框图

2）数码转换为数字脉冲。对于数码转化为数字脉冲，常用的方法有两种。第一种方法是采用减法计数器组成的线路，如图6-51所示，先将要转换的数码置入减法计数器，当时钟脉冲CP到来之后，一方面使减法计数器做减法计数，另一方面进入“与门”。若减法计数器的内容不为“0”，该CP脉冲通过“与门”输出，若减法计数器的内容变为“0”，则“与门”被关闭，CP脉冲不能通过。计数器从开始计数到减为“0”，刚好与置入计数器中数码等值的数字脉冲从“与门”输出，从而实现了数码-数字脉冲的转换。第二种方法是用一个脉冲乘法器，数字脉冲乘法器实质上就是将输入的二进制数码转化为等值的脉冲个数输出，如图6-52所示。

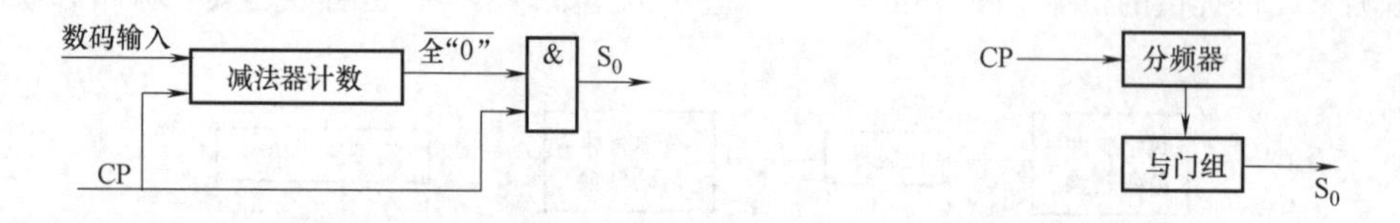

图6-51　数码转化为数字脉冲方法一

图6-52　数码转化为数字脉冲方法二

（2）比较器　在数字脉冲比较式伺服系统中，使用的比较器有多种结构，根据其功能的不同可分为两类，一类是数码比较器；另一类是数字脉冲比较器。在数码比较器中，比较的是两个数码信号，而输出可以是定性的，即只指出参加比较的数哪个大哪个小，也可以是定量的，指出参加比较的数哪个大，大多少。在数字脉冲比较器中，常用带有可逆回路的可逆计数器。

3. 数字脉冲比较式伺服系统的工作过程

下面以用光电脉冲编码器为检测元件的数字脉冲比较式伺服系统为例说明其工作过程。

光电脉冲编码器与伺服电动机的转轴相连，随着电动机的转动产生脉冲序列输出，其脉冲的频率取决于转速的快慢。若工作台静止、指令脉冲$P_c=0$。则反馈脉冲P_f也为零，经比较环节得偏差$e=P_c-P_f=0$，则伺服电动机的转速给定为零。工作台保持静止。随着指令脉冲的输出，$P_c\neq0$，在工作台尚未移动之前，P_f仍为零，此时$e=P_c-P_f\neq0$。若指令脉冲为正向进给脉冲，则 $e>0$，由速度控制单元驱动电动机带动工作台正向进给。随着电动机运转，光电脉冲编码器不断将 P_f 送入比较器与 P_c 进行比较，若 $e\neq0$ 则继续运行，直到 $e=0$ 即反馈脉冲数等于指令脉冲数时，工作台停止在指令规定的位置上。此时，若继续给正向指令脉冲，工作台继续运动。当指令脉冲为反向进给脉冲时，控制过程与上述过程基本类似，只是此时 $e<0$，工作台做反向进给。

第五节　闭环伺服系统分析

一般数控机床对位置伺服系统的要求如下：

1）定位速度和轮廓切削进给速度。

2）定位精度和轮廓切削精度。

3）精加工的表面粗糙度。

4）在外界干扰下的稳定性。

这些要求主要取决于伺服系统的静态、动态特性。一般对闭环系统来说，总希望当系统有一个较小的位置误差时，机床移动部件能迅速反应，即系统有较高的动态精度。

下面对位置控制系统影响数控机床加工要求的几个方面做一些简单的分析。

一、开环增益

数控机床的位置伺服控制系统是一个典型的二阶系统。在典型的二阶系统中，阻尼系数 $\xi=1/(2\sqrt{KT})$，速度稳态误差 $e(\infty)=1/K$，其中 K 为开环放大倍数，工程上也称为开环增益。

显然，系统的开环增益是影响伺服系统的静态、动态指标的重要参数之一。

一般情况下，数控机床伺服系统的增益取为 $20\sim30\text{s}^{-1}$。通常把 $K<20$ 的伺服系统称为低增益或软伺服系统，多用于点位控制。而把 $K>20$ 的系统称为高增益或硬伺服系统，多用于轮廓加工系统。

若为了不影响加工零件的表面粗糙度和精度，希望阶跃响应不产生振荡，即要求 ξ 取值大一些，开环增益 K 就小一些；若从系统的快速性角度考虑，希望 ξ 选择小一些，即希望开环增益 K 增大些，同时 K 值增大系统的稳态精度也能有所提高。因此，对 K 值的选取应综合考虑。换句话说，并非系统的增益越高越好。当输入速度突变时，高增益可能导致输出信号产生剧烈的变动，机械装置要受到较大的冲击，有的还可能影响系统的稳定性。这是因为在高阶系统中系统的稳定性对 K 值有取值范围的要求。低增益系统也有一定的优点，如系统调整比较容易，结构简单，对扰动不敏感，加工的表面粗糙度值小。

在实际系统中，对稳态与动态性能都必须有较高的要求时，可以采取称为非线性控制的控制方法。其设计思想是 K 值的选取可根据需要有变化，而不是一个定值。如在动态响应的开始阶段可取为高增益值，由于阻尼系数 $\xi=1/(2\sqrt{KT})$，则在 T 不变时 ξ 偏小，曲线上升变陡。在接近稳态的 90% 左右时，K 取较小值，使 ξ 接近于 1，过程趋于平稳，无超调，如图 6-53 所示。

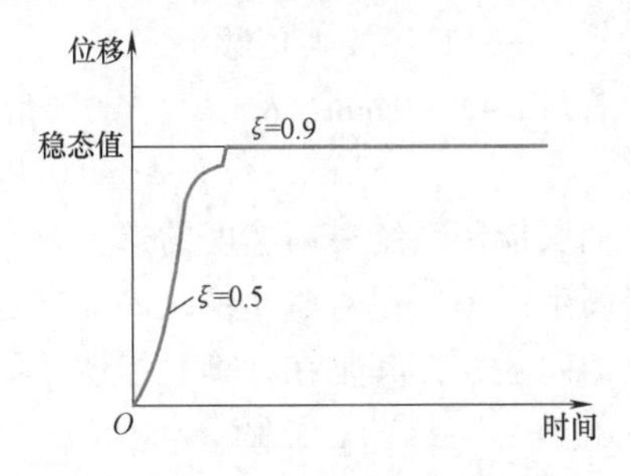

图 6-53　采用非线性控制实现的动态响应

二、位置精度

位置伺服控制系统的位置精度在很大程度上决定了数控机床的加工精度。因此位置精度是一个极为重要的指标。为了保证足够的位置精度，一方面要正确选择系统中开环放大倍数的大小，另一方面要对位置检测元件提出精度的要求。因为在闭环控制系统中，对于检测元件本身的误差和被检测量的偏差是很难区分出来的，反馈检测元件的精度对系统的精度常常起着决定性的作用。可以说，数控机床的加工精度主要由检测系统的精度决定。位移检测系统能够测量的最小位移量称为分辨率。分辨率不仅取决于检测元件本身，也取决于测量线路。在设计数控机床，尤其是高精度或大中型数控机床时，必须精心选用检测元件。测量系统的分辨率或脉冲当量，一般要求比加工精度高一个数量级。

总之，高精度的控制系统必须有高精度的检测元件作为保证。如数控机床中常用的直线感应同步器的精度已高达 0.0001mm，即 0.1μm，灵敏度为 0.05μm，重复精度为 0.21μm；而圆感应同步器的精度可达 0.5″，灵敏度为 0.05″，重复精度为 0.1″。

三、调速范围

在数控机床的加工中，伺服控制系统为了同时实现快速移动和单步点动，要求进给驱动系统具有足够宽的调速范围。

单步点动作为一种辅助工作方式常常在工作台的调整中使用。

伺服控制系统在低速情况下实现平稳进给，则要求速度必须大于“死区”范围。所谓“死区”指的是由于静摩擦力的存在而使系统在输入很小的情况下，电动机克服不了摩擦力而不能转动。此外，还由于存在机械间隙，电动机虽然转动，但拖板并不移动，这些现象也可用“死区”来表达，如图 6-54 所示。

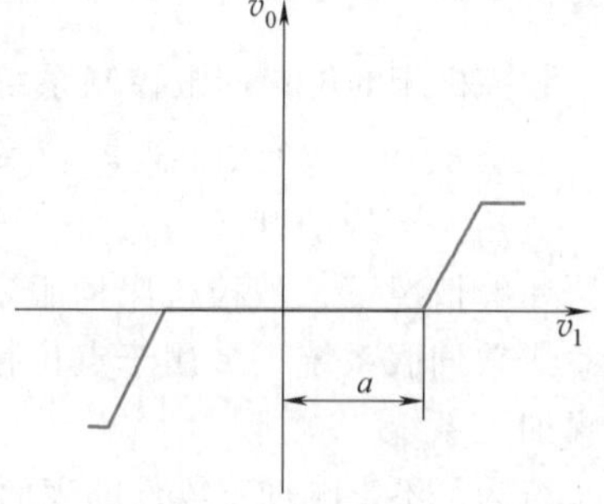

图 6-54 速度死区特性

设死区范围为 a，则最低速度 $v_{\min}$ 应满足

$$v_{\min} \geqslant a \tag{6-44}$$

由于

$$a \leqslant \delta K$$

则

$$v_{\min} \geqslant \delta K \tag{6-45}$$

式中 δ——脉冲当量，单位为 mm；

K——开环放大倍数。

若取 $\delta = 0.01\text{mm}$、$K = 30\text{s}^{-1}$，则最低速度

$$v_{\min} \geqslant a = 0.01 \times 30 \times 60\text{mm/min} = 18\text{mm/min}$$

伺服控制系统最高速度的选择要考虑到机床的机械允许界限和实际加工要求，高速固然能提高生产率，但对驱动系统的要求也就更高。此外，从系统控制的角度看也要考虑检测与反馈的问题，尤其是在计算机控制系统中，必须考虑软件处理的时间是否足够。

由于

$$f_{\max} = v_{\max}/\delta \tag{6-46}$$

式中 $f_{\max}$——最高速度的脉冲频率，单位为 kHz；

$v_{\max}$——最高进给速度，单位为 mm/min；

δ——脉冲当量，单位为 mm。

又设 D 为调速范围，$D=v_{\max}/v_{\min}$，则得

$$f_{\max} = Dv_{\min}/\delta = D\delta K/\delta = DK$$

由于频率的倒数就是两个脉冲的间隔时间，对应于最高频率 $f_{\max}$ 的倒数则是最小的间隔时间 $t_{\min}$，即 $t_{\min}=1/DK$。显然，系统必须在 $t_{\min}$ 内通过硬件或软件完成位置检测与控制的操作。对最高速度而言，$v_{\max}$ 的取值受到 $t_{\min}$ 的约束。一般地，在脉冲当量 $\delta=1\mu m$ 的条件下，进给速度应从 0~240m/min 的范围内连续可调。

四、速度误差系数

在数控机床的位置伺服系统中，速度误差系数 K_v（在数值上 $K_v=K$，K 为系统的开环放大倍数，显然，在讨论稳态误差时，引进速度误差系数 K_v 是为了突出地反映系统跟随能力的强弱）应满足

$$K_v = \frac{\text{最高进给速度 } v_{\max}}{\text{允许的跟随误差 } e} \tag{6-47}$$

当 $v_{\max}$ 为空行程的最高速度时，e 可规定得大一些，只要不失步就行。但在轮廓加工中，e 不能随便设定，而要控制在精度范围内。这是因为在数控机床，除了直线加工外，还有圆弧加工，过大的误差会直接引起工件的尺寸误差。考虑到这一点，提高伺服系统的 K_v 值是至关重要的，即 K_v 越大，系统的跟随误差越小，但过大的 K_v 会影响系统的稳定性。

对于连续切削系统，要求同时精确地控制每个坐标轴运动的位置与速度，实际上由于每个坐标轴的系统存在稳态误差，影响坐标轴的协调运动和位置的精确性，产生轮廓跟随误差，简称轮廓误差。

轮廓跟随误差是指实际轨迹与要求轨迹之间的最短距离，用 e 来表示。

1. 两轴同时运动加工直线轮廓的情况

若两轴的输入指令

$$x(t) = v_x t \tag{6-48}$$
$$y(t) = v_y t$$

则轨迹方程为

$$y = \frac{v_y}{v_x}x \tag{6-49}$$

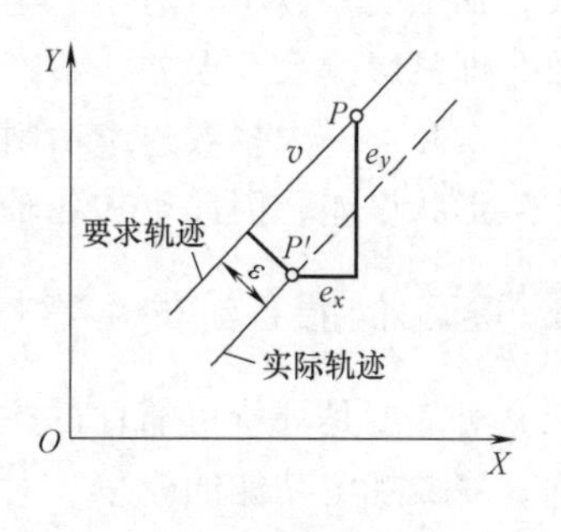

图 6-55　加工直线轮廓中的跟随误差

由于存在跟随误差（图 6-55），在某一时刻指令位置在 $P(x,y)$ 点，实际位置在 P'点，其坐标位置为

$$\begin{cases} x = v_x t - e_x \\ y = v_y t - e_y \end{cases} \tag{6-50}$$

跟随误差 e_x、e_y 的计算式为

$$e_x = v_x/K_{vx} \quad e_y = v_y/K_{vy} \tag{6-51}$$

式中　K_{vx}、K_{vy}——X 轴和 Y 轴的系统速度误差系数。

用解析几何法可求出轮廓误差 ε 为

$$\varepsilon = \Delta K_v / K_v \tag{6-52}$$

式中　K_v——平均速度误差系数，$K_v = \sqrt{K_{vx}K_{vy}}$；

ΔK_v——X、Y 轴系统速度误差系数的差值，$\Delta K_v = K_{vx} - K_{vy}$。

当 $K_{vx} = K_{vy}$ 时，$\Delta K_v = 0$，可得 $\varepsilon = 0$。

说明当两轴的系统速度误差系数相同时，即使有跟随误差，也不会产生轮廓误差。ΔK_v 增大，ε 就增大，实际运动轨迹将偏离指令轨迹。

2. 圆弧加工时的情况

若指令圆弧为 $x^2+y^2=R^2$，所采用的 X、Y 两个伺服系统的速度误差系数相同，$K_{vx} = K_{vy} = K_v$，进给速度 $v=\sqrt{v_x^2+v_y^2}=$ 常数。当指令位置在 $P(x, y)$ 点，实际位置在 $P'(x-e_x, y-e_y)$ 点处时，描绘出圆弧 $\overset{\frown}{A'B'}$，如图 6-56 所示。

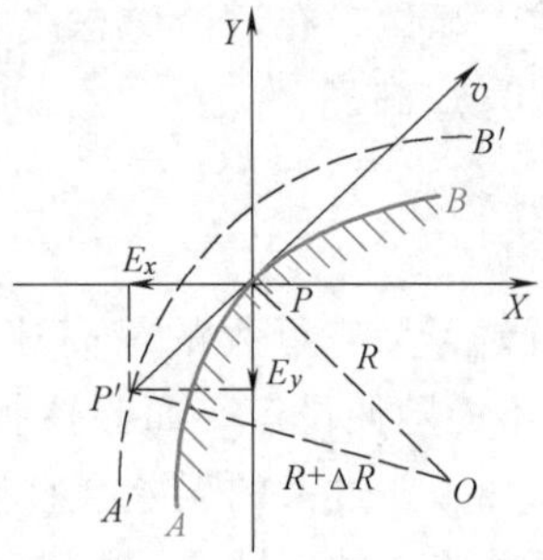

其半径误差 ΔR 可由几何关系求得，即

$$(R+\Delta R)^2 - R^2 = \overline{PP'}$$

所以

$$\Delta R \approx (\overline{PP'})^2 / 2R$$

又

$$\overline{PP'} = \sqrt{e_x^2 + e_y^2} = \sqrt{\left(\frac{v_x}{K_v}\right)^2 + \left(\frac{v_y}{K_v}\right)^2} = v/K_v$$

所以

$$\Delta R = v^2 / 2RK_v^2 \tag{6-53}$$

图 6-56　加工圆弧轮廓中的误差

由式（6-53）可知，加工误差与进给速度的平方成正比，与系统速度误差系数的平方成反比，降低进给速度，增大系统速度误差系数将大大提高轮廓加工精度。同时可以看出，加工圆弧的半径越大，加工误差越小。对于一定的加工条件，当两轴系统的速度误差系数相同时，ΔR 是常数，即只影响尺寸误差，不产生形状误差。

实际上，大多数连续切削控制系统中两轴的速度误差系数都有差别，此时加工圆弧将会产生形状误差，因此要求各轴的系统速度误差系数 K_v 的值尽量接近，且其值应尽量高。

五、伺服系统的可靠性

可靠度是评价可靠性的主要定量指标之一，其定义为：产品在规定条件下和规定时间内，完成规定功能的概率。对数控机床来说，它的规定条件是指其环境条件、工作条件及工作方式等，如温度、湿度、振动、电源、干扰强度和操作规程等。这里的功能主要指数控机床的使用功能，如数控机床的各种机能、伺服性能等。

数控机床常用平均故障（失效）间隔时间（MTBF）作为可靠性的定量指标。MTBF 是指发生故障经修理或更换零件还能继续工作的可修复设备或系统，从一次故障到下一次故障的平均时间。一般数控机床的故障主要来自伺服元件及机械传动部分。通常液压伺服系统的可靠性比电气伺服系统的差，电磁阀、继电器等电磁元件的可靠性较差，应尽量用无接触点元件代替。

目前数控机床因受元件质量、工艺条件及费用等限制，其可靠性还不是很高。为了使数控机床能更加满足工厂的加工需要，必须进一步提高其可靠性，从而提高其使用价值。在设计伺服系统时，必须按设计的技术要求和可靠性选择元器件，并按严格的测试检验进行筛选，同时必须充分考虑机械互锁装置等方面的问题，尽量减少因机械部件引起的故障。

思考题与习题

6-1　数控机床对伺服系统有哪些要求？

6-2　数控机床的伺服系统有哪几种类型？简述各自的特点。

6-3　步进电动机步距角的大小取决于哪些因素？

6-4　在一开环步进系统中，若设定其脉冲当量为 0.01mm，丝杠螺母副的螺距为 8mm，应如何设计此系统？

6-5　用自己熟悉的计算机语言编写一个五相十拍的脉冲分配程序。

6-6　如何提高开环系统的伺服精度？

6-7　数控机床对检测装置有哪些要求？

6-8　概述旋转变压器两种不同工作方式的原理，写出相应的励磁电压的形式。

6-9　莫尔条纹的特点有哪些？是否在光栅的信息处理过程中倍频数越大越好？

6-10　二进制循环码编码盘的特点是什么？

6-11　概述直流伺服电动机及交流伺服电动机的优缺点以及速度调节方法。

6-12　分别叙述鉴相式、鉴幅式及数字脉冲比较式伺服系统的工作原理。

6-13　鉴幅式伺服系统中，基准信号发生器的作用是什么？

6-14　为什么要对伺服系统的开环增益进行调节控制？

拓展内容

中国自主研制的“争气机”是指我国第一台自主研制的 30 万 kW 汽轮机，1983 年诞生于东方电气集团，是东方电气人在没有技术支持的情况下，自主研制而成的，是我国大功率发电设备制造国产化的奠基之作，因此被誉为“争气机”。

改革开放初期，中国大功率火电机组只能依靠国外进口。电力是国家经济发展的命脉。曾经研制出 20 万 kW 汽轮机的东方汽轮机厂（隶属于东方电气集团），向自主研制国内首台 30 万 kW 汽轮机发起挑战。自主创新之路无比艰辛，严重的资金短缺使研发工作难以为继。为了筹备资金，东方汽轮机厂开始承揽制造菜刀、大门等业务，赚到的钱全部投入到汽轮机的开发中。具体研发过程可扫描下方二维码观看视频进行了解。

“争气机”铸就了东汽精神，是中国工人不怕牺牲、艰苦创业、自主创新、勇攀高峰的最真实写照。

中国自主研制的“争气机”

第七章　数控机床的机械结构

第一节　数控机床对结构的要求

数控机床是典型的机电一体化系统，其机械结构同普通机床有很多相似之处。然而，现代的数控机床不是简单地将传统机床配备上数控系统，也不是在传统机床的基础上，仅对局部加以改进而成的（那些受资金等条件限制，而将传统机床改装成简易数控机床的另当别论）。传统机床存在着一些弱点，如刚性差、抗振性差、热变形大、滑动面的摩擦阻力大及传动元件之间存在间隙等，难以满足数控机床对加工精度、表面质量、生产率以及使用寿命等要求。现代的数控机床，特别是加工中心，无论是其支承部件、主传动系统、进给传动系统、刀具系统、辅助功能等部件结构，还是整体布局、外部造型等都已发生了很大变化，已形成了数控机床的独特机械结构。

一、数控机床及其加工过程的特点

1. 自动化程度高

数控机床在加工过程中，能按照数控系统的指令自动进行加工、变速并完成其他辅助功能，不必像传统机床那样由操作者进行手动调整和改变切削用量。

2. 加工精度及切削效率高

刀具材料的发展为数控机床的高速化创造了条件，数控机床的主轴转速和进给速度与传统机床相比有很大的提高，电动机功率也较传统机床的大。数控机床的定位精度和重复定位精度也相当高，且能同时进行粗加工和精加工，既能保证精加工时高效地进行大切削量的切削，又能在精加工和半精加工中高质量地精细切削。

3. 多工序和多功能集成

在数控机床，特别是加工中心上，工件一次装夹后，能完成铣、镗、钻、攻螺纹等多道工序，甚至能完成除安装面以外的各个加工表面的加工。车削中心除能加工外圆、内孔和端面外，还能在外圆和端面上进行铣、钻甚至曲面等的加工。另一方面，随着数控机床向柔性制造系统方向发展，功能集成化不仅体现在自动刀具交换（ATC）和自动刀盘交换（APC）上，而且还体现在工件自动定位、机内对刀、刀具破损监控、精度检测和补偿上。

4. 可靠性和精度保持性高

数控机床特别是在柔性制造系统（FMS）中的数控机床，常在高负荷下长时间地连续工作，为此，数控机床通常都具有较高的可靠性和精度保持性，以充分体现数控加工的特点。

二、数控机床对结构的要求

1. 高的静、动刚度及良好的抗振性能

数控机床价格昂贵，生产费用比传统机床要高得多，若不采取措施大幅度地压缩单件加工时间，就不可能获得较好的经济效益。压缩单件加工时间包括两个方面，一是新型刀具材料的发展，使切削速度成倍地提高，这就为缩短切削时间提供了可能；二是采用各种自动辅助装置，大大减少辅助时间，这些措施大幅度地提高了生产率，然而同时也明显地增加了机床的负载及运转时间。此外，由机床床身、导轨、工作台、刀架和主轴箱等部件的几何精度及其变形所产生的误差取决于它们的结构刚度，所有这些都要求数控机床要有比传统机床更高的静刚度。

切削过程中的振动不仅影响工件的加工精度和表面质量，还会降低刀具寿命，影响生产率。在传统机床上，操作者可以通过改变切削用量和刀具几何角度来消除或减小振动。数控机床具有高效率的特点，应充分发挥其加工能力，在加工过程中不允许进行如改变几何角度等类似的人工调整。因此，对数控机床的动态特性提出了更高的要求，也就是说还要提高其动刚度。

合理地设计数控机床的结构，改善受力情况，以便减小受力变形。机床的基础大件采用封闭箱形结构（图 7-1），合理布置加强肋（图 7-1a、b）并增大构件之间的接触刚度，都是提高机床静刚度和固有频率的有效措施。改善机床结构的阻尼特性，如在机床大件内腔填充

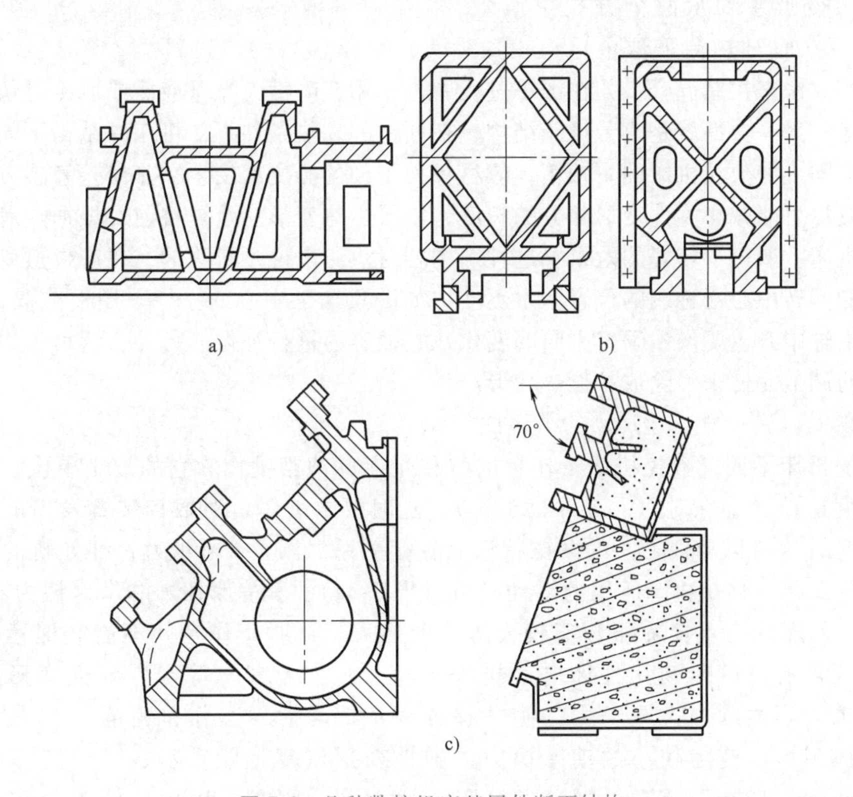

图 7-1 几种数控机床基层件断面结构

a）加工中心床身截面 b）加工中心立柱截面 c）数控车床床身截面

阻尼材料（图 7-1c），表面喷涂阻尼涂层，充分利用结合面间的摩擦阻尼以及采用新材料是提高机床动刚度的重要措施。

2. 良好的热稳定性

机床在切削热、摩擦热等内外热源的影响下，各个部件都将发生不同程度的热变形，使工件与刀具之间的相对位置关系遭到破坏，从而影响工件的加工精度（图 7-2）。为减小热变形的影响，让机床的热变形达到稳定状态，常常要花费很长的时间来预热机床，这又影响了生产率。对于数控机床来说，热变形的影响就更为突出。这一方面是因为工艺过程的自动化以及精密加工的发展，对机床的加工精度和精度的稳定性提出越来越高的要求；另一方面，数控机床的主轴转速、进给速度以及切削用量等也比传统机床的大，而且常常是长时间连续加工，产生的热量也多于传统机床。因此要采取措施减小热变形对加工精度的影响。

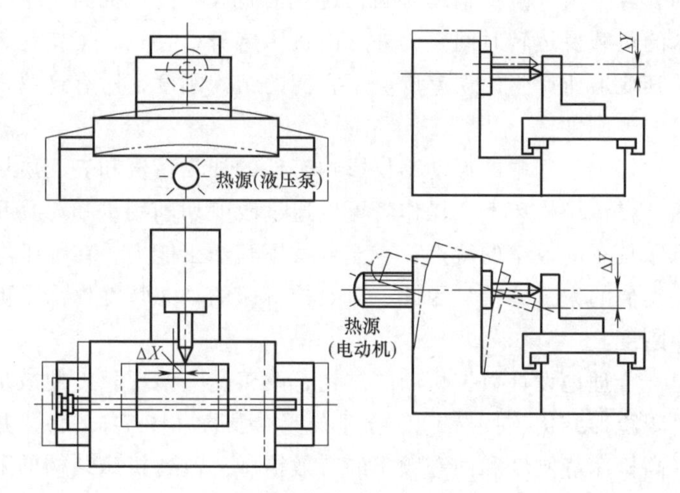

图 7-2　机床热变形对加工精度的影响

减小热变形主要从两个方面着手，一方面对热源采取液冷、风冷等方法来控制温升，如在加工过程中，采用多喷嘴大流量液冷或风冷对切削部位进行强制冷却；另一方面就是改善机床结构，在同样的发热条件下，机床的结构不同，热变形的影响也不同。如数控机床的主轴箱，应尽量使主轴的热变形发生在非误差敏感方向上。在结构上还应尽可能减小零件变形部分的长度，以减少热变形总量。目前，根据热对称原则设计的数控机床，取得了较好的效果。这种结构相对热源来说是对称的，在产生热变形时，工件或刀具的回转中心对称线的位置基本不变。如卧式加工中心的立柱采用框式双立柱结构，热变形时主轴中心主要产生垂直方向的变化，它很容易进行补偿。另外，还可采用热平衡措施和特殊的调节元件来消除或补偿热变形。

3. 高的运动精度和低速运动的平稳性

与传统机床不同，数控机床工作台的位移量以脉冲当量作为它的最小单位，它常常以极低的速度运动（如在对刀、工件找正时），这时要求工作台对数控装置发出的指令要做出准确响应，这与运动件之间的摩擦特性有直接关系。图 7-3 所示为各种导轨的摩擦力和运动速度的关系。传统机床所用的滑动导轨（图 7-3a），其静摩擦力和动摩擦力相差较大，如果起动时的驱动力不能克服数值较大的静摩擦力，这时工作台并不能立即运动。这个驱动力只能使有关的传动元件如电动机轴齿轮、丝杠及螺母等产生弹性变形，而将能量储存起来。当继续加大驱动力，使之超过静摩擦力时，工作台由静止状态变为运动状态，摩擦阻力也变为较小的动摩擦力，弹性变形恢复且能量释放，使工作台突然向前窜动，产生“爬行”现象，冲过了给定位置而产生误差。因此，作为数控机床的导轨，必须采取相应措施使静摩擦力尽可能接近动摩擦力。由于静压导轨和滚动导轨的静摩擦力较小（图 7-3b、c），而且还由于润滑油的作用，使它们的摩擦力随运动速度的提高而增大，这就有效地避免了低速爬行现象，从而提高了数控机床的运动平稳性和定位精度，因此目前的数控机床普遍采用滚动导轨和静压导轨。此外，近年来又出现了新型导轨材料——塑料导轨，它具有更好的摩擦特性及良好的耐磨性，有取代滚动导轨的趋势。数控机床在进给系统中采用滚珠丝杠代替滑动丝杠，也是基于同样的道理。

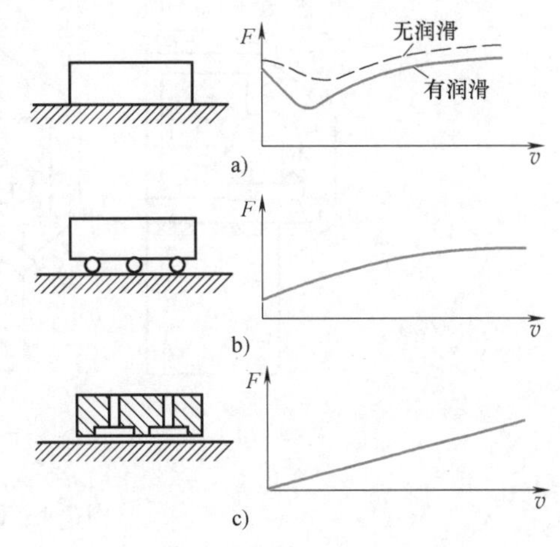

图 7-3　各种导轨的摩擦力和运动速度的关系
a）滑动　b）滚动　c）静压

对数控机床进给系统的另一个要求是无间隙传动。由于加工的需要，数控机床各坐标轴的运动都是双向的，传动元件之间的间隙无疑会影响机床的定位精度及重复定位精度。因此，必须采取措施消除进给系统中的间隙，如齿轮副、丝杠螺母副的间隙。

4. 充分满足人性化要求

由于数控机床是一种高速度、高效率机床，在一个零件的加工时间中，辅助时间也就是非切削时间占有较大比重，因此，压缩辅助时间可大大提高生产率。目前已有许多数控机床采用多主轴、多刀架及自动换刀等装置，特别是加工中心，可在一次装夹下完成多工序的加工，节省大量装夹换刀时间。像这种自动化程度很高的加工设备，与传统机床的手工操作不同，其操作性能有新的含义。由于切削加工不需人工操作，故可采用封闭与半封闭式加工。要有明快、干净、协调的人机界面，要尽可能改善操作者的观察，要注意提高机床各部分的互锁能力，并设有紧急停车按钮，要留有最有利于工件装夹的位置。将所有操作都集中在一个操作面板上，操作面板要一目了然，不要有太多的按钮和指示灯，以减少误操作。

第二节　数控机床的布局特点

机床的布局对数控机床是十分重要的，它直接影响数控机床的结构和使用性能。基于上述特别要求，数控机床的布局大都采用机、电、液、气一体化布局，全封闭或半封闭防护。另外由于电子技术和控制技术的发展，现代数控机床的机械结构大大简化，制造维修都很方便，易于实现计算机辅助设计、制造和生产管理全面自动化。

一、数控车床的布局结构特点

数控车床的床身结构和导轨有多种形式，主要有水平床身、倾斜床身以及水平床身斜滑板等（图 7-4），一般中小型数控车床多采用倾斜床身或水平床身斜滑板结构。因为这种布局结构具有机床外形美观，占地面积小，易于排屑和切削液的排流，便于操作者操作与观察，易于安装上下料机械手和实现全面自动化等特点。倾斜床身还有一个优点是可采用封闭

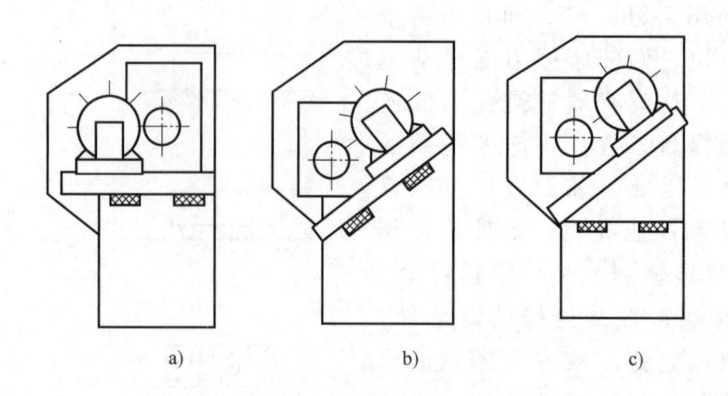

图 7-4　数控车床布局

a）水平床身　b）倾斜床身　c）水平床身斜滑板

截面整体结构，以提高床身的刚度。床身导轨倾斜角度多为 45°、60°和 70°，倾斜角度太大会影响导轨的导向性及受力情况。水平床身加工工艺性好，其刀架水平放置，有利于提高刀架的运动精度，但这种结构床身下部空间小，排屑困难。

床身导轨常采用宽支撑 V-平形导轨，丝杠位于两导轨之间。

数控车床多采用自动回转刀架来夹持各种用途不同的刀具，受空间大小的限制，刀架的工位数量不可能太多，一般都采用 6、8、10 或 12 位。

数控车削中心是在数控车床的基础之上发展起来的，一般具有 C 轴控制（C 轴是绕主轴的回转轴，并与主轴互锁），在数控系统的控制下，实现 C 轴 Z 轴插补或 C 轴 X 轴插补。它的回转刀架还可安装动力刀具，使工件在一次装夹下，除完成一般车削外，还可在工件轴向或径向等部位进行钻铣等加工。

二、加工中心的布局结构特点

加工中心自 1959 年问世发展至今，出现了很多类型，它们的布局形式随卧式和立式、工作台做进给运动和主轴箱做进给运动的不同而不同，但总体来看，一般都由基础部件、主轴部件、数控系统、自动换刀系统、自动交换托盘系统和辅助系统几大部分构成。

1. 卧式加工中心

卧式加工中心通常采用移动式立柱，工作台不升降，T 形床身。T 形床身可以做成一体，这样刚度和精度保持性能较好，当然其铸造和加工工艺性较差。分离式 T 形床身的铸造和加工工艺性都得到了很大改善，但连接部位要用定位键和专用的定位销定位，并用大螺栓紧固以保证刚度和精度。

卧式加工中心的立柱普遍采用双立柱框架结构形式，主轴箱在两立柱之间，沿导轨上下移动。这种结构刚度大、热对称性好、稳定性高。小型卧式加工中心多采用固定立柱式结构，其床身不大，且都是整体结构。

卧式加工中心各个坐标的运动可由工作台移动或由主轴移动来完成，也就是说某一方向的运动可以由刀具固定、工件移动来完成，或者是由工件固定、刀具移动来完成。图 7-5 所示为几种卧式加工中心的布局形式。卧式加工中心一般具有三轴联动，三、四个运动坐标。

常见的是三个直线坐标 X、Y、Z 联动和一个回转坐标 B 分度，它能够在一次装夹下完成四个面的加工，最适合加工箱体类零件。

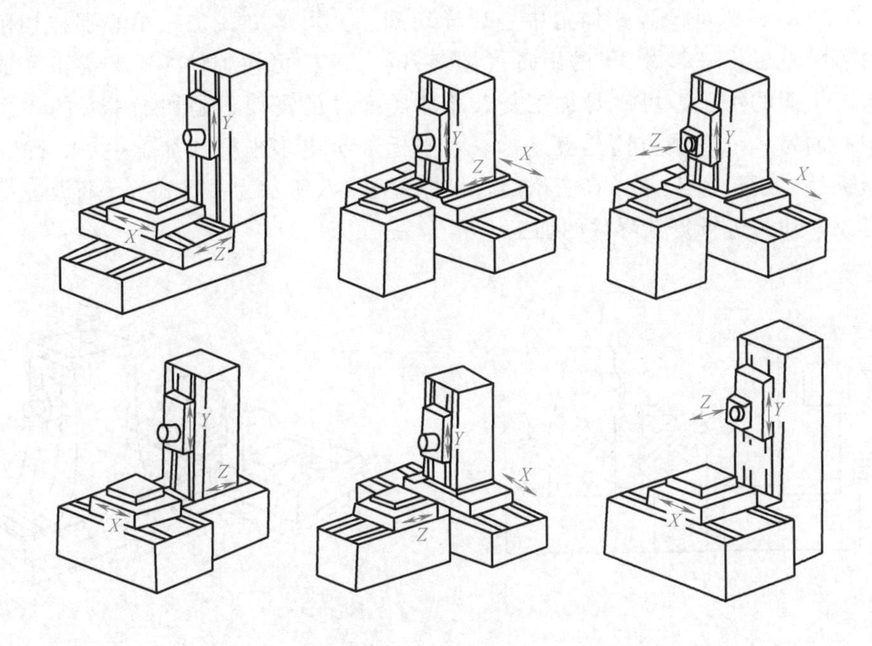

图 7-5 几种卧式加工中心的布局形式

2. 立式加工中心

立式加工中心与卧式加工中心相比，结构简单，占地面积小，价格也低。中小型立式加工中心一般都采用固定立柱式，因为主轴箱吊在立柱一侧，通常采用方形截面框架结构、米字形或井字形肋板，以增加抗扭刚度，而且立柱是中空的，以放置主轴箱的平衡重。

立式加工中心通常也有三个直线运动坐标，由溜板和工作台来实现平面上 X、Y 两个坐标轴的移动。图 7-6 所示为几种立式加工中心的布局形式，主轴箱沿立柱导轨上下移动实现 Z 坐标运动。立式加工中心还可在工作台上安放一个第四轴 A 轴，可以加工螺旋线类和圆柱凸轮等零件。

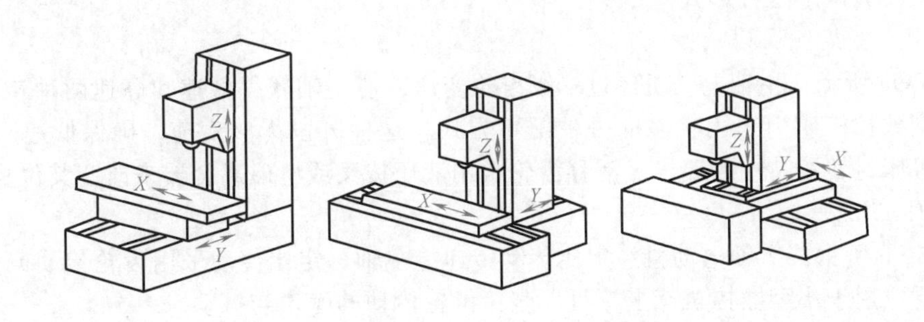

图 7-6 几种立式加工中心的布局形式

3. 五面加工中心与多坐标加工中心

五面加工中心具有立式和卧式加工中心的功能。常见的有两种形式，一种是主轴可做90°旋转（图 7-7a），既可像卧式加工中心那样切削，又可像立式加工中心那样切削；另一种是工作台可带着工件一起做 90°的旋转（图 7-7b），这样可在工件一次装夹下完成除安装面外的所有五个面的加工。可满足加工复杂箱体类零件的需要，是加工中心的一个发展方向。加工中心的另一个发展方向是五坐标、六坐标甚至更多坐标的加工中心，除 *X*、*Y*、*Z* 三个直线坐标外，还包括 *A*、*B*、*C* 三个旋转坐标。图 7-8 所示为一卧式五坐标加工中心，其五个坐标可以联动，进行复杂零件的加工。

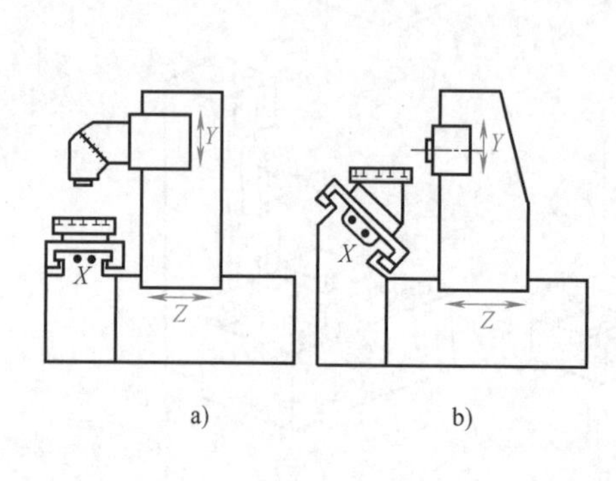

图 7-7　五面加工中心

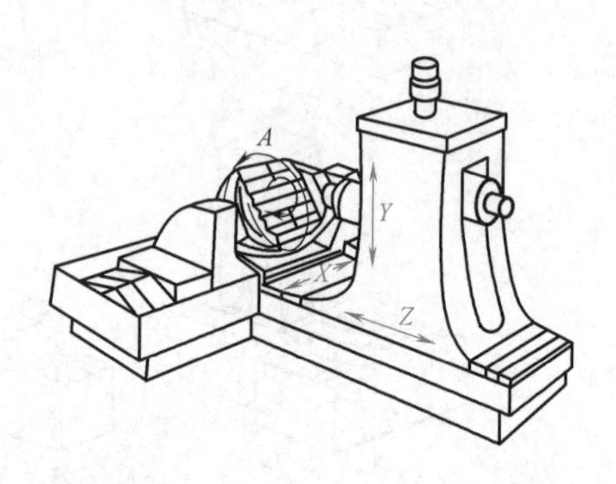

图 7-8　卧式五坐标加工中心

第三节　数控机床的主运动部件

一、主传动变速（主传动链）

数控机床的工艺范围很宽，工艺能力强，因此其主传动要求较大的调速范围和较高的最高转速，以便在各种切削条件下获得最佳切削速度，从而满足加工精度、生产率的要求。现代数控机床的主运动广泛采用无级变速传动，用交流调速电动机或直流调速电动机驱动，它们能方便地实现无级变速，且传动链短，传动件少，提高了变速的可靠性，但要求其有很高的制造精度。数控机床的主轴组件具有较大的刚度和较高的精度，由于多数数控机床具有自动换刀功能，其主轴具有特殊的刀具安装和夹紧机构。根据数控机床的类型与大小的不同，其主传动主要有以下三种形式：

1. 带有二级齿轮变速

如图 7-9a 所示，主轴电动机经过二级齿轮变速，使主轴获得低速和高速两种转速系列，这是大中型数控机床中采用较多的一种配置方式。这种分段无级变速，确保低速时的大转矩，满足机床对转矩特性的要求。滑移齿轮常用液压拨叉或电磁离合器来改变其位置。

2. 带有定比传动

如图 7-9b 所示，主轴电动机经定比传动传递给主轴，定比传动采用齿轮传动或带传动。带传动主要应用于小型数控机床上，可以避免齿轮传动的噪声与振动。

3. 由主轴电动机直接驱动

如图 7-9c 所示，电动机轴与主轴用联轴器同轴联接。这种方式大大简化了主轴结构，

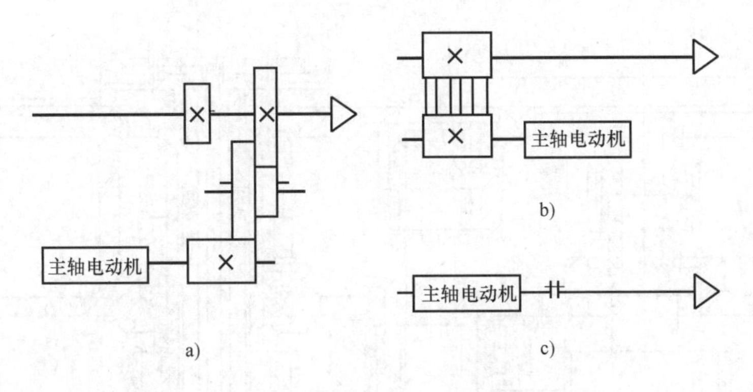

图 7-9 主传动的三种形式

有效地提高了主轴刚度。但主轴输出转矩小，电动机的发热对主轴精度影响大。近年来出现另外一种内装电动机主轴，即主轴与电动机转子合二为一，其优点是主轴部件结构更紧凑，重量轻，惯量小，可改善起动、停止的响应特性；缺点同样是存在热变形。

二、主轴（部件）结构

机床主轴对加工质量有直接的影响，数控机床主轴部件应有更高的动、静刚度和抵抗热变形的能力。

1. 主轴的支承

图 7-10 所示为目前数控机床主轴轴承配置的三种主要形式。图 7-10a 所示为前支承采用双列短圆柱滚子轴承和双列 60°角接触球轴承，后支承采用成对角接触球轴承。此种结构普遍应用于各种数控机床，其综合刚度高，可以满足强力切削要求。图 7-10b 所示为前支承采用多个高精度角接触球轴承，这种配置具有良好的高速性能，但它的承载能力较小，适用于高速轻载和精密数控机床。图 7-10c 所示为前支承采用双列圆锥滚子轴承，后支承为单列圆锥滚子轴承，其径向和轴向刚度很高，能承受重载荷。但这种结构限制了主轴最高转速，因此适用于中等精度低速重载数控机床。图 7-11 所示为立式加工中心主轴结构，图 7-12 所示为卧式加工中心主轴结构。

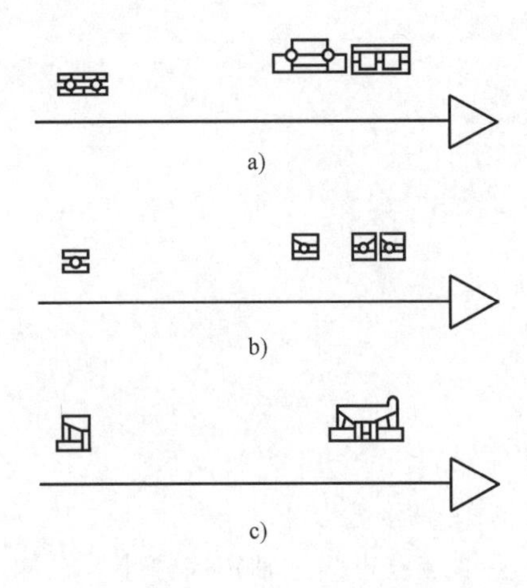

图 7-10 主轴的支承

2. 主轴内部刀具自动夹紧机构

主轴内部刀具自动夹紧机构是数控机床特别是加工中心的特有机构。当刀具由机械手或其他方法安装到主轴孔后，其刀柄后部的拉钉便被送到主轴内拉杆的前端，当接到夹紧信号时，液压缸推杆向主轴后部移动，拉杆在碟形弹簧的作用下也向后移动，其前端圆周上的钢球或拉钩在主轴锥孔的逼迫下收缩分布直径，将刀柄拉钉紧紧拉住；当液压缸接到松刀信号时，推杆克服弹簧力向前移动，使钢球或拉钩的分布直径变大，松开刀柄，以便取走刀具。另外，拉杆是空心的，为的是每次换刀时要用压缩空气清洁主轴孔和刀具锥柄，以保证刀具

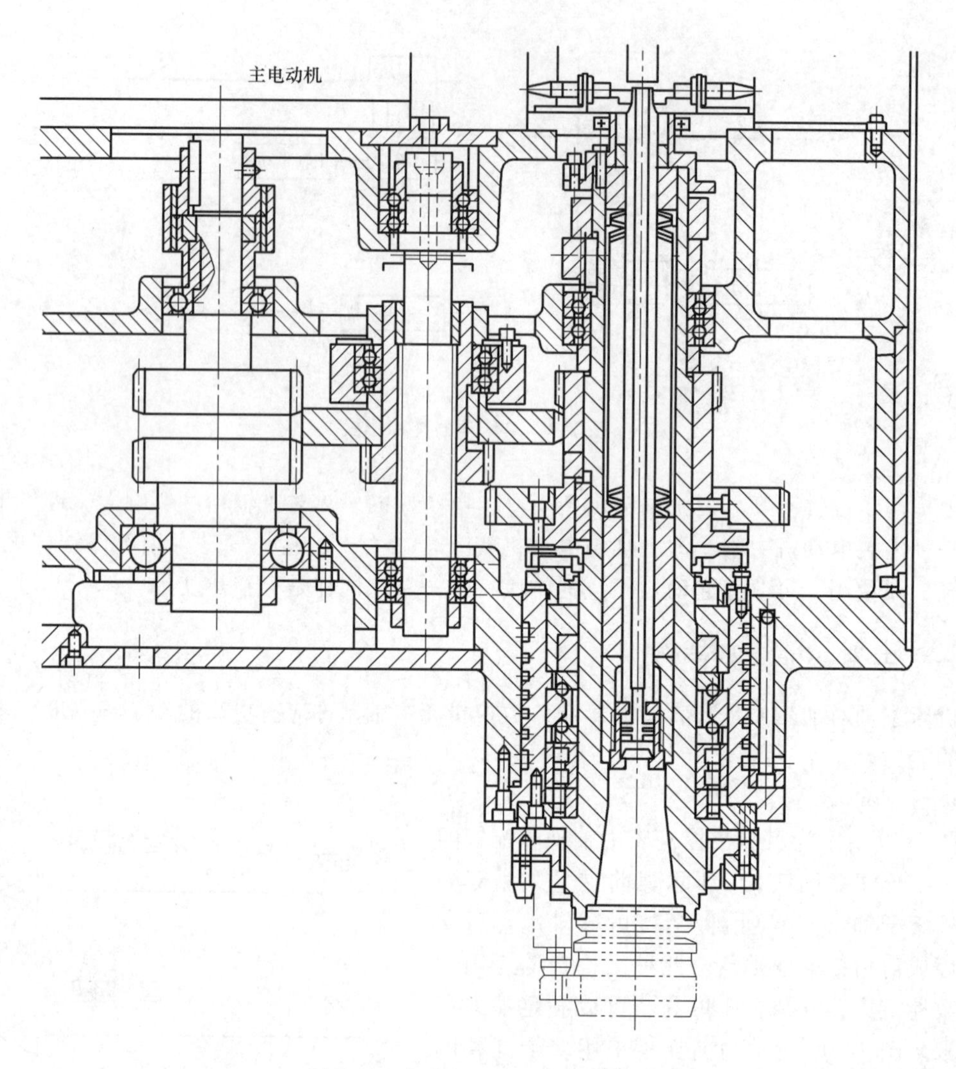

图 7-11　立式加工中心主轴结构

的准确安装。

3. 主轴准停装置

主轴准停也叫主轴定向停止。在加工中心等数控机床上，由于有机械手自动换刀，要求刀柄上的键槽对准主轴的端面键上，因此主轴每次必须停在一个固定准确的位置上，以便机械手换刀。另外在镗孔时为不使刀尖划伤加工表面，在退刀时要让刀尖退出加工表面一个微小量，由于退刀方向是固定的，因而要求主轴也必须在一固定方向上停止。另一方面，在加工精密的坐标孔时，由于每次都能在主轴固定的圆周位置上装刀，就能保证刀尖与主轴相对位置的一致性，从而减小被加工孔的尺寸误差。主轴准停装置有机械式和电气式两种，图7-11 和图 7-12 所示的主轴后部为磁力传感器检测的准停装置。

此外，数控车床为加工各种螺纹，需安装与主轴同步运转的脉冲编码器，以便发出检测脉冲信号使主轴的旋转与进给运动相协调。而数控车削中心往往增加了主轴的 C 轴功能，能在数控系统的控制下实现圆周进给，以便与 Z 轴、X 轴联动插补。

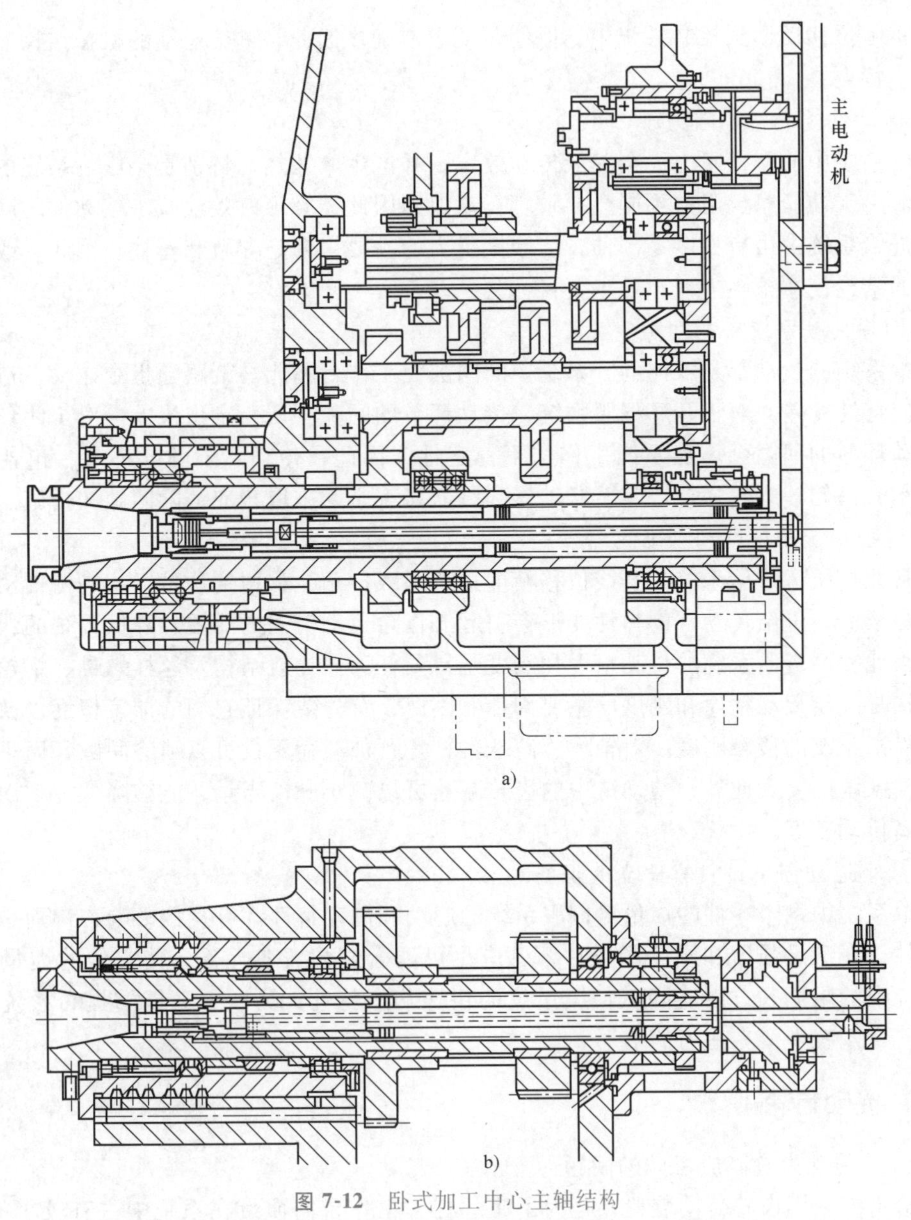

图 7-12　卧式加工中心主轴结构

a）结构一　b）结构二

第四节　数控机床的进给运动系统

一、对进给系统的要求

数控机床的主运动多为提供主切削运动的，它代表的是生产率。而进给运动是以保证刀具与工件相对位置关系为目的，被加工工件的轮廓精度和位置精度都要受到进给运动的传动精度、灵敏度和稳定性的直接影响。不论是点位控制还是连续控制，其进给运动是数字控制系统的直接控制对象。对于闭环控制系统，还要在进给运动的末端加上位置检测系统，并将测量的实际位移反馈到控制系统中，以使运动更准确。因此，进给运动的机械结构必须具备以下几个特点：

1. 运动件间的摩擦阻力小

进给系统中的摩擦阻力，会降低传动效率，并产生摩擦热，特别是会影响系统的快速响应特性。由于动静摩擦阻力不同会导致爬行现象，因此，必须有效地减小运动件之间的摩擦阻力。进给系统中虽有许多零部件，但摩擦阻力的主要来源是导轨和丝杠。因此，改善导轨和丝杠的结构使摩擦阻力减小是主要目标之一。

2. 消除传动系统中的间隙

进给系统的运动都是双向的，系统中的间隙使工作台不能马上跟随指令运动，造成系统快速响应特性变差。对于开环伺服系统，传动环节的间隙会产生定位误差。对于闭环伺服系统，传动环节的间隙会增加系统工作的不稳定性。因此，传动系统的各环节，包括滚珠丝杠、轴承、齿轮、蜗轮蜗杆、甚至联轴器和键联接都必须采取相应消除间隙的措施。

3. 传动系统的精度和刚度高

通常数控机床进给系统的直线位移精度达微米级，角位移精度达秒级。进给传动系统的驱动力矩很大，进给传动链的弹性变形会引起工作台运动时间的滞后，降低系统的快速响应特性，因此提高进给系统的传动精度和刚度是首要任务。导轨结构及丝杠螺母、蜗轮蜗杆的支承结构是决定传动精度和刚度的主要部件。因此，首先要保证它们的加工精度以及表面质量，以提高系统的接触刚度。对轴承、滚珠丝杠等预加载荷不仅可以消除间隙，而且还可以大大提高系统刚度。此外，传动链中的齿轮减速可以减小脉冲当量，能够降低传动误差的传递，提高传动精度。

4. 减小运动惯量，具有适当的阻尼

进给系统中每个零件的惯量对伺服系统的起动和制动特性都有直接影响，特别是高速运动的零件。在满足强度和刚度的条件下，应尽可能合理配置各元件，使它们的惯量尽可能小。系统中的阻尼一方面能降低伺服系统的快速响应特性，另一方面能够提高系统的稳定性，因此在系统中要有适当的阻尼。

二、传动齿轮副

1. 设计传动齿轮副应考虑的问题

进给系统采用齿轮传动装置，是为了使丝杠、工作台的惯量在系统中占有较小的比重；同时可使高转速小转矩的伺服驱动装置的输出变为低转速大转矩，从而适应驱动执行元件的需要；另外，在开环伺服系统中还可归算所需的脉冲当量。

在设计齿轮传动装置时，除考虑应满足强度、精度之外，还应考虑其速比分配及传动级数对传动的转动惯量和执行件的失动的影响。增加传动级数，可以减小转动惯量。但传动级数增加，使传动装置结构复杂，降低了传动效率，增大了噪声，同时也加大了传动间隙和摩擦损失，对伺服系统不利。因此，不能单纯根据转动惯量来选取传动级数，要综合考虑，选取最佳的传动级数和各级的速比。

2. 消除传动齿轮间隙的措施

由于数控机床进给系统的传动齿轮副存在间隙，在开环伺服系统中会造成进给运动的位移值滞后于指令值；反向时，会出现反向死区，影响加工精度。在闭环伺服系统中，由于有反馈作用，滞后量可得到补偿，但反向时会使闭环伺服系统产生振荡而不稳定。为了提高数控机床伺服系统的性能，在设计时必须采取相应的措施，使间隙减小到允许的范围内。通常可采取所谓“刚性调整法”和“柔性调整法”来消除间隙，具体可参阅相关书籍。

三、丝杠螺母副

数控机床的进给运动链中，将旋转运动转换为直线运动的机构很多，本节只介绍滚珠丝杠螺母副和静压丝杠螺母副。

1. 滚珠丝杠螺母副

滚珠丝杠螺母副是数控机床的丝杠螺母副中最常采用的一种形式。

滚珠丝杠螺母副的结构示意图如图 7-13 所示。在螺母 1 和丝杠 3 上都有半圆弧形的螺旋槽，当它们套装在一起时便形成了滚珠的螺旋滚道。螺母 1 上有滚珠回路管道 b，将几圈螺旋滚道的两端连接起来构成封闭的循环滚道，并在滚道内装满滚珠 2。当丝杠旋转时，滚珠在滚道内既自转又沿滚道循环转动，因而迫使螺母（或丝杠）轴向移动。可知，滚珠丝杠螺母副中存在滚动摩擦，它具有以下特点：

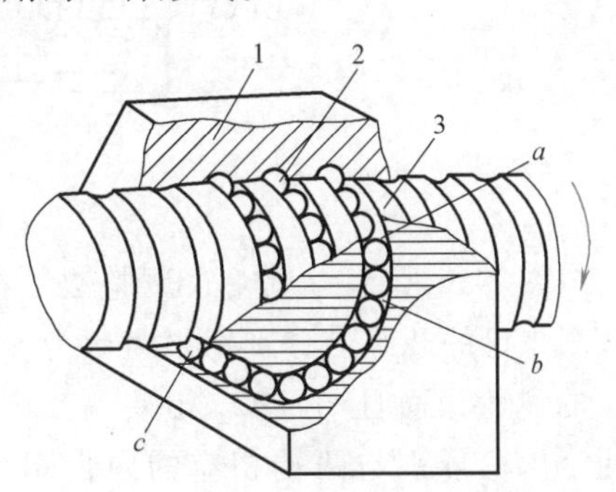

图 7-13　滚珠丝杠螺母副的结构
1—螺母　2—滚珠　3—丝杠
a、c—滚道　b—回路管道

1）摩擦损失小，传动效率高，可达 0.90~0.96。

2）丝杠螺母之间预紧后，可以完全消除间隙，提高了传动刚度。

3）摩擦阻力小，几乎与运动速度无关。动、静摩擦力之差极小，能保证运动平稳，不易产生低速爬行现象。磨损小、寿命长、精度保持性好。

4）不能自锁，有可逆性，既能将旋转运动转换为直线运动，又能将直线运动转换为旋转运动。因此丝杠立式使用时，应增加制动装置。

滚珠丝杠螺母副有两种结构形式，滚珠在循环过程中有时与丝杠脱离接触的称为外循环式，始终与丝杠保持接触的称为内循环式。外循环式结构制造工艺简单，使用较广泛，其缺点是滚道接缝处很难做得平滑，影响滚珠滚动的平稳性，甚至发生卡珠现象，噪声也较大。内循环式结构和外循环式结构相比，结构紧凑、定位可靠、刚性好，且不易磨损，返回滚道短，不易发生滚珠堵塞，摩擦损失也小，其缺点是反向器结构复杂，制造较困难，且不能用于多线螺纹传动。

滚珠丝杠螺母副的预紧方法有三种，基本原理都是使两个螺母产生轴向位移，以消除它们之间的间隙和旋加预紧力。

图 7-14 所示的结构是通过改变垫片的厚度，使螺母产生轴向位移。这种结构简单可靠、刚性好，但调整较费时间，且不能在工作中随意调整。

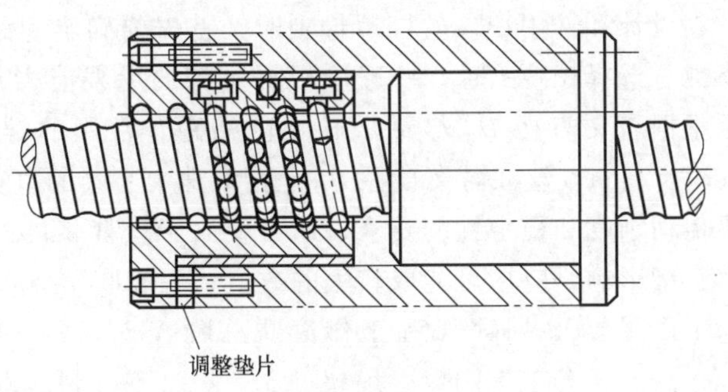

图 7-14　垫片调整法

图7-15所示为利用螺纹来调整实现预紧的结构，两个螺母以平键与外套相联接，其中右边的一个螺母外伸部分有螺纹。用两个锁紧螺母能使螺母相对丝杠做轴向移动。这种方法结构紧凑，工作可靠、调整也方便，故应用较广。但不易精确调整位移量。因此，预紧力也不能准确控制。

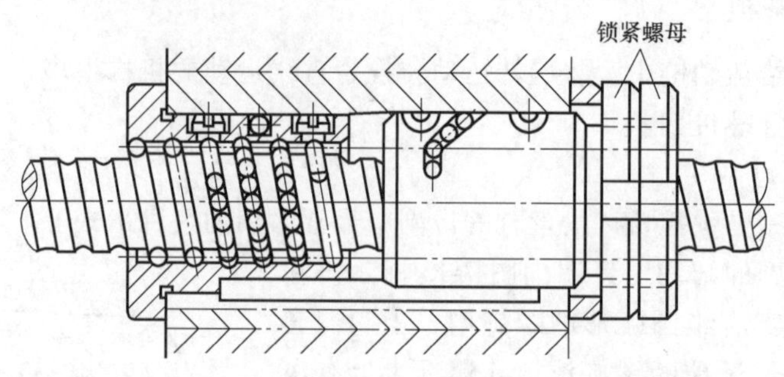

图 7-15　螺纹调整法

图7-16所示为齿差式调整法。在两个螺母的凸缘上分别切出齿数为 z_1、z_2 的齿轮，而且 z_1 与 z_2 相差一个齿。两个齿轮分别与两端相应的内齿圈相啮合。内齿圈紧固在螺母座上，预紧时脱开内齿圈，使两个螺母同向转过相同的齿数，然后再合上内齿圈。两螺母的轴向相对位置发生变化，从而实现间隙的调整并施加预紧力。若其中一个螺母转过一个齿，则其轴向位移量为 $S=t/z_1$（t 为丝杠螺距，z_1 为齿轮齿数）。若两齿轮沿同方向各转过一个齿，其轴向位移量为 $S=(1/z_1-1/z_2)t=1/z_1z_2$（$z_2$ 为另一齿轮齿数）。当 $z_1=99$、$z_2=100$、$t=10$mm 时，$S=10/9900\mu m\approx 1\mu m$，即两个螺母在轴向产生 $1\mu m$ 的位移。这种调整方法结构复杂，但调整准确可靠，精度较高。

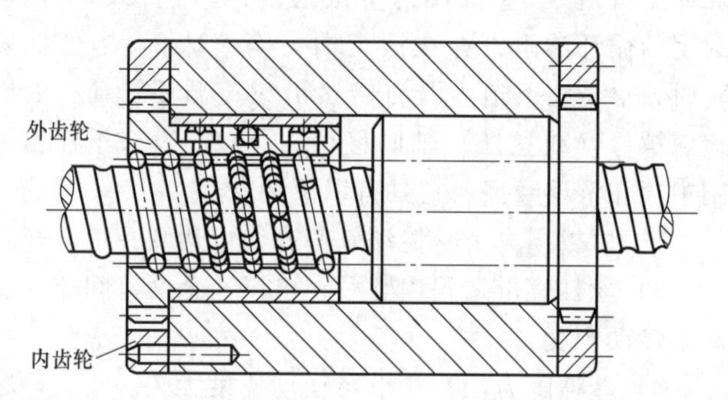

图 7-16　齿差式调整法

目前我国滚珠丝杠螺母副的精度标准分为四级，即普通级P、标准级B、精密级J和超精密级C。各级精度所规定的各项公差可查阅有关手册。一般的数控机床可选用标准级B，精密数控机床可选用精密级J或超精密级C。

在设计和选用滚珠丝杠螺母副时，首先要确定螺距 t、名义直径 D_0、滚珠直径 d_0 等主要参数。选择螺距 t 时，一般应根据丝杠的承载能力和刚度要求，首先确定名义直径 D_0，然后根据名义直径 D_0 尽量取较大的螺距。常用的螺距值为 $t=4$mm、5mm、6mm、8mm、10mm、12mm。丝杠名义直径 D_0 是指滚珠中心圆的直径，D_0 根据承受的载荷来选取，为了满足传动刚度和稳定性的要求，通常应大于丝杠长度的1/35~1/30。滚珠直径 d_0 对承载能力有直接影响，应尽可能取较大的数值。一般取 $d_0\approx 0.6t$，其最后尺寸按滚珠标准选用。滚珠的工作圈数 j、列数 K 和工作滚珠总数 N 对丝杠工作特性影响很大。一般工作圈数 $j=$2.5~3.5圈。若工作圈数必须超过3.5圈时，可制成双列或三列，列数多，接触刚度增加，承载能力提高。但并不是成比例增加，列数多，承载能力增加并不显著，反而加大了螺母的轴向尺寸。一般取 $K=2\sim3$ 列。工作滚珠总数 N 不宜过多，一般取 $N<150$，否则容易引起流通不畅而堵塞。但也不宜过少，过少会使每个滚珠所受的载荷加大，弹性变形也变大。

为提高传动刚度，应合理确定滚珠丝杠螺母副的参数、螺母座的结构和丝杠两端的支承形式，此外它们与机床的连接刚度也很重要。滚珠丝杠常用的支承方式如图 7-17 所示。

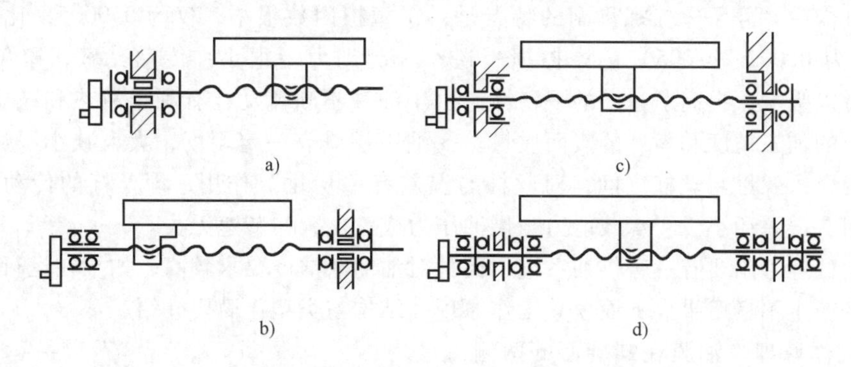

图 7-17　滚珠丝杠常用的支承方式

1）一端装推力轴承。如图 7-17a 所示，这种安装方式的承载能力小，轴向刚度低，仅适用于短丝杠。如数控机床的调整环节或升降台式数控铣床的垂直坐标中。

2）一端装推力轴承，另一端装深沟球轴承。如图 7-17b 所示，滚珠丝杠较长时，一端装推力轴承固定，另一自由端装深沟球轴承。为了减小丝杠热变形的影响，止推轴承的安装位置应远离热源（如液压马达）及丝杠上的常用段。

3）两端装推力轴承。如图 7-17c 所示，将推力轴承装在滚珠丝杠的两端，并施加预紧拉力，有助于提高传动刚度，但这种安装方式对热伸长较为敏感。

4）两端装推力轴承及深沟球轴承。如图 7-17d 所示，为了提高刚度，丝杠两端采用双重支承，如推力轴承和深沟球轴承，并施加预紧拉力。这种结构可使丝杠的热变形转化为推力轴承的预紧力，但设计时要注意提高推力轴承的承载能力和支架的刚度。

另外有一种滚珠丝杠专用轴承，如图 7-18 所示。这是一种能承受很大轴向力的特殊角接触球轴承，其接触角加大到 60°，增加了滚珠数目并相应减小了滚球直径，其轴向刚度比一般推力轴承提高两倍以上，使用也极为方便。

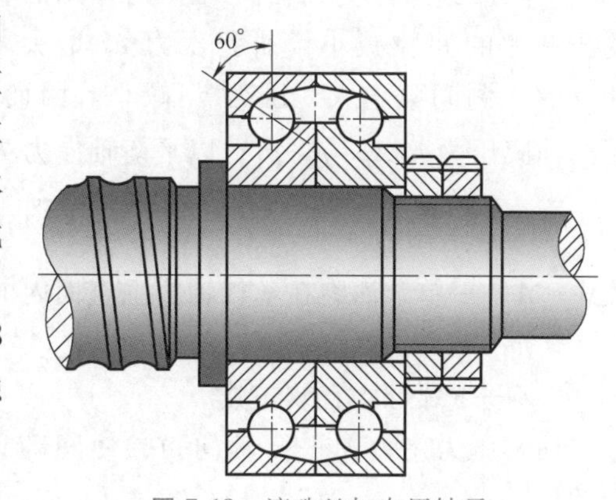

图 7-18　滚珠丝杠专用轴承

滚珠丝杠螺母副传动效率很高，但不能自锁，用在垂直传动或水平放置的高速大惯量传动中，必须装有制动装置。常用的制动方法有超越离合器、电磁摩擦离合器或者使用具有制动装置的伺服驱动电动机。

滚球丝杠必须采用润滑油或锂基油脂进行润滑，同时要采用防尘密封装置。如用接触式或非接触式密封圈、螺旋式弹簧钢带，或折叠式塑性人造革防护罩，以防尘土及硬性杂质进入丝杠。

2. 静压丝杠螺母副

静压丝杠螺母副是在丝杠和螺母的接触面之间保持有一定厚度，且具有一定刚度的压力油膜，使丝杠和螺母之间由边界摩擦变为液体摩擦。当丝杠转动时通过油膜推动螺母直线移动，反之，螺母转动时也可使丝杠直线移动。静压丝杠螺母副已广泛应用于数控机床和精密机床进给机构中。静压丝杠螺母副的特点是：①摩擦因数很小，仅为0.0005，比滚珠丝杠（摩擦因数为0.002~0.005）的摩擦损失还小，起动力矩很小，传动灵敏，避免了爬行。②油膜层可以吸振，提高了运动的平稳性，由于油液不断流动，有利于散热和减小热变形，提高了机床的加工精度和零件的表面质量。③油膜层具有一定刚度，大大减小了反向间隙，同时油膜层介入螺母与丝杠之间，对丝杠的误差有“均化”作用，即丝杠的传动误差比丝杠本身的制造误差还小。④承载能力与供油压力成正比，与转速无关。

静压丝杠螺母副要有一套供油系统，而且对油的清洁度要求较高，如果在运行中供油突然中断，将产生不良后果。下面就其工作原理、结构与类型作简要介绍。

（1）工作原理　油膜在螺旋面的两侧，而且互不相通，如图7-19所示。压力油经节流器进入油腔，并从螺纹根部与端部流出。设供油压力为p_H，经节流器后的压力为p_1（即油腔压力），当无外载时，螺纹两侧间隙$h_1=h_2$，从两侧油腔流出的流量相等，两侧油腔中的压力也相等，即$p_1=p_2$。这时，丝杠螺纹处于螺母螺纹的中间平衡状态位置。

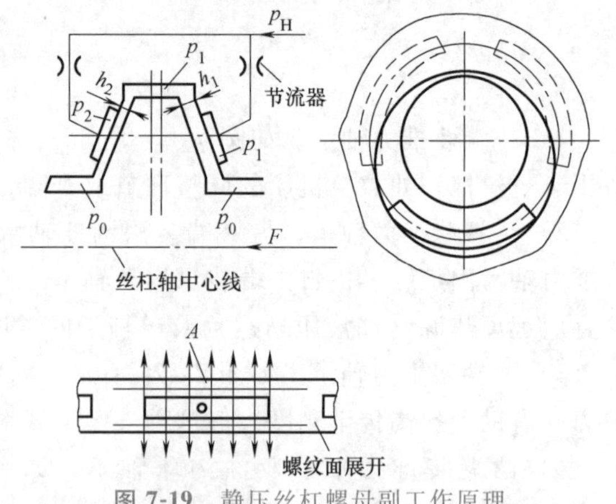

图7-19　静压丝杠螺母副工作原理

当丝杠或螺母受到轴向力F的作用后，受压一侧的间隙减小，油腔压力p_2增大。相反的一侧间隙增大，压力p_1减小。因而形成油膜压力差$\Delta p=p_2-p_1$，以平衡轴向力F。平衡条件近似地表示为

$$F=(p_2-p_1)AnZ$$

式中　A——单个油腔在丝杠轴线垂直面内的有效承载面积；

n——每扣螺纹单侧油腔数；

Z——螺母的有效扣数。

油膜压力差力图平衡轴向力，使间隙差减小并保持不变，这种调节作用总是自动进行的。

（2）结构与类型　如图7-20所示，8为丝杠，节流器7装在螺母1的侧端面，并用油塞6堵住，螺母全部有效牙扣上的同侧同圆周位置上的油腔共用一个节流器控制，每扣同侧圆周分布有三个油腔，螺母全长上有四牙扣，则应有三个节流器，每个节流器并联四个油腔，因此，两侧共有六个节流器。从油泵来的油由螺母座4上的油孔3和5经节流器7进入螺母外圆面上的油槽12，再经油孔11进入油腔10，油液经油槽9从螺母端面流回油箱。油孔2用于安装油压表。

螺纹面上油腔的连接形式与节流控制方式有两种，如图7-21所示。图7-21a中每扣螺纹

每侧中径上开 3~4 个油腔，每个油腔用一个节流器控制，称为分散控制。图 7-21b 所示的油腔形式与上一种相同。

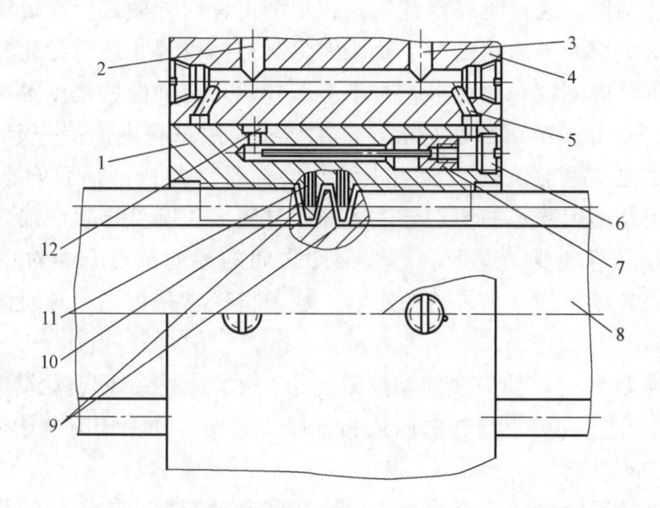

图 7-20　静压丝杠螺母副的结构

1—螺母　2、3、5、11—油孔　4—螺母座　6—油塞　7—节流器　8—丝杠　9、12—油槽　10—油腔

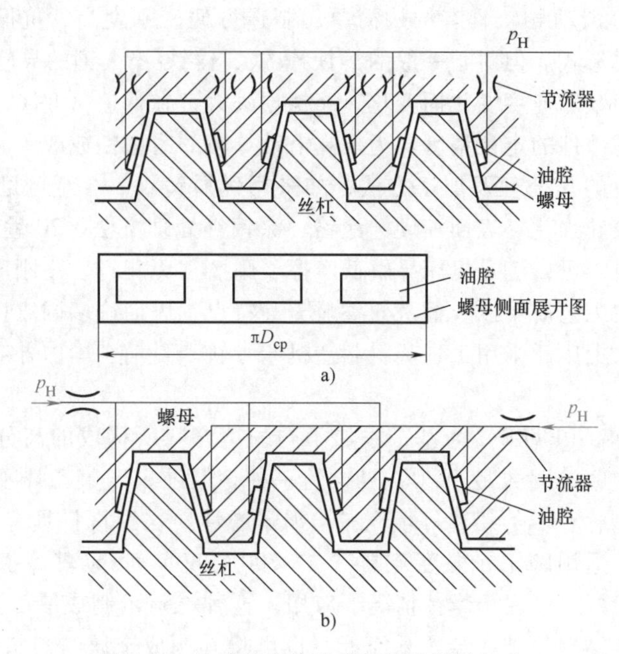

图 7-21　油腔的连接形式与节流控制方式

四、机床导轨

导轨主要用来支承和引导运动部件沿一定的轨道运动。在导轨副中，运动的一方叫作运动导轨，不动的一方叫作支承导轨。运动导轨相对于支承导轨的运动通常是直线运动或回转运动。

1. 对导轨的要求

（1）导向精度高　导向精度是指机床的运动部件沿导轨移动时的直线和它与有关基面之间的相互位置的准确性。无论是在空载还是在切削工件时导轨都应有足够的导向精度，这是对导轨的基本要求。影响导轨精度的主要原因除制造精度外，还有导轨的结构形式、装配质量、导轨及其支承件的刚度和热变形，对于静压导轨还有油膜的刚度等。

（2）耐磨性能好　导轨的耐磨性是指导轨在长期使用过程中保持一定导向精度的能力。因导轨在工作过程中难免磨损，所以应力求减小磨损量，并在磨损后能自动补偿或便于调整。数控机床常采用摩擦因数小的滚动导轨和静压导轨，以降低导轨磨损。

（3）足够的刚度　导轨受力变形会影响部件之间的导向精度和相对位置，因此要求导轨应有足够的刚度。为减轻或平衡外力的影响，数控机床常采用加大导轨面的尺寸或添加辅助导轨的方法来提高刚度。

（4）低速运动平稳性　要使导轨的摩擦阻力小，运动轻便，低速运动时无爬行现象。

（5）结构简单、工艺性好　导轨的制造和维修要方便，在使用时便于调整和维护。

2. 导轨的种类和特点

导轨按运动轨迹的不同可分为直线运动导轨和圆运动导轨；按工作性质的不同可分为主运动导轨、进给运动导轨和调整导轨；按接触面摩擦性质的不同可分为滑动导轨、滚动导轨和静压导轨。

（1）滑动导轨　滑动导轨具有结构简单、制造方便、刚度高、抗振性高等优点，是机床最广泛使用的导轨形式。但对于一般的铸铁-铸铁、铸铁-淬火钢的导轨，缺点是静摩擦因数大，而且动摩擦因数随速度变化而变化，摩擦损失大，在低速（1~60mm/min）时易出现爬行现象而降低运动部件的定位精度。为提高滑动导轨的耐磨性或改善摩擦特性，可选用合适的导轨材料和相应的热处理及加工方法，如采用优质铸铁、合金耐磨铸铁或镶淬火钢导轨，采用导轨表面滚轧强化、表面淬硬、涂铬、涂钼等处理方法。20世纪70年代以来出现了各种新的工程塑料，可以满足机床导轨低摩擦、耐磨、无爬行、高刚度的要求，同时又具有生产成本低、应用工艺简单以及经济效益显著等特点，因而许多国家在数控机床、精密机床、重型机床等产品上广泛采用工程塑料制造机床导轨。目前，国内外应用较多的塑料导轨如下。

1）以聚四氟乙烯（PTFE）为基，添加不同的填充料所构成的高分子复合材料。聚四氟乙烯是现有材料中摩擦因数最小（0.04）的一种，但纯聚四氟乙烯不耐磨，因而需要添加663青铜粉、石墨、MoS_2、铅粉等填充料增加耐磨性。这种材料具有良好的抗磨、减磨、吸振、消声的性能，适用的工作温度范围广（-200~280℃）。动静摩擦因数很低且两者差别很小，防爬行性能好，可在干摩擦情况下应用。这种材料可制成厚度为0.1~2.5mm的塑料软带的形式，用粘结剂粘结在导轨基面上，也可将其制成金属与塑料的导轨板形式（DU导轨板），这是一种在钢板上烧结青铜粉及真空浸渍含铅粉的聚四氟乙烯的板材。导轨板的总厚度为2~4mm，多孔青铜上方表层的聚四氟乙烯厚度为0.025mm。导轨板的优点是刚性好，其线性膨胀系数与钢板的几乎相同。

2）以环氧树脂为基体，加入MoS_2、胶体石墨TiO_2等制成的抗磨涂层材料。这种涂料附着力强，可用涂敷工艺或压注成形工艺涂到预先加工成锯齿形状的导轨上，涂层厚度为1.5~2.5mm。我国已生产有环氧树脂耐磨涂料（HNT），它与铸铁导轨副的摩擦因数为

0.1~0.12，在无润滑油情况下仍有较好的润滑和防爬行的效果。塑料涂层导轨主要应用在大型和重型机床上。

（2）滚动导轨

1）滚动导轨的特点。滚动导轨是在导轨面之间放置滚珠、滚柱或滚针等滚动体，使导轨面之间为滚动摩擦而不是滑动摩擦。滚动导轨与滑动导轨相比，优点是灵敏度高、摩擦阻力小，且其动摩擦与静摩擦因数相差甚微，因而运动均匀。尤其是低速移动时，不易出现爬行现象；定位精度高，重复定位误差可达 0.2μm；牵引力小、移动轻便；磨损小、精度保持性好、寿命长。但滚动导轨抗振性较差、对防护要求较高、结构复杂、制造比较困难、成本较高。

滚动导轨适用于机床的工作部件要求移动均匀、运动灵敏及定位精度高的场合。目前滚动导轨在数控机床上得到广泛的应用。

2）导轨的结构形式。根据滚动体的类型，滚动导轨有下列三种结构形式。

① 滚珠导轨。这种导轨的承载能力小，刚度低。为了避免在导轨面上压出凹坑而丧失精度，一般采用淬火钢制造导轨面，如图 7-22 所示。

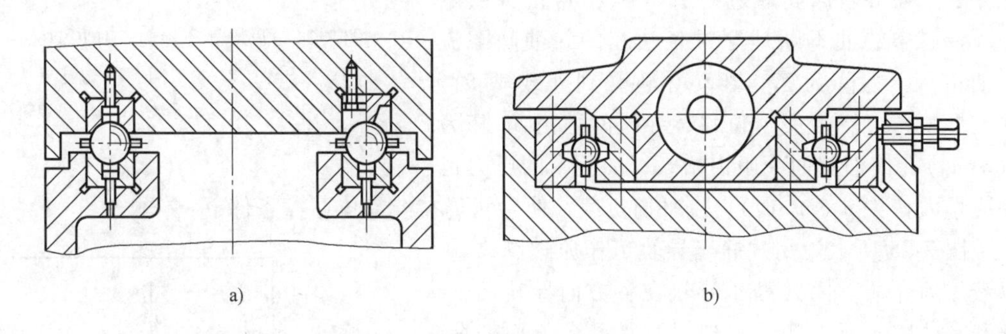

图 7-22 滚珠导轨

滚珠导轨适用于运动的工作部件质量不大（通常小于 100~200kg）和切削力不大的机床上。如工具磨床工作台导轨（图 7-22a）、磨床的砂轮修整器导轨（图 7-22b）以及仪器的导轨等。

② 滚柱导轨。这种导轨的承载能力及刚度都比滚珠导轨大。但对于安装的偏斜反应大，支承的轴线与导轨的平行度偏差不大时也会引起偏移和侧向滑动，这样会使导轨磨损加快或降低精度。小滚柱（小于 ϕ10mm）比大滚柱（大于 ϕ25mm）对导轨面不平行更敏感，但小滚柱的抗振性高，如图 7-23 所示。

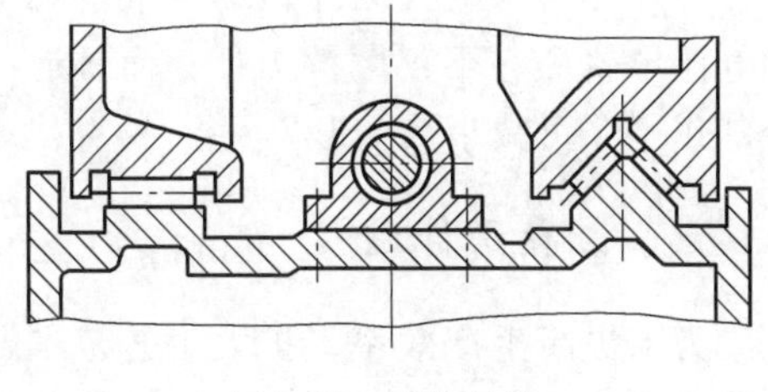

图 7-23 滚柱导轨

目前数控机床采用滚柱导轨的较多，特别是载荷较大的机床。

③ 滚针导轨。滚针导轨的滚针与滚柱相比长径比更大，滚针导轨的特点是尺寸小、结构紧凑。为了提高工作台的移动精度，滚针的尺寸应按直径分组。滚针导轨适用于导轨尺寸

受限制的机床。

根据滚动导轨是否预加负载，滚动导轨可分为预加负载和不预加负载两类。预加负载的优点是提高导轨刚度。但这种导轨制造比较复杂，成本较高。预加负载的滚动导轨适用于颠覆力矩较大和垂直方向的导轨，数控机床常采用这种导轨。

（3）静压导轨　静压导轨是将具有一定压力的油液，经节流器输送到导轨面上的油腔中，形成承载油膜，将相互接触的导轨表面隔开，实现液体摩擦。这种导轨的摩擦因数小（一般为0.005~0.001），机械效率高，能长期保持导轨的导向精度。承载油膜有良好的吸振性，低速下不易产生爬行，所以在机床上得到日益广泛的应用。这种导轨的缺点是结构复杂，且需配置一套专门的供油系统。

静压导轨可分为开式和闭式两大类。图7-24所示为开式静压导轨工作原理图。来自液压泵的压力油，其压力为p_0，经节流器压力降至p_1，进入导轨的各个油腔内，借助油腔内的压力将动导轨浮起，使导轨面间通过一层厚度为h_0的油膜隔开，油腔中的油不断地穿过各油腔的封油间隙流回油箱，压力降为零。当动导轨受到外载W时，使动导轨向下产生一个位移，导轨间隙由h_0降为$h(h<h_0)$，使油腔回油阻力增大，油腔中的压力也相应增大变为$p_0(p_0>p_1)$，以平衡负载，使导轨仍在纯液体摩擦条件下工作。

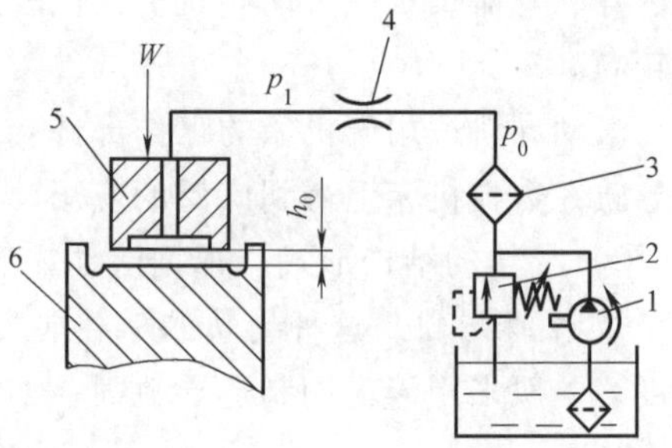

图7-24　开式静压导轨工作原理图

1—液压泵　2—溢流阀　3—过滤器
4—节流器　5—运动导轨　6—床身导轨

图7-25所示为闭式静压导轨工作原理图，它以液体为介质。闭式静压导轨在各方向导轨面上都开有油腔，所以闭式导轨具有承受各方面载荷和颠覆力矩的能力。设油腔各处的压强分别为p_1、p_2、p_3、p_4、p_5、p_6，当受颠覆力矩M时，p_1、p_6处间隙变小，p_3、p_4处间隙变大，则p_3、p_4变小，可形成一个与颠覆力矩呈反向的力矩，从而使导轨保持平衡。

另外还有以空气为介质的空气静压导轨，也称气浮导轨。它不仅摩擦力低，而且还有很好的冷却作用，可减小热变形。

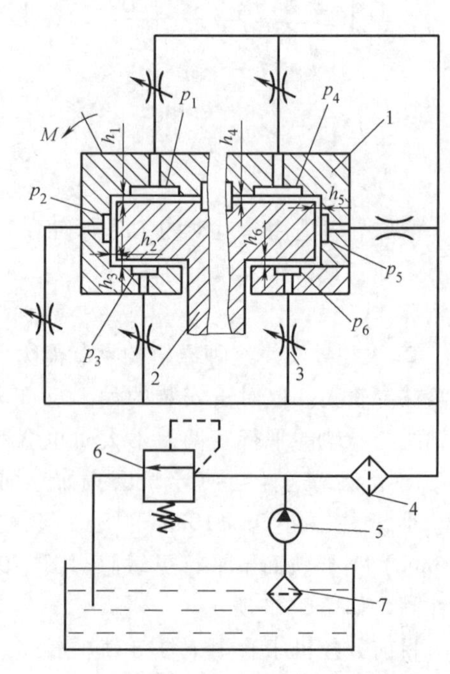

图7-25　闭式静压导轨工作原理图

1—床身　2—导轨　3—节流器
4、7—过滤器　5—液压泵　6—溢流阀

五、回转工作台

为了提高生产效率，扩大工艺范围，数控机床除了有沿X、Y和Z三个坐标轴的直线进给运动之外，往往还带有绕X、Y和Z轴的圆周进给运动。一般数控机床的圆周进给运动由回转工作台来实现。数控铣床的回转工作台除了用来进行各种圆弧加工或与直线进给联动进行曲面加工外，还可以实现精确分度，这给箱体零件的加工带来了便利。对于自动换刀的数控机床来说，回转工作台已成为一个不可缺少的部件。数控机床中常用的回转工作台有数控回转工作台和分度工作台两种。限于篇幅，此部分内容不作介绍，详情请参阅相关书籍。

第五节 数控机床的自动换刀装置

数控机床对提高生产率、改进产品质量以及改善劳动条件等已经发挥了重要的作用。为了进一步压缩非切削时间，多数数控机床往往在一次装夹中完成多工序加工。在这类多工序的数控机床中，必须带有自动换刀装置。自动换刀装置应当满足换刀时间短、刀具重复定位精度高、足够的刀具储存量、刀库体积小以及安全可靠等基本要求。

一、自动换刀装置的形式

各类数控机床自动换刀装置的结构取决于机床的种类、工艺范围以及刀具的种类和数量等。自动换刀装置主要可以分为以下几种形式：

1. 回转刀架换刀

数控车床上使用的回转刀架是一种最简单的自动换刀装置。根据不同加工对象，可以设计成四方刀架和六角刀架等多种形式，分别安装四把、六把或更多的刀具，并按数控装置的指令换刀。回转刀架在结构上必须具有良好的强度和刚性，以承受粗加工时的切削力。由于车削加工的精度在很大程度上取决于刀尖位置，而加工过程中刀尖位置一般不进行人工调整，因此有必要选择可靠的定位方案和合理的定位结构，以保证回转刀架在每次转位之后，具有尽可能高的重复定位精度（一般为0.001~0.005mm）。

图7-26所示为数控车床六角回转刀架，它适用于盘类零件的加工。在加工轴类零件时，可以换用四方回转刀架。由于两者底部的安装尺寸相同，更换刀架十分方便。

回转刀架的全部动作由液压系统通过电磁换向阀和顺序阀进行控制。它的动作分为四个步骤：

（1）刀架抬起　当数控装置发出换刀指令后，压力油由A孔进入压紧液压缸的下腔，活塞1上升，刀架体2抬起，使定位用活动插销10与固定插销9脱开。同时，活塞杆下端的端齿离合器与空套齿轮5结合。

（2）刀架转位　当刀架抬起之后，压力油从C孔进入转位液压缸左腔，活塞6向右移动，通过连接板带动齿条8移动，使空套齿轮5做逆时针方向转动，通过端齿离合器使刀架转过60°。活塞的行程应等于齿轮5节圆周长的1/6，并由限位开关控制。

（3）刀架压紧　刀架转位之后，压力油从B孔进入压紧液压缸的上腔，活塞1带动刀架体2下降。缸体3的底盘上精确安装有六个带斜楔的圆柱固定插销9，利用活动插销10消除定位销与孔之间的间隙，实现反靠定位。刀架体2下降时，定位活动插销10与另一个固定插销9卡紧，同时缸体3与压盘4的锥面接触，刀架在新的位置定位并压紧。这时，端齿离合器与空套齿轮5脱开。

（4）转位液压缸复位　刀架压紧之后，压力油从D孔进入转位液压缸右腔，活塞6带动齿条复位，由于此时端齿离合器已脱开，齿条带动齿轮5在轴上空转。

如果定位和压紧动作正常，拉杆11与相应的触头12接触，发出信号表示换刀过程已经结束，可以继续进行切削加工。

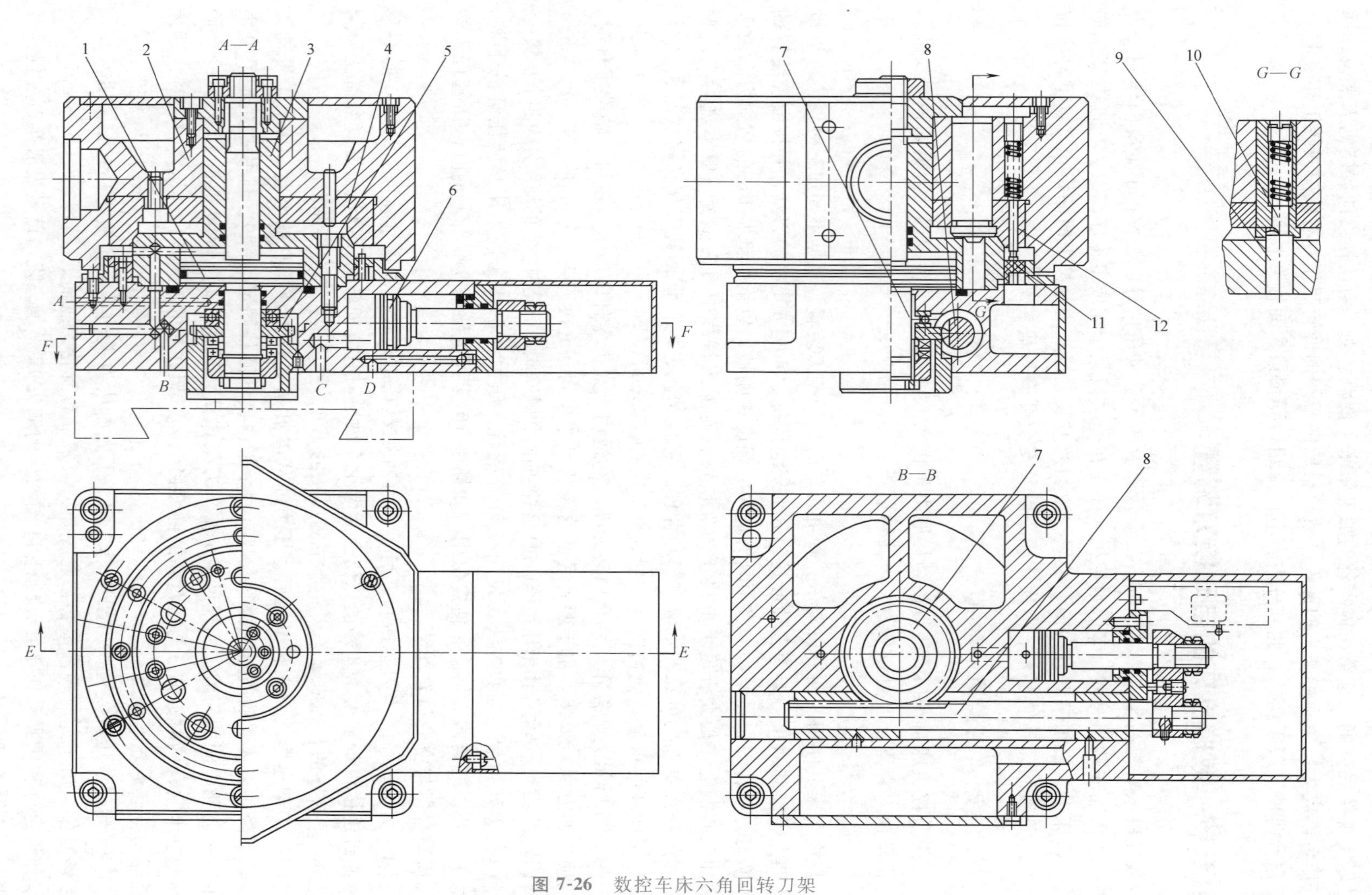

图 7-26 数控车床六角回转刀架

1、6—活塞 2—刀架体 3—缸体 4—压盘 5—空套齿轮 7—活塞杆 8—齿条 9—固定插销 10—活动插销 11—拉杆 12—触头

回转刀架除了采用液压缸驱动转位和定位销定位以外，还可以采用电动机-马氏机构转位和鼠齿盘定位以及其他转位和定位机构。

2. 更换主轴头换刀

在带有旋转刀具的数控机床中，更换主轴头是一种比较简单的换刀方式。主轴头通常有卧式和立式两种，而且常用转塔的转位来更换主轴头，以实现自动换刀。在转塔的各个主轴头上，预先安装有各工序所需要的旋转刀具，当发出换刀指令时，各主轴头依次转到加工位置，并接通主运动，使相应的主轴带动刀具旋转，而其他处于不加工位置上的主轴都与主运动脱开。

图 7-27 所示为卧式八轴转塔头。转塔头上径向分布着八根结构完全相同的主轴 1，主轴的回转运动由齿轮 15 输入。当数控装置发出换刀指令时，先通过液压拨叉（图中未示出）将移动齿轮 6 与齿轮 15 脱离啮合，同时在中心液压缸 13 的上腔通压力油。由于活塞杆和活塞 12 固定在底座上，因此中心液压缸 13 带着由两个推力轴承 9 和 11 支承的转塔刀架体 10 抬起，鼠齿盘 7 和 8 脱离啮合。然后压力油进入转位液压缸，推动活塞齿条，再经过中间齿轮（图中均未示出）使大齿轮 5 与转塔刀架体 10 一起回转 45°，将下一工序的主轴转到工作位置。转位结束之后，压力油进入中心液压缸 13 的下腔使转塔头下降，鼠齿盘 7 和 8 重新啮合，实现了精确的定位。在压力油的作用下，转塔头被压紧，转位液压缸退回原位。最后通过液压拨叉拨动移动齿轮 6，使它与新换上的主轴齿轮 15 啮合。

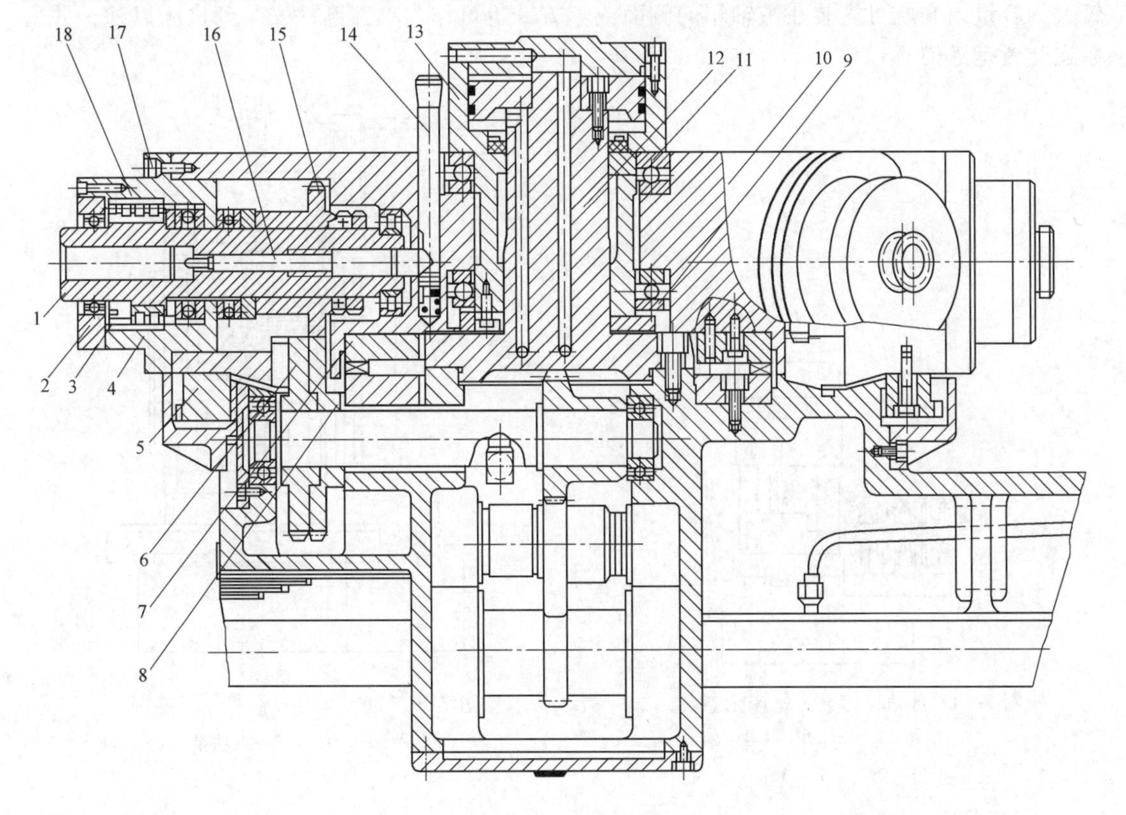

图 7-27　卧式八轴转塔头

1—主轴　2—端盖　3—螺母　4—套筒　5、6、15—齿轮　7、8—鼠齿盘　9、11—推力轴承　10—转塔刀架体　12—活塞　13—中心液压缸　14—操纵杆　16—顶杆　17—螺钉　18—轴承为了改善主轴结构的装配工艺性，整个主轴部件装在套筒 4 内，只要卸去螺钉 17，就可以将整个部件抽出。主轴前轴承 18 采用锥孔双列圆柱滚子轴承，调整时先卸下端盖 2，然后拧动螺母 3，使内环做轴向移动，以便消除轴承的径向间隙。

为了便于卸出主轴锥孔内的刀具，每根主轴都有操纵杆 14，只要按压操纵杆，就能通过斜面推动顶杆 16 顶出刀具。

由于空间位置的限制，主轴部件的结构很难设计得十分坚实，因而影响了主轴系统的刚度。为了保证主轴的刚度，必须对主轴的数目加以限制，否则将会使结构尺寸大为增加。转塔主轴头换刀方式的主要优点在于省去了自动松夹、卸刀、装刀、夹紧以及刀具搬运等一系列复杂的操作，从而提高了换刀的可靠性，并显著地缩短了换刀时间。但由于上述结构上的原因，转塔主轴头通常只适用于工序较少、精度要求不太高的数控机床，如数控钻床等。

3. 带刀库的自动换刀系统

带刀库的自动换刀系统由刀库和刀具交换装置组成，目前它是多工序数控机床上应用最广泛的换刀方法，如图 7-28、图 7-29 和图 7-30 所示。整个换刀过程较为复杂，首先把加工过程中需要使用的全部刀具分别安装在标准的刀柄上，在机外进行尺寸预调整之后，按一定的方式放入刀库，换刀时先在刀库中进行选刀，并由刀具交换装置分别从刀库和主轴上取出刀具，在进行刀具交换之后，将新刀具装入主轴，把旧刀具放回刀库。存放刀具的刀库具有较大的容量，它既可安装在主轴箱的侧面或上方，也可作为单独部件安装到机床以外，并由搬运装置运送刀具。

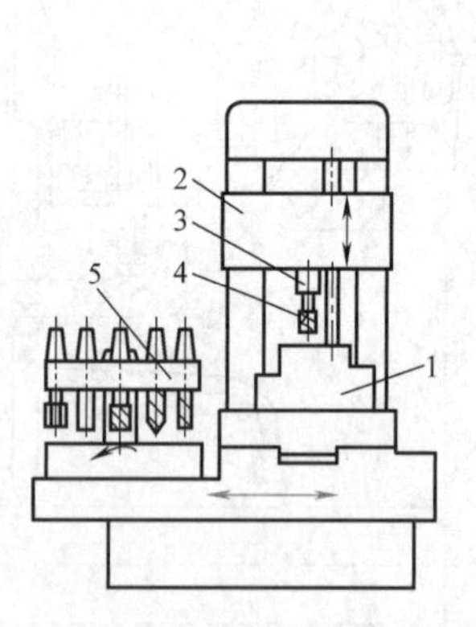

图 7-28 自动换刀数控机床示意图一

1—工件 2—主轴箱 3—主轴 4—刀具 5—刀库

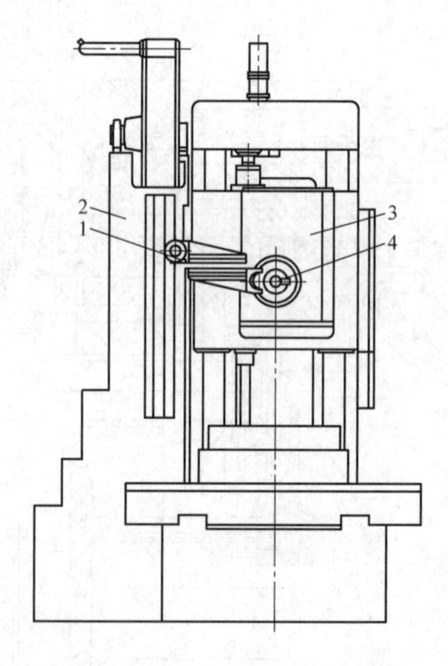

图 7-29 自动换刀数控机床示意图二

1—机械手 2—刀库 3—主轴箱 4—主轴

带刀库的自动换刀数控机床主轴箱和转塔主轴头相比，由于主轴箱内只有一个主轴，设计主轴部件时就有可能充分增加它的刚度，因而能够满足精密加工的要求。另外，刀库可以存放数量很大的刀具，因而能够进行复杂零件的多工序加工，这样就明显地提高了机床的适应性和加工效率，所以带刀库的自动换刀装置特别适用于数控钻床、数控铣床和数控镗床。但这种换刀方式过程动作较多，换刀时间长，系统较为复杂，降低了工作可靠性。

为了缩短换刀时间，还出现了另一种带刀库的双主轴或多主轴换刀系统（图 7-31），它兼有上述两种换刀方式的优点。在转塔头的一根主轴进行加工时，另一根主轴处于换刀位置，由刀具交换装置换刀，待本工序加工完毕之后，转塔头回转并交换主轴。这种换刀方式最大限度地缩短了由换刀引起的机床停顿时间，提高了生产效率。还因为转塔头的主轴数目较少，有利于提高它的结构刚度。还可以利用刀库中的刀具实现更多工序的加工。另外这种带刀库的转塔头换刀装置除了装有可换的小尺寸刀具外，在其他轴上还装有为数不多的几种较大尺寸的刀具，这些刀具不经过刀库，而是直接固定在主轴上，通过转位进行交换。这将有助于简化刀库和刀具交换装置。

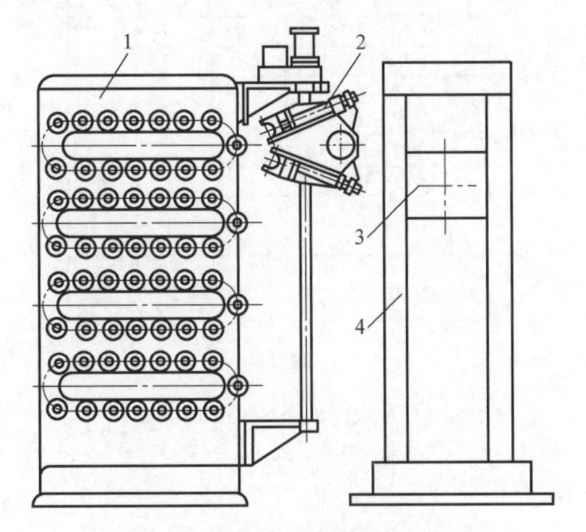

图 7-30 自动换刀数控机床示意图三

1—刀库 2—机械手 3—主轴箱 4—立柱

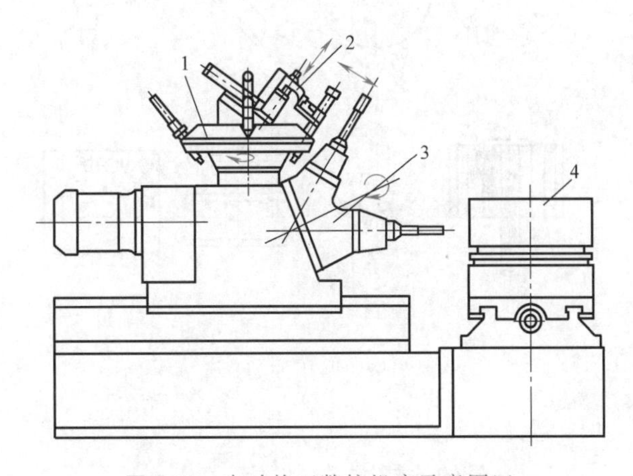

图 7-31 自动换刀数控机床示意图四

1—刀库 2—机械手 3—转塔头 4—工件

二、刀库及刀具的选择方式

1. 刀库

刀库是自动换刀装置中最主要的部件之一，其容量、布局以及具体结构对数控机床的设计有很大影响。

根据刀库所需要的容量和取刀方式，可以将刀库设计成多种形式。图 7-32 所示为常用的刀库形式。图 7-32a 及 7-32b 是单盘式刀库，为适应机床主轴的布局，刀库的刀具轴线可以按不同的方向配置（图 7-32a～c），图 7-32d 是刀具可做 90°翻转的圆盘刀库，采用这种结构能够简化取刀动作。单盘式刀库的结构简单，取刀也较方便，因此应用最为广泛。但由于圆盘尺寸受限制，刀库的容量较小（通常装 15～30 把刀）。当需要存放更多数量的刀具时，可以采用图 7-32e～h 形式的刀库，它们充分利用了机床周围的有效空间，使刀库的外形尺寸不致过于庞大。图 7-32e 是鼓轮弹仓式（又称刺猬式）刀库，其结构十分紧凑，在相同的空间内，它的刀库容量较大，但选刀和取刀的动作复杂。图 7-32f 是链式刀库，其结构有较大的灵活性，存放刀具的数量也较多，选刀和取刀动作十分简单。当链条较长时，可以增加支承链轮的数目，使链条折叠回绕，提高了空间利用率。图 7-32g 和 h 分别为多盘式和格子式刀库，它们虽然也具有结构紧凑的特点，但选刀和取刀动作复杂，较少应用。在设计多工序自动换刀数控机床时，应当合理地确定刀库的容量。根据对车床、铣床和钻床所需刀具数的统计，绘成了图 7-33 所示的曲线。曲线表明，在加工过程中经常使用的刀具数目并不是很多。对于钻削加工，用 14 把刀具就能完成工件约 80%的加工，即使要求完成工件 90%的加工，用 20 把刀具也已足够。对于铣削加工，需要的刀具数量很少，用 4 把铣刀就能完成工件约 90%的加工。如果不从实际加工需要出发，盲目地加大刀库容量，将使刀库的利用率很低，结构过于复杂，造成很大的浪费。从使用的角度来看，刀库的容量一般取 10~60，但随着加工工艺的发展，目前刀库的容量似乎有进一步增大的趋势。

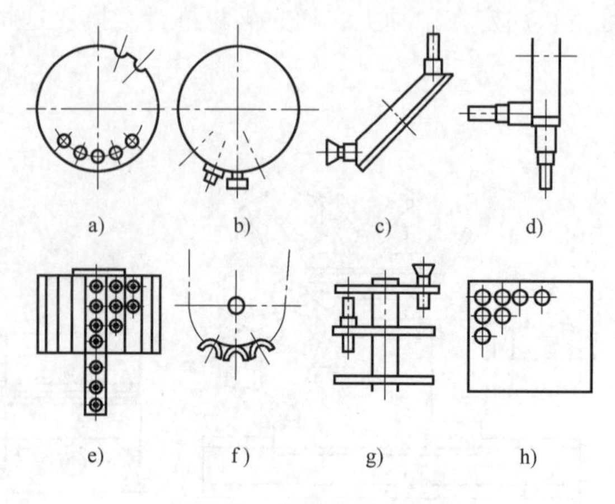

图 7-32　常用的刀库形式

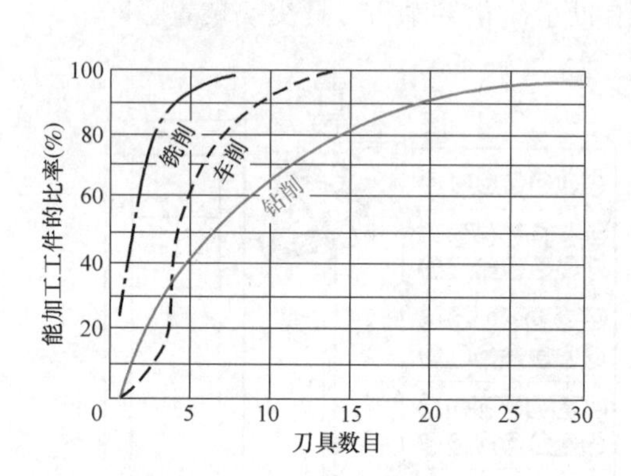

图 7-33　刀库刀具数目与能加工工件比率的关系曲线

2. 刀具的选择方式

按数控装置的刀具选择指令，从刀库中挑选各工序所需要的刀具的操作称为自动选刀。目前，刀具的选择方式主要有以下三种：

（1）顺序选择方式　刀具的顺序选择方式是将刀具按加工工序的顺序，依次放入刀库的每一个刀座内。每次换刀时，刀库按顺序转动一个刀座的位置，并取出所需的刀具。已使用过的刀具则放回到原来的刀座内，也可按顺序放入下一个刀座内。采用这种方式的刀库，不需要刀具识别装置，而且驱动控制也较简单，可以直接由刀库的分度机构来实现。因此刀具的顺序选择方式具有结构简单，工作可靠等优点。但由于刀库中的刀具在不同的工序中不能重复使用，因而必须相应地增加刀具的数量和刀库的容量，这样就降低了刀具和刀库的利用率。此外，人工的装刀操作必须十分谨慎，一旦刀具在刀库中的顺序有差错，将会造成严重事故。

（2）刀具编码方式　刀具的编码选择方式采用了一种特殊的刀柄结构，并对每把刀具进行编码。换刀时通过编码识别装置，根据加工程序中的换刀指令，在刀库中找出所需要的刀具。由于每一把刀具都有自己的代码，因而刀具可以放入刀库中的任何一个刀座内，这样不仅刀库中的刀具可以在不同的工序中多次重复使用，而且换下来的刀具也不必放回原来的刀座，这对装刀和选刀都十分有利，刀库的容量也可以相应减小，并且还可以避免由于刀具顺序的差错所造成的事故。

图 7-34 所示为编码刀柄示意图。在刀柄尾部的拉紧螺杆 3 上套装上一组等间隔的编码

环1，并由锁紧螺母2将它们固定。编码环的外径有大小两种不同的规格，每个编码环的高低分别表示二进制数的“1”和“0”。通过对两种编码环进行不同的排列，可以得到一系列的代码。如7-34图中所示的7个编码环，就能够区别出127种刀具（2^7-1）。通常全部为0的代码是不允许使用的，以免与刀座中没有刀具的状况相混淆。为了便于操作者记忆和识别，也可以采用二-八进制编码来表示。

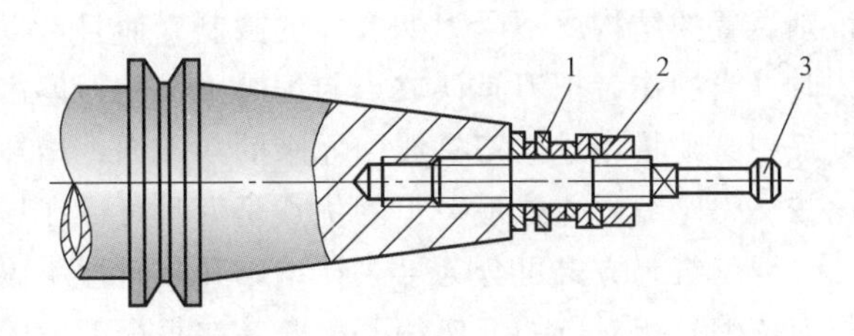

图7-34　编码刀柄示意图

1—编码环　2—锁紧螺母　3—拉紧螺杆

在刀库上设有编码识别装置，当刀库中带有编码环的刀具依次通过编码识别装置时，编码环的高低就能使相应的触针读出每一把刀具的代码。如果读出的代码与加工程序中选择刀具的代码一致，便发出信号使刀库停止回转。这时加工所需要的刀具就准确地停留在取刀位置上，然后由机械手从刀库中将刀具取出。接触式编码识别装置的结构简单，但可靠性较差、寿命较短，而且不能快速选刀。

除了上述机械接触式识别方法之外，还可以采用非接触式的磁性或光电识别方法。

磁性识别方法是利用磁性材料和非磁性材料磁感应的强弱不同，通过感应线圈读取代码。编码环分别由软钢和黄钢（或塑料）制成，前者代表“1”，后者代表“0”。将它们按规定的编码排列，安装在刀柄的前端。当编码环通过线圈时，只有对应于软钢圆环的那些线圈才能感应出高电位，而其余线圈则输出低电位。然后再通过识别电路选出所需要的刀具。磁性识别装置没有机械接触和磨损，因此可以快速选刀，而且具有结构简单、工作可靠、寿命长和无噪声等优点。

光电识别方法是近年来进行的一种新的尝试，其原理如图7-35所示。链式刀库带着刀库座1和刀具2依次经过刀具识别位置Ⅰ，在这个位置上安装了投光器3，通过光学系统将刀具的外形及编码环投影到由无数光敏元件组成的屏板5上形成刀具图样。装刀时，屏板5将每一把刀具的图样转换成对应的脉冲信息，经过处理将代表每一把刀具的“信息图形”记入存储器。选刀时，当某一把刀具在识别位置出现的“信息图形”与存储器内指定刀具的“信息图形”相一致时，便发出信号，使该刀具停在换刀位置Ⅱ，由机械手4将刀具取出。这种识别系统不但能识别编码，还能识别图样，因此便于管理刀具。但由于该系统的价格昂贵，限制了它的使用。

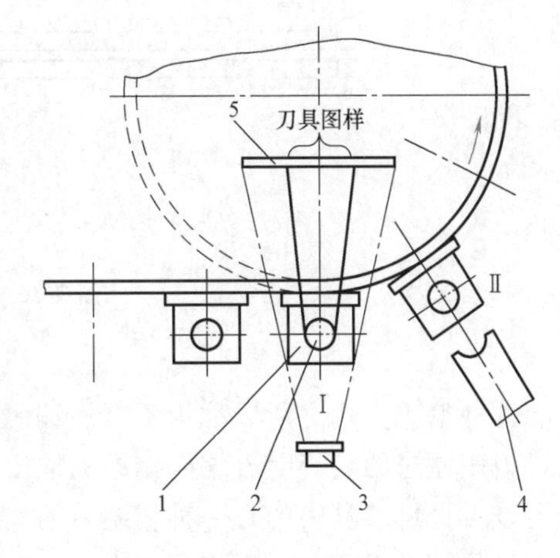

图7-35　光电识别方法的原理

1—刀库座　2—刀具　3—投光器

4—机械手　5—屏板

（3）刀座编码方式　刀座编码方式是对刀库的刀座进行编码，并将与刀座编码相对应的刀具一一放入指定的刀座中，然后根据刀座的编码选取刀具。由于这种编码方式取消了刀柄中的编码环，使刀柄的结构大为简化。因此刀具识别装置的结构就不受刀柄尺寸的限制，而且可以放置在较为合理的位置。采用这种编码方式时，当操作者把刀具误放入与编码不符的刀座内，仍然会造成事故，而且在刀具自动交换过程中必须将用过的刀具放回原来的刀座内，增加了刀库动作的复杂性。与顺序选择方式相比较，刀座编码方式最突出的优点是刀具可以在加工过程中重复多次使用。

刀座编码方式可分为永久性编码和临时性编码两种。一般情况下，永久性编码是将一种与刀座编号相对应的刀座编码板安装在每个刀座的侧面，它的编码是固定不变的。临时性编码，也称为钥匙编码，它与前者有较大区别。它采用了一种专用的代码钥匙，如图 7-36a 所示，编码时先按加工程序的规定给每一把刀具系上表示该刀具号码的代码钥匙，在刀具任意放入刀座的同时，将对应的代码钥匙插入该刀座旁的钥匙孔内。通过钥匙把刀具的代码转记到该刀座上，从而给刀座编上代码。

这种代码钥匙的两边最多可带有 22 个方齿，前 20 个方齿组成了一个 5 位的二-十进制代码，四个二进制代码表示 1 位十进制数，以便于操作者的识别。这样，代码钥匙就可以给出从 1 到 99999 之间的任何一个号码，并将对应的号码打印在钥匙的正面。采用这种方法可以给大量的刀具编号。每把钥匙都带有最后 2 个方齿，只要钥匙插入刀座，就发出信号表示刀座已编上了代码。

编码钥匙孔座的结构如图 7-36b 所示，钥匙 1 对准键槽和水平方向槽子 4 插入钥匙孔座，然后沿顺时针方向旋转 90°，处于钥匙有齿部分 3 的接触片 2 被撑起，表示代码“1”，处于无齿部分的接触片 5 保持原状，表示代码“0”。刀库上装有数码读取装置，它由两排成 180°分布的炭刷组成。当刀库转动选刀时，钥匙孔座的两排接触片依次通过炭刷，一次读出刀座的代码，直到寻找到所需要的刀具。

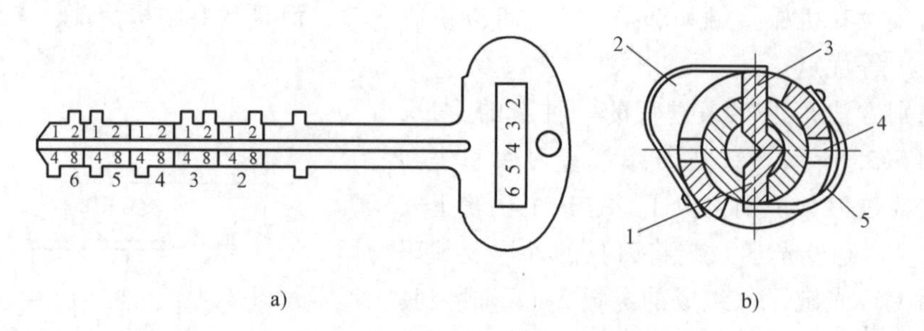

图 7-36 临时性编码示意图

1—钥匙 2、5—接触片 3—钥匙齿部 4—槽子

这种编码方式之所以称为临时性编码，是因为在更换加工对象时，取出刀库中的刀具之后，刀座原来的编码随着编码钥匙的取出而消失。因此这种方式具有更大的灵活性，各个工厂可以对大量刀具中的每一种用统一的固定编码，对于程序编制和刀具管理都十分有利。而且在刀具放入刀库时，不容易发生人为的差错。但临时性编码方式仍然必须把用过的刀具放回原来的刀座中，这是它的主要缺点。

三、刀具交换装置

在数控机床的自动换刀装置中，实现刀库与机床主轴之间的传递和装卸刀具的装置称为刀具交换装置。刀具的交换方式通常分为由刀库与机床主轴的相对运动实现刀具交换和采用机械手交换刀具两类。刀具的交换方式和它们的具体结构对机床的生产率和工作可靠性有着直接的影响。

由刀库与机床主轴的相对运动实现刀具交换的装置，在换刀时必须首先将用过的刀具送回刀库，然后再从刀库中取出新刀具，这两个动作不可能同时进行，因此换刀时间较长。图 7-28 所示的数控立式镗铣床就是采用这类刀具交换方式的实例，该机床格子式刀库的结构极为简单，然而换刀过程却较为复杂。它的选刀由三个坐标轴的数控定位系统来完成，因而每交换一次刀具，工作台和主轴箱就必须沿着三个坐标进行两次来回的运行，因而增加了换刀时间。另外由于刀库置于工作台上，减小了工作台的有效使用面积。

采用机械手进行刀具交换的方式应用得最为广泛，这是因为用机械手换刀有很大的灵活性，而且可以减少换刀时间。在各种类型的机械手中，双臂机械手集中地体现了以上的优点。在刀库远离机床主轴的换刀装置中，除了机械手以外，还必须带有中间搬运装置。

常用的几种双臂机械手结构如图 7-37 所示，它们分别是钩手（图 7-37a)、抱手（图 7-37b)、伸缩手（图 7-37c）和扠手（图 7-37d)。这几种机械手能够完成抓刀、拔刀、回转、插刀以及返回等全部动作。为了防止刀具掉落，各机械手的活动爪都必须带有自锁机构。由于双臂回转机械手（图 7-37a ~ c）的动作比较简单，而且能够同时抓取和装卸机床主轴和刀库中的刀具，因此换刀时间可以进一步缩短。

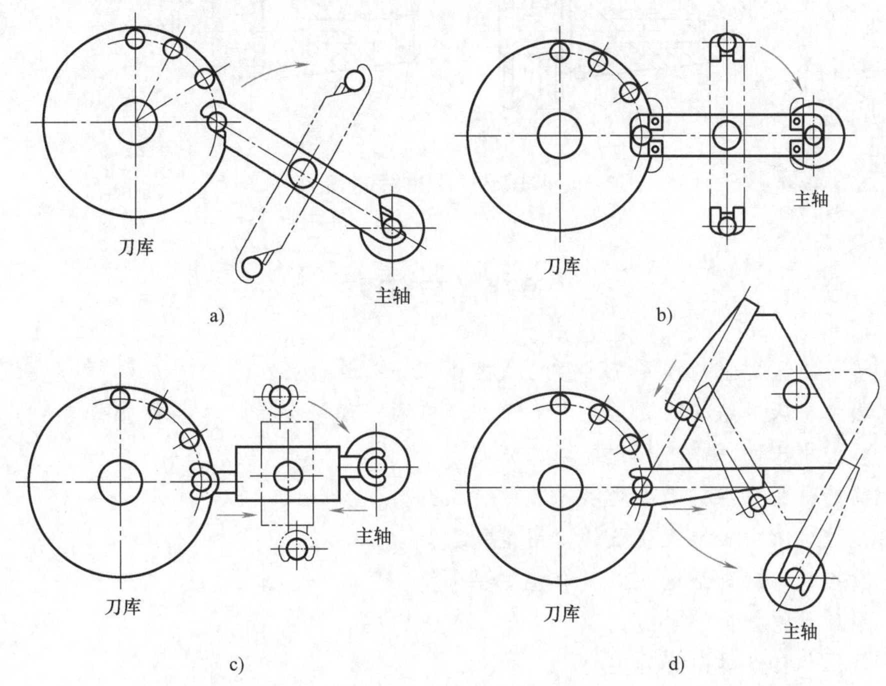

图 7-37 常用的几种双臂机械手结构

图 7-38 所示为双刀库机械手换刀装置，其特点是用两个刀库和两个单臂机械手进行工作，因而机械手的工作行程大为缩短、有效地节省了换刀时间，同时还由于刀库分设两处使布局较为合理。

根据各类机床的需要，自动换刀数控机床所使用刀具的刀柄有圆柱形和圆锥形两种。为了使机械手能可靠地抓取刀具，刀柄必须有合理的夹持部分，而且应当尽可能使刀柄标准化。图 7-39 所示为常用的两种刀柄结构。V 形槽夹持结构（图 7-39a）适用于图 7-37 所示的各种机械手，这是由于机械手爪的形状和 V 形槽能紧密吻合，使刀具能保持准确的轴向和径向位置，从而提高了装刀的重复精度。法兰盘夹持结构（图 7-39b）适用于钳式机械手装夹，这是由于法兰盘的两边可以同时伸进钳口，因此在使用中间辅助机械手时能够方便地将刀具从一个机械手传递给另一个机械手。

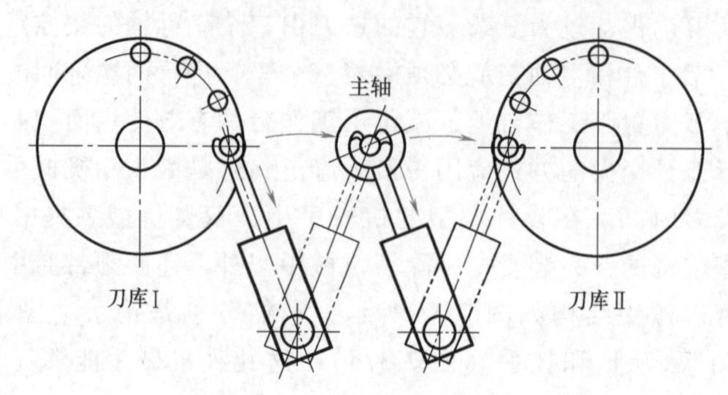

图 7-38　双刀库机械手换刀装置

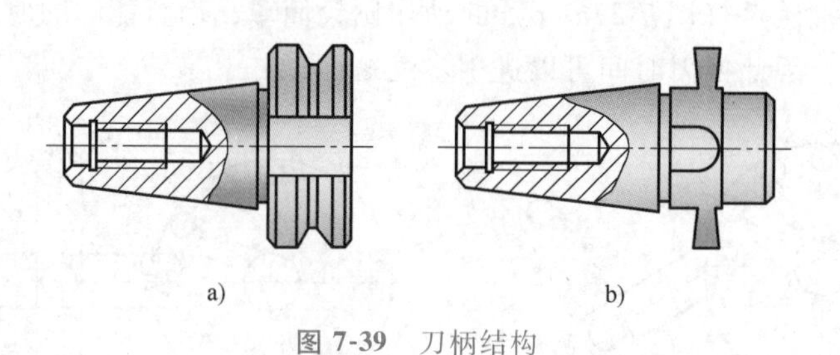

图 7-39　刀柄结构

思考题与习题

7-1　传统机床配上数控系统可称为数控机床吗？为什么？

7-2　数控机床对结构的要求主要有哪几个方面？如何去满足这些要求？

7-3　数控机床的总体布局主要考虑哪些因素？

7-4　简要说明数控机床主运动系统的特点？

7-5　数控机床主轴准停装置的作用是什么？

7-6　数控机床对进给运动系统有哪些要求？

7-7　滚珠丝杠如何预紧？

7-8　静压丝杠螺母副有哪些特点？

7-9　数控机床的导轨副有哪几种形式？

7-10　数控机床常用的换刀方式有哪些？

7-11　在设计带刀库的自动换刀系统时，主要注意哪些问题？

第八章 数控机床的故障诊断

第一节 概述

一、系统可靠性和故障的概念

系统可靠性是指系统在规定条件下和规定时间内实现规定功能的能力，而故障则意味着系统在规定条件下和规定时间内丧失了规定的功能。

数控机床是个复杂的系统，由于种种原因，不可避免地会发生不同程度、不同类型的故障，导致数控机床不能正常工作。一般引起故障的原因大致包括机械锈蚀、磨损和失效；元器件老化、损坏和失效；电气元件、插接件接触不良；环境变化，如电流或电压波动、温度变化、液压压力和流量的波动以及油污等；随机干扰和噪声；软件程序丢失或被破坏等。此外，错误的操作也会引起数控机床不能正常工作。数控机床一旦发生故障，必须及时予以维修，将故障排除。数控机床维修的关键是故障的诊断，即故障源的查找和故障定位。一般来说，故障类型不同，采用的故障诊断的方法也不同。本章对数控机床故障诊断的一般方法及其原理进行阐述。

二、数控机床的故障规律

与一般设备相同，数控机床的故障率随时间变化的规律可用图 8-1 所示的故障曲线表示。根据数控机床的故障率，整个使用寿命期大致可以分为三个阶段，即初期运行期、有效寿命期和衰老期。

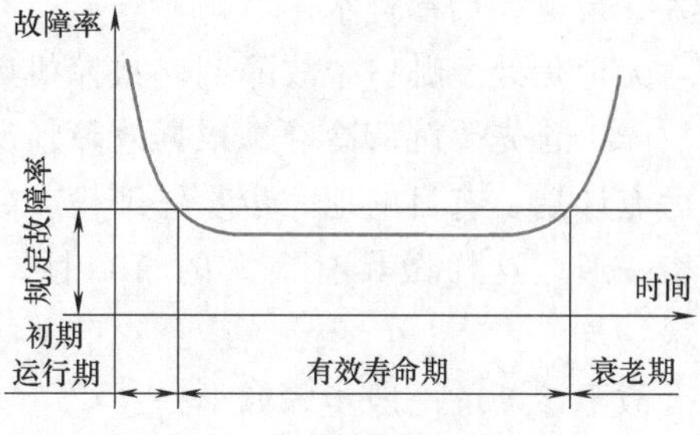

图 8-1 数控机床故障曲线

1. 初期运行期

初期运行期的特点是故障发生的频率高，系统的故障率呈负指数曲线函数。使用初期之所以故障频繁，原因大致如下：

（1）机械部分　机床虽然在出厂前进行过运行磨合，但时间较短，而且主要是对主轴和导轨进行磨合。由于零件的加工表面存在着微观的和宏观的几何形状偏差，在完全磨合前，零件的加工表面还比较粗糙，部件的装配可能存在误差，因而，在机床使用初期会产生较大的磨合磨损，使设备相对运动部件之间产生较大的间隙，导致故障的发生。

（2）电气部分　数控机床的控制系统使用了大量的电子元器件，这些元器件虽然在制造厂经过了相当长时间的老化试验和其他方式的筛选，但实际运行时，由于电路的发热、交变负荷、浪涌电流及反电势的冲击，性能较差的某些元器件经不住考验，因电流冲击或电压击穿而失效，或特性曲线发生变化，从而导致整个系统不能正常工作。

（3）液压部分　由于出厂后的运输及安装阶段时间较长，使得液压系统中某些部位长时间无油，气缸中润滑油干涸，而油雾润滑又不可能立即起作用，可能造成液压缸或气缸产生锈蚀。此外，新安装的空气管道若清洗不干净，一些杂物和水分也可能进入系统，造成液压气动部分的初期故障。

2. 有效寿命期

数控机床在经历了初期的各种老化、磨合和调整后，开始进入相对稳定的正常运行期即有效寿命期。在这个阶段，故障率低而且相对稳定，近似常数。偶发故障是由于偶然因素引起的。一般来说，数控系统要经过 9~14 个月的运行才能进入有效寿命期。因此，用户在安装数控机床后最好能长期连续运行，以便让初期运行期在一年的保修期内结束。

3. 衰老期

衰老期出现在数控机床使用的后期，其特点是故障率随着运行时间的增加而升高。出现这种现象的基本原因是数控机床的零部件及电子元器件经过长时间的运行，由于疲劳、磨损、老化等原因，寿命已接近极限，从而处于频发故障状态。

三、数控机床故障诊断的一般步骤

故障诊断是指在系统运行或基本不拆卸的情况下，即可掌握系统当前运行状态的信息，查明产生故障的部位和原因，或预知系统的异常和劣化的动向并采取必要对策的一门技术。

当数控机床发生故障时，除非出现危及数控机床或人身安全的紧急情况，一般不要切断电源，要尽可能地保持机床原来的状态不变，并对出现的一些信号和现象做好记录，这主要包括故障现象的详细记录；故障发生时的操作方式及内容；报警号及故障指示灯的显示内容；故障发生时机床各部分的状态与位置；有无其他偶然因素，如突然停电、外线电压波动较大、雷电、局部进水等。

无论是处于哪一个故障期，数控机床故障诊断的一般步骤都是相同的。数控机床一旦发生故障，首先要沉着冷静，根据故障情况进行全面的分析，确定查找故障源的方法和手段，然后有计划、有目的地一步步仔细检查，切不可急于操作，凭着观察到的部分现象主观臆断乱查一通，这样做具有很大的盲目性，很可能越查越乱，走很多弯路，甚至造成严重的后果。

故障诊断的一般步骤如下：

1）详细了解故障情况，如当数控机床发生颤振、振动或超调现象时，要弄清楚是发生在全部轴还是某一轴；如果是某一轴，是全程还是某一位置；是一运动就发生还是仅在快速、进给状态某速度、加速或减速的某个状态下发生。为了进一步了解故障情况，要对数控机床进行初步检查，并着重检查荧光屏上的显示内容、控制柜中的故障指示灯、状态指示灯等。当故障情况允许时，最好开机试验，详细观察故障情况。

2）根据故障情况进行分析，缩小范围，确定故障源查找的方向和手段。对故障现象进行全面了解后，下一步可根据故障现象分析故障可能存在的位置。有些故障与其他部分联系较少，容易确定查找的方向，而有些故障原因很多，难以用简单的方法确定出故障源的查找方向，这就要仔细查阅数控机床的相关资料，弄清与故障有关的各种因素，确定若干个查找方向，并逐一进行查找。

3）由表及里进行故障源查找。故障查找一般是从易到难。从外围到内部逐步进行。所谓难易，包括技术上的复杂程度和拆卸装配方面的难易程度。技术上的复杂程度是指判断其是否有故障存在的难易程度。在故障诊断的过程中，首先应该检查可直接接近或经过简单的拆卸即可进行检查的那些部位，然后检查需要进行大量的拆卸工作之后才能接近和进行检查的那些部位。

第二节 数控机床机械故障的诊断

数控机床在运行过程中，机械零部件会受到力、热、摩擦以及磨损等多种因素的作用，其运行状态不断变化，往往会发生故障，从而导致不良后果，因此，必须在机床运行过程中，对机床的运行状态及时做出判断并采取相应的措施。数控机床机械故障诊断包括对机床运行状态的识别、预测和监控三个方面的内容。一般数控机床的机械故障诊断方法，可采用所谓的“实用诊断方法”和“现代诊断方法”。

一、实用诊断方法

通过机床维护人员的感觉器官对机床进行问、看、听、触、嗅，由机床机械部件的形貌、声音、温度、振动、颜色和气味的变化来进行故障诊断的方法，称为“实用诊断方法”。其具体内容如下：

1. 问

问就是询问机床故障发生的经过，弄清故障是突发的，还是渐发的；机床起动时有无异常现象；对比故障前后工件的精度和表面粗糙度，以便分析故障产生的原因；传动系统是否正常，加工参数有无变化等；润滑油品牌号是否符合规定，润滑系统是否正常工作以及机床何时进行过保养检修，上一次故障的性质及发生的时间等。

2. 看

看转速，观察主传动系统速度的变化；齿轮是否跳动、摆动，传动轴是否弯曲或晃动；看颜色，长时间升温会使机床外表颜色发生变化，油也会因温升过高而变稀，颜色变化；看伤痕，若发现裂纹时，应做一记号，隔一段时间后再比较它的变化情况，以便进行综合分析；看工件，从工件来判别机床的好坏；看变形，主要观察机床的传动轴、滚珠丝杠是否变形；直径大的带轮和齿轮的端面是否跳动；看油箱与切削液箱，主要观察油或切削液是否变质，确定其能否继续使用。

3. 听

运行正常的机床，其声响具有一定的音律和节奏，并保持稳定。若声音过大或夹有金属的敲击声、摩擦声、泄漏声等，则表明机床运转的声音不正常（通常称为噪声或异响）。异响主要是由于机械部件的磨损、变形、断裂、松动和腐蚀等原因，致使在运行中发生碰撞、摩擦、冲击、振动或泄漏所引起的。

一般先判定异响的性质，然后确诊异响部位或异响零件，最后根据异响与其他故障的关系，进一步确定或验证异响零件。

4. 触

通过手感判别机床的故障。

（1）温升　人的手指触觉是很灵敏的，能相当可靠地判断各种异常的温升，其误差可准确到3~5℃。

（2）振动　轻微振动可用手感鉴别，用两只手去同时触摸便可以比较出振动的大小。

（3）伤痕和波纹　肉眼看不清楚的表面伤痕和波纹，用手指去摸则可很容易地感觉出来。

（4）爬行　用手摸可直观的感觉出机器的爬行（爬行原因：润滑不足或润滑方式不当；活塞密封过紧或磨损造成机械摩擦阻力加大；液压系统进入空气或压力不足等）。

（5）间隙　用手转动主轴或摇动手轮，即可感到接触部位的间隙是否适当。

5. 嗅

由于剧烈摩擦或电器元件绝缘层破损短路，使附着的油脂或其他可燃物质发生氧化蒸发或燃烧会产生油烟味、焦糊味等异味，应用嗅觉诊断的方法就可很快发现故障的原因。

上述实用诊断方法简便实用、方便可行，在进行数控机床的机械故障诊断时可收到较好的效果。

二、现代诊断技术

现代诊断技术是利用各种诊断仪器以及特定的数据处理对机械的故障原因、部位和故障的严重程度等进行定性和定量的分析，并尽量快速准确地给故障定性，以便排除故障。

机械故障诊断的现代诊断技术主要包括振动诊断技术、油样分析技术、温度监测、无损检测等。

1. 振动诊断技术

机床运转时会发生振动，其振动一般用加速度、速度和位移表示，它们的频谱也各具特征形状，这种频谱即振动幅值-频率谱，通常称为机床的振动特征。处于正常状态下的机床具有典型的频谱，但当机床磨损、基础下沉或部件变形时，机床原有的振动特征将会发生变化，并通过机床振动能量的增加反映出来，通过监测和分析机床的振动信号，就可以判断出机床发生故障的部位、性质和严重程度。

振动测试系统一般包括测振传感器、信号调理器、信号记录仪、信号分析与处理设备等，如图8-2所示。其中，测振传感器的作用是将机械振动量转变为可以用电测的电参量，俗称拾振器；信号记录仪的功能是将所测的振动信号记录存储；信号分析与处理设备则负责完成对所记录信号进行各种分析处理，以得出相应的结果。

图8-2　振动测试系统的一般组成

测振传感器分为振动位移传感器、振动速度传感器和振动加速度传感器三大类。值得一提的是，用于机械设备现场检修人员对机器运行状态进行在岗监测的振动测试仪，其输入端就是一个压电体振动加速度传感器，振动测试仪的外形如图8-3所示。

振动测试仪通过探针接触被测对象，将其振动的加速度转换成电荷量，再由电荷放大器将电荷量转化成电压量，电压量值和振动加速度量值成正比。两个耳机输出可供两人同时监听，一个电压输出可与示波器、磁带机、电平记录仪和信号分析仪等联机使用，以作进一步的故障分析。振动测试仪是最基本的现代诊断测试工具之一。

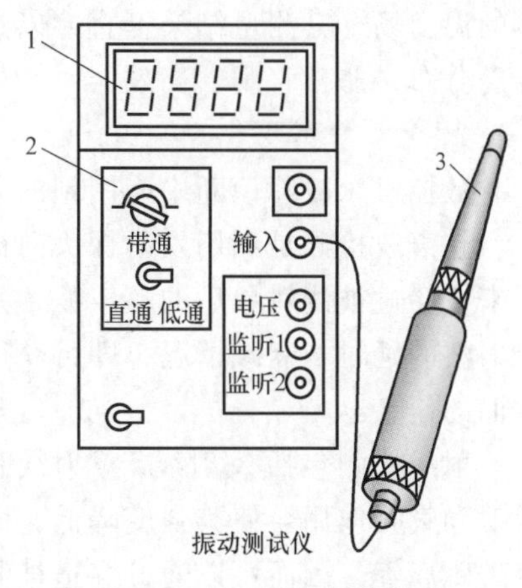

图 8-3　振动测试仪的外形
1—电压表显示　2—频率选择
3—传感器

2. 油样分析技术

液压油和润滑油携带大量的关于机械设备运行状态的信息，特别是润滑油（脂），它所涉及的各摩擦副的磨损碎屑都将落入其中并随之一起流动。通过对工作油液的合理采样，并进行必要的分析处理，就能得知关于该机械设备各摩擦副的磨损状况，包括磨损部位、磨损机理以及磨损程度等方面的信息，从而对设备所处的工况状态做出科学的判断，这就是油样分析的一般概念。

油样分析技术主要是指油样铁谱分析技术和油样光谱分析技术。

（1）油样铁谱分析技术　利用铁谱仪（Ferrograph）从润滑油（脂）的试样中分离和检测出磨屑和碎屑，并分析和判断机器运动副表面的磨损类型、磨损程度和磨损部位的技术。铁谱仪是铁谱分析的关键设备，根据其工作方式的不同，铁谱仪可分为直读式铁谱仪、分析式铁谱仪、旋转式铁谱仪以及在线式铁谱仪等。铁谱分析一般由采样、制谱、观测分析以及结论四个基本环节组成。

（2）油样光谱分析技术　利用油样中所含金属元素原子的光学电子在原子内能级间跃迁产生的特征谱线来检测该种元素存在与否，特征谱线的强度与该种金属元素的含量多少有关。这样，通过光谱分析，就能检测出油样中所含金属元素的种类及其含量，以此推断产生这些元素的磨损发生部位及其严重程度，并依此对相应零件的工况作出判断。

3. 机械故障诊断的温度监测

数控机床在运行过程中受切削热、摩擦热等内外热源的影响，各个部件将发生不同程度的热变形，使工件与刀具之间的相对位置关系遭到破坏，从而影响机床的加工精度；同时过高的温度会使机床部件的力学性能降低，严重时还会造成零部件的烧损；另外，润滑系统发生故障时，也会造成机床局部温度异常，由此看来，温度是表征机床机械故障的一个特征参量。因而温度监测也通常用于数控机床的故障诊断与工况监测。

（1）接触式测温　将测温传感器与被测对象接触，通过被测对象与测温传感器之间的热交换，使两者达到热平衡，利用传感器中的温度敏感元件的某一随温度而变化的特性来检测温度。常用的接触式测温方法有热电偶法测温、热电阻法测温以及利用集成温度传感器测温三种。

（2）非接触式测温　利用物体热辐射的原理进行，测温时测量装置不必与被测对象直接接触，可测量运动物体的温度，且不破坏被测物的温度场。常用的非接触式测温装置有单色辐射温度计、辐射温度计、比色温度计和红外热像仪等。

红外热像仪通过红外扫描单元把来自被测对象的电磁热辐射能量转化为电子视频信号，经放大、滤波等环节处理后传输到显示屏等处。热像仪既可测量某一点的温度，也可测量物体的温度场，其测量结果可直接以数字的形式输出，也可通过不同的颜色形象地表征物体的温度分布，非常直观、高效。

4. 无损检测技术

数控机床故障诊断中应用到的无损检测通常有超声波检测和射线检测两种。

超声波检测是利用发射探头向被测对象内部发射超声波，用接收探头接收从缺陷处反射回来或穿过被测对象后的超声波，并将其在显示装置上显示出来，通过观察与分析反射波或透射波的延时与衰减情况，即可获得被测对象内部有无裂纹等缺陷以及缺陷的位置、大小等方面的信息。

射线检测包括X射线，γ射线和中子射线三种。射线在穿过物体的过程中，受到物体的散射和吸收作用会使其强度降低，而降低的程度则取决于被测对象的材料、射线的类型以及穿透距离等，因而可以通过穿透被测对象后射线强度的变化测出被测对象的表面或内部有无缺陷以及缺陷的种类、大小分布等情况。

5. 噪声谱分析技术

噪声谱分析技术是一种非接触式测量诊断技术，其主要是通过声波计对数控机床在运行过程中齿轮噪声信号频谱中的啮合谐波幅值的变化进行较为深入的分析，识别和判断齿轮的磨损失效故障状态。

在进行噪声谱分析时一定要注意尽量避免环境噪声对诊断的影响。

第三节 数控系统的故障诊断

数控机床是涉及多个应用学科的十分复杂的系统，加之数控系统和机床本身的种类繁多，功能各异，不可能找出一种适合各种数控机床、各类故障的通用诊断方法。这里仅介绍一些常用的一般性方法，在实际的故障诊断中，对这些方法要综合运用。

一、根据报警号进行故障诊断

计算机数控系统大都具有很强的自诊断功能，当机床发生故障时，可对整个机床包括数控系统自身进行全面的检查和诊断，并将诊断到的故障或错误以报警号或错误代码的形式显示在CRT上。

报警号（错误代码）一般包括下列几方面的故障（或错误）信息：

1）程序编制错误或操作错误。

2）存储器工作不正常。

3）伺服系统故障。

4）可编程序控制器故障。

5）连接故障。

6）温度、压力、液位等不正常。

7）行程开关（或接近开关）状态不正确。

利用报警号进行故障诊断是数控机床故障诊断的主要方法之一。如果机床发生了故障，且有报警号显示于CRT上，首先就要根据报警号的内容进行相应的分析与诊断。当然，报警号多数情况下并不能直接指出故障源之所在，而是指出了一种现象，维修人员可以根据所指出的现象进行分析，缩小检查的范围，有目的地进行检查。

二、根据控制系统 LED 灯或数码管的指示进行故障诊断

控制系统的发光二极管（LED）或数码管指示是另一种自诊断指示方法。如果和故障报警号同时报警，综合二者的报警内容，可更加明确地指示出故障的位置。在 CRT 上的报警号未出现或 CRT 不亮时，LED 或数码管指示就是唯一的报警内容了。

如 FANUC10、11 系统的主电路板上有一个七段 LED 数码管，在电源接通后，系统首先进行自检，这时数码管的显示不断改变，最后显示“1”而停止，说明系统正常。如果停止于其他数字或符号上，则说明系统有故障，且每一个符号表示相应的故障内容，维修人员就可根据显示的内容进行相应的检查和处理。

三、根据 PLC 状态或梯形图进行故障诊断

现在的数控机床几乎都使用了可编程序控制器（PLC），只不过有的与 NC 系统合并起来，统称为 NC 部分。但在大多数数控机床上，二者还是相互独立的，二者通过接口相联系。无论其形式如何，PLC 的作用都是相同的，主要进行开关量的管理与控制。控制对象一般是换刀系统，工作台板转换系统，液压、润滑、冷却系统及其他自动辅助装置等。这些系统及装置具有大量的开关量测量反馈元件，发生故障的概率较大。特别是在偶发故障期，NC 部分及各电路板的故障较少，上述各部分发生的故障可能会成为主要的诊断维修目标。因此，对这部分内容要熟悉。首先熟悉各测量反馈元件的位置、作用及发生故障时的现象与后果。对 PC 本身也要有所了解，特别是应明白梯形图或逻辑图。这样，一旦发生故障，可以从更深的层次认识故障的实质。

PC 输入输出状态的确定方法是每一个维修人员必须掌握的。因为当进行故障诊断时经常需要确定一个传感元件是什么状态以及 PC 的某个输出应为什么状态。用传统的方法进行测量非常麻烦，甚至难以做到。一般数控机床都能非常方便地从 CRT 上或 LED 指示灯上确定其输入输出状态。

四、根据机床参数进行故障诊断

机床参数也称机床常数，它是为数控系统与具体机床相匹配时所确定的一组数据，它实际上是 NC 程序中未定的数据或可选择的方式。机床参数通常存于 RAM 中，由厂家根据所配机床的具体情况进行设定，部分参数还要通过调试来确定。机床参数大都随机床以参数表等形式提供给用户。

由于某种原因，如误操作等，存于 RAM 中的机床参数可能会发生改变甚至丢失而引起机床故障。在维修过程中，有时也需要利用某些机床参数对机床进行调整，还有的参数须根据机床的运行情况及状态进行必要的修正。因此，维修人员应熟悉机床参数，理解其含义，只有在理解的基础上才能很好地利用它，并正确地进行修正而不致产生错误。

机床参数的内容广泛，如 FANUC10、11、12 系统的机床参数按功能分就有 26 大类，如与设定有关的参数、与轴控制有关的参数、与坐标系有关的参数和与进给速度有关的参数等。

五、用诊断程序进行故障诊断

绝大部分数控系统都有诊断程序。所谓诊断程序就是对数控机床各部分包括数控系统本身进行状态或故障检测的软件，当数控机床发生故障时，可利用该程序诊断出故障源所在范围或具体位置。

用诊断程序进行故障诊断一般有三种形式，即启动诊断、在线诊断（或称后台诊断）和离线诊断。

1. 启动诊断

启动诊断是指从每次通电开始至进入正常的运行准备状态，CNC内部诊断程序自动执行的诊断，一般情况下数秒之内即可完成，其目的是确认系统的主要硬件是否正常工作。主要检查的硬件包括CPU、存储器、I/O单元等印制板或模块；CRT/MDI单元、阅读机、软盘单元等装置或外设。若被检测内容正常，则CRT显示表明系统已进入正常运行的基本画面（一般是位置显示画面），否则，将显示报警信息。

2. 在线诊断

在线诊断是指在系统通过启动诊断进入运行状态后由内部诊断程序对CNC及与之相连接的外设、各伺服单元和伺服电动机等进行的自动检测和诊断。只要系统不断电，在线诊断也就不会停止，在线诊断的诊断范围大，显示信息的内容也很多。一台带有刀库和台板转换的加工中心报警内容有五六百条。本节前边所介绍的报警号及LED指示灯就是启动诊断和在线诊断的内容显示。

3. 离线诊断

离线诊断是利用专用的检测诊断程序进行的旨在最终查明故障原因，精确确定故障部位的高层次诊断，离线诊断的程序存储及使用方法一般不相同。如美国A-B公司的8200系统在作离线诊断检查时才把专用的诊断程序读入CNC中运行检查。而CINCINNATI ACRAMATIC 850和950则将这些诊断程序与CNC控制程序一同存入CNC中，维修人员可以随时用键盘调用这些程序并使之运行，在CRT上观察诊断结果。离线诊断是数控机床故障诊断的一个非常重要的手段，它能够较准确地诊断出故障源的具体位置，而许多故障靠传统的方法是不易进行诊断的。需要注意的是，有些厂商不向用户提供离线诊断程序，有些则作为选择订货内容。在机床的考察、订货时要注意到这一点。

随着科学技术的发展及CNC技术的成熟与完善，更高层次的诊断技术已经出现。其中最引人注目的是自修复、专家诊断系统和通信诊断系统，这些新技术的发展与应用，无疑会给数控维修特别是故障诊断提供更有效的方法与手段。

六、经验法

虽然数控系统都有一定的自诊断能力，但仅靠这些有时还是不能全部解决问题。自诊断所提供的信息往往并不能确切地指出故障的具体位置，仅指出一个范围，甚至有些故障自诊断也无法进行判别。部分数控系统自诊断效果较差，能够进行诊断的范围有限。这就要求维修人员根据自己的知识和经验，对故障进行更深入更具体的诊断。

在对数控机床的组成有了充分的了解后，根据故障现象大都可以判断出故障诊断的方向。一般来说，驱动系统故障首先检查反馈系统、伺服电动机本身、伺服驱动板及指令电压，如测速反馈环、位置反馈环、指令增益、检测倍率和漂移补偿等。自动换刀不能执行则应首先检查换刀基准点的到位情况，液压、气压是否正常，相关限位开关的动作是否正常等。

知识和经验要靠平时的学习与维修实践总结和积累，并无捷径可走，而这些又是数控机床维修所必不可少的。因此，作为维修人员在平时就要抓紧进行业务技术学习，提高知识和实践水平。特别是要充分熟悉机床资料，掌握任何有价值的内容。故障排除之后，要总结经验，尽量将故障原因和处理方法分析清楚，并做好记录，这样，维修水平就会很快得到提高。

七、换板法

当经过检测仍不能确定故障源在哪块线路板时，采用换板法是行之有效的。具体说来，就是将怀疑目标用备件板进行更换，或用机床相同的板进行互换。然后起动机床，观察故障现象是否消失或转移，以确定故障的具体位置。如果故障现象仍然存在，说明故障与所更换的电路板无关，而在其他部位；如果故障消失或转移，则说明更换的电路板正是故障板。

换板之前一定要确认故障在该板的可能性最大，用其他方法又难以确定其好坏，做到有的放矢，而不能盲目换板；另外该板的输入输出是正常的，至少要确认电源正常，负载不短路，若将旧板拔下，不经检查和判断就轻易地换上新板，有可能造成新板的损坏。此外，换板时还要注意以下几点：

1）若非对系统十分了解，有相当的把握，一般不要轻易更换 CPU 板及存储器板，这样有可能造成程序和机床参数的丢失，导致故障的扩大。

2）对 EPROM 一种断电后板或板上有 EPROM 芯片时，请注意存储器芯片上贴的软件版本标签是否与原板完全一致。若不一致，则不能更换。

3）有些板是通用的，要根据机床的具体情况及使用位置进行设定。因此要注意板上拨动开关的位置是否与原板一致，短路线的设置是否与原板相同。

总之，换板法一般是行之有效的，是一种常用的故障诊断方法。但要小心谨慎地进行，否则，可能达不到预期的目的，而使故障诊断复杂化，也可能损坏备用板甚至引起严重的后果。

第四节 人工智能（AI）在故障诊断中的应用

一、专家系统的一般概念

一般认为，专家系统是一个或一组能在某些特定领域内，应用大量的专家知识和推理方法求解复杂问题的一种人工智能计算机程序。一般专家系统的构成如图 8-4 所示。它主要包括两大部分，即知识库和推理机。其中知识库中存放着求解问题所需的知识，推理机负责使用知识库中的知识去解决实际问题。知识库的建造需要知识工程师和领域专家相互合作把领域专家头脑中的知识整理出来，并用系统和知识方法存放在知识库中。当解决问题时，用户

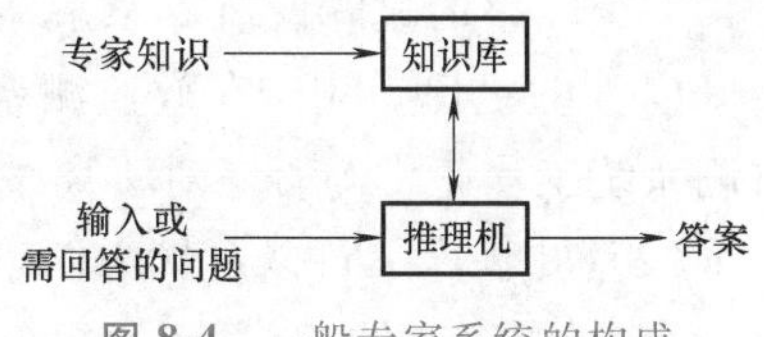

图 8-4 一般专家系统的构成

为系统提供一些已知数据，并可从系统处获得专家水平的结论。

由此可见，专家系统具有相当数量的权威性知识，能够采取一定的策略，运用专家知识进行推理，解决人们在通常条件下难以解决的问题。它克服了专家缺少，其知识昂贵，难以永久保存以及专家在解决问题时易受心理、环境等因素影响而临场发挥不好等缺点。因此，专家系统自从问世以来，发展非常迅速，目前专家系统已经成为人工智能应用最活跃和最成功的领域。经过 20 多年的努力，其应用已遍及各个领域，如疾病诊断、探矿、设计、制造、自动控制、生产过程监视等，并取得了极大的经济效益。

尽管如此，专家系统仍处于发展之中，并面临着许多问题和困难。目前，主要存在以下几个问题：

1）知识获取困难，特别是经验性知识（启发式知识）更难获取。知识获取是专家系统的“瓶颈”，专家在几十年工作的成功与失败中，获得了许多宝贵经验。专家凭借这种本领，再加上书本知识，在实践中就可很快地，有时甚至是习惯性地解决一些难题。而要让他们详细地描述解题过程中的思维方法、过程、步骤，并系统地阐述他们为什么要这样做而不是那样做，然后再把这些都符号化，是一件非常困难的事，有时需要很长时间和很高的代价。

2）对人的形象思维难以模拟。一般情况下，专家系统只能模拟人的逻辑思维过程，而对形象思维的模拟却无能为力。但是，专家在解决问题时，形象思维往往起很大作用。

3）知识领域狭窄。大多数专家系统一般只知道该领域的知识，而对其他领域的知识几乎是一无所知。这就导致了在处理接近领域边缘的问题时，其性能急剧下降，而对其他领域，几乎是无能为力。其主要原因是软件技术水平的限制。目前的知识表示和处理技术还不完善，每种知识表示方法只适用于某些领域，缺乏一种通用的知识表示方法与处理技术。

二、数控机床故障诊断的专家系统

从数控机床故障诊断的内容看，故障诊断专家系统具体可以用于以下三个方面：

（1）故障监测　当系统的主要功能指标偏离了期望的目标范围时，就认为系统发生了故障。该阶段的目的在于监测系统主要功能指标（如果功能指标不便直接测量，可代之以其他具有同等效果的征兆），当主要功能发生异常时，将其检测出来，并按其程度分别给出早期警报、紧急警报，乃至强迫系统停机等处置。

（2）故障分析　又叫故障分离或状态分析，根据检测到的信息和其他补充测试的辅助信息寻找故障源。对于不同的要求，故障源可以是零件、部件，甚至是子系统。然后，根据这些信息就故障对系统性能指标的影响程度作出估计，综合给出故障等级。

（3）决策处理　有两个方面的内容，一方面当系统出现与故障有关的征兆时，通过综合分析，对设备状态的发展趋势作出预测；另一方面当系统出现故障时，根据故障等级的评价，对系统作出修改操作和控制或者停机维修的决定。

一个完整的故障诊断专家系统的基本结构如图 8-5 所示。

（1）数据库　用于存放监测系统状态的、便于测量的也是必要的测量数据；用于实时监测系统工作正常与否。对于离线分析，数据库可根据推理需要，人为输入。

（2）知识库　可以定义为便于使用和管理的形式组织起来的用于问题求解的知识的集合。通常知识库具有两方面的知识内容，一方面是针对具体的系统而言，包括系统的结构，系统经常出现的故障现象，每个故障现象都是由哪些原因引起的，各种原因引起该故障现象可能性大小的经验数据，判断每一故障是否发生的一些充分及必要条件等；另一方面是针对系统中一般的设备仪器故障诊断的专家经验，内容与前面相仿。基于这两方面内容，知识库还包括系统规则，这些规则大多是关于具体系统或通用设备有关因果关系的逻辑法则，所以真实反映对象系统的知识库的建立是专家系统进行快速有效的故障诊断的前提。知识库是专家系统的核心内容，知识库内容，如故障现象对应关系规则的建立，有些在理论上是严格的，有些则取决于该领域专家的经验。

(3) 知识库的管理　建立和维护知识库，并能根据运行的中间结果及知识获取及时修改和增删知识库，对知识库进行一致性检验。

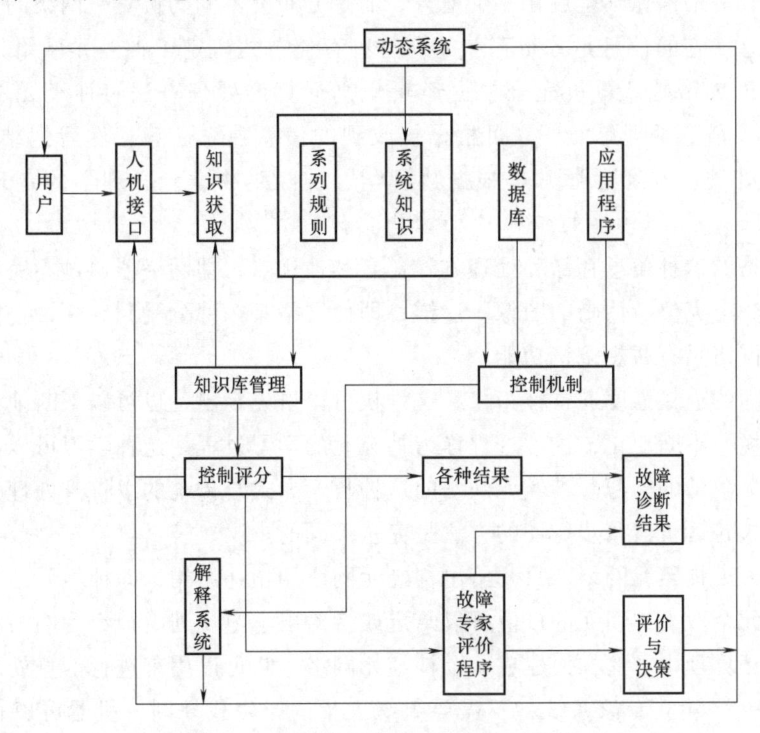

图 8-5　故障诊断专家系统的基本结构

(4) 人机接口系统　可将系统运行过程中出现故障后观察到的现象或系统进行调整或变化后的信息输入到知识库获取模块，或将新的经验输入，以实时调整知识库，还可通过人机接口启动解释系统工作。

(5) 推理机制　在数据库知识库的基础上，综合运用各种规则，进行一系列推理来尽快寻找故障源。

(6) 解释系统　可以解释各种诊断结果的推理实现过程，并能解释索取各种信息的必要性等。

(7) 控制部分　使各部分功能块协调工作，在时序上进行安排和控制。

对于在线实时诊断系统，数据库的内容是实时检测到的目前系统的工作数据。对于离线诊断，数据库的内容可以是保存的故障发生时检测到的数据，也可以是人为检测的一些特征数据。人机接口系统可为知识库提供系统实时运行时，或发生故障时观察到的一些事实现象。专家系统诊断程序在知识库和数据库的基础上，通过推理机制，综合利用各种规则，必要时还可调用各种应用程序，并在运行时向用户索取必要的信息，可尽快地直接找到最后故障，或最有可能的故障，再由人确定最后故障。

三、人工神经元网络在故障诊断中应用

人工神经元网络简称神经网络，是人们在对人脑思维研究的基础上，用数学方法将其简化、抽象并模拟，能反映人们基本功能特性的一种并行分布处理连接网络模型。神经元网络处理信息的思维方法同传统的冯·诺曼计算机所用的思维方法是完全不同的。神经元网络的存储方式不同，一个信息不是放在一个地方，而是分布在不同的位置。网络的某一地方也不只存储一个信息，它的信息是分布存储的。这种存储方式决定了神经元网络进行信息处理的方法不同于冯·诺曼计算机完全根据逻辑规则运算的处理方法。神经元网络中每一个神经元都是一个信息处理单元，它可根据接收到的信息独立运算，然后把结果传输出去，这是一个并行处理。神经元通常是根据物理学、神经生物学、心理学的定理或规则进行运算。

神经元网络的这种信息存储和处理方式还有其他优点，即网络能通过不完整的或模糊的信息，联想出一个完整、清晰的图像。这样，即使网络某一部分受到破坏，仍能恢复原来信息，也就是说网络具有联想记忆功能。

神经元之间的连接强度通常称为权，这种权可以事先定出，也可以不断地改变。它可以为适应周围环境而不断变化，这种过程称为神经元的学习过程。这种学习可以是有教师的学习，也可以是无教师的学习。神经元网络的这种自学方式与传统的以符号处理为基础的人工智能的、要求人告诉机器每步行动的方法是完全不同的。

设计一个人工神经元网络，只要给出神经元网络的拓扑结构，即神经元之间的连接方式及网络的神经元个数，神经元的权值可以给定或者给出学习规则由神经元网络自己确定，再给出神经元的运算规则。这样便建成一个神经元网络，它可以用来进行信息处理。

用神经元网络建立专家系统，不需要组织大量的产生式规则，机器可以自组织、自学习。这对用传统的方法建立专家系统最为困难的知识获取问题，是一种新的有效解决途径。

采用神经元网络进行数控机床故障诊断，其原理为：将数控机床的故障症状作为神经元网络的输入，将查得的故障原因作为神经元网络的输出，对神经元网络进行训练。神经元网络通过学习将得到的知识以分布的方式隐式地存储在各个网络上，其每个输出对应一个故障原因。当数控机床出现故障时，将故障现象或数控机床的症状输入到该故障神经元网络中，神经元网络通过并行、分布计算，便可将诊断结果通过神经元网络的输出端输出。由于神经元网络具有联想、容错、记忆、自适应、自学习和处理复杂多模式故障的优点，因而非常适用于进行数控机床故障诊断，是数控机床故障诊断新的发展途径。有关神经元网络及其具体应用可参阅相关文献。

将神经元网络和专家系统结合起来，发挥两者各自的优点，更有助于数控机床故障诊断工作的开展。

思考题与习题

8-1 简述故障及故障诊断的一般定义。

8-2 为什么数控机床的故障规律会如图 8-1 所示?

8-3 数控机床发生故障时，应如何检测?

8-4 数控机床常用的故障诊断方法有哪些?

8-5 什么是数控机床故障诊断的专家系统?专家系统是如何工作的?

拓展内容

20 世纪 70 年代，露天煤矿陆续开采，急需设备，但是我国大型露天矿场开采设备和工艺较为落后。当时，矿用电动轮自卸车已经成为世界上很多矿场的标配，我国的运输设备还是传统的自翻车，严重影响了我国经济发展对矿产资源的要求，运输设备转型升级势在必行。1974 年 5 月，我国开始自主研发 108t 电动轮自卸车。然而，这项研发从一开始就遇到了重重困难。电动轮轮毂驱动是整车的核心技术，要把电机安装在自卸车的两个后轮之间，驱动后轮转动。轮毂电机要求体积小、功率大，但国内通用的电机功率不足，如果增加电机功率，不仅要改进电机内部结构、增加齿轮，还要保证电机体积不变。在当时来说，108t 电动轮自卸车的电传动系统技术含量相当高。在国外技术封锁的情况下，技术人员经过两年多的努力，成功设计出体积小、功率大的 6 级驱动电动机。1976 年年底，我国第一台 108t 矿用电动轮自卸车开始试生产（扫描下方二维码可观看相关视频）。

我国第一台 108t 电动轮自卸车的成功研制，充分证明我国完全可以依靠自己的力量，设计制造出具有当时国际先进水平的大型露天矿运输设备，是我国重大技术装备国产化研制工作的重大胜利。它开启了大型矿山运输设备从机械传动到电传动时代的新篇章，也标志着我国从此具备了自主研制百吨级以上大型矿山运输设备的能力，为我国大型露天矿山机械化开采提供了重要的装备保障，摆脱了受制于人的被动局面。

第一台国产电动轮自卸车

第九章　数控技术的发展与机械加工自动化

第一节　数控机床的发展趋向

现代数控机床是机电一体化的典型产品，是新一代生产技术，如柔性制造系统（FMS）、计算机集成制造系统（CIMS）等的技术基础。我国和世界上的发达国家一样，都把发展数控技术作为制造业发展的战略重点，将数控技术向深度和广度发展列入科技发展的重要内容，所以把握现代数控机床的发展趋向具有重要意义。

现代数控机床的发展趋向是高速化与高精度化、复合化、智能化、高柔性化、小型化和开放式体系结构。主要发展动向是研制开发软、硬件都具有开放式结构的智能化全功能通用数控装置。近几年推出的以32位微处理器为核心的CNC系统是实现上述目标的产品，如德国SIEMENS推出的SINUMERIK840D系统、美国CINCINNATI的A2100系统、HP公司的OAC500系统以及日本FANUC的180/210系统等。

下面对现代数控机床的主要发展趋向作一简要介绍。

一、高速化与高精度化

要实现数控设备高速化，首先要求计算机系统读入加工指令数据后，能高速处理并计算出伺服系统的移动量，并要求伺服系统能高速作出反应。为使在极短的空程内达到高速度和在高行程速度情况下保持高定位精度，必须具有高加（减）速度和高精度的位置检测系统和伺服系统。此外，必须使主轴转速、进给率、刀具交换、托盘交换等各种关键部分实现高速化，并需重新考虑设备的全部特性，即从基本结构到刀架。日本MAZAK公司新开发的高效卧式加工中心FF510，加（减）速度为1.0*g*，主轴最高转速为15000r/min，且由于具有高加（减）角速度，仅需1.8s即可从0提速到15000r/min，换刀速度为0.9s（刀到刀）和2.8s（切削到切削），工作台（拖板）交换速度为6.3s。

采用32位微处理器，是提高CNC速度的有效手段。目前，国内外主要的系统生产厂家都采用了32位微处理器技术，主频达到几十至几百兆。如日本FANUC15/16/18/21系列，在最小设定单位为1μm下，最大快速进给速度达240m/min。其一个程序段的处理时间可缩短到0.5ms，在连续1mm微小程序段的移动指令下，能实现的最大进给速度可达120m/min。

在数控设备高速化中，提高主轴转速占有重要地位。高速加工的趋势和因此产生的对高速主轴的需求将继续下去。主轴高速化的手段是采用内装式主轴电动机，使主轴驱动不必通过变速箱，而是直接把电动机与主轴连接成一体后装入主轴部件，从而可使主轴转速大大提高。日本新泻铁工所的 V240 立式加工中心的主轴转速高达 50000r/min，加工一个 NAC55 钢模具，在普通机床上要 9h，而在此机床上用陶瓷刀具加工，只需 12~13min。该公司生产的工作台尺寸为 450mm×750mm 的 UHS10 型超高速数控立式铣床，主轴最高转速达 100000r/min。目前机械传动的方法仍然主要是滚珠丝杠，有研究表明滚珠丝杠在 1*g* 加速度下，在卧式机床上可以可靠地工作，若再提高 0.5*g* 就会出现问题。一种替代的技术是采用直线电动机技术。CINCINNATI 开发的一种卧式加工中心使用了直线滚珠导轨，可使切削进给速度高于箱式导轨结构，刚度和磨损寿命高于传统的滚珠导轨系统。北美 GE FANUC Automation 与多家公司一道开发出一种机床，用直线电动机作为主要传动装置来控制机床运动，采用全数字 CNC 硬件和软件，能在保持 3~5μm 的轮廓加工精度的同时，达到 37500~70000mm/min 的轮廓加工速度，以及 1.5*g* 的加速度。

提高数控设备的加工精度，一般通过减小数控系统的控制误差和采用补偿技术来达到。在减小数控系统控制误差方面，通常采用提高数控系统的分辨率，以微小程序段实现连续进给，使 CNC 控制单位精细化，提高位置检测精度（日本的交流伺服电动机中已有每转可产生 100 万个脉冲的内藏式脉冲编码器，其位置检测精度能达到 0.01μm/脉冲）以及位置伺服系统采用前馈控制与非线性控制等方法。在采用补偿技术方面，除采用齿隙补偿、丝杠螺距误差补偿和刀具补偿等技术外，近年来设备的热变形误差补偿和空间误差的综合补偿技术已成为研究的热点课题。目前，有的 CNC 已具有补偿主轴回转误差和运动部件（如工作台）的颠摆角误差的功能。研究表明，综合误差补偿技术的应用可使加工误差减小 60%~80%。由于计算机运算速度和主轴转速的较大提高，已开发出具有真正的零跟踪误差的现代数控装置，能满足现代数控机床工作的要求，使机床可以同时进行高进给速度和高精度的加工。

二、复合化

复合化包含工序复合化和功能复合化。工件在一台设备上一次装夹后，通过自动换刀等各种措施，来完成多种工序和表面的加工。在一台数控设备上能完成多工序切削加工（如车、铣、镗、钻等）的加工中心，可以替代多机床和多装夹的加工，既能减少装卸时间，省去工件搬运时间，提高每台机床的加工能力，减少半成品库存量，又能保证和提高几何精度，从而打破了传统的工序界限和分开加工的工艺规程。从近期发展趋势看，加工中心主要是通过主轴头的立卧自动转换和数控工作台来完成五面和任意方位上的加工。此外，还出现了与车削或磨削复合的加工中心。美国 INGERSOLL 公司的 Masterhead 是工序集中而实现全部加工的典型代表。这是一种带有主轴库的龙门五面体加工中心，使其加工工艺范围大为扩大。日本 MAZAK 公司推出的 INTEGEX30 车铣中心，备有链式刀库，可选刀具数量较多，使用动力刀具时，可进行较重负荷的铣削，并具有 *Y* 轴功能（±90mm），该机床实质上为车削中心和加工中心的“复合体。”

三、智能化

随着人工智能技术的不断发展，并为适应制造业生产高度柔性化、自动化的需要，数控设备的智能化程度在不断提高。

1. 应用自适应控制技术

数控系统能检测对自己有影响的信息，并自动连续调整系统的有关参数，达到改进系统运行状态的目的。如通过监控切削过程中的刀具磨损、破损、切屑形态、切削力及零件的加工质量等，实现自适应调节，以提高加工精度和减小工件表面粗糙度值。Mitsubishi Electric公司的用于数控电火花成形机床的“Miracle Fuzzy”自适应控制器即利用基于模糊逻辑的自适应控制技术，自动控制和优化加工参数，使操作人员不再需要具备专门的技能。

2. 引入专家系统指导加工

将切削专家的经验、切削加工的一般规律与特殊规律存入计算机中，以加工工艺参数数据库为支撑，建立具有人工智能的专家系统，提供经过优化的切削参数，使加工系统始终处于最优和最经济的工作状态，从而达到提高编程效率并降低对操作人员的技术水平，大大缩短生产准备时间的目的。目前已开发出带自学习功能的神经网络电火花加工专家系统。日本大隈公司的7000系列数控系统带有人工智能式自动编程功能；日本牧野公司在电火花数控系统MAKINO-MCE20中，用专家系统代替操作人员进行加工监视。

3. 故障自诊断功能

故障诊断专家系统是诊断装置发展的最新动向，其为数控设备提供了一个包括二次监控，故障诊断，安全保障和经济策略等方面在内的智能诊断及维护决策信息集成系统。采用智能混合技术，可在故障诊断中实现故障分类、信号提取、故障诊断专家系统、维护管理以及多传感信号融合的功能。

4. 智能化交流伺服驱动装置

目前已开始研究能自动识别负载，并自动调整参数的智能化伺服系统，包括智能化主轴交流伺服驱动装置和智能化进给伺服驱动装置。这种驱动装置能自动识别电动机及负载的转动惯量，并自动对控制系统的参数进行优化和调整，使驱动系统处于最佳运行状态。

模糊数学、神经网络、数据库、知识库，以范例和模型为基础的决策形成系统、专家系统、现代控制理论与应用等技术的发展及在制造业中的成功应用，为新一代数控设备智能化水平的提高建立了可靠的技术基础。智能化正成为数控设备研究与发展的方向。

四、高柔性化

柔性是指数控设备适应加工对象变化的能力。数控机床发展到今天，对加工对象的变化有很强的适应能力，并在提高单机柔性化的同时，朝着单元柔性化和系统柔性化方向发展。在数控机床上增加不同容量的刀具库和自动换刀机械手，增加第二主轴和交换工作台装置，或配以工业机器人和自动运输小车，以组成新的加工中心、柔性制造单元（FMC）或柔性制造系统（FMS）。如出现了PLC控制的可调组合机床，数控多轴加工中心，换刀换箱式加工中心，数控三坐标动力单元等具有柔性的高效加工设备和介于传统自动线与FMS之间的柔性制造线（FTL）。有的厂家则走组合柔性化之路，这类柔性加工系统由若干加工单元合成，单元数可依生产率要求确定，自动上下料机械手肩负工件传输的作用。

五、小型化

蓬勃发展的机电一体化技术对CNC装置提出了小型化的要求，以便将机、电装置结合为一体。目前许多CNC装置采用最新的大规模集成电路（LSI），新型TFT彩色液晶薄型显示器和表面安装技术，实现三维立体装配，消除了整个控制逻辑机架。如日本FUNAC的16i和18i系列CNC装置采用高密度352球门阵列（BGA）、专用LSI和多晶片模块（MCM）微处理器技术，两项产品都是一个单电路卡，安装在平板显示器背后，整个CNC装置缩小成一块控制板。这类CNC装置将控制器尺寸缩小了75%。德国SIEMENS推出的SINUMERIK840D的体积为50mm×316mm×207mm，被认为是目前世界上最薄的CNC装置。

六、开放式体系结构

由于数控技术中大量采用计算机的新技术，新一代的数控系统体系结构向开放式系统方向发展。国际上主要数控系统和数控设备生产国及其厂家瞄准通用个人计算机（PC机）所具有的开放性、低成本、高可靠性、软硬件资源丰富等特点，自20世纪80年代末以来竞相开发基于PC的CNC，并提出了开放式CNC体系结构的概念，开展了针对开放式CNC的前、后台标准的研究，如日本的OSEC、欧盟的OSACA以及美国的SOSAS。美国的NGC（下一代控制器）计划的核心就是建立一个有硬件平台和软件平台的开放式系统，开发“开放式系统体系结构标准（SOSAS）”，用于管理工作站和机床控制器的设计和开发。基于PC的开放式CNC大致可分为PC连接型CNC、PC内装型CNC、CNC内装型PC和纯软件NC四类。典型产品有FANUC150/160/180/210、A2100、OA500、Advantage CNC System、华中Ⅰ型等。这些系统以通用PC机的体系结构为基础，构成了总线式（多总线）模块，开放型、嵌入式的体系结构，其软硬件和总线规范均是对外开放的，硬件即插即用，可向系统添加在MS-DOS、Windows3.1或Windows95环境下使用的标准软件或用户软件，为数控设备制造厂和用户进行集成给予了有力的支持，便于主机厂进行二次开发，以发挥其技术特色。经过加固的工业级PC机已在工业控制领域得到了广泛应用，并逐渐成为主流，其技术上的成熟程度使其可靠性大大超过了以往的专用CNC硬件。先进的CNC系统还为用户提供了强大的联网能力，除有RS232C串行接口外，还有带有远程缓冲功能的DNC（直接数控）接口，甚至MAP（Mini MAP）或Ethernet（以太网）接口，可实现控制器与控制器之间的联接和直接联接主机，使DNC和单元控制功能得以实现，便于将不同制造厂的数控设备用标准化通信网络联接起来，促使系统集成化和信息综合化，使远程操作、遥控及故障诊断成为可能。

第二节 先进制造技术简介

近年来，随着微电子技术和计算机技术的迅速发展，它的成果正在不断地渗透到机械制造的各个领域中，先后出现了计算机直接数控（DNC）、柔性制造系统（FMS）、计算机集成制造系统（CIMS）等高级自动化制造技术。这些高级自动化技术的一个共同特点是都以数控机床作为其基本系统。这些先进制造技术代表了制造业的发展方向和未来。下面对这些高级自动化制造技术作一简单的介绍。

一、计算机直接数控（DNC）系统

DNC系统就是使用一台通用计算机直接控制和管理一群数控机床进行零件加工或装配的系统，也称为计算机群控系统。

早期的DNC系统，其中的数控机床不再带有自己单独的数控装置，它的插补和控制功能全部由中央计算机来完成。因此系统中的各台数控机床都不能脱离中央计算机而独立工

作。这样，中央计算机的可靠性就显得格外重要。一旦计算机出现故障，各台数控机床都将停止运行，故这种方式已被淘汰。

现代的 DNC 系统，各台数控机床的数控装置全部保留，并与 DNC 系统的中央计算机组成计算机网络，实现分级控制管理。中央计算机并不取代各数控装置的常规工作。

DNC 系统具有计算机集中处理和分级控制的能力，具有现场自动编程和对零件程序进行编辑和修改的能力，使编程与控制相结合，而且零件程序存储容量大。现代的 DNC 系统还具有生产管理、作业调度、工况显示、监控和刀具寿命管理能力。它为柔性制造系统（FMS）的发展提供了基础。

二、柔性制造系统（FMS）

柔性制造技术的发展，已经形成了在自动化程度和规模上不同的多种层次和级别的柔性制造系统。带有自动换刀装置（Automatic Tool Changer，ATC）的数控加工中心，是柔性制造的硬件基础，是制造系统的基本级别。其后出现的柔性制造单元（Flexible Manufacturing Cell，FMC）是较高一级的柔性制造技术，它一般由加工中心机床与自动交换工件（Automatic Workpiece Changer，AWC）的随行托盘（Pallet）或工业机器人以及自动检测与监控装置所组成。在多台加工中心机床或柔性制造单元的基础上，增加刀具和工件在加工设备与仓储之间的流通传输和存储以及必要的工件清洗和尺寸检查设备，并由高一级的计算机对整个系统进行控制和管理，这样就构成了柔性制造系统（Flexible Manufac-turing System，FMS），它可以实现多品种零件的全部机械加工或部件装配。DNC 的控制原理是它的控制基础。

1. 柔性制造单元

FMC 是由加工中心（MC）和自动交换工件（AWC）的装置所组成的，同时数控系统还增加了自动检测与工况自动监控等功能。

FMC 的结构形式根据不同的加工对象、CNC 机床的类型与数量以及工件更换与存储方式的不同，可以多种多样。但主要有托盘搬运式和机器人搬运式两大类型。

（1）托盘搬运式　一般以镗铣加工中心为主构成的 FMC 大都采用工件交换工作台、工件托盘及托盘交换装置等构成自动交换工件的装置。托盘搬运的方式多用于箱体类零件和大型零件。托盘是固定工件的器具。在加工过程中，它与工件一起流动，类似通常的随行夹具。采用托盘搬运工件的结构形式较多，以北京精密机床厂生产的 FMC-1 型为例，如图 9-1 所示，它由卧式加工中心、环形交换工作台、托盘以及托盘交换装置组成。

环形交换工作台用于工件的输送与中间存储，是独立的通用部件，托盘座在环形导轨上由内侧的环链拖动回转。每个托盘座上有地址识别码。当一个工件加工完毕，数控机床发出信号，由托盘交换装置将加工完的工件（包括托盘）拖至回转台的空位处，其后按指令环形交换工作台转一工位，将加工好的工件移至装卸工位，同时将待加工工件推至机床工作台并

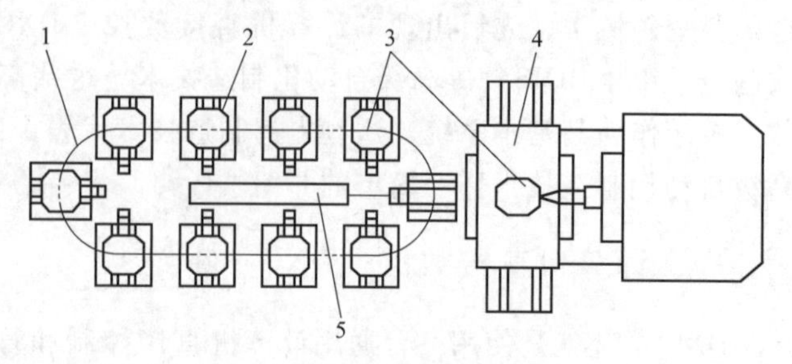

图 9-1　FMC-1 型柔性制造单元

1—环形交换工作台　2—托盘座　3—托盘
4—加工中心　5—托盘交换装置

定位加工。已加工的工件转至装卸工位时，由人工或机器进行卸除并装上待加工工件。

（2）机器人搬运式　对于以车削和磨削加工中心等为主构成的FMC，可以使用工业机器人进行工件的交换。由于机器人的抓重能力及同一规格的抓取手爪对工件形状与尺寸的限制，这种搬运方式主要适用于小件或回转件的搬运。

图9-2所示为日本日立精机的一种机器人搬运式FMC。它由一台加工中心、一台车削中心、一个机器人以及两台回转工作台组成。机器人移动（图9-2中箭头所示）为两台机床服务。每台机床各用一台交换工作台作为输送与缓冲存储。

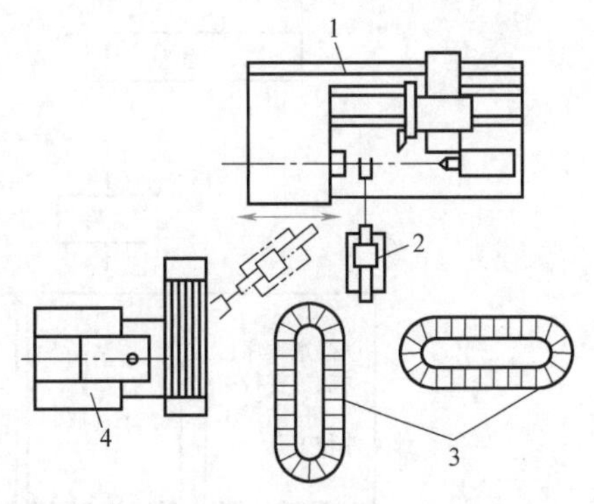

图9-2　机器人搬运式FMC

1—车削中心　2—机器人　3—回转工作台　4—加工中心

FMC属于无人化的柔性加工，一般都具有较完善的自动检测和自动监控功能，如刀具长度检测、尺寸自动补偿、切削状态监视、适应控制、切屑处理以及自动清洗等功能，其中切削状态监视主要包括刀具折断或磨损、工件安装错误或定位不准、规定的刀具寿命已到、超负荷、热变形等工况的监视。当检测出这些不正常的工况时，便自动报警或停机。但是，并不是每台FMC都具有这些功能。

FMC可作为独立运行的生产设备进行自动加工，也可作为FMS的加工模块。当作为独立的生产设备时，一般为一台（也有2~3台）CNC机床配置一台工件自动更换装置。

FMC具有规模小、成本低（相对FMS）、占地面积小、便于扩充等特点，与规模较大的FMS相比，由于投资小、风险小，特别适用于中、小企业。近年来，FMC正以惊人的速度发展，国外不少生产CNC机床的工厂纷纷转入FMC的研制与生产，说明当前柔性制造技术的趋势之一是大力发展作为独立生产设备的FMC。

2. 柔性制造系统

有关柔性制造系统（FMS）的定义众多，到目前为止，还无定论，一般认为FMS应具有以下特征：

1）具有多台制造设备，这些设备不限于切削加工设备，也可以是电加工、激光加工、热处理、冲压剪切设备以及装配、检验等设备，但必须是计算机数控的。组成设备的台数也无定论，有人认为由5台设备以上组成的系统才称为FMS，也有人认为2~4台设备组成的是小规模FMS。当然只有一台设备的一定是FMC。

2）在制造设备上，利用交换工作台或工业机器人等装置实现零件的自动上料和下料。

3）由一个物料运输系统将所有设备连接起来，可以进行没有固定加工顺序和无节拍的随机自动制造。物料自动运输系统可由有轨小车、感应式无轨小车、移动式工业机器人和各种传送带等组成，并由计算机进行物料的自动控制。

4）由计算机对整个系统进行高度自动化的多级控制与管理，对一定范围内的多品种，中小批量的零部件进行制造。

5）配有管理信息系统（MIS）。能提供刀具与机床的利用率报告，提供系统运行状态的报告以及生产控制的计划等。

6）具有动态平衡的功能，能进行最佳化调度。

FMS一般由加工、物流、信息流三个子系统组成，每个子系统还有分系统，如图9-3所示。其系统结构流程图如图9-4所示。

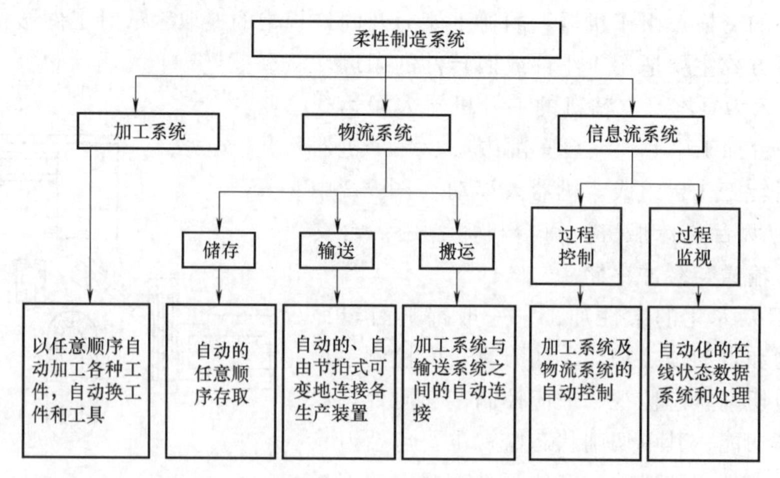

图9-3 FMS的组成

现有FMS的加工系统由FMC组成的还较少，多数还是由CNC机床以直接数字控制（DNC）的方式组成。所用的CNC机床主要是具有刀具库和自动换刀装置的加工中心，如多工序铣镗加工中心，车削加工中心以及多轴箱加工中心。CNC应具有更高的可靠性和大容量的零件程序存储器。为适应多样化加工性能的要求，应采用模块化结构以便组合和扩充。

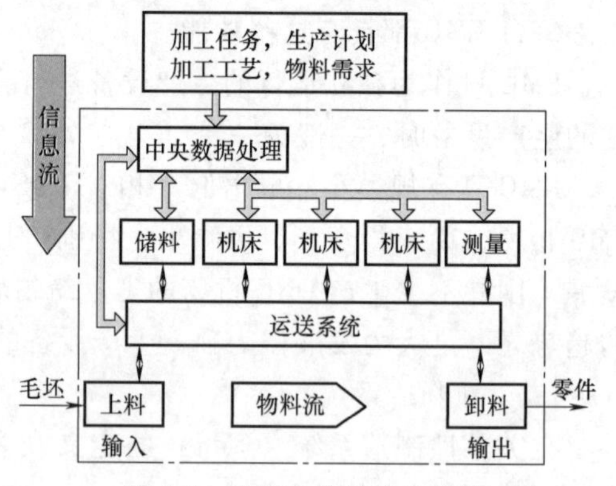

图9-4 FMS系统结构流程图

FMS的机床大都在10台以下，以4~6台的系统最多。一个系统中的机床配置根据工序要求和负荷均衡原则进行，有“互补”和“互替”两种配置方式，“互补”是指系统需配置完成不同工序的机床（如车、铣、磨……），在工序上互相补充，而不能代替，一个工件按预定的加工顺序顺次通过这些工位的机床。“互替”是指一个系统中完全相同的工序不止一台机床，在加工过程中，如其中一台机床正在工作，即送到空闲的另一台机床上加工，以免等待；或当一台机床出现故障时，另一台相同工序的机床可以代替，不影响全线工作。一个系统中也可以两者混合配置。

加工系统中所用的刀具必须标准化、系列化并具有较长的刀具寿命，以减少刀具数和换刀次数。加工系统中还应具备完善的在线检测和监控功能以及排屑、清洗、装卸、去毛刺等辅助功能。在被监控的对象中，刀具寿命（磨损）的监控目前多用“定时”换刀的方式，或定时检测刀具长度与某一固定参考点距离的变化量方式。而直接检测刀具磨损的方法，由于切削环境的复杂性，至今尚未推广应用。

物料流是区别FMS和FMC的主要标志。它包括工件与刀、夹具的输送、搬运（上、下料）及仓库存储。

FMS的存储系统多用立体仓库并由计算机进行控制。

各制造设备之间的输送路线有直线往复式、封闭环式以及网络式，以直线式往复居多。输送设备有输送带、有轨小车、无轨小车以及行走机器人等形式。现阶段 FMS 多用结构简单的有轨小车或输送灵活的无轨小车进行输送，无轨小车又称自动引导小车。

图 9-5 所示为自动搬运小车结构示意图。小车上装有托盘交换台，工件与托盘一同由交换台推上机床工作台进行加工，加工完后拉回至小车送装卸站进行装卸。

小车行车路线常用电磁引导方式或光电引导方式，图 9-6 所示为电磁引导原理图，在地下埋设的电缆通以低频电流后形成磁力线波，固定在车身内的两个感应线圈即产生电压，当小车未偏离电缆时，两线圈电压相等，则小车的转向电动机不产生运动，反之，小车偏离电缆时，转向电动机即产生正向或反向旋转，校正小车的位置偏离，使小车沿电缆路线运动。

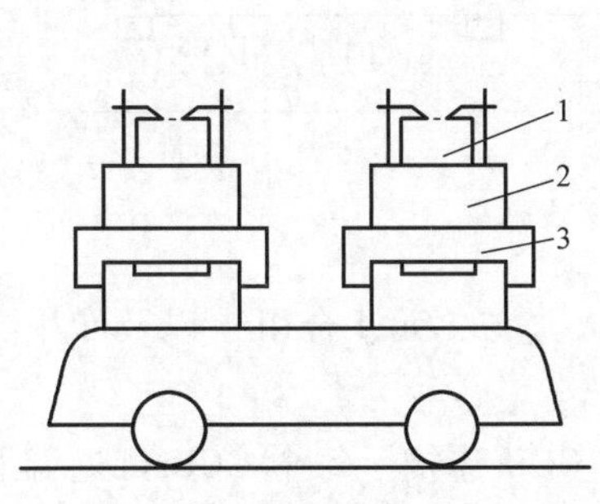

图 9-5　自动搬运小车结构示意图

1—工件　2—托盘　3—托盘交换台

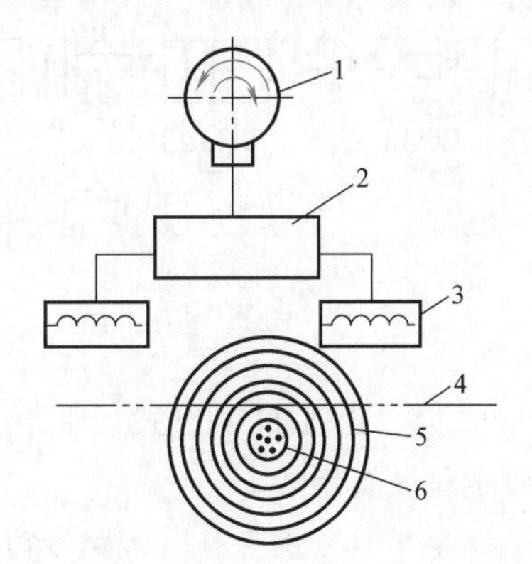

图 9-6　电磁引导原理图

1—转向电动机　2—控制装置　3—感应线圈　4—地平面　5—磁力线　6—导向电缆

光电式引导方式是在地面上铺设不锈钢带等反光带，利用反射光使小车上一排光敏管产生信号，从而引导小车总是沿反光带运动。光电引导方式改道方便，但反光金属带必须保持清洁。

3. 柔性制造系统实例

JCS-FMS-1 是我国的第一条 FMS，由机械工业部北京机床研究所基于日本 FANUC 公司的 FMS 技术研制成功。图 9-7 所示为 JCS-FMS-1 系统组成框图，主要由以下四部分组成：

（1）加工系统　根据生产纲领及零件工艺分析，确定由 5 台数控机床组成。其中，数控车床 2 台，数控外圆磨床、立式加工中心及卧式加工中心各 1 台。5 台机床采用直线排列的形式，每台机床前设置机床与托盘站 1 个，并由 4 台 M1 型工业机器人分别在机床与托盘之间进行工件的上、下料搬运（其中两台加工中心合用 1 台工业机器人）。以机床为核心分设 5 个加工单元。

1）单元 1：由 STAR-TURN1200 数控机床和工业机器人组成。

2）单元 2：由 H160/1 数控端面外圆磨床、工业机器人以及中心孔清洗机各 1 台组成。

3）单元 3：由 CK7815 数控机床、工业机器人以及专用支架与反转装置各 1 台组成。

4）单元 4：由 JCS-018 立式加工中心、工业机器人以及专用支架与反转、回转定位装置组成。

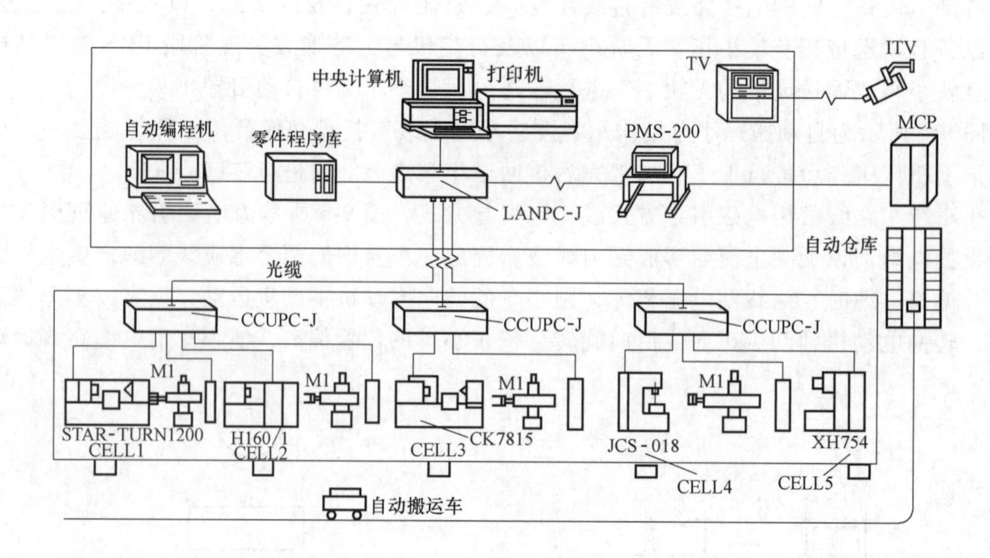

图 9-7　JCS-FMS-1 系统组成框图

5）单元 5：由 XH754 卧式加工中心、工业机器人（与单元 4 合用）以及专用支架与反转、回转定位装置组成。

以上 5 个单元分别与具有多路接口的单元控制器 CCU 连接，每个 CCU 可进行上、下级的数据交换以及对下属设备的协调与监控。

（2）物流系统　机床的托盘站与仓库之间采用一台电缆感应式自动引导小车进行工件的运输。平面仓库具有 15 个工件出入托盘站，它们由物流管理计算机 PMS-200 和控制装置 MCP 进行控制。

（3）中央管理系统　中央计算机承担整个系统的生产计划与作业调度、集中监控以及加工程序管理。工件的加工程序采用日本 FANUC 公司的 P-G 型自动编程机进行自动编程，将编好的零件程序存入程序库，以便加工时调用。

LANPC-J 为局部网络控制器，用以实现计算机与各单元控制器（CCU），输送计算机以及程序库之间的信息传送与管理，采用光缆作为传输介质。

（4）监控系统　该系统采用具有摄像头（ITV）的工业电视（TV）对 5 个部件进行监视，即监视平面仓库、单元 2、单元 4、单元 5 以及引导小车的运行实况。

JCS-FMS-1 型柔性制造系统运行后带来了一定的经济效益，它的建立使我国柔性制造系统的研究与开发有了一个良好的开端。

三、计算机集成制造系统（CIMS）简介

1. CIMS 的定义

目前 CIMS 还没有一个完善的、被普遍接受的定义，多数还停留在一般概念上。

一般来说，CIMS 的定义应包括以下要素：

1）系统发展的基础是一系列现代高技术及其综合。

2）系统包括制造工厂全部生产、经营活动，并将其纳入多模式、多层次分布的自动化

子系统。

3）系统是通过新的管理模式、工艺理论和计算机网络对上述各子系统所进行的有机集成。

4）系统是人、技术和经营三方面的集成，是一个人机系统，不能忽视人的作用。

5）系统的目标是获得多品种、中小批量离散生产过程的高效益和高柔性，以达到动态总体最优，实现脑力劳动自动化和机器智能化。

因此，可以认为CIMS是在柔性制造技术、计算机技术、信息技术、自动化技术和现代管理科学的基础上，将制造工厂的全部生产、经营活动所需的各种分布式的自动化子系统，通过新的生产管理模式、工艺理论和计算机网络有机地集成起来，以获得适用于多品种、中小批量生产的高效益、高柔性和高质量的智能制造系统。

2. CIMS的结构

根据美国计算机自动化协会/制造工程师协会（CASA/SME）的定义，CIMS的构成如图9-8所示。

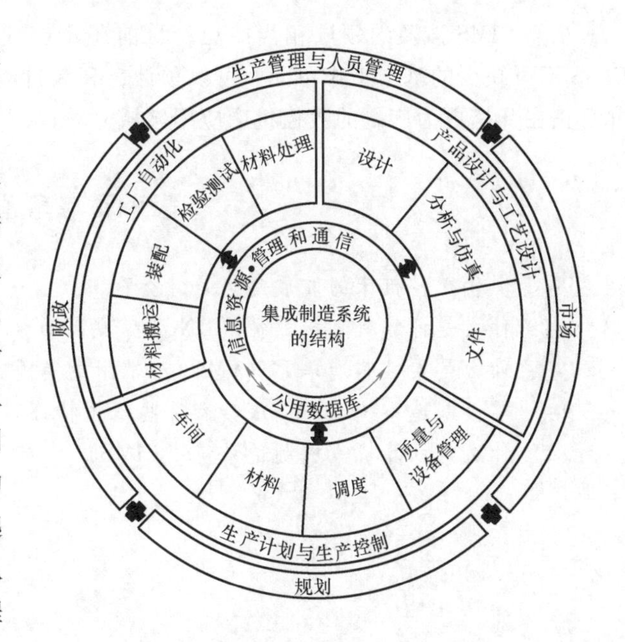

图9-8　CIMS的构成

由图9-8可知，CIMS的核心是一个公用数据库，对信息资源进行存储与管理，并与各个计算机系统进行通信。在此基础上，需有三个计算机系统，第一个计算系统是进行产品设计与工艺设计的CAD/CAM系统。第二个计算机系统是生产计划与生产控制的CAP/CAC系统，FMS是这个系统的主体。当它与CAD/CAM系统连接起来时，数控机床就可以用DNC方式从CAD/CAM系统中获得零件的加工程序，从而实现从产品设计到产品零件制造的无图样自动加工。第三个计算机系统是工厂自动化系统，它可以实现产品的自动装配与测试，材料的自动运输与处理等。在上述三个计算机系统的外围，还需利用计算机进行市场预测，编制产品发展规划，分析财政状况和进行生产管理与人员管理。

我国学者研究认为CIMS更应强调是人、经营和技术三者的集成（图9-9）。从技术组成的角度来看，可以认为CIMS包含四个应用分系统和两个支撑分系统，如图9-10所示。四个应用分系统分别是管理信息系统（MIS）、工程设计系统（CAD/CAPP/CAM）、质量保证系统（QAS）和制造自动化系统（MAS）。两个支撑分系统分别是数据库（DB）和通信网络（NET）。

最早开发研究CIMS技术的是美国，始于1977年。我国在20世纪80年代末开始在CIMS方面进行了跟踪研究和示范应用，积累了正、反两方面的经验和教训，目前还处于发展阶段。

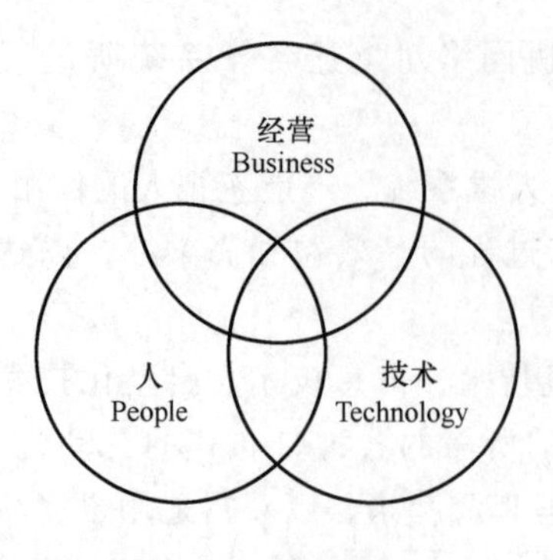

图 9-9　CIMS 的概念

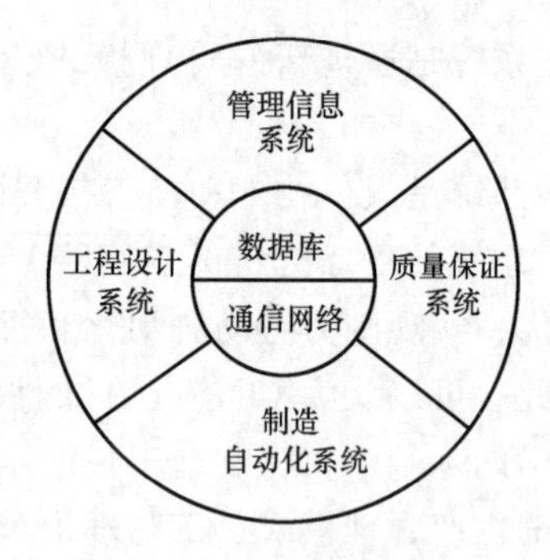

图 9-10　CIMS 的技术组成

虽然 CIMS 涉及的领域相当广泛，目前还不够成熟，但是可以肯定，数控机床仍然是 CIMS 不可缺少的基本工作单元。可以预计，高级自动化技术将进一步证明数控机床的价值，并且正在开拓更为广阔的数控机床应用领域。

思考题与习题

9-1　现代数控机床的发展趋势是什么？

9-2　什么是计算机直接数控（DNC）？现代 DNC 系统主要采用什么控制方式？

9-3　什么是柔性制造单元（FMC）？常用的有哪几类？各自的组成和特点是什么？

9-4　柔性制造系统（FMS）具有哪些基本特征？由哪些子系统组成？

9-5　什么是计算机集成制造系统（CIMS）？

参 考 文 献

[1] 吴祖育，等. 数控机床 [M]. 2版. 上海：上海科学技术出版社，1990.

[2] 毕承恩. 现代数控机床：上、下册 [M]. 北京：机械工业出版社，1991.

[3] 雷学东，朱晓春. 数控原理与系统 [M]. 南京：南京大学出版社，1996.

[4] 王永章，等. 机床的数字控制技术 [M]. 哈尔滨：哈尔滨工业大学出版社，1995.

[5] 刘跃南. 机床计算机数控及其应用 [M]. 北京：机械工业出版社，1997.

[6] 任玉田. 机床计算机数控技术 [M]. 北京：北京理工大学出版社，1996.

[7] 毕毓杰. 机床数控技术 [M]. 北京：机械工业出版社，1996.

[8] 张建钢. 数控技术 [M]. 武汉：华中科技大学出版社，2000.

[9] 王宝成. 现代数控机床实用教程 [M]. 天津：天津科技出版社，2000.

[10] 陈禹六. 先进制造业运行模式 [M]. 北京：清华大学出版社，1998.

[11] 全国数控培训网络天津分中心. 数控编程 [M]. 北京：机械工业出版社，1997.

[12] 孙竹. 数控机床编程与操作 [M]. 北京：机械工业出版社，1996.

[13] 范炳炎. 数控加工程序编制 [M]. 2版. 北京：航空工业出版社，1995.

[14] 董献坤. 数控机床结构与编程 [M]. 北京：机械工业出版社，1997.

[15] 李清新. 伺服系统与机床电气控制 [M]. 北京：机械工业出版社，1997.

[16] 廖效果，朱启逑. 数字控制技术 [M]. 武汉：华中理工大学出版社，1998.

[17] 王润孝，秦现生. 机床数控原理与系统 [M]. 西安：西北工业大学出版社，1997.

[18] 上海市电气自动化研究所. 机床的数字控制与计算机应用：上、下册 [M]. 北京：机械工业出版社，1982.

[19] 易红. 数控技术 [M]. 北京：机械工业出版社，2005.

[20] 张吉堂，刘永姜，等. 现代数控原理及控制系统 [M]. 3版. 北京：国防工业出版社，2009.

[21] 詹华西，江洁，刘怀兰. 五轴联动加工中心操作与基础编程 [M]. 北京：机械工业出版社，2018.

[22] 贺琼义，杨轶峰. 五轴数控系统加工编程与操作 [M]. 北京：机械工业出版社，2019.